主　编　陈俊　皇甫泉生　严非男
副主编　姚兰芳　梁丽萍　许春燕　刘源

大学物理基础（上）

清华大学出版社
北京

内容简介

本书以大学物理课程教学基本要求为指导，内容由力学、热学、静电学等构成。为使理论与实践更密切地结合，各章均安排了适当的例题和习题。

本书可用作高等院校相关工科专业大学物理课程的教材或参考书，也可供非工科专业学生和其他读者阅读。

图书在版编目(CIP)数据

大学物理基础.上/陈俊，皇甫泉生，严非男主编.—北京：清华大学出版社，2017（2022.2重印）
ISBN 978-7-302-45656-8

Ⅰ.①大… Ⅱ.①陈… ②皇… ③严… Ⅲ.①物理学－高等学校－教材 Ⅳ.①O4

中国版本图书馆 CIP 数据核字(2016)第 285142 号

责任编辑：佟丽霞
封面设计：常雪影
责任校对：赵丽敏
责任印制：曹婉颖

出版发行：清华大学出版社
网　址：http://www.tup.com.cn，http://www.wqbook.com
地　址：北京清华大学学研大厦 A 座　　邮　编：100084
社 总 机：010-62770175　　邮　购：010-62786544
投稿与读者服务：010-62776969，c-service@tup.tsinghua.edu.cn
质量反馈：010-62772015，zhiliang@tup.tsinghua.edu.cn
印 装 者：北京九州迅驰传媒文化有限公司
经　销：全国新华书店
开　本：185mm×260mm　**印　张**：18.25　**字　数**：443 千字
版　次：2017 年 2 月第 1 版　**印　次**：2022 年 2 月第 5 次印刷
定　价：52.00 元

产品编号：067777-03

前言

FOREWORD

本书是编者在上海理工大学讲授大学物理的长期教学实践的基础上，借鉴国内外优秀教材，考虑现行的教学课时需求，编写而成的。

本书共 18 章，由力学、热学、电磁学、波动与波动光学、量子力学简介组成。内容覆盖力学、相对论基础、热学、静电场、稳恒磁场、电磁感应、振动与波、波动光学、量子力学简介，深广度适中，每章包括本章概要、基本内容、本章小结和习题，中间穿插各种阅读材料。带“*”小节为选讲内容。

本书力学部分由陈俊、严非男、皇甫泉生、刘源编写；热学部分由姚兰芳、皇甫泉生、童元伟编写；电磁学部分由皇甫泉生、李重要编写；波动部分由严非男、皇甫泉生编写；波动光学由梁丽萍、许春燕编写；量子力学简介由严非男、贾力源编写；陈俊、皇甫泉生、严非男对全书进行修改、统稿。

本书可用作高等院校相关工科专业大学物理课程的教材或参考书，也可供非工科专业学生和其他读者阅读。

在本书编写过程中，始终得到王祖源、顾铮先、刘廷禹、卜胜利老师的帮助和支持，在此向他们表示深深的谢意。同时感谢清华大学出版社的编辑和老师，感谢他们为本书出版所付出的艰辛劳动。

鉴于编者学识经验有限，书稿中疏漏之处在所难免，敬请广大读者批评指正。

编　者

2016 年 10 月

目录

CONTENTS

湛蓝的天幕中，一架架“雄鹰”不断变换着梦幻般的阵形：一会儿盘旋横滚，呼啸而来；一会儿旋转升腾，轻盈而去；一会儿又疾如流星，驶向天边。飞行表演是一个国家空军实力的标志，透过它可以看到这个国家航空工业的发展水平、飞行员素质的优劣和训练水平的高低。照片所显示的是被誉为空中仪仗队的八一飞行表演大队正在作飞行表演。精湛的飞行技艺和富有想象力的动作编排，令人如痴如醉，让在场的观众不住地叫绝……

不管飞机的结构多么复杂，当我们研究飞机的轨迹及飞机的飞行速度等参量时，可以把飞机视为质点。而对其运动轨迹及速度和加速度的研究正是质点运动学研究的主要内容。

第1章

质点运动学

本章概要　质点运动学是研究质点运动及其规律的力学分支，也是整个物理学的重要基础。本章从描述质点运动的基本物理量（即位置矢量、位移、速度和加速度）出发，对直线运动、抛体运动、圆周运动和一般曲线运动等各种不同的质点运动进行了研究。

力学是研究物体机械运动规律及其应用的学科。机械运动是最基本、最简单的运动形式，也是人们最熟悉的运动形式。一个物体相对另一个物体的位置变化，或者一个物体的某些部分相对其他部分的位置变化，叫机械运动。通常把力学分为运动学和动力学两部分。如果只对运动进行描述，而不涉及引起运动和改变运动的原因，这部分内容称为运动学。本章讨论质点运动学。

1.1　质点　参考系　坐标系

一、质点

物体的形状和大小是多种多样的，一般而言，物体各部分运动规律是不同的，要精确描述物体各部分的运动状态是一件复杂的事情。因此，在物理学研究中，常常建立一定的理想化模型，突出主要规律，忽略一些细枝末节，使对象和问题得以简化。质点就是一个最简单的理想化模型。在某些问题中，若物体的形状和大小并不重要，可以忽略，则可以把它抽象为一个具有一定质量的几何点，称为质点。质点突出了物体具有质量、在空间只占有一个点的位置的性质。当一个物体只作平动、不作转动（例如马路上行驶的汽车车厢）时，物体各点的运动情况完全一样，因而可以用物体上任意一点（例如质心）的运动作为代表，此时形状和大小就不重要了，可以将其简化为一个质点。再如，研究地球绕太阳公转时，由于地球的半径（6.37×10^3 km）比地球与太阳间的距离（1.5×10^8 km）小得多，地球上各点相对于太阳的运动可近似看作相同，因此地球的大小和形状也显得不重要了，可以把地球当作一个质点。

一个物体能否抽象为一个质点取决于所研究的问题。例如，同样是地球，在研究地球的自转时，由于地球各部分的运动规律明显不同，这时就无法再把地球看作一个质点了。因此，物体能否抽象为质点是有条件的，应该具体问题具体分析。

对质点运动的研究是有价值的，因为它是其他物理模型的基础。研究地球的自转时，首先可将地球视为刚性的球体(即"刚体"模型),进一步,把刚性的球体视为由许多质点组成。分析这些质点的运动情况,就掌握了整个地球自转的规律。

二、参考系和坐标系

宇宙中的一切物体都在运动,没有绝对静止的物体,这称为运动的绝对性。为了描述物体的运动,必须选另一个物体作参考物,即物体的运动是相对于某个物体而言的,被选作参考的物体称为参考系。

参考系的选择有一定的任意性,可根据研究问题的性质而选定。例如,当研究物体在地面上的运动时,常选取地球作为参考系;当研究卫星绕地球运行时,则选取地球为参考系;而当研究地球绕太阳运行时,则应选取太阳为参考系。

同一物体的运动,由于选取的参考系不同,对它的运动描述就不同,这称为运动描述的相对性。例如,某人坐在匀速运动的船上,相对于船,人是静止的;而相对于岸,人是匀速运动的,这就是运动描述的相对性。人相对于船和岸的运动是不同的。又如,在作匀速直线运动的车厢中,有一个物体从车厢顶脱落,以车厢为参考系,物体作直线运动;以地面为参考系,物体作抛物线运动。因此,在描述某一物体的运动状态时,必须指明是相对哪个参考系而言的。

只有参考系还不能定量地描述物体的运动。为了定量确定物体相对于参考系的位置,还需要在参考系上建立一个坐标系。最常用的坐标系是直角坐标系。先在参考系上选定一点作为坐标系的原点 O,取通过原点且标有长度单位、相互垂直并成右手螺旋关系的有向直线作为坐标系的 x、y、z 轴,与 x、y、z 轴相对应的单位矢量分别用 $\boldsymbol{i}$,$\boldsymbol{j}$,$\boldsymbol{k}$ 表示。另外常用的坐标系有自然坐标系、极坐标系、柱面坐标系和球面坐标系等。建立什么样的坐标系应根据具体问题而定。

1.2　位置矢量　运动方程　轨迹方程

一、位置矢量

研究质点的运动,就是要确定质点在空间的位置以及位置随时间变化的规律。建立一个直角坐标系,则质点某一时刻的位置可以用坐标(x,y,z)表示。也可以用一个从原点指向质点的矢量 $\boldsymbol{r}$ 来表示,$\boldsymbol{r}$ 称为位置矢量,简称"位矢",如图 1-1 所示。坐标(x,y,z)就是 $\boldsymbol{r}$ 在直角坐标中的三个分量,表示为

$$\boldsymbol{r} \equiv \boldsymbol{OP} = x\boldsymbol{i} + y\boldsymbol{j} + z\boldsymbol{k} \tag{1-1}$$

式中 $\boldsymbol{i}$,$\boldsymbol{j}$,$\boldsymbol{k}$ 分别为 x,y,z 方向的单位矢量。位置矢量的大小为

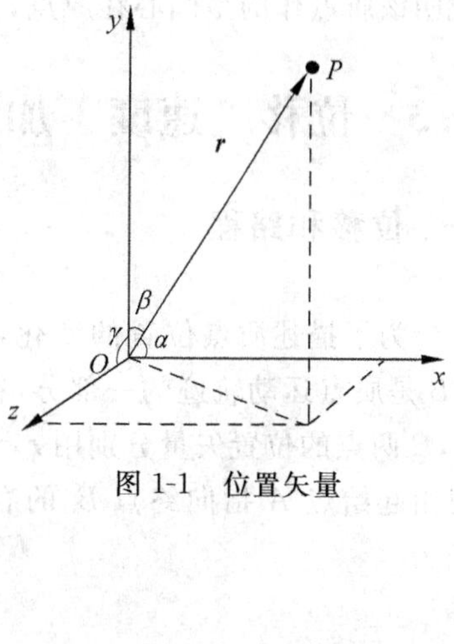

图 1-1　位置矢量

$$r = |\boldsymbol{r}| = \sqrt{x^2 + y^2 + z^2}$$

位置矢量的方向可由方向余弦表示

$$\cos\alpha = \frac{x}{r}, \quad \cos\beta = \frac{y}{r}, \quad \cos\gamma = \frac{z}{r}$$

式中 α,β,γ 分别表示位置矢量 $\boldsymbol{r}$ 与 x 轴、y 轴和 z 轴之间的夹角。

二、质点的运动方程及轨迹方程

质点在空间中运动时，它的位置随时间而变化，因此，质点的位置矢量随时间变化，写出其变化函数式

$$\boldsymbol{r} = \boldsymbol{r}(t) = x(t)\boldsymbol{i} + y(t)\boldsymbol{j} + z(t)\boldsymbol{k} \tag{1-2}$$

称之为质点运动方程。它给出了任一时刻质点的位置，由此出发，即可了解质点的运动规律。

在直角坐标系中，质点运动方程也可以用分量形式表示如下：

$$\begin{cases} x = x(t) \\ y = y(t) \\ z = z(t) \end{cases} \tag{1-3}$$

式(1-3)可以理解为是质点运动在三个坐标轴上分解出的独立分运动的运动方程，反之，式(1-2)可看成是三个分运动的合成。在实际应用中，常常将运动方程分解为分量式，然后分别加以研究。

在运动方程中，消去时间参数 t，得到坐标之间的关系式 $f(x,y,z)=0$，此方程称为质点的轨迹方程。轨迹是直线的运动称为直线运动，轨迹是曲线的运动称为曲线运动。因此，式(1-3)也可以理解为是以时间 t 作为参数的质点轨迹方程。

【例题 1-1】 在 xy 平面上运动的质点，其运动方程 $\boldsymbol{r}=3\cos\pi t\boldsymbol{i}+3\sin\pi t\boldsymbol{j}$ (SI)，试求其轨迹方程。

解：运动方程分量式为

$$x = 3\cos\pi t, \quad y = 3\sin\pi t$$

两式联立，消去时间参数 t，即得轨迹方程

$$x^2 + y^2 = 9$$

说明该质点作的是圆心在原点，半径为 3m 的圆周运动。

1.3 位移 速度 加速度

一、位移和路程

为了描述质点位置的变化，引入物理量——位移矢量 $\Delta\boldsymbol{r}$，如图 1-2(a)所示。设曲线 AB 是质点运动轨迹的一部分，在 t 时刻，质点位于 A 点，在 $t+\Delta t$ 时刻，质点运动到 B 点，A，B 两点的位置矢量分别用 $\boldsymbol{r}_A$ 和 $\boldsymbol{r}_B$ 表示。经过时间间隔 Δt，质点位置矢量发生的变化，可由起始点 A 指向终点 B 的有向线段 $\boldsymbol{AB}$ 来描述，$\boldsymbol{AB}$ 称为质点的位移矢量，简称位移，记为

$$\Delta \boldsymbol{r} = \boldsymbol{r}_B - \boldsymbol{r}_A = \boldsymbol{AB} \tag{1-4}$$

在直角坐标系中，设 A、B 点的坐标分别为 (x_A, y_A, z_A)，(x_B, y_B, z_B)，则位移的分量式可表示如下

$$\Delta \boldsymbol{r} = \Delta x\boldsymbol{i} + \Delta y\boldsymbol{j} + \Delta z\boldsymbol{k}$$
$$\Delta x = x_B - x_A, \quad \Delta y = y_B - y_A, \quad \Delta z = z_B - z_A \tag{1-5}$$

式中 $\Delta x, \Delta y, \Delta z$ 分别表示 Δt 时间内三个坐标的变化量。

质点从 A 点到 B 点所经历的轨迹长度称为这段时间走过的路程，用 ΔS 表示。注意区分位移和路程这两个概念。位移是矢量，表示质点位置变化的净效果，与质点运动轨迹无关，只与始末位置有关；而路程是标量，是质点通过的实际路径的长度，与质点运动轨迹有关。另外，一般而言，位移的大小 $|\Delta \boldsymbol{r}|$ 并不等于路程，这一点从图 1-2(a) 看得很清楚。但是，若时间间隔 Δt 取极限趋向无限小 $\mathrm{d}t$，则位移的大小等于路程，即

$$|\mathrm{d}\boldsymbol{r}| = \mathrm{d}s \tag{1-6}$$

最后，还应注意位移的大小 $|\Delta \boldsymbol{r}|$ 和 Δr 的区别，如图 1-2(b) 所示。$\Delta r = |\boldsymbol{r}_B| - |\boldsymbol{r}_A| = r_B - r_A$，表示 Δt 时间内位置矢量大小的变化，而 $|\Delta \boldsymbol{r}| = |\boldsymbol{AB}|$。即使时间间隔趋向无限小，两者一般也不相等。

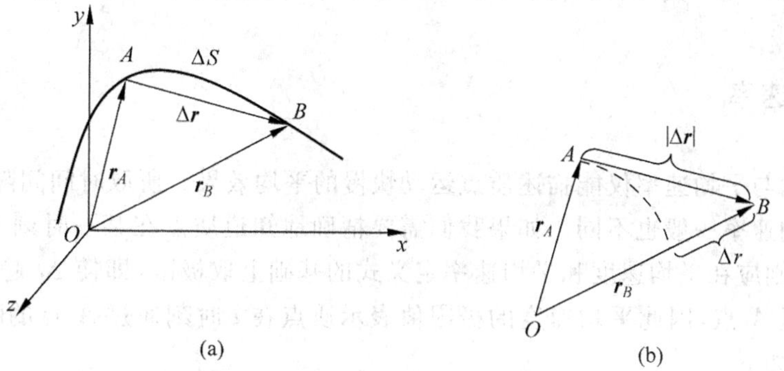

图 1-2　位移及路程

(a) 位移矢量及路程；(b) $|\Delta \boldsymbol{r}|$ 与 Δr 的区别

二、平均速度与平均速率

为了描述质点的运动状态，除了知道其位置所在，还需要了解位置变化的方向和快慢，即运动的方向和快慢，为此引入平均速度这个物理量。

如图 1-2(a) 所示，Δt 时间内，设质点的位移为 $\Delta \boldsymbol{r}$，则质点的平均速度定义为

$$\bar{\boldsymbol{v}} = \frac{\Delta \boldsymbol{r}}{\Delta t} \tag{1-7}$$

在直角坐标系中的分量式为

$$\bar{\boldsymbol{v}} = \frac{\Delta \boldsymbol{r}}{\Delta t} = \frac{\Delta x}{\Delta t}\boldsymbol{i} + \frac{\Delta y}{\Delta t}\boldsymbol{j} + \frac{\Delta z}{\Delta t}\boldsymbol{k} \tag{1-8}$$

或写成如下形式

$$\bar{\boldsymbol{v}} = \frac{\Delta \boldsymbol{r}}{\Delta t} = \bar{v}_x\boldsymbol{i} + \bar{v}_y\boldsymbol{j} + \bar{v}_z\boldsymbol{k} \tag{1-9}$$

因此,有

$$\bar{v}_x = \frac{\Delta x}{\Delta t}, \quad \bar{v}_y = \frac{\Delta y}{\Delta t}, \quad \bar{v}_z = \frac{\Delta z}{\Delta t} \tag{1-10}$$

此即平均速度在直角坐标系中三个分量的定义式。

由式(1-7)可见,平均速度是一个矢量,它的方向与这段时间内位移的方向一致;它的大小有如下几种表示

$$|\bar{\boldsymbol{v}}| = \left|\frac{\Delta \boldsymbol{r}}{\Delta t}\right| = \sqrt{\bar{v}_x^2 + \bar{v}_y^2 + \bar{v}_z^2} = \sqrt{\left(\frac{\Delta x}{\Delta t}\right)^2 + \left(\frac{\Delta y}{\Delta t}\right)^2 + \left(\frac{\Delta z}{\Delta t}\right)^2} \tag{1-11}$$

在描述质点运动时,也经常用到速率这个物理量。我们把 Δt 时间内质点所经过的路程 Δs 与所用时间 Δt 的比值$\frac{\Delta s}{\Delta t}$定义为质点在 Δt 时间内的平均速率,记为

$$\bar{v} = \frac{\Delta s}{\Delta t} \tag{1-12}$$

可见,平均速率是一个标量,等于单位时间内质点所通过的路程。要注意区分平均速率与平均速度的区别。平均速度是矢量,其大小 $|\bar{\boldsymbol{v}}| = \left|\frac{\Delta \boldsymbol{r}}{\Delta t}\right|$ 并不等于平均速率。例如,某质点绕半径为 R 的圆运动一周,所用时间为 T,则质点的平均速度为零,而平均速率为$\frac{2\pi R}{T}$。

三、速度与速率

平均速度与平均速率仅能描述质点运动快慢的平均效果。所取时间间隔 Δt 不同,则平均速度和平均速率一般也不同。如果我们需要精确地知道质点在某一时刻 t(或某一位置)的运动情况,则应在平均速度和平均速率定义式的基础上取极限,即使 Δt 趋向于 0,此时 B 点无限地靠近 A 点,因此平均速度的极限值表示质点在 t 时刻通过 A 点的瞬时速度,简称速度,定义式如下

$$\boldsymbol{v} = \lim_{\Delta t \to 0} \frac{\Delta \boldsymbol{r}}{\Delta t} = \frac{\mathrm{d}\boldsymbol{r}}{\mathrm{d}t} \tag{1-13}$$

在直角坐标系中可分解为分量式

$$\boldsymbol{v} = \frac{\mathrm{d}x}{\mathrm{d}t}\boldsymbol{i} + \frac{\mathrm{d}y}{\mathrm{d}t}\boldsymbol{j} + \frac{\mathrm{d}z}{\mathrm{d}t}\boldsymbol{k} = v_x\boldsymbol{i} + v_y\boldsymbol{j} + v_z\boldsymbol{k} \tag{1-14}$$

因此,速度在直角坐标系中三个分量的定义式为

$$v_x = \frac{\mathrm{d}x}{\mathrm{d}t}, \quad v_y = \frac{\mathrm{d}y}{\mathrm{d}t}, \quad v_z = \frac{\mathrm{d}z}{\mathrm{d}t} \tag{1-15}$$

由式(1-13)可知,速度就是位置矢量(即运动方程)对时间的一阶导数。速度是矢量,其方向与取极限情况下的位移 $\mathrm{d}\boldsymbol{r}$ 相同,即速度的方向沿着该点轨迹的切线方向并指向运动的前方。速度的大小可表示为

$$v = |\boldsymbol{v}| = \sqrt{\left(\frac{\mathrm{d}x}{\mathrm{d}t}\right)^2 + \left(\frac{\mathrm{d}y}{\mathrm{d}t}\right)^2 + \left(\frac{\mathrm{d}z}{\mathrm{d}t}\right)^2} \tag{1-16}$$

或者,根据定义式(1-13)和式(1-6),速度大小也可表示为

$$|\boldsymbol{v}| = \left|\frac{\mathrm{d}\boldsymbol{r}}{\mathrm{d}t}\right| = \frac{\mathrm{d}s}{\mathrm{d}t} \tag{1-17}$$

另一方面，根据平均速率的定义式，当 Δt 趋于 0 时，B 点趋于 A 点，因此平均速率的极限值表示的是质点在 t 时刻通过 A 点的瞬时速率，简称速率，记为

$$v = \lim_{\Delta t \to 0} \frac{\Delta s}{\Delta t} = \frac{ds}{dt} \tag{1-18}$$

比较式(1-17)与式(1-18)，显然瞬时速度的大小与瞬时速率是相等的。

根据定义式，平均速度、平均速率、速度与速率在国际单位制(简称 SI)中的单位均为米/秒(m/s)。

【例题 1-2】 一质点作直线运动，运动方程为 $x=3t-2t^2$(SI)，试求：

(1) 质点的速度表达式；

(2) 从 $t=1$s 到 $t=3$s 时间间隔内质点位移的大小和质点走过的路程。

解：(1) 依题意，质点沿着 x 轴作直线运动，所以速度只有一个分量

$$v_x = \frac{dx}{dt} = 3 - 4t\text{(SI)}$$

(2) 位移也只有一个分量

$$\Delta x = x\,|_{t=3} - x\,|_{t=1} = -9 - 1 = -10\text{m}$$

所以，位移的大小为 10m。

计算路程时，需考虑这段时间内质点是否存在反向运动。当速度为零时，质点开始反向运动，因此，令 $v_x = \frac{dx}{dt} = 3-4t=0$，得 $t=0.75$s。所以，从 $t=1$s 到 $t=3$s 时间间隔内质点走过的路程为

$$\Delta s = |\,x\,|_{t=0.75} - x\,|_{t=1}\,| + |\,x\,|_{t=0.75} - x\,|_{t=3}\,| = \left|\frac{9}{8} - 1\right| + \left|\frac{9}{8} - (-9)\right| = 10.25\text{m}$$

四、加速度

在质点运动中，质点的速度大小和方向一般会随时间而变化。加速度就是描述质点速度的大小和方向随时间变化快慢的物理量。首先定义平均加速度。

如图 1-3 所示，在 Δt 时间内，质点从 A 运动到 B，速度的变化为 $\Delta \boldsymbol{v} = \boldsymbol{v}_B - \boldsymbol{v}_A$，质点的平均加速度定义为速度变化量与所用时间之比，即

$$\bar{\boldsymbol{a}} = \frac{\Delta \boldsymbol{v}}{\Delta t} \tag{1-19}$$

其方向与速度增量的方向相同。

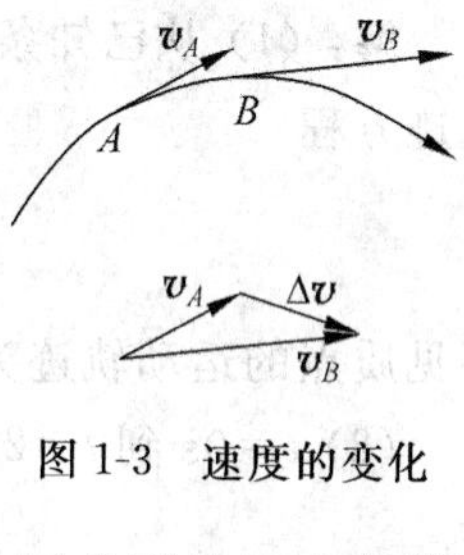

图 1-3　速度的变化

平均加速度显然与 Δt 有关，只能描述速度变化的平均效果。为了更精确地描述，应取极限，令 Δt 趋向于 0，则 B 点无限靠近 A 点，因此平均加速度的极限值表示质点在 t 时刻通过 A 点的瞬时加速度，简称加速度

$$\boldsymbol{a} = \lim_{\Delta t \to 0} \frac{\Delta \boldsymbol{v}}{\Delta t} = \frac{d\boldsymbol{v}}{dt} = \frac{d^2 \boldsymbol{r}}{dt^2} \tag{1-20}$$

在直角坐标系中分解为分量式

$$\boldsymbol{a} = a_x \boldsymbol{i} + a_y \boldsymbol{j} + a_z \boldsymbol{k} \tag{1-21}$$

三个分量 a_x，a_y，a_z 分别为

$$a_x=\frac{\mathrm{d}v_x}{\mathrm{d}t}=\frac{\mathrm{d}^2x}{\mathrm{d}t^2},\quad a_y=\frac{\mathrm{d}v_y}{\mathrm{d}t}=\frac{\mathrm{d}^2y}{\mathrm{d}t^2},\quad a_z=\frac{\mathrm{d}v_z}{\mathrm{d}t}=\frac{\mathrm{d}^2z}{\mathrm{d}t^2} \tag{1-22}$$

可见，加速度就是速度对时间的一阶导数或位置矢量对时间的二阶导数；它的三个分量分别是速度的三个分量对时间的一阶导数或坐标 x,y,z 对时间的二阶导数。

从定义式可见，加速度是一个矢量，其大小表示为

$$a=|\boldsymbol{a}|=\sqrt{a_x^2+a_y^2+a_z^2} \tag{1-23}$$

加速度的方向与 $\mathrm{d}\boldsymbol{v}$ 相同，也就是当 Δt 趋向于零时，速度变化量的极限方向。因此，加速度的方向总是指向轨迹曲线的凹侧，如图 1-4 所示。当质点作直线运动时，加速度方向与速度方向的夹角为 0°或 180°；质点作曲线运动时，当加速度方向与速度方向的夹角大于 90°时，则速率减小；当加速度方向与速度方向的夹角小于 90°时，则速率增大；当加速度方向与速度方向的夹角等于 90°时，则速率不变，质点作匀速率曲线运动。

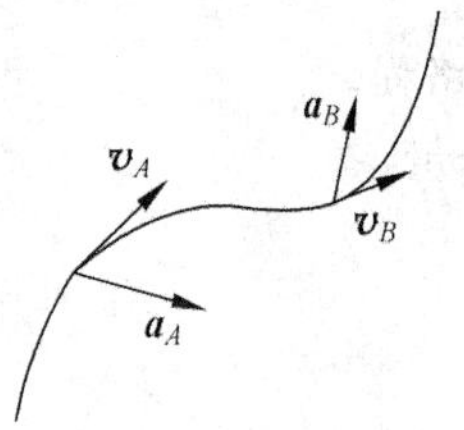

图 1-4　加速度的方向

以上给出了描述质点运动状态所需的若干物理量，从这些物理量的定义可以看出，求解质点运动学可以归纳为两类基本问题：第一类问题是已知质点的运动方程，求解质点在任一时刻的位置矢量、速度和加速度（或者已知质点的速度，求解加速度），从数学上看，这类问题可以用一阶导数和二阶导数的方法；第二类问题是已知质点的加速度以及初始速度和初始位置（常称为初始条件），求解质点的速度及其运动方程（或已知质点的速度以及初始位置，求解质点在任一时刻的位置矢量），这时可以用积分的办法求解。

【例题 1-3】 已知质点的运动方程矢量式为 $\boldsymbol{r}=2t\boldsymbol{i}+(2-t^2)\boldsymbol{j}$(SI)。求：

(1) 质点的轨迹方程；

(2) $t=0$s 到 $t=2$s 的平均速度及大小；

(3) $t=2$s 末的速度及速度大小；

(4) $t=2$s 末的加速度及加速度大小。

解：(1) 从已知条件可知，运动方程的分量式为 $x=2t, y=2-t^2$，两者联立消去 t，即得轨迹方程

$$y=2-\frac{x^2}{4}$$

可见质点的运动轨迹为抛物线。

(2) $t=0$s 到 $t=2$s 的平均速度可根据平均速度的定义式得到

$$\bar{\boldsymbol{v}}=\bar{v}_x\boldsymbol{i}+\bar{v}_y\boldsymbol{j}=\frac{\Delta x}{\Delta t}\boldsymbol{i}+\frac{\Delta y}{\Delta t}\boldsymbol{j}=\frac{x|_{t=2}-x|_{t=0}}{2}\boldsymbol{i}+\frac{y|_{t=2}-y|_{t=0}}{2}\boldsymbol{j}=2\boldsymbol{i}-2\boldsymbol{j}\ (\mathrm{m/s})$$

其大小为

$$|\bar{\boldsymbol{v}}|=\sqrt{(\bar{v}_x)^2+(\bar{v}_y)^2}=2.82(\mathrm{m/s})$$

(3) 根据速度的定义式

$$\boldsymbol{v}=v_x\boldsymbol{i}+v_y\boldsymbol{j}=\frac{\mathrm{d}x}{\mathrm{d}t}\boldsymbol{i}+\frac{\mathrm{d}y}{\mathrm{d}t}\boldsymbol{j}=2\boldsymbol{i}-2t\boldsymbol{j}\ (\mathrm{m/s})$$

于是，$t=2\text{s}$ 时的速度为

$$\boldsymbol{v}_{t=2}=2\boldsymbol{i}-4\boldsymbol{j}(\text{m/s})$$

其大小为

$$v_{t=2}=\sqrt{v_x^2+v_y^2}=4.47(\text{m/s})$$

(4) 根据加速度的定义式

$$\boldsymbol{a}=\frac{\text{d}\boldsymbol{v}}{\text{d}t}=-2\boldsymbol{j}(\text{m/s}^2)$$

可见，加速度是一个恒矢量。因此上式也就是 $t=2\text{s}$ 时的加速度，加速度的大小为 2m/s^2。

【例题 1-4】 一个质点悬挂在弹簧上作竖直振动时，其加速度可表示为 $a=-ky$，式中 k 为正的常量，y 是以平衡位置为原点所测得的质点坐标。假定初始时刻质点位于 y_0 处，初速度为 v_0，试求任意时刻的速度 v 与坐标 y 之间的关系式。

解：由加速度在运动方向的分量式 $a=\frac{\text{d}v}{\text{d}t}$ 及速度的分量式 $v=\frac{\text{d}y}{\text{d}t}$，得

$$a=\frac{\text{d}v}{\text{d}t}=\frac{\text{d}v}{\text{d}y}\frac{\text{d}y}{\text{d}t}=v\frac{\text{d}v}{\text{d}y}$$

将已知条件 $a=-ky$ 代入上式，得

$$-ky=v\frac{\text{d}v}{\text{d}y}$$

分离变量，并将初始条件代入，积分

$$-\int_{y_0}^{y}ky\,\text{d}y=\int_{v_0}^{v}v\,\text{d}v$$

$$v^2=v_0^2+k(y_0^2-y^2)$$

1.4 匀变速直线运动 抛体运动 圆周运动

在质点运动过程中，若加速度的大小和方向保持不变，即加速度为恒矢量，则称之为匀变速运动。设加速度为 $\boldsymbol{a}$，初始时刻 $t=0$ 时，初速度为 $\boldsymbol{v}_0$，初始位置在 $\boldsymbol{r}_0$ 处，则根据加速度的定义式，可以求出该质点任意时刻的速度和运动方程。

由加速度定义式 $\boldsymbol{a}=\frac{\text{d}\boldsymbol{v}}{\text{d}t}$，分离变量，再结合初始条件，则任意时刻 t 的速度 $\boldsymbol{v}$ 可以通过积分求出

$$\int_{\boldsymbol{v}_0}^{\boldsymbol{v}}\text{d}\boldsymbol{v}=\int_0^t\boldsymbol{a}\text{d}t=\boldsymbol{a}\int_0^t\text{d}t=\boldsymbol{a}t$$

$$\boldsymbol{v}=\boldsymbol{v}_0+\boldsymbol{a}t \tag{1-24}$$

进一步根据速度的定义式 $\boldsymbol{v}=\frac{\text{d}\boldsymbol{r}}{\text{d}t}$，结合式(1-24)，再次分离变量，得

$$\text{d}\boldsymbol{r}=(\boldsymbol{v}_0+\boldsymbol{a}t)\text{d}t$$

设 t 时刻的位置矢量(即运动方程)为 $\boldsymbol{r}$，分离变量积分，得

$$\int_{\boldsymbol{r}_0}^{\boldsymbol{r}}\text{d}\boldsymbol{r}=\int_0^t(\boldsymbol{v}_0+\boldsymbol{a}t)\text{d}t$$

$$\boldsymbol{r}=\boldsymbol{r}_0+\boldsymbol{v}_0 t+\frac{1}{2}\boldsymbol{a}t^2 \tag{1-25}$$

注意式(1-24)和式(1-25)成立的条件是质点运动的加速度为恒矢量。

根据运动的叠加原理,当物体同时参与两个或多个运动时,其总的运动乃是各个独立运动的合成结果。这称为运动叠加原理,或运动的独立性原理。作为物理学中的一个重要原理,它是研究运动的合成与分解的理论依据。因此,在实际应用中常常建立一个坐标系,将运动按照坐标轴的方向分解为分运动进行研究。例如,匀变速直线运动和斜抛运动均属于加速度为恒矢量的运动,但前者是一维运动,而后者为平面运动。对于后者,可以建立二维直角坐标,写出式(1-24)和式(1-25)的两个分量式,分解为两个分运动进行研究。下面分别进行讨论。

一、匀变速直线运动

设质点作一维匀变速直线运动。建立直角坐标系,运动方向设为 x 轴,则式(1-24)和式(1-25)都只有一个分量式,写成

$$v=v_0+at \tag{1-26}$$

$$x=x_0+v_0 t+\frac{1}{2}at^2 \tag{1-27}$$

两式联立消去时间 t,得到

$$v^2=v_0^2+2a(x-x_0) \tag{1-28}$$

式(1-26)、式(1-27)和式(1-28)是大家在中学中就很熟悉的匀变速直线运动的公式。上述式子中的各个物理量均为分量,实际运用中应注意正负所代表的物理意义,正值表示其方向与 x 轴正向相同,负值则表示其方向指向 x 轴负向。

【例题 1-5】 一物体以 5m/s 的初速度竖直上抛,求解任意时刻的速度和位置。设空气阻力可以忽略。

解:如图 1-5 所示建立坐标系,起抛点作为原点,向下作为 x 轴正方向,则初始条件为

$$x_0=0,\quad v_0=-5\text{m/s},\quad a=g=9.8\text{m/s}^2$$

代入式(1-26)和式(1-27),得

$$v(t)=-5+9.8t$$

$$x(t)=-5t+\frac{1}{2}\times 9.8t^2$$

图 1-5 例题 1-5 用图

上抛运动各个阶段的运动状态可以通过上述两个式子的正负来表示。例如,某一时刻,若 $v(t)<0$、$x(t)<0$,则意味着物体向上运动,且位于起抛点的上方;若 $v(t)>0$、$x(t)<0$,则物体已开始向下运动,但仍位于起抛点的上方;若 $v(t)>0$、$x(t)>0$,则物体已向下运动至起抛点的下方了。因此,在不考虑空气阻力的情况下,无需分段处理。但是,有空气阻力存在时,则必须分段处理。

本例题中速度和位置的正负显然与坐标轴正方向的规定有关,一般而言,坐标轴正方向可任意选取,视具体问题而定。

延伸阅读

蹦　极

蹦极(bungee jumping),也叫机索跳,白话叫笨猪跳,是近些年来新兴的一项非常刺激的户外休闲活动。跳跃者站在40米以上(相当于10层楼)高度的桥梁、塔顶、高楼、吊车甚至热气球上,把一根一端固定的长长的橡皮绳绑在踝关节处然后两臂伸开,双腿并拢,头朝下跳下去。绑在跳跃者踝部的橡皮绳很长,足以使跳跃者在空中享受几秒钟的"自由落体"。当人体落到离地面一定距离时,橡皮绳被拉直、绷紧、阻止人体继续下落,当到达最低点时橡皮再次弹起,人被拉起,随后,又落下,这样反复多次直到橡皮绳的弹性消失为止,这就是蹦极的全过程。

二、抛体运动

在空中以某一速度抛出一个物体,它在空中的运动就称为抛体运动。忽略空气阻力时,物体仅受重力作用,其加速度为重力加速度 $\boldsymbol{g}$,而 $\boldsymbol{g}$ 一般可以视为恒矢量,因此,式(1-24)和式(1-25)对抛体运动适用。根据抛出速度的方向,抛体运动可分为斜抛运动、平抛运动、竖直上抛运动和竖直下抛运动。其中,竖直上抛运动和竖直下抛运动为一维运动,用一个分量即可描述;而斜抛运动和平抛运动是二维的平面运动,常常建立二维的平面直角坐标系,将这种运动看成两个相互垂直的分运动的叠加。因此,式(1-24)和式(1-25)将有两个分量式。

如图1-6所示。设在空中有一个质点以初速度 $\boldsymbol{v}_0$,与水平方向成 α 角斜抛出去。将起抛点作为原点,水平方向和竖直方向分别为 x 轴和 y 轴,建立坐标系。则 $\boldsymbol{r}_0=0$,初速度 $\boldsymbol{v}_0$ 的两个分量为

$$v_{0x}=v_0\cos\alpha,\quad v_{0y}=v_0\sin\alpha \tag{1-29}$$

加速度的两个分量为

$$a_x=0,\quad a_y=-g \tag{1-30}$$

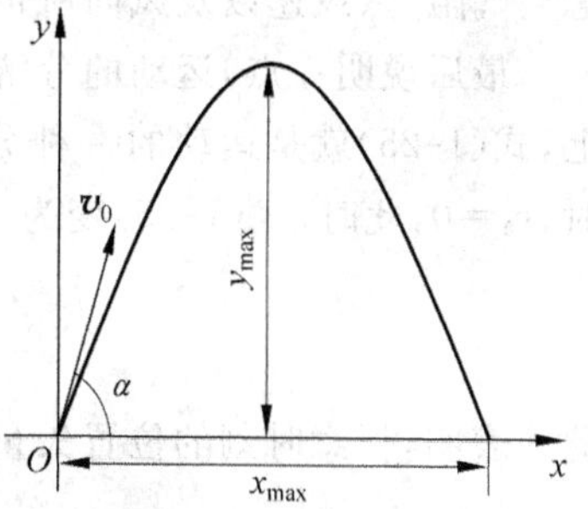

图1-6　抛体运动

根据上述两式,由式(1-24)可求出任意时刻物体运动速度的两个分量

$$\begin{cases}v_x=v_{0x}+a_xt=v_0\cos\alpha\\ v_y=v_{0y}+a_yt=v_0\sin\alpha-gt\end{cases} \tag{1-31}$$

由式(1-25),可求出任意时刻物体的位置

$$\begin{cases}x=x_0+v_{0x}t+\dfrac{1}{2}a_xt^2=v_0\cos\alpha\cdot t\\ y=y_0+v_{0y}t+\dfrac{1}{2}a_yt^2=v_0\sin\alpha\cdot t-\dfrac{1}{2}gt^2\end{cases} \tag{1-32}$$

由此可知,物体在水平方向(x 方向)作匀速直线运动,在竖直方向(y 方向)作竖直上抛运动。联立式(1-32)中的两个式子,消去 t,可以得到轨迹方程

$$y=x\tan\alpha-\frac{g}{2v_0^2\cos^2\alpha}x^2 \tag{1-33}$$

该式说明在不考虑空气阻力的情况下,质点运动轨迹是一条抛物线。若起抛角 $\alpha=0$,则称

为平抛运动。

在轨迹方程中令 $y=0$,可求得抛物线与 x 轴的一个交点坐标

$$x_{\max}=\frac{v_0^2\sin2\alpha}{g} \tag{1-34}$$

$x_{\max}$称为抛体飞行的水平射程,即抛体回落到与起抛点相同高度时水平所经过的距离。显然,当起抛角度 α 为 45°时,水平射程最大。

抛体到达最高点时,速度方向沿水平向右,即 $v_y=0$,由此可求得抛体飞行到达最高点的时刻为

$$t=\frac{v_0\sin\alpha}{g} \tag{1-35}$$

把求得的时刻代入式(1-32)分量形式中的 y 表达式,便可得到抛体在飞行中所能达到的最大高度(称为射高)

$$y_{\max}=\frac{v_0^2\sin^2\alpha}{2g} \tag{1-36}$$

以上这些结果都是在忽略空气阻力的理想情况下得到的。在实际应用中,有时必须考虑空气阻力对运动造成的影响。子弹或炮弹在飞行过程中,由于速度比较大,空气阻力将使实际运动规律与上述公式有较大差别。例如,一颗子弹以 550m/s 的初速沿着 45°起抛角射出,没有空气阻力时,其水平射程可达 30000m 以上。但实际上由于阻力的影响,其水平射程仅为 8500m 左右,不到前者的 1/3。因此,弹道学研究中,在上述规律的基础上,需全面考虑空气阻力、风速以及风向所带来的影响。

最后说明一点,运动的分解是灵活多样的,可根据不同的坐标系进行不同的分解。实际上,式(1-25)就是运动的一种分解方式。前面提到斜抛运动中,当起抛点选取为坐标原点时,$\boldsymbol{r}_0=0$,此时,式(1-25)变为

$$\boldsymbol{r}=\boldsymbol{v}_0t+\frac{1}{2}\boldsymbol{g}t^2 \tag{1-37}$$

此式表明,任意时刻的位置矢量 $\boldsymbol{r}$,是 $\boldsymbol{v}_0t$ 和 $\frac{1}{2}\boldsymbol{g}t^2$ 两个矢量的叠加,也就是说,斜抛运动可以看成是沿初速方向的匀速直线运动与竖直方向的自由落体运动的叠加。在有些问题的分析中,这样的分解非常便捷。

延伸阅读

弹 道 导 弹

弹道导弹(ballistic missile)是一种导弹,通常没有翼,在烧完燃料后只能保持预定的航向,不可改变,其后的航向由弹道学法则支配。为了覆盖广大的距离,弹道导弹必须发射得很高,进入空中或太空,进行亚轨道宇宙飞行;对于洲际导弹,中途高度大约为 1200km。洲际弹道导弹一般都是有核国家才配备,被视为核三位一体的最基础一极。弹道导弹按作战使用分为战略弹道导弹和战术弹道导弹,战略弹道导弹通常用于打击政治和经济中心、军事和工业基地、核武器库、交通枢纽等目标。为提高突防和打击多个目标的能力,战略弹道导弹可携带多弹头(集束式多弹头或分导式多弹头)和突防装置。有的弹道导弹弹头还带有末制导系统,用于机动飞行,准确攻击目标。

三、圆周运动

圆周运动是二维曲线运动的一个重要特例，研究圆周运动是研究一般曲线运动的基础。如图 1-7 所示，任意的平面曲线运动，可以分解为许许多多半径不一的圆周运动。另外，后续将要介绍的刚体绕定轴转动中，刚体的每一组成部分都在作圆周运动，因此，研究圆周运动又是研究刚体定轴转动的基础。研究圆周运动时，可以建立直角坐标系、平面极坐标系或自然坐标系。这里，我们将重点介绍平面极坐标系和自然坐标系。

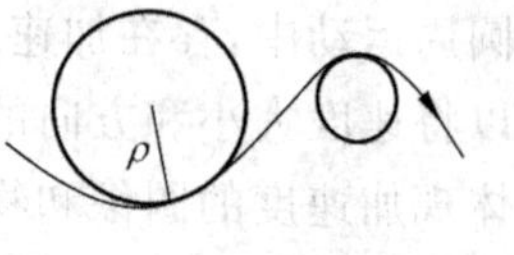

图 1-7　一般曲线运动

1. 平面极坐标系和圆周运动的角量描述

如图 1-8 所示，设一质点在平面 Oxy 内绕原点 O 作半径为 R 的圆周运动。在 t 时刻，质点位于 A 点，用平面极坐标来表示，则 A 点的坐标为(R,θ)。圆周运动很特殊，质点在运动过程中 R 保持不变，是一个常量，因此，描述质点的位置用一个变量 $\theta(t)$ 就够了，故称之为角量描述。OA 与 Ox 之间的夹角 θ 称为角位置，随着质点的运动，角位置在变化。设在 $t+\Delta t$ 时刻，质点运动到 B 点，此时角位置记为 $\theta+\Delta\theta$，其中 $\Delta\theta$ 是 $t+\Delta t$ 时刻的角位置与 t 时刻的角位置之差，称为角位移。角位移的转动方向有两种，一般情况下，沿逆时针方向，角位移取正值，沿顺时针方向，角位移取负值。

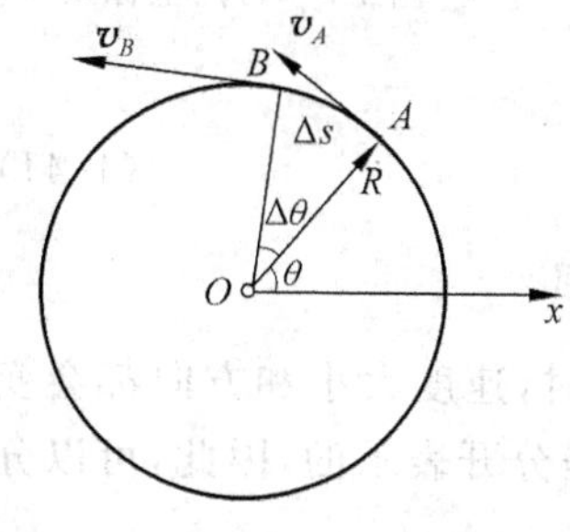

图 1-8　圆周运动的角量描述

角位置随时间变化的快慢可以用角位移 $\Delta\theta$ 与时间 Δt 之比在 Δt 趋近于零时的极限值 ω 来表示

$$\omega=\lim_{\Delta t\to 0}\frac{\Delta\theta}{\Delta t}=\frac{\mathrm{d}\theta}{\mathrm{d}t}\tag{1-38}$$

ω 称为 t 时刻质点对 O 点的瞬时角速度，简称角速度。角位移的单位常用弧度，所以角速度的单位为弧度每秒，记为 rad/s。

角速度随时间变化的快慢用角速度增量 $\Delta\omega$ 与时间 Δt 之比在 Δt 趋近于零时的极限值 β 来表示

$$\beta=\lim_{\Delta t\to 0}\frac{\Delta\omega}{\Delta t}=\frac{\mathrm{d}\omega}{\mathrm{d}t}=\frac{\mathrm{d}^2\theta}{\mathrm{d}t^2}\tag{1-39}$$

β 称为 t 时刻质点对 O 点的瞬时角加速度，简称角加速度。角加速度单位为弧度每二次方秒，记为 $\mathrm{rad/s^2}$。

圆周运动用角量描述仅需一个变量，所以与同样用一个变量就可以描述的直线运动之间在形式上有着相似性，可以进行类比。例如，质点作匀变速圆周运动，其角加速度 β 为常量，设初始时刻 $t=0$ 时，角速度为 ω_0，角位置为 θ_0，则任意时刻的角速度、角位置与角加速度的关系式为

$$\begin{cases}\omega=\omega_0+\beta t\\ \theta=\theta_0+\omega_0 t+\dfrac{1}{2}\beta t^2\\ \omega^2=\omega_0^2+2\beta(\theta-\theta_0)\end{cases}\tag{1-40}$$

与匀变速直线运动的几个关系式(1-26)、式(1-27)和式(1-28)在数学形式上完全相同。这说明用角量描述,可把二维的平面圆周运动转化为一维运动形式来处理,从而使问题得以简化。

2. 自然坐标系和圆周运动的切向加速度和法向加速度

自然坐标系适用于质点运动的轨迹已知的情况。质点作圆周运动,其轨迹已知。一般圆周运动中,存在加速度,加速度反映了速度大小和方向的变化快慢。采用自然坐标系,可以将速度大小和方向的变化分别用切向加速度分量和法向加速度分量来表示,从而更好地体现加速度的图像和物理意义。

如图 1-9 所示,一质点绕圆心 O 作半径为 R 的圆周运动,质点在圆周上 A 点的速度为 $\boldsymbol{v}$,$\boldsymbol{v}$ 的方向沿着 A 点轨迹的切线方向。自然坐标系是一个平面正交坐标系,其中一根坐标轴沿轨迹在该点的切线方向,与速度同向,该方向的单位矢量用 $\boldsymbol{e}_t$ 表示,称为切向单位矢量;另一坐标轴沿该点轨迹的法向并指向曲线凹侧,其对应的单位矢量用 $\boldsymbol{e}_n$ 表示,称为法向单位矢量。显然,随着质点的运动,自然坐标轴两个坐标轴单位矢量的方向是不断变化的。

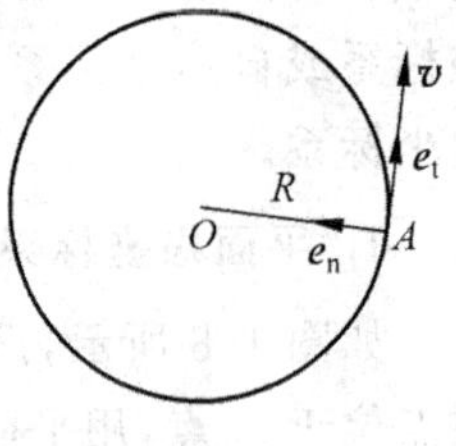

图 1-9　自然坐标系

在自然坐标系中,速度可表示为

$$\boldsymbol{v} = v\boldsymbol{e}_t \tag{1-41}$$

其中 v 为速度大小,即速率 $v=\dfrac{ds}{dt}$,s 表示路程,$\boldsymbol{e}_t$ 表示速度的方向。

加速度反映速度变化的快慢。一般来说,质点作圆周运动时,速度大小和方向都会变化,即 v 和 $\boldsymbol{e}_t$ 均为变量。在自然坐标系中,速度的大小和方向是分开表示的,因此,可以分别讨论它们的变化快慢。根据定义式,加速度为

$$\boldsymbol{a} = \frac{d\boldsymbol{v}}{dt} = \frac{d}{dt}(v\boldsymbol{e}_t) = \frac{dv}{dt}\boldsymbol{e}_t + v\frac{d\boldsymbol{e}_t}{dt} \tag{1-42}$$

也就是说,在自然坐标系中,加速度分解为两个分矢量。其中第一项反映速度大小随时间的变化快慢,其方向沿着 $\boldsymbol{e}_t$ 的方向,即沿着轨迹的切线方向。因此,将此项加速度称为切向加速度,记为 $\boldsymbol{a}_t$

$$\boldsymbol{a}_t = \frac{dv}{dt}\boldsymbol{e}_t = a_t\boldsymbol{e}_t \tag{1-43}$$

其中 $a_t=\dfrac{dv}{dt}$称为切向加速度分量。当速率随时间增大时,$a_t=\dfrac{dv}{dt}>0$,切向加速度与速度同方向,此时,质点作加速运动;当速率随时间减小时,$a_t=\dfrac{dv}{dt}<0$,切向加速度与速度反向,表示质点作减速运动;而如果 $a_t=\dfrac{dv}{dt}=0$,则意味着质点速率不变,质点作匀速率运动。

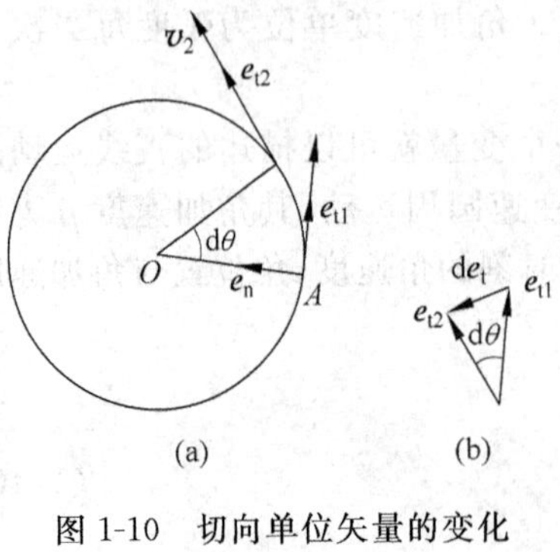

图 1-10　切向单位矢量的变化

下面讨论加速度表达式中的第二项 $v\dfrac{d\boldsymbol{e}_t}{dt}$。这一项反映速度方向(即 $\boldsymbol{e}_t$)随时间的变化快慢。其中 $d\boldsymbol{e}_t$ 表示在 dt 时间内切向单位矢量的变化。如图 1-10(a)所示,

设 t 时刻，质点在 A 点，切向单位矢量为 $\boldsymbol{e}_{t1}$，经过 dt 时间，质点转过 $d\theta$ 的角度，切向单位矢量变为 $\boldsymbol{e}_{t2}$，在这段时间内，切向单位矢量的变化为 $d\boldsymbol{e}_t=\boldsymbol{e}_{t2}-\boldsymbol{e}_{t1}$。由图 1-10(b)可见，三个矢量构成等腰三角形，因为 $|\boldsymbol{e}_{t1}|=|\boldsymbol{e}_{t2}|=1$，且 $d\theta$ 趋向于零，可得 $|d\boldsymbol{e}_t|=1\times d\theta=d\theta$，$d\boldsymbol{e}_t$ 的方向趋向于与 $\boldsymbol{e}_{t1}$ 垂直并指向圆心，即与 $\boldsymbol{e}_n$ 同向。因此，$d\boldsymbol{e}_t$ 可表示为

$$d\boldsymbol{e}_t = d\theta\boldsymbol{e}_n \tag{1-44}$$

代入式(1-42)中的第二项，得

$$v\frac{d\boldsymbol{e}_t}{dt} = v\frac{d\theta}{dt}\boldsymbol{e}_n = v\frac{d\theta}{ds}\frac{ds}{dt}\boldsymbol{e}_n = v\frac{1}{\frac{ds}{d\theta}}\frac{ds}{dt}\boldsymbol{e}_n \tag{1-45}$$

其中，$\frac{ds}{d\theta}=R$，$\frac{ds}{dt}=v$，因此，第二项可表示为

$$v\frac{d\boldsymbol{e}_t}{dt} = \frac{v^2}{R}\boldsymbol{e}_n$$

可见，这一项分矢量的方向与 $\boldsymbol{e}_n$ 同方向，指向圆心，因此，称其为法向加速度，用 $\boldsymbol{a}_n$ 表示

$$\boldsymbol{a}_n = \frac{v^2}{R}\boldsymbol{e}_n = a_n\boldsymbol{e}_n \tag{1-46}$$

其中，$a_n=\frac{v^2}{R}$ 称为法向加速度分量。

综上所述，如图 1-11 所示，在自然坐标系中，加速度可以按照切向和法向分解为切向加速度和法向加速度：

$$\boldsymbol{a} = a_t\boldsymbol{e}_t + a_n\boldsymbol{e}_n = \frac{dv}{dt}\boldsymbol{e}_t + \frac{v^2}{R}\boldsymbol{e}_n \tag{1-47}$$

加速度的大小可表示为

$$a = \sqrt{a_t^2 + a_n^2} = \sqrt{\left(\frac{dv}{dt}\right)^2 + \left(\frac{v^2}{R}\right)^2} \tag{1-48}$$

加速度的方向一般而言不再指向圆心，其方向可用加速度 $\boldsymbol{a}$ 和速度 $\boldsymbol{v}$ 之间的夹角 α 来表示，如图 1-11 所示，夹角 α 满足

$$\tan\alpha = \frac{a_n}{a_t} \tag{1-49}$$

以上有关速度和加速度在自然坐标系中的分解和表示，是以圆周运动为例来讨论的，对于一般已知轨迹的平面曲线运动，是否也适用呢？如前所述，任意的平面曲线运动，可以分解为许许多多半径不一的圆周运动。因此，计算时采用曲线在某点的曲率半径 ρ 替代圆的恒定半径 R，则上述讨论和结果对于一般已知轨迹的平面曲线运动都是适用的。

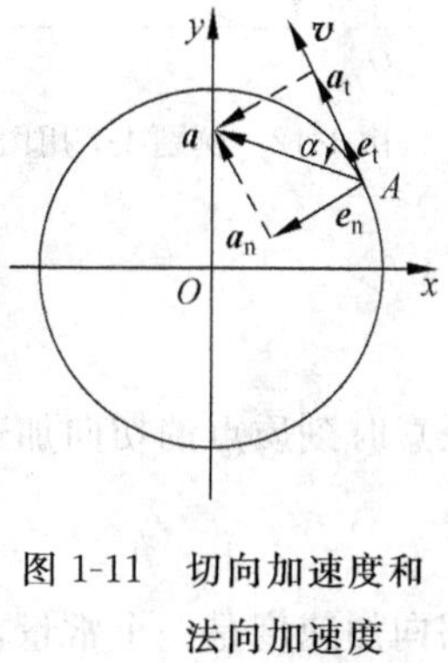

图 1-11　切向加速度和法向加速度

3. 线量与角量描述之间的关系

圆周运动既可以用角速度、角加速度等角量进行描述，也可以用速度、加速度等线量描述，二者之间有一定的对应关系。

如图 1-8 所示，设 $t=0$ 时质点位于 x 轴上，经过时间 t，到达 A 点，此时的角位置为 θ，所走过的路程为弧长 s，显然有

$$s = R\theta \tag{1-50}$$

上式两边分别对时间 t 求导，然后根据定义式 $v=\frac{ds}{dt}$ 和 $\omega=\frac{d\theta}{dt}$，可得到速率与角速度大小之间的关系

$$v=R\omega \tag{1-51}$$

将式(1-51)两边再次对时间 t 求导，即可得到切向加速度与角加速度之间的关系

$$a_t=R\beta \tag{1-52}$$

将速度与角速度的关系代入法向加速度的定义式，可得到法向加速度与角速度之间的关系

$$a_n=\frac{v^2}{R}=R\omega^2 \tag{1-53}$$

【例题 1-6】 在一个转动的齿轮上，一个齿尖 P 从静止出发，沿半径为 $R=1\text{m}$ 的圆周运动，其角加速度随时间 t 的变化规律是 $\beta=12t^2-6t(\text{SI})$，试求齿尖 P 的角速度 ω 和切向加速度 a_t。

解：依题意，$t=0$ 时，$\omega_0=0$；由定义式 $\beta=\frac{d\omega}{dt}$，分离变量，积分得

$$\int_0^\omega d\omega=\int_0^t \beta dt=\int_0^t(12t^2-6t)dt$$

得角速度为

$$\omega=4t^3-3t^2(\text{rad/s})$$

由切向加速度与角加速度的关系，可得切向加速度分量为

$$a_t=R\beta=12t^2-6t(\text{m/s}^2)$$

【例题 1-7】 质点 P 在水平面内的运动轨迹如图 1-12 所示，OA 段为直线，AB、BC 段分别为不同半径的两个 1/4 圆周。设 $t=0$ 时，质点 P 位于 O 点。已知运动学方程为

$$S=30t+5t^2(\text{SI})$$

其中 S 表示路程。求 $t=2\text{s}$ 时刻，质点 P 的切向加速度和法向加速度。

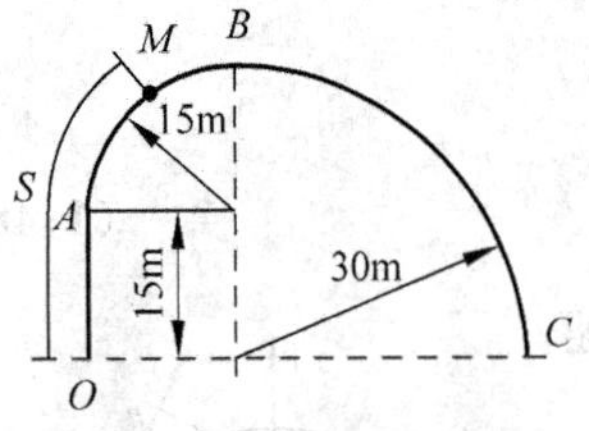

图 1-12 例题 1-7 用图

解：首先求出 $t=2\text{s}$ 时质点走过的路程为 $S=80\text{m}$，可知质点位于大圆上，大圆半径 R 为 30m。

由 $S=30t+5t^2$，对 t 求导，可得任意时刻质点的速率为

$$v=\frac{dS}{dt}=30+10t$$

任意时刻质点的切向加速度为

$$a_t=\frac{dv}{dt}=\frac{d^2S}{dt^2}=10(\text{m/s}^2)$$

切向加速度是一个常量，因此，$t=2\text{s}$ 时刻，质点 P 的切向加速度为 10m/s^2。法向加速度为

$$a_n=\frac{v^2}{R}$$

$t=2\text{s}$ 时，可知 $v=50\text{m/s}$，代入上式，即得 $t=2\text{s}$ 时的法向加速度为 $a_n=83.3\text{m/s}^2$。

延伸阅读——物理学家

伽 利 略

伽利略(Galileo Galilei，1564—1642)，意大利物理学家，天文学家和哲学家，近代实验

科学的先驱者。1564年2月15日生于比萨，1642年1月8日卒于比萨。伽利略对现代科学思想的发展作出了重大贡献。他是最早用望远镜观察天体的天文学家，曾用大量事实证明地球环绕太阳旋转，否定地心学说。由于他最先把科学实验和数学分析方法相结合并用来研究惯性运动和落体运动规律，为牛顿对第一和第二运动定律的研究铺平道路，所以常被认为是现代力学和实验物理的创始人。

1.5 相对运动 伽利略变换

物体和不同参考系之间的相对运动一般而言是不同的。也就是说，对物体运动的表述是相对的，取决于所选定的参考系。在不同的参考系当中，所观测到的位置矢量、速度和加速度一般来说都是不同的。例如，无风的下雨天，静止站在人行道旁边的观察者看到雨滴竖直下落。而坐在公交车里的观察者所看到的雨滴运动取决于车辆的行驶情况，若车辆靠站静止，他看到雨滴也是竖直下落的；若车辆启动、开始行驶，他看到雨滴倾斜着迎面而来，而且车辆行驶速度越快，倾斜得越明显。那么，静止在人行道旁的观察者所观测到的雨滴运动状态和公交车里的观察者所看到的雨滴运动状态之间有什么样的关系呢？当运动速度远小于光速的情况下，即在牛顿力学的范畴内，这套关系式称为伽利略变换式。

一、伽利略坐标变换式

设行驶的车辆为S'参考系，人行道为S参考系。考虑两个参考系之间为相对平动，S'系相对于S系以$\boldsymbol{v}_{S'S}$作直线运动（下标$S'S$中前一个字母表示运动的物体，后一个字母表示参考系）。在两个参考系上分别建立坐标轴相互平行的直角坐标系，并以运动方向作为x轴正方向。沿x轴方向O和O'重合时作为计时零点，则t时刻两个坐标系的相对位置如图1-13所示。在t时刻，S'系的原点O'不再与O重合了，其位置可用矢量$\boldsymbol{OO'}=\boldsymbol{r}_{S'S}$表示，质点$P$（雨滴）在$S$系和$S'$系中的位置矢量分别用$\boldsymbol{r}_{PS}$和$\boldsymbol{r}_{PS'}$表示，则由图中易看出

$$\boldsymbol{r}_{PS}=\boldsymbol{r}_{S'S}+\boldsymbol{r}_{PS'} \tag{1-54}$$

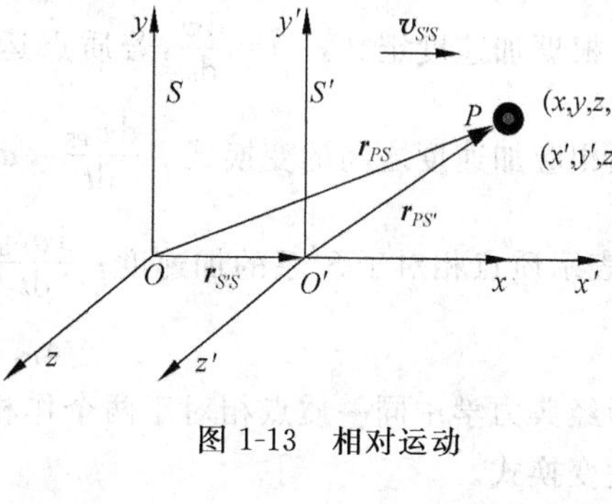

图1-13 相对运动

此式给出了两个参考系中看到的位置矢量之间的关系，称为伽利略坐标变换式。

值得注意的是，关系式$\boldsymbol{r}_{PS}=\boldsymbol{r}_{S'S}+\boldsymbol{r}_{PS'}$是由矢量叠加合成得到的，但在运用矢量叠加法则时，要求每个矢量必须是同一参考系中测定的，而伽利略坐标变换式中的$\boldsymbol{r}_{PS'}$是在S'系中的测量结果。

由此可见，伽利略变换式成立是有条件的，即S'系中测量的$\boldsymbol{r}_{PS'}$与S系中测量的$\boldsymbol{O'P}$是相等的，也就是说，空间两点间距离的测量与参考系无关。这一结论称为空间绝对性。

研究物体的运动离不开对时间的测量。设S系和S'系用各自的钟测得的时间为t和t'，当物体运动速度远小于光速时（即低速运动范畴），实践经验告诉我们，t和t'是相等的，即质点的同一运动所经历的时间，在不同的参考系中测得的结果相同，即时间测量与参考系

无关。这一结论称为时间绝对性。

若 S'系相对于 S 系是匀速运动的，速度 $\boldsymbol{v}_{S'S}=u\boldsymbol{i}$，再考虑绝对时间的测量，则伽利略坐标变换式可用分量式表示如下：

$$\begin{cases} x'=x-ut \\ y'=y \\ z'=z \\ t'=t \end{cases},\quad \begin{cases} x=x'+ut \\ y=y' \\ z=z' \\ t=t' \end{cases} \tag{1-55}$$

二、伽利略速度变换式

同一质点在 S 系和 S'系中观测到的速度之间的变换式，可根据速度的定义式，从式(1-54)求导得到

$$\frac{\mathrm{d}\boldsymbol{r}_{PS}}{\mathrm{d}t}=\frac{\mathrm{d}\boldsymbol{r}_{S'S}}{\mathrm{d}t}+\frac{\mathrm{d}\boldsymbol{r}_{PS'}}{\mathrm{d}t}$$

式中$\frac{\mathrm{d}\boldsymbol{r}_{PS}}{\mathrm{d}t}=\boldsymbol{v}_{PS}$为质点 P 相对于 S 系的速度；$\frac{\mathrm{d}\boldsymbol{r}_{S'S}}{\mathrm{d}t}=\boldsymbol{v}_{S'S}$为 S'系相对于 S 系的速度；$\frac{\mathrm{d}\boldsymbol{r}_{PS'}}{\mathrm{d}t}=\frac{\mathrm{d}\boldsymbol{r}_{PS'}}{\mathrm{d}t'}=\boldsymbol{v}_{PS'}$是质点 P 相对于 S'系的速度。因此，上式可写成

$$\boldsymbol{v}_{PS}=\boldsymbol{v}_{PS'}+\boldsymbol{v}_{S'S} \tag{1-56}$$

此式是经典力学中的速度变换公式，也称为伽利略速度变换公式。

三、伽利略加速度变换式

根据加速度定义式 $\boldsymbol{a}=\frac{\mathrm{d}\boldsymbol{v}}{\mathrm{d}t}$，若质点运动速度随时间变化，则式(1-56)对时间的求导就得到相应加速度之间的变换式。$\frac{\mathrm{d}\boldsymbol{v}_{PS}}{\mathrm{d}t}=\boldsymbol{a}_{PS}$表示质点相对于 S 系的加速度；$\frac{\mathrm{d}\boldsymbol{v}_{PS'}}{\mathrm{d}t}=\frac{\mathrm{d}\boldsymbol{v}_{PS'}}{\mathrm{d}t'}=\boldsymbol{a}_{PS'}$表示质点相对于 S'系的加速度；$\frac{\mathrm{d}\boldsymbol{v}_{S'S}}{\mathrm{d}t}=\boldsymbol{a}_{S'S}$表示 S'系相对于 S 系的加速度，则有

$$\boldsymbol{a}_{PS}=\boldsymbol{a}_{PS'}+\boldsymbol{a}_{S'S} \tag{1-57}$$

此即经典力学中同一质点相对于两个作相对平动参考系的加速度变换关系，称为伽利略加速度变换式。

若 S'系相对于 S 系沿 x 轴方向作匀速直线运动，即 $\boldsymbol{a}_{S'S}=0$，则有

$$\boldsymbol{a}_{PS}=\boldsymbol{a}_{PS'} \tag{1-58}$$

这一结论说明，对于相对作匀速直线运动的各个参考系而言，质点的加速度是相等的。

综上所述，伽利略变换式是基于绝对空间和绝对时间的观点，而实践证明，绝对时空观仅在物体运动速度远小于光速的情况下是正确的，即在经典牛顿力学的范畴内是成立的。当物体运动速度接近光速时，人们发现长度和时间的测量是相对的，与参考系有关。也就是说，同一段长度或同一段时间在不同的参考系中测量的结果是不同的。因此，这种情况下伽利略变换式就不适用了，更普遍的变换式将在狭义相对论中讨论。

【例题 1-8】 某人驾驶汽车想往正北方向航行，而风以 30km/h 的速度由东向西刮来，如果车速(在静止空气中的速率)为 90km/h，试问驾驶员应向什么方向行驶？汽车相对于地面的速率为多少？

解：以下用 A 表示汽车，F 表示空气(即"风")，E 表示地面，依题意可知，风相对于地面的速度大小为 $v_{FE}=30\text{km/h}$，方向从东向西；汽车相对于风的速度大小为 $v_{AF}=90\text{km/h}$，方向待求；汽车相对于地面的速度大小 v_{AE} 待求，方向从南向北。

根据伽利略速度变换式，有如下关系式

$$\boldsymbol{v}_{AE}=\boldsymbol{v}_{AF}+\boldsymbol{v}_{FE}$$

根据题意可知，这三个速度构成直角三角形，如图 1-14 所示。从图中的几何关系易求出汽车相对于地面的速度大小

$$v_{AE}=\sqrt{v_{AF}^2-v_{FE}^2}=60\sqrt{2}\,(\text{km/h})$$

驾驶员的行驶方向可以用角度 θ 表示。

$$\theta=\arctan(v_{FE}/v_{AE})=19.5°$$

所以，驾驶员应取向北偏东 19.5°的方向行驶。

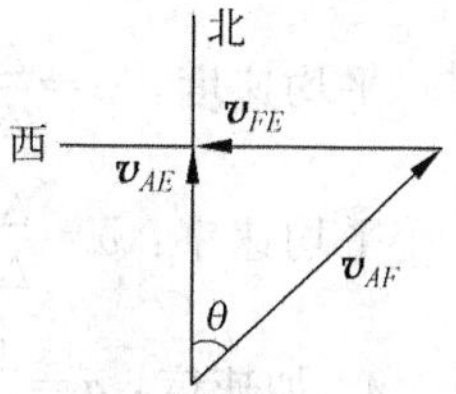

图 1-14　例题 1-8 用图

【例题 1-9】 装在炮车上的炮弹发射器发射一发炮弹，根据炮弹飞行数据的测量，得知炮弹射出时相对地面的速度为 100m/s。炮车的反冲速度为 20m/s。求炮弹射出时相对于炮车的速率。已知小车位于水平面上，炮弹发射器仰角为 30°。

解：炮弹发射器的示意图如图 1-15 所示。已知炮弹对地的速度大小为 $v_{AE}=100\text{m/s}$；炮车反冲速度大小 $v_{CE}=20\text{m/s}$，方向水平向左。令炮弹相对炮车的速度为 v_{AC}，根据伽利略速度变换式，有

$$\boldsymbol{v}_{AE}=\boldsymbol{v}_{AC}+\boldsymbol{v}_{CE}$$

三个速度之间的关系如图 1-16 所示。运用余弦定理

$$v_{AE}^2=v_{CE}^2+v_{AC}^2-2v_{CE}v_{AC}\cos30°$$

$$v_{AE}^2-v_{CE}^2=v_{AC}^2-2v_{CE}v_{AC}\cos30°$$

$$v_{AE}^2-v_{CE}^2+(v_{CE}\cos30°)^2=(v_{AC}-v_{CE}\cos30°)^2$$

得

$$v_{AC}=\sqrt{v_{AE}^2-v_{CE}^2+(v_{CE}\cos30°)^2}+v_{CE}\cos30°=116.8(\text{m/s})$$

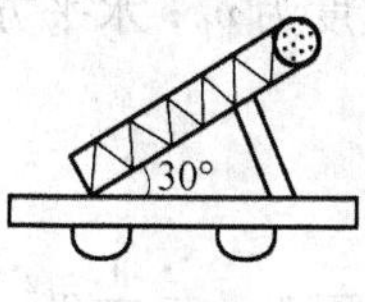

图 1-15　例题 1-9 用图 1

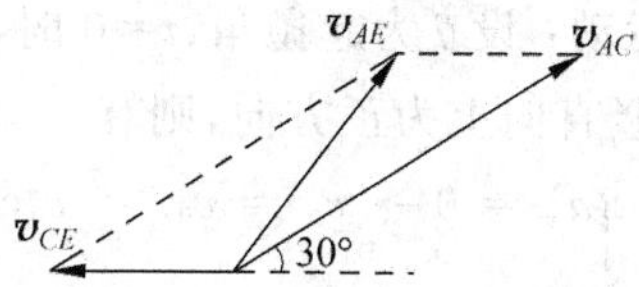

图 1-16　例题 1-9 用图 2

本章小结

1. 参考系与坐标系：为了描述物体的运动，必须选另一个物体作参考物，称为参考系；为了定量地描述物体的运动，需要建立一个坐标系。

2. 位置矢量 $\boldsymbol{r}$：用于描述质点的位置。

$\boldsymbol{r}(t)=x(t)\boldsymbol{i}+y(t)\boldsymbol{j}+z(t)\boldsymbol{k}$，大小 $r=\sqrt{x^2+y^2+z^2}$，方向：从坐标原点指向质点。

运动方程：质点位置随时间变化的函数规律 $\boldsymbol{r}=\boldsymbol{r}(t)$。

位移矢量：$\Delta\boldsymbol{r}=\boldsymbol{r}(t+\Delta t)-\boldsymbol{r}(t)=\Delta x\boldsymbol{i}+\Delta y\boldsymbol{j}+\Delta z\boldsymbol{k}$；注意：$|\Delta\boldsymbol{r}|\neq\Delta r$。

3. 速度：$\boldsymbol{v}=\frac{\mathrm{d}\boldsymbol{r}}{\mathrm{d}t}=v_x\boldsymbol{i}+v_y\boldsymbol{j}+v_z\boldsymbol{k}$，分量式：$v_x=\frac{\mathrm{d}x}{\mathrm{d}t}$，$v_y=\frac{\mathrm{d}y}{\mathrm{d}t}$，$v_z=\frac{\mathrm{d}z}{\mathrm{d}t}$；

速度的大小：$|\boldsymbol{v}|=\left|\frac{\mathrm{d}\boldsymbol{r}}{\mathrm{d}t}\right|=\sqrt{v_x^2+v_y^2+v_z^2}=\frac{\mathrm{d}s}{\mathrm{d}t}\equiv v$，$v$ 为速率。速度的方向沿曲线切线指向运动的前方。

平均速度：$\bar{\boldsymbol{v}}=\frac{\Delta\boldsymbol{r}}{\Delta t}=\bar{v}_x\boldsymbol{i}+\bar{v}_y\boldsymbol{j}+\bar{v}_z\boldsymbol{k}$，分量式：$\bar{v}_x=\frac{\Delta x}{\Delta t}$，$\bar{v}_y=\frac{\Delta y}{\Delta t}$，$\bar{v}_z=\frac{\Delta z}{\Delta t}$；

平均速率：$\bar{v}=\frac{\Delta s}{\Delta t}$。

4. 加速度：$\boldsymbol{a}=\frac{\mathrm{d}\boldsymbol{v}}{\mathrm{d}t}=\frac{\mathrm{d}^2\boldsymbol{r}}{\mathrm{d}t^2}=a_x\boldsymbol{i}+a_y\boldsymbol{j}+a_z\boldsymbol{k}$；

分量式：$a_x=\frac{\mathrm{d}v_x}{\mathrm{d}t}=\frac{\mathrm{d}^2x}{\mathrm{d}t^2}$，$a_y=\frac{\mathrm{d}v_y}{\mathrm{d}t}=\frac{\mathrm{d}^2y}{\mathrm{d}t^2}$，$a_z=\frac{\mathrm{d}v_z}{\mathrm{d}t}=\frac{\mathrm{d}^2z}{\mathrm{d}t^2}$；

加速度大小：$a=\sqrt{a_x^2+a_y^2+a_z^2}$，加速度方向：指向运动轨迹的凹侧。

5. 自然坐标系：$\boldsymbol{v}=v\boldsymbol{e}_\mathrm{t}$，$\boldsymbol{a}=a_\mathrm{t}\boldsymbol{e}_\mathrm{t}+a_\mathrm{n}\boldsymbol{e}_\mathrm{n}$，切向加速度分量 $a_\mathrm{t}=\frac{\mathrm{d}v}{\mathrm{d}t}$（有正负），法向加速度分量 $a_\mathrm{n}=\frac{v^2}{\rho}$，此处 v 为速率，ρ 为曲率半径。

加速度大小：$a=\sqrt{a_\mathrm{t}^2+a_\mathrm{n}^2}$，加速度方向用 $\boldsymbol{a}$ 与 $\boldsymbol{v}$ 之间的夹角表示。

6. 匀变速运动：

$\boldsymbol{a}=$恒矢量，$t=0$ 时，位置矢量为 $\boldsymbol{r}_0$，初速度为 $\boldsymbol{v}_0$，则有

$$\boldsymbol{v}(t)=\boldsymbol{v}_0+\boldsymbol{a}t,\quad \boldsymbol{r}(t)=\boldsymbol{r}_0+\boldsymbol{v}_0t+\frac{1}{2}\boldsymbol{a}t^2。$$

7. 匀变速直线运动：只需要一个分量即可描述。

$$v=v_0+at,\quad x=x_0+v_0t+\frac{1}{2}at^2,\quad v^2=v_0^2+2a(x-x_0)$$

8. 抛体运动：设 θ 为起抛角，$t=0$ 时，质点位于原点，初速度为 $\boldsymbol{v}_0$；水平方向为 x 轴，竖直为 y 轴，以竖直向上为正方向，则有

$$\begin{cases}a_x=0\rightarrow v_x=v_{0x}=v_0\cos\theta\rightarrow x=v_{0x}t\\ a_y=-g\rightarrow v_y=v_{0y}-gt=v_0\sin\theta-gt\rightarrow y=v_{0y}t-\frac{1}{2}gt^2\end{cases}$$

在自然坐标系中进行分解，则有 $\sqrt{a_\mathrm{t}^2+a_\mathrm{n}^2}=g$。

9. 圆周运动

角量描述：角位置 θ，角速度 $\omega=\frac{\mathrm{d}\theta}{\mathrm{d}t}$，角加速度：$\beta=\frac{\mathrm{d}\omega}{\mathrm{d}t}$；

线量描述：路程 s，线速度 $v=\frac{\mathrm{d}s}{\mathrm{d}t}$，加速度 $\boldsymbol{a}=a_\mathrm{t}\boldsymbol{e}_\mathrm{t}+a_\mathrm{n}\boldsymbol{e}_\mathrm{n}$；

切向加速度分量 $a_\mathrm{t}=\frac{\mathrm{d}v}{\mathrm{d}t}$（有正负），法向加速度分量 $a_\mathrm{n}=\frac{v^2}{R}$，$R$ 为半径。

角量与线量的关系：$s=R\theta, v=\omega R, a_t=\frac{dv}{dt}=R\beta, a_n=\frac{v^2}{R}=\omega^2 R$。

10. 伽利略速度变换式：$\boldsymbol{v}_{PS}=\boldsymbol{v}_{PS'}+\boldsymbol{v}_{S'S}, \boldsymbol{v}_{S'S}=-\boldsymbol{v}_{SS'}$，加速度变换：$\boldsymbol{a}_{AS}=\boldsymbol{a}_{AS'}+\boldsymbol{a}_{S'S}$；(注意：这是矢量加法，用平行四边形作图或分解为分量计算。)

11. 本章主要涉及两类问题：

(1) 已知 $\boldsymbol{r}$，求解 $\boldsymbol{v}, \boldsymbol{a}$；或者已知 θ，求解 ω, β：此时，根据定义式，利用求导的方法求解。

(2) 已知 $\boldsymbol{a}$，求解 $\boldsymbol{v}, \boldsymbol{r}$；或者已知 β，求解 ω, θ：此时，根据定义式，利用分离变量积分的方法求解。

习题

一、选择题

1. 一质点作直线运动，某时刻的瞬时速度 $v=2\text{m/s}$，瞬时加速度 $a=-2\text{m/s}^2$，则一秒钟后质点的速度(　　)。

(A) 等于零　　(B) 等于 -2m/s　　(C) 等于 2m/s　　(D) 不能确定

2. 如图 1-17 所示，湖中有一小船，有人用绳绕过岸上一定高度处的定滑轮拉湖中的船向岸边运动。设该人以匀速率 v_0 收绳，绳不伸长、湖水静止，则小船的运动是(　　)。

(A) 匀加速运动　　(B) 匀减速运动　　(C) 变加速运动　　(D) 变减速运动

(E) 匀速直线运动

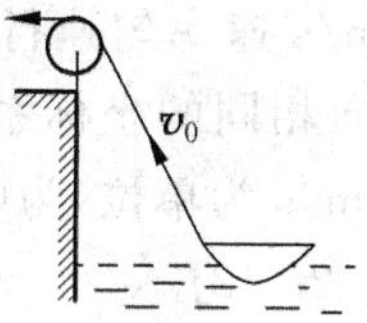

图 1-17　习题 2 用图

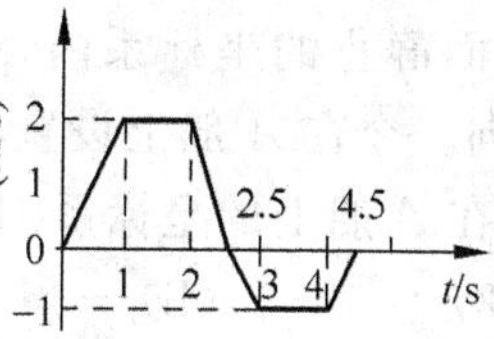

图 1-18　习题 3 用图

3. 一质点沿 x 轴作直线运动，其 v-t 曲线如图 1-18 所示。若 $t=0$ 时，质点位于坐标原点，则 $t=4.5\text{s}$ 时，质点在 x 轴上的位置为(　　)。

(A) 5m　　(B) 2m　　(C) 0　　(D) -2m

(E) -5m

4. 质点沿半径为 R 的圆周作匀速率运动，每 T 秒转一圈。在 $2T$ 时间间隔中，其平均速度大小与平均速率大小分别为(　　)。

(A) $2\pi R/T$, $2\pi R/T$　　(B) $0, 2\pi R/T$

(C) $0, 0$　　(D) $2\pi R/T$, 0

5. 某物体的运动规律为 $dv/dt=-kv^2 t$，式中的 k 为大于零的常量。当 $t=0$ 时，初速为 v_0，则速度 v 与时间 t 的函数关系是(　　)。

(A) $v=\frac{1}{2}kt^2+v_0$　　(B) $v=-\frac{1}{2}kt^2+v_0$

(C) $\frac{1}{v}=\frac{kt^2}{2}+\frac{1}{v_0}$　　(D) $\frac{1}{v}=-\frac{kt^2}{2}+\frac{1}{v_0}$

6. 一质点在平面上运动，已知质点位置矢量的表示式为 $\boldsymbol{r}=at^2\boldsymbol{i}+bt^2\boldsymbol{j}$（其中 a,b 为常量），则该质点作（　　）。

(A) 匀速直线运动　　(B) 变速直线运动
(C) 抛物线运动　　(D) 一般曲线运动

7. 对于沿曲线运动的物体，以下几种说法中正确的是（　　）。

(A) 切向加速度必不为零
(B) 法向加速度必不为零（拐点处除外）
(C) 由于速度沿切线方向，法向分速度必为零，因此法向加速度必为零
(D) 若物体作匀速率运动，其总加速度必为零
(E) 若物体的加速度 $\boldsymbol{a}$ 为恒矢量，它一定作匀变速率运动

8. 质点作半径为 R 的变速圆周运动时的加速度大小为（v 表示任一时刻质点的速率）（　　）。

(A) $\dfrac{\mathrm{d}v}{\mathrm{d}t}$　　(B) $\dfrac{v^2}{R}$
(C) $\dfrac{\mathrm{d}v}{\mathrm{d}t}+\dfrac{v^2}{R}$　　(D) $\left[\left(\dfrac{\mathrm{d}v}{\mathrm{d}t}\right)^2+\left(\dfrac{v^4}{R^2}\right)\right]^{1/2}$

9. 在高台上分别沿 45°仰角方向和水平方向，以同样速率投出两颗小石子，忽略空气阻力，则它们落地时速度（　　）。

(A) 大小不同，方向不同　　(B) 大小相同，方向不同
(C) 大小相同，方向相同　　(D) 大小不同，方向相同

10. 在相对地面静止的坐标系内，A、B 二船都以 2m/s 速率匀速行驶，A 船沿 x 轴正向，B 船沿 y 轴正向。今在 A 船上设置与静止坐标系方向相同的坐标系（x,y 方向单位矢用 $\boldsymbol{i},\boldsymbol{j}$ 表示），那么在 A 船上的坐标系中，B 船的速度（以 m/s 为单位）为（　　）。

(A) $2\boldsymbol{i}+2\boldsymbol{j}$　　(B) $-2\boldsymbol{i}+2\boldsymbol{j}$　　(C) $-2\boldsymbol{i}-2\boldsymbol{j}$　　(D) $2\boldsymbol{i}-2\boldsymbol{j}$

11. 某人骑自行车以速率 v 向西行驶，今有风以相同速率从北偏东 30°方向吹来，试问人感到风从哪个方向吹来？

(A) 北偏东 30°　　(B) 南偏东 30°　　(C) 北偏西 30°　　(D) 西偏南 30°

二、填空题

12. 一质点沿直线运动，其运动学方程为 $x=6t-t^2$（SI），则在 t 由 0～4s 的时间间隔内，质点的位移大小为________，在 t 由 0～4s 的时间间隔内质点走过的路程为________。

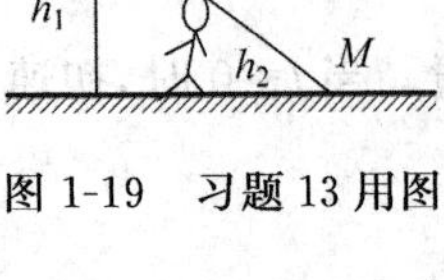

图 1-19　习题 13 用图

13. 灯距地面高度为 h_1，一个人身高为 h_2，在灯下以匀速率 v 沿水平直线行走，如图 1-19 所示。他的头顶在地上的影子 M 点沿地面移动的速度为________。

14. 在 x 轴上作变加速直线运动的质点，已知其初速度为 v_0，初始位置为 x_0，加速度 $a=Ct^2$（其中 C 为常量），则其速度与时间的关系为 $v=$________，运动学方程为 $x=$________。

15. 一质点在 Oxy 平面内运动。运动学方程为 $x=2t$ 和 $y=19-2t^2$（SI），则在第 2 秒内质点的平均速度大小为________，2 秒末的瞬时速度大小为________。

16. 以初速率 v_0、抛射角 θ_0 抛出一物体，则其抛物线轨道最高点处的曲率半径为________。

17. 一质点从 O 点出发以匀速率 1cm/s 作顺时针转向的圆周运动，圆的半径为 1m，如图 1-20 所示。当它走过 2/3 圆周时，走过的路程是________，这段时间内的平均速度大小为________，方向是________。

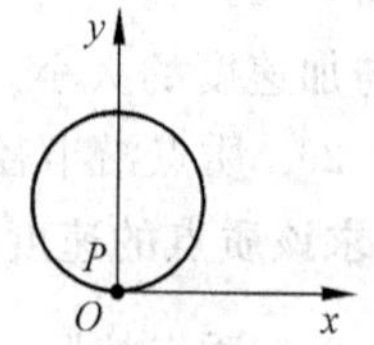

图 1-20　习题 17 用图

18. 质点沿半径为 R 的圆周运动，运动学方程为 $\theta=3+2t^2$(SI)，则 t 时刻质点的法向加速度分量为 $a_n=$________；角加速度 $\beta=$________。

19. 在一个转动的齿轮上，一个齿尖 P 沿半径为 R 的圆周运动，其路程 S 随时间的变化规律为 $S=v_0t+\frac{1}{2}bt^2$，其中 v_0 和 b 都是正的常量，则 t 时刻齿尖 P 的速度大小为________，加速度大小为________。

20. 距河岸(看成直线)500m 处有一艘静止的船，船上的探照灯以转速为 $n=1$r/min 转动。当光束与岸边成 60°时，光束沿岸边移动的速度 $v=$________。

21. 一船以速度 $\boldsymbol{v}_0$ 在静水湖中匀速直线航行，一乘客以初速 $\boldsymbol{v}_1$ 在船中竖直向上抛出一石子，则站在岸上的观察者看石子运动的轨迹是________。取抛出点为原点，x 轴沿 $\boldsymbol{v}_0$ 方向，y 轴沿竖直向上方向，石子的轨迹方程是________。

22. 小船从岸边 A 点出发渡河，如果它保持与河岸垂直向前划，则经过时间 t_1 到达对岸下游 C 点；如果小船以同样速率划行，但垂直河岸横渡到正对岸 B 点，则需与 A,B 两点联成的直线成 α 角逆流划行，经过时间 t_2 到达 B 点。若 B、C 两点间距为 S，则

(1) 此河宽度 $l=$________；

(2) $\alpha=$________。

三、计算题

23. 有一质点沿 x 轴作直线运动，t 时刻的坐标为 $x=4.5t^2-2t^3$(SI)。试求：

(1) 第 2 秒内的平均速度；

(2) 第 2 秒末的瞬时速度；

(3) 第 2 秒内的路程。

24. 一物体悬挂在弹簧上作竖直振动，其加速度为 $a=-ky$，式中 k 为常量，y 是以平衡位置为原点所测得的坐标. 假定振动的物体在坐标 y_0 处的速度为 v_0，试求速度 v 与坐标 y 的函数关系式。

25. 一质点沿 x 轴运动，其加速度为 $a=4t$(SI)，已知 $t=0$ 时，质点位于 $x_0=10$m 处，初速度 $v_0=0$。试求其位置和时间的关系式。

26. 由三楼窗口以水平初速度 $\boldsymbol{v}_0$ 射出一发子弹，取枪口为原点，沿 $\boldsymbol{v}_0$ 方向为 x 轴，竖直向下为 y 轴，并取发射时刻 t 为 0，试求：

(1) 子弹在任一时刻 t 的位置坐标及轨迹方程；

(2) 子弹在 t 时刻的速度，切向加速度和法向加速度。

27. 物体作斜抛运动，初速度 $v_0=20\mathrm{m\cdot s^{-1}}$ 与水平方向成 45°，求：(1)在最高点处的切向加速度、法向加速度；(2)在 $t=2$s 时的切向加速度、法向加速度。

28. 如图 1-21 所示，质点 P 在水平面内沿一半径为 $R=2\mathrm{m}$ 的圆轨道转动。转动的角速度 ω 与时间 t 的函数关系为 $\omega=kt^2$（k 为常量）。已知 $t=2\mathrm{s}$ 时，质点 P 的速度值为 $32\mathrm{m/s}$。试求 $t=1\mathrm{s}$ 时，质点 P 的速度与加速度的大小。

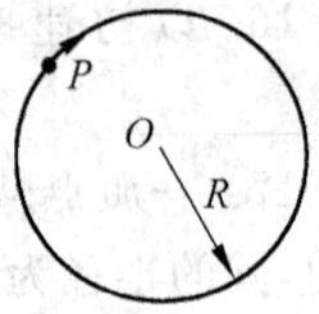

图 1-21　习题 28 用图

29. 质点沿半径为 R 的圆周运动，加速度与速度的夹角 φ 保持不变，求该质点的速度随时间而变化的规律，已知初速为 v_0。

30. 质点按照 $s=bt-\dfrac{1}{2}ct^2$ 的规律沿半径为 R 的圆周运动，其中 s 是质点运动的路程，b,c 是常量，并且 $b^2>cR$。问当切向加速度与法向加速度大小相等时，质点运动了多少时间？

31. 当火车静止时，乘客发现雨滴下落方向偏向车头，偏角为 30°，当火车以 35m/s 的速率沿水平直路行驶时，发现雨滴下落方向偏向车尾，偏角为 45°，假设雨滴相对于地的速度保持不变，试计算雨滴相对地的速度大小。

32. 一飞机相对于空气以恒定速率 v 沿正方形轨道飞行，在无风天气其运动周期为 T；若有恒定小风沿平行于正方形的一对边吹来，风速为 $V=kv(k\ll 1)$，求飞机仍沿原正方形（对地）轨道飞行时周期要增加多少？

这是游客与大象拔河的照片，当游客在密林深处的一块简易平地上参与和大象拔河的活动时，所有的烦恼都会烟消云散。这是一场人与动物的拔河比赛，但与竞赛不同，这里没有输赢，只有欢乐。看着大象那憨态可掬的样子，游客们忍俊不禁。好一幅人与动物和谐相处、人类与大自然天人合一的画面。

从物理学的角度来看这张照片，其中蕴涵着非常丰富的力学内涵。根据牛顿第三定律，大象和参与拔河的游客们相互施加作用力，那么，哪一方将获胜呢？摩擦力在这里起了什么作用呢？

第2章

牛顿运动定律

本章概要 牛顿运动定律是动力学的核心内容，也是整个物理学的重要基石。本章首先对牛顿运动三条定律进行了叙述和说明。然后介绍了几种力学中遇到的常见作用力，对惯性参考系和力学相对性原理作了简要说明。在“牛顿运动定律的应用”一节中，对物体在不同的力的作用下的物体运动情况作了分析和求解。最后，介绍了如何在非惯性系中引入惯性力的概念，使得形式上可以应用牛顿力学分析解决问题。

在第1章中我们分析了如何对质点运动进行描述，引入了位置矢量和速度用于描述质点运动的状态，引入加速度用于描述质点运动状态的变化。但第1章中没有谈及引起质点运动状态变化的原因。本章将讨论质点动力学，即分析引起质点运动状态变化的相互作用力问题。对于宏观质点的低速运动，动力学的基本定律是牛顿三定律，以此为基础的动力学理论，称为牛顿力学或经典力学。

2.1 牛顿运动定律的内容

牛顿在1687年出版的名著《自然哲学的数学原理》中提出了力学运动的三条定律，这三条定律统称为牛顿运动定律。牛顿运动定律是经典力学的基础，虽然牛顿运动定律一般适用于质点，但这并不限制定律的广泛适用性，因为复杂的物体原则上可以看成质点的组合，例如质点组、刚体、流体、弹性体等，因此牛顿运动定律是整个经典力学体系的基础。

一、牛顿第一定律

牛顿第一定律的内容可表述为：任何物体都保持静止的或沿一直线匀速运动的状态，除非作用在它上面的力(force)迫使它改变这种状态。

牛顿第一定律说明了力学中的几个基本概念。首先，牛顿第一定律指出，任一物体在其他物体对其作用为零的情况下，将保持静止或匀速直线运动的状态，也就是说，任何物体都具有保持其运动状态不变的性质，这个性质称为惯性。因此牛顿第一定律又称为惯性定律。

其次，牛顿第一定律阐明了力的含义。力是物体之间的相互作用。物体所受的力是外界对该物体所施加的一种作用，它是使物体运动状态发生改变，即产生加速度的原因。

早在我国的春秋时代,《墨经》中写道:“力,形之所奋也。”“形”就是我们所说的物体,“奋”就是使物体由静止变为运动的意思。可见在两千多年前,我们的先辈已经对力的意义有了明确的认识。在西方,在第一定律尚未建立以前,许多人误认为力是维持运动的原因,误认为物体不受力就会逐渐失去运动速度而趋于静止。伽利略在此类问题上进行了反复试验,并经过仔细推敲终于说明了力并不是维持运动的原因,而是改变运动的原因。

谈及物体作何种运动,都是相对于一定的参考系才有意义,所以牛顿第一定律还定义了一种参考系。在这种参考系中观察,一个所受合力为零的物体,即处于受力平衡状态下的物体,将保持静止或匀速直线运动的状态不变。这样的参考系叫惯性参考系,简称惯性系。并不是所有的参考系都是惯性系,一个参考系是否为惯性系只能通过实验和观察才能确定。例如,实验表明,研究一般力学问题时,若忽略地球自转,则地面参考系可以认为是惯性系。牛顿定律只有在惯性系中才能成立。

根据牛顿第一定律,当物体处于静止或匀速直线运动状态时

$$\sum \boldsymbol{F}_i = 0 \tag{2-1}$$

这称为静力学基本方程。

二、牛顿第二定律

牛顿第一定律只说明了力与运动状态改变之间的定性关系,牛顿第二定律则给出了定量的关系式,对物体的运动规律作了定量的描述。

牛顿在他的著作中提出用物体的质量 m 与其运动速度 $\boldsymbol{v}$ 的乘积来描述运动,现在这个物理量叫做物体的动量,用 $\boldsymbol{p}$ 表示,即

$$\boldsymbol{p} = m\boldsymbol{v} \tag{2-2}$$

可见,动量是一个矢量,其方向与速度相同。动量也是描述物体运动状态的一个参量,它比速度更能说明问题的实质,应用更广泛,意义更重大。

牛顿所指的运动的变化就是动量随时间的变化率。因此牛顿第二定律给出了物体所受到的合力与动量变化率之间的关系:物体的动量随时间的变化率与所加的外力成正比,并且发生在这外力的方向上。设物体所受到的合外力为 $\boldsymbol{F} = \sum\limits_i \boldsymbol{F}_i$,则第二定律的数学表达式为

$$\boldsymbol{F} = k\frac{\mathrm{d}\boldsymbol{p}}{\mathrm{d}t} = k\frac{\mathrm{d}(m\boldsymbol{v})}{\mathrm{d}t} \tag{2-3}$$

式中 k 为比例系数,其数值取决于各个物理量的单位。在国际单位制(SI)中,质量的单位是千克(kg),速度的单位是米/秒(m/s),时间的单位是秒(s),力的单位是牛顿,简称牛,用符号 N 表示,$1\mathrm{N}=1\mathrm{kg}\cdot\mathrm{m}\cdot\mathrm{s}^{-2}$,则 $k=1$,于是有

$$\boldsymbol{F} = \frac{\mathrm{d}\boldsymbol{p}}{\mathrm{d}t} = \frac{\mathrm{d}(m\boldsymbol{v})}{\mathrm{d}t} \tag{2-4}$$

当物体作低速运动时,即物体的运动速度远小于光速时,物体的质量可以认为是不依赖于速度的常量,于是由式(2-4)可得到

$$\boldsymbol{F} = m\frac{\mathrm{d}\boldsymbol{v}}{\mathrm{d}t} \tag{2-5}$$

根据加速度的定义式$\frac{\mathrm{d}\boldsymbol{v}}{\mathrm{d}t}=\boldsymbol{a}$,有

$$\boldsymbol{F}=m\boldsymbol{a} \tag{2-6}$$

这就是大家所熟悉的宏观质点低速运动时的牛顿第二定律的形式。值得注意的是,式(2-6)仅在质量 m 为常量的情况下成立。现代实验证明,当物体运动速度接近光速时,物体的质量明显与速度有关,这时式(2-6)就不再适用了,但式(2-4)被证明是成立的。也就是说,无论物体的运动速度怎样,式(2-4)都是适用的。

式(2-6)表示的牛顿第二定律式是研究质点动力学问题的基础和核心,也称为质点的动力学方程。在解决实际问题时应注意以下几点。

(1) 牛顿第二定律反映了力的瞬时效果。加速度与所受合外力之间是一种瞬时关系,它们同时存在,同时改变,同时消失,有着瞬时对应的关系。当作用在物体上的外力撤去,物体的加速度立即消失,但这并不意味着物体会立即停止运动,按照牛顿第一定律,这物体将作匀速直线运动。所以,力不是维持物体运动的原因,而是引起物体运动状态改变的原因。

(2) 牛顿第二定律反映了力满足叠加原理。如果一个物体同时受到几个力的作用,实验证明:这几个力对物体的共同作用效果与这些力的矢量和的作用效果是一样的。这一结论称为力的叠加原理。因此上述几个式子中的力应是物体所受的合外力。

(3) 牛顿第二定律中的质量是物体惯性大小的量度。物体的惯性体现了物体运动状态改变的难易程度。由式(2-6)可见,将相同的外力施加到不同质量的物体上,则质量较大的物体获得的加速度较小,也就是说,物体的运动状态改变较小;而质量较小的物体将获得较大的加速度,运动状态改变也较大。因此,式(2-6)中的质量也称为惯性质量。

(4) 牛顿第二定律是一个矢量式,在实际应用中,常常建立坐标系,将其分解为分量式。例如,在最常见的直角坐标系中,式(2-6)在 x,y,z 轴上的分量式分别为

$$F_x=ma_x,\quad F_y=ma_y,\quad F_z=ma_z \tag{2-7}$$

式中的 F_x,F_y 和 F_z 分别表示作用在物体上的合外力在各个坐标轴上的分量,也就是所有的力在各个坐标轴上的分量之和;a_x,a_y 和 a_z 分别表示加速度在各个坐标轴上的分量。

对于平面曲线运动,例如圆周运动,常常在自然坐标系中沿切向和法向进行分解,得到切向和法向的分量形式

$$F_{\mathrm{t}}=ma_{\mathrm{t}},\quad F_{\mathrm{n}}=ma_{\mathrm{n}} \tag{2-8}$$

根据 $a_{\mathrm{t}}=\frac{\mathrm{d}v}{\mathrm{d}t}$,$a_{\mathrm{n}}=\frac{v^2}{\rho}$,上式常写成

$$F_{\mathrm{t}}=m\frac{\mathrm{d}v}{\mathrm{d}t},\quad F_{\mathrm{n}}=m\frac{v^2}{\rho} \tag{2-9}$$

式中的 F_{t} 和 F_{n} 分别表示作用在物体上的合外力沿着切线和法线方向上的分量,即切向合力和法向合力,其中法向力也称为向心力。a_{t} 和 a_{n} 分别表示切向加速度分量和法向加速度分量。也就是说,切向合力作用的效果是产生切向加速度,使物体速率发生改变;法向合力作用的效果是产生法向加速度,使轨道弯曲。

(5) 牛顿第二定律有一定的适用范围,它适用于惯性系中低速运动的质点或平动物体。物体平动时,物体上各部分的运动规律完全相同,所以物体的平动可以抽象为一个质点的运动,这个质点的质量就是整个物体的质量。

三、牛顿第三定律

牛顿第三定律阐明了物体之间的作用是相互的。一个孤立的单独的力是不可能存在的。牛顿第三定律的内容表述如下：

当物体 A 以力 $\boldsymbol{F}$ 作用于物体 B 时，物体 B 也同时以力 $\boldsymbol{F}'$ 作用于物体 A 上，$\boldsymbol{F}$ 和 $\boldsymbol{F}'$ 总是大小相等，方向相反，而且作用在同一条直线上。即

$$\boldsymbol{F}=-\boldsymbol{F}' \tag{2-10}$$

在 $\boldsymbol{F}$ 和 $\boldsymbol{F}'$ 这一对力中，如果把其中一个力叫做作用力，则另一个力叫做反作用力。因此牛顿第三定律也可表述为：作用力与反作用力大小相等，方向相反，沿同一直线，分别作用在不同的物体上。

对物体做受力分析时，正确理解和运用牛顿第三定律，非常重要。应注意以下几点：

(1) 作用力和反作用力是成对出现的，它们互以对方为自己存在的条件，同时产生，同时消灭，任何一方都不能孤立地存在，没有主从、先后之分。例如，在人推车的过程中，人对车的作用力与车对人的反作用力是同时产生的，而不能认为人推车的力在先，车对人的力在后。

(2) 作用力和反作用力是分别作用在两个物体上的，虽然它们大小相等，方向相反，但是不能相互抵消。此处应注意，一对作用力与反作用力和一对平衡力是有区别的。一对平衡力是指作用于同一物体上的大小相等、方向相反，且共作用点(或共作用线)的两个力。因为作用在同一物体上，所以其作用效果相互抵消了。例如，一个物体静止于桌面上，它同时受到地球对它的引力(重力)以及桌面对它的支持力，这两个力就是一对平衡力，其作用效果相互抵消，使得物体所受合力为零而处于静止状态。但是，地球对物体的引力的反作用力是物体对地球的引力，作用在地球上，所以效果不能抵消；桌面对物体的支持力的反作用力是物体对桌面的正压力，作用在桌面上，显然效果也是不能抵消的。

(3) 作用力和反作用力总是属于同种性质的力。例如，作用力是摩擦力，则反作用力也一定是摩擦力；地球对物体的作用力属于万有引力(重力)，物体对地球的反作用力也是万有引力(重力)；桌面对物体的支持力属于弹性力，则物体对桌面的正压力也属于弹性力。

(4) 牛顿第三定律阐明的是物体间的相互作用，涉及的是物体的受力分析，因此，在任何参考系中都是成立的。也就是说，无论在什么样的参考系中，物体之间的相互作用都遵守牛顿第三定律。

延伸阅读——物理学家

牛 顿

牛顿(1643—1727)，英国物理学家，数学家。1643 年 1 月 4 日出生于英格兰林肯郡的小镇乌尔斯普。牛顿 12 岁的时候离家到格兰瑟文法学校就读。在格兰瑟他寄宿在当地的一个药剂师家中并最终和这名药剂师的继女订了婚。1661 年，也就是 19 岁的时候，牛顿进入剑桥大学三一学院学习。在那里，牛顿沉静在学习之中而疏忽了未婚妻，药剂师的继女就嫁给了别人。牛顿后来终身未婚。

在那个时代，大学里仅仅教授亚里士多德的理论，但是牛顿对于当代哲学家的思想更感

兴趣,比如,笛卡儿、伽利略、哥白尼、开普勒等。在1665年他发现了二项式定理,同一年他获得了文学学士学位。不久就爆发了瘟疫,学校被迫关闭,牛顿回到家乡继续他的研究。在接下来的两年之内,牛顿在微积分、光学和重力问题上做出了卓越的工作。

1667年牛顿重返剑桥大学。1669年10月27日牛顿被选为卢卡斯数学教授。1672年起他被接纳为皇家学会会员,1703年被选为皇家学会主席一直到1727年3月20日逝世。

2.2 常见的几种力

运用牛顿定律解决实际问题时,首先需要对物体的受力情况做一个分析。在力学中经常遇到的力有万有引力、重力、弹性力、摩擦力等,它们分别属于不同性质的力,弹性力和摩擦力属于接触性质的力,而万有引力属于非接触性质的场力。下面我们分别加以介绍。

一、万有引力

17世纪初,德国天文学家开普勒在分析第谷·布拉赫观察行星所得的大量数据的基础上,提出了行星运动的开普勒三定律。牛顿继承了前人的研究成果,在此基础上,通过深入研究,提出了著名的万有引力定律。该定律指出,星体之间以及所有物体与物体之间都存在着一种相互吸引的力,所有这些力都遵循同一规律。这种相互吸引的力叫做万有引力。

牛顿万有引力定律可表述为:在两个相距为 r,质量分别为 m_1,m_2 的质点之间存在万有引力,力的方向沿着两个质点连线的方向,力的大小 F 与两个质点的质量的乘积成正比,与它们之间距离的平方成反比,即

$$F = G\frac{m_1 m_2}{r^2} \tag{2-11}$$

式中的比例系数 G 称为万有引力常量,在国际单位制中,$G=6.67\times10^{-11}\,\mathrm{m^3\cdot kg^{-1}\cdot s^{-2}}$。

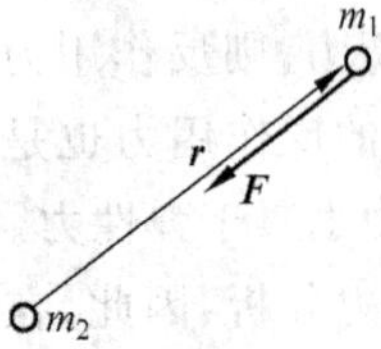

图 2-1　万有引力

如图2-1所示,质点 m_1 受到的万有引力如果用矢量形式来表示,则可以写成

$$\boldsymbol{F} = -G\frac{m_1 m_2}{r^2}\boldsymbol{e}_\mathrm{r} \tag{2-12}$$

式中的矢量 $\boldsymbol{e}_\mathrm{r}$ 表示矢量 $\boldsymbol{r}$ 的单位矢量,$\boldsymbol{e}_\mathrm{r}=\frac{\boldsymbol{r}}{r}$,矢量 $\boldsymbol{r}$ 是从施力者指向受力者的有向线段,负号表示力 $\boldsymbol{F}$ 的方向与 $\boldsymbol{r}$ 的方向相反,体现了 $\boldsymbol{F}$ 是引力。

万有引力定律中的质量反映了物体与其他物体之间相互吸引的性质,故称为引力质量;而牛顿第二定律中的质量反映了物体保持原有运动状态不变的性质,称为惯性质量。实验表明,对同一物体来说,两种质量总是相等,因此,不再加以区分了。

万有引力定律只适用于两个质点。当两物体之间的距离 r 比物体本身的线度大很多时,两物体才可以认为是质点。两个物体不能抽象为质点时,为了求出两物体间的万有引力,首先必须把每个物体分成无数个微小部分,把每个微小部分看成质点,计算所有这些质点间的相互作用力;然后进行力的矢量叠加,求出两个物体间的万有引力。从数学上讲,通常就是一个积分运算。通过计算可知,对于两个特殊的球体,如果球体的质量密度均匀,则

球体间的万有引力可以直接用式(2-11)或式(2-12)计算，此时 r 表示的是两球体的球心之间的距离，也就是说，可以把球体的质量全部集中到球心，当成一个质点来处理。例如，地球和物体之间的万有引力，通常我们就是把地球的质量集中到地心，当成一个质点来看待的。

二、重力

一般把地球对地面附近物体的万有引力叫做重力，用符号 $\boldsymbol{P}$ 表示。忽略地球自转时，重力方向指向地球中心。重力的大小又叫重量。在重力 $\boldsymbol{P}$ 的作用下，物体具有的加速度叫重力加速度 $\boldsymbol{g}$，因此，重力可表示为

$$\boldsymbol{P}=m\boldsymbol{g} \tag{2-13}$$

以 M 表示地球的质量，m 表示地面附近物体的质量，两者之间的距离可近似认为等于地球的半径 R，则根据万有引力定律，重力大小可表示为

$$P\approx G\frac{Mm}{R^2} \tag{2-14}$$

比较式(2-13)和式(2-14)，可得重力加速度大小为

$$g=G\frac{M}{R^2} \tag{2-15}$$

将 $G=6.67\times10^{-11}\,\mathrm{N\cdot m^2\cdot kg^{-2}}$，$M=5.98\times10^{24}\,\mathrm{kg}$，$R=6.37\times10^{6}\,\mathrm{m}$ 代入上式，可算出 $g=9.82\,\mathrm{m\cdot s^{-2}}$。一般在计算中，地球表面附近的重力加速度可取 $g=9.8\,\mathrm{m\cdot s^{-2}}$。

三、弹性力

宏观物体有接触且发生微小形变时，因形变而产生的欲使其恢复原来形状的力叫做弹性力。相互接触是物体间(或物体各部分)产生弹性力的前提，形变则是产生弹性力的关键。仅有接触而未形变，则没有弹性力。如图 2-2 所示，物体 A 和 B 紧靠着放在水平桌面上，A，B 与桌面之间因为挤压而产生形变，存在弹性力；而 A 与 B 之间虽然有接触，但没有挤压和形变，因此，不存在弹性力。

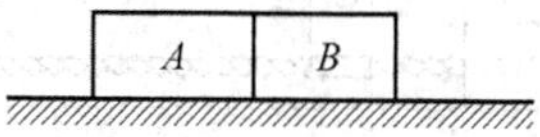

图 2-2　物体与桌面之间的弹性力

常见的弹性力有：弹簧被拉伸或压缩时产生的弹簧弹性力；绳索被拉紧时所产生的张力；重物放在支承面上产生的正压力(作用在支撑面上)、支持力(作用在物体上)等。

1. 弹簧弹性力

当弹簧长度被拉伸或压缩时，弹簧试图恢复其原来的长度，从而会对连接体产生反抗作用，这种作用力称为弹簧弹性力。如图 2-3(a)所示，将一根弹簧置于水平面上，弹簧处于自然长度(也称为原长)，一端固定。取另一端为 x 轴坐标原点 O(即原长处作为原点)，O 为平衡位置；取弹簧长度拉伸方向为 x 轴正向。如图 2-3(b)所示，当弹簧受外力作用被拉伸，拉伸量为 x 时，弹簧产生相应的弹性力 $\boldsymbol{F}$，其方向沿 x 轴负向。当弹簧受外力作用被压缩，压缩量为 $-x$(注意，此时 x 为负值)时，弹簧产生的弹性力的方向则指向 x 轴正向，如图 2-3(c)所示。也就是说，弹性力的方向总是指向弹簧原长处，它具有使弹簧恢复原状的效果。实验表明，弹簧弹性力遵守胡克定律：在弹性限度内，弹性力的大小与形变成正比，方向与位移

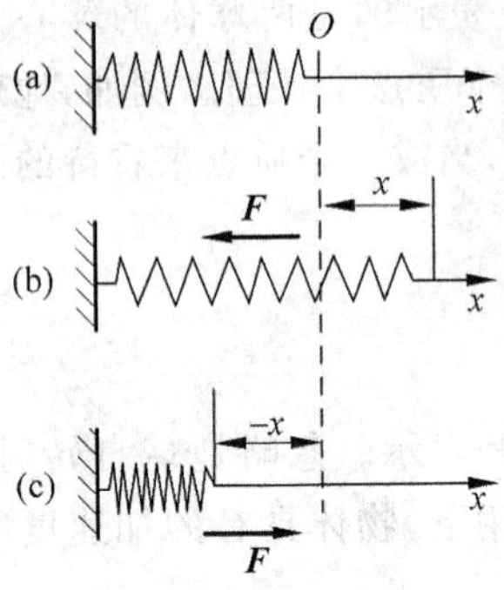

图 2-3　弹簧弹性力

的方向相反。这样的力称为线性回复力或线性恢复力。用数学式表示为

$$F = -kx \tag{2-16}$$

其中，负号表示弹性力的方向总是与位移反向。力的大小与位移 x 成正比，比例系数 k 称为弹簧的劲度系数。劲度系数取决于弹簧的材料和形状结构。在国际单位制中，劲度系数的单位是牛/米(N/m)。

2. 绳子中的张力

另一种弹性力是绳子对物体的拉力。这种拉力是由于绳子发生了形变(一般形变十分微小)而产生的。它的大小取决于绳子被拉紧的程度，它的方向总是沿着绳子指向绳子要恢复原状而收缩的方向。

绳产生拉力时，绳内部各段之间也有相互的弹性力作用，这种内部的弹性力称为张力。在很多实际运动过程中，绳的质量可以忽略，即所谓的轻绳，这时绳上各部位的张力都是相等的，而且就等于连接体对绳的拉力。若存在加速度并考虑了绳的质量，那么，一般来说，绳中不同部位的张力是不相等的。请看例题。

【例题 2-1】 如图 2-4 所示，一质量均匀分布的柔软细绳，质量为 m，长为 l，一端系着一质量为 M 的物体 A，另一端施以恒定的拉力 $\boldsymbol{F}$。整个装置放在光滑水平桌面上。绳子被拉紧时的伸长可忽略不计。求：(1)绳作用在物体 A 上的张力 $\boldsymbol{F}'$；(2)绳上任意点的张力 T。

解：如图 2-4 所示建立坐标系，在绳上 x 处取微元 $\mathrm{d}x$，对整根绳、物体 A 以及微元 $\mathrm{d}x$ 分别做受力分析，如图 2-5 所示。因为绳子的伸长可以忽略，因此绳子和物体的运动加速度相同。

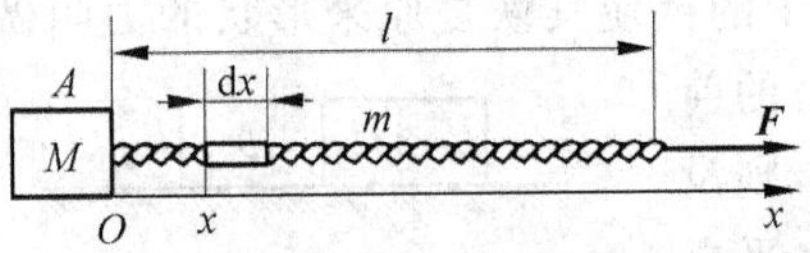

图 2-4　例题 2-1 用图 1

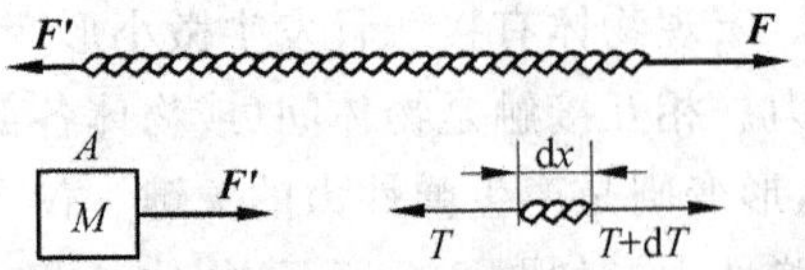

图 2-5　例题 2-1 用图 2

(1) 为了求出绳作用在物体 A 上的张力 F'，分别对整根绳和物体 A 应用牛顿第二定律。设运动加速度为 a，方向向右，则有

$$F - F' = ma, \quad F' = Ma$$

解得

$$a = \frac{F}{m+M}$$

$$F' = \frac{MF}{m+M}$$

可见，当绳的质量 m 不能忽略时，$F' \neq F$。仅当 m 可忽略，或者加速度为零，即匀速运动时，才有 $F' = F$ 成立。

(2) 为了求出绳上任意点 x 处的张力 T，对微元 $\mathrm{d}x$ 应用牛顿第二定律

$$(T + \mathrm{d}T) - T = \mathrm{d}m \cdot a = \left(\frac{m}{l}\mathrm{d}x\right)a$$

将加速度表达式代入上式，得

$$\mathrm{d}T = \frac{mF}{(M+m)l}\mathrm{d}x$$

两边积分，并利用 $x=l$ 时，$T=F$，得

$$\int_T^F \mathrm{d}T = \frac{mF}{(M+m)l}\int_x^l \mathrm{d}x$$

$$T(x) = \left(M + m\frac{x}{l}\right)\frac{F}{M+m}$$

可见，考虑了绳子质量后，绳中各部位的张力处处不相等。如果 $m \ll M$，即绳子是轻绳，则 $T(x)=F$，即绳中张力处处相等，而且就等于拉力 F。

3. 正压力

两个物体相互接触，在彼此挤压的情况下，两个物体都会发生形变，这种形变往往十分微小以至于难以观察到。但由于这种形变，产生了对另一方的弹力作用。这种弹力一般称为正压力或支持力，统称正压力。正压力的大小取决于相互挤压的程度，它们的方向总是垂直于物体间的接触面而指向对方。如图 2-6 所示，一物体置于斜面上，则物体受到斜面给予它的支持力 N'，而斜面受到物体对它的正压力 N，这一对作用力和反作用力的方向均垂直接触面并指向对方。

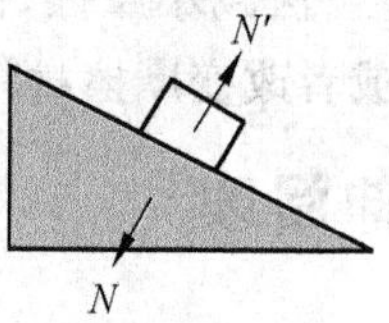

图 2-6　正压力和支持力

四、摩擦力

1. 静摩擦力

当两个相互接触的物体间有相对滑动的趋势但尚未相对滑动时，在接触面上便会产生一对阻止上述相对滑动趋势的力，称为静摩擦力。

如图 2-7 所示，把物体放在一粗糙的水平面上，有一外力 $\boldsymbol{F}$ 沿水平面作用在物体上。若外力 $\boldsymbol{F}$ 较小，将无法使物体滑动，则此时存在静摩擦力 $\boldsymbol{f}_\mathrm{s}$，在数值上与外力 $\boldsymbol{F}$ 相等，方向与 $\boldsymbol{F}$ 相反。随着外力的增大，只要物体尚未滑动，则静摩擦力 $\boldsymbol{f}_\mathrm{s}$ 的大小始终等于外力，它将随着外力的增大而增大。因此可以说，静摩擦力是一种被动力，静摩擦力的大小是可以改变的，取决于外力。当 $\boldsymbol{F}$ 增大到某一数值时，物体相对于平面即将滑动，这时静摩擦力达到最大值，称为最大静摩擦力 $\boldsymbol{f}_{\mathrm{s,max}}$。实验表明，最大静摩擦力的值与物体的正压力 N 成正比。

$$f_{\mathrm{s,max}} = \mu_\mathrm{s} N \tag{2-17}$$

式中的 μ_s 称为静摩擦系数，它与接触面的材料和表面的状态（如光滑与否）有关。

关于静摩擦力，应注意两点。首先，静摩擦力的方向是与相对运动趋势的方向相反，而不是和物体自己运动的方向相反。怎么判断相对运动趋势呢？相对运动趋势是指没有摩擦力存在时物体将要运动的方向。如图 2-7 所示情况，设想水平面是光滑的，则物体将向右运动，因此，向右就是相对运动的趋势，静摩擦力的方向应与之相反。其次，只有最大静摩擦力可以用式(2-17)表示。其他情况下的静摩擦力大小，介于 0 和 $f_{\mathrm{s,max}}$ 之间，应根据物体所受外力以及物体运动的情况，由牛顿运动定律来决定。

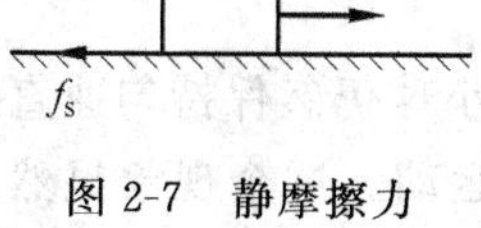

图 2-7　静摩擦力

2. 滑动摩擦力

当两物体相互接触，并且沿着接触面的方向有相对滑动时，在两物体接触面上将出现阻止相对滑动的作用力，称为滑动摩擦力。其方向总是与物体相对运动的方向相反；当相对滑动速度不是太大或太小时，滑动摩擦力的大小与滑动速度无关而和正压力 N 成正比，即

$$f_k = \mu_k N \tag{2-18}$$

式中的 μ_k 称为滑动摩擦系数，它也是与两接触物体的材料性质和接触面的状态等有关，还与相对速度有关。对于同样的两个物体及接触面，滑动摩擦系数一般略小于静摩擦系数。

摩擦的作用有利也有弊。日常生活中的摩擦是非常有用的。比如人走路、骑车；汽车和火车的启动与制动；飞机降落时在跑道上减速等，都是依靠摩擦才能进行的。但摩擦也会造成不良后果，例如，机器在运动过程中都会有摩擦，摩擦会使机器磨损并损耗能量。这时应设法减小摩擦，例如在产生有害摩擦的部位涂以润滑油，或者以滚动摩擦替代滑动摩擦，或者改变摩擦材料的性能等。

延伸阅读

跳伞运动

跳伞运动是指跳伞员乘飞机、气球等航空器或其他器械升至高空后跳下，或者从陡峭的山顶、高地上跳下，并借助空气动力和降落伞在张开降落伞之前和开伞后完成各种规定动作，并利用降落伞减缓下降速度，在指定区域安全着陆的一项体育运动。它以自身的惊险和挑战性，被世人誉为“勇敢者的运动”。

2.3 惯性系 力学相对性原理

一、惯性系

在第 1 章中，我们对物体的运动进行描述时，可以任意选择参考系。所选择的参考系不同，一般来说观测到的运动参量也不同，它们之间满足伽利略变换式。但是，应用牛顿运动定律研究质点的动力学时，因为涉及力和运动的关系，参考系需适当选择。实验表明，在有些参考系中，牛顿运动定律是成立的，但在另一些参考系中，牛顿运动定律却并不适用。

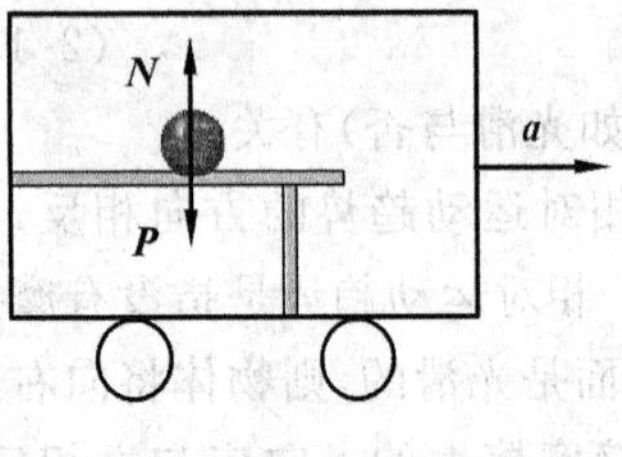

图 2-8 惯性系与非惯性系

如图 2-8 所示，在地面上有一小车，车厢内有一固定光滑平台，平台上放置着一个小球，小球受到重力和平台给予它的支持力的作用，显然小球在水平方向不受力。当车厢相对地面匀速运动时，车厢内的观察者看到小球静止在平台上；相对地面静止的观察者看到小球随着车厢作匀速直线运动。可见，在地面和车厢这两个参考系中，牛顿运动定律都是成立的。

但是，若车厢突然以加速度 $\boldsymbol{a}$ 向前运动，则地面上的观察者看到小球仍然保持匀速直线运动的状态不变。但车厢内的观察者看到小球以 $-\boldsymbol{a}$ 的加速度向后运动。这个现象显然不满足牛顿运动定律，因为小球在水平方向仍然不受力，但却有加速度。由此可见，牛顿运动定律不是在所有参考系中都成立的。我们把牛顿运动定律成立的参考系称为惯性参考系，

简称惯性系。反之，就称为非惯性系。

具体判断一个实际的参考系是否是惯性系，只能根据实验观察。例如太阳参考系，即原点固定在太阳中心而各坐标轴指向固定方向（以恒星为基准）的参考系是一个很好的惯性系。在这个参考系中，大量天体运动的观测数据与牛顿运动定律和万有引力定律得到的结果相符合。

二、力学相对性原理

在经典力学中，所谓的力学相对性原理是与牛顿运动定律、经典力学时空观以及伽利略变换式密切相关联的。

如图 2-9 所示，分别选取参考系 S 和 S'，并在其上建立如图所示的坐标系（$Oxyz$）及（$O'x'y'z'$），坐标轴相互平行。其中 S 系是惯性系，而 S' 系相对于 S 系以恒定的速度 $\boldsymbol{u}$ 向 x 轴正向作匀速直线运动。在两个参考系中分别观测同一质点的运动，在 S 系中质点的速度为 $\boldsymbol{v}$，S' 系中质点的速度为 $\boldsymbol{v}'$，则根据伽利略速度变换式，它们之间的关系为

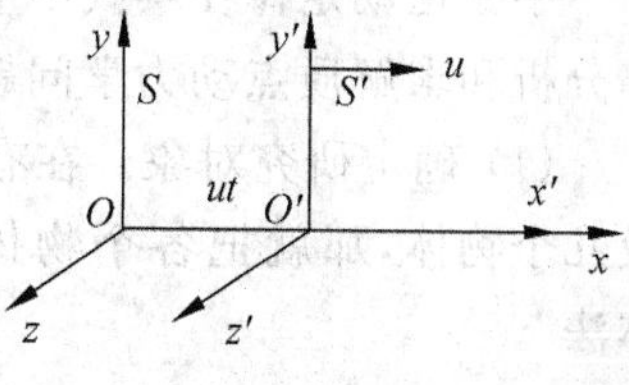

图 2-9　相互作匀速直线运动的两个参考系

$$\boldsymbol{v} = \boldsymbol{v}' + \boldsymbol{u} \tag{2-19}$$

将上式对时间求导，并注意到 $\boldsymbol{u}$ 是恒矢量，$\frac{\mathrm{d}\boldsymbol{u}}{\mathrm{d}t}=0$，则得

$$\frac{\mathrm{d}\boldsymbol{v}}{\mathrm{d}t} = \frac{\mathrm{d}\boldsymbol{v}'}{\mathrm{d}t}$$

即

$$\boldsymbol{a}' = \boldsymbol{a} \tag{2-20}$$

上式说明，当参考系 S' 相对惯性系 S 作匀速直线运动时，质点的加速度在两个参考系中是相同的。因为 S 系是惯性系，牛顿运动定律成立，所以有

$$\boldsymbol{F} = m\boldsymbol{a} \tag{2-21}$$

同时，在经典力学中，物体的质量 m 又被认为是不变的；实验证明，在牛顿力学成立的范畴内，力也是和参考系无关的，即 $\boldsymbol{F}'=\boldsymbol{F}$。因此，式(2-21)也可以写成

$$\boldsymbol{F}' = m\boldsymbol{a}' \tag{2-22}$$

也就是说，在 S' 参考系中牛顿定律也是成立的，所以 S' 也是惯性系。

由此我们可以得出结论：相对于惯性系作匀速直线运动的一切参考系均为惯性系。所以，惯性系如果存在的话，可以有无数个。反之，我们也可以这样说，相对于一个已知的惯性系作加速运动的参考系，一定不是惯性系，它是非惯性系。

地心参考系是原点固定在地球中心而坐标轴指向空间固定方向的参考系。由于地球绕太阳公转，所以这个参考系不是惯性系。但地球相对于太阳参考系的法向加速度很小，约为 $6\times10^{-3}\mathrm{m}\cdot\mathrm{s}^{-2}$，所以地心参考系可以近似地看作惯性系。例如，初步研究人造地球卫星的运动时，就可以应用地心参考系。

地面参考系是坐标轴固定在地面上的参考系。由于地球绕自身轴自转，所以地面参考系也不是惯性系。但由于地面上各处相对于地心参考系的法向加速度最大不超过 3.40×

10^{-2} m·s^{-2}(在赤道上),所以地面参考系也可以近似地当作惯性系。在一般工程技术问题中,都是相对地面参考系来描述物体的运动并应用牛顿定律的,由此得出的结论也都足够准确地与实际相符合。那么,相对地面作匀速直线运动的物体都是惯性系,牛顿定律都适用。

从式(2-21)和式(2-22)我们还可以得到一个结论:在所有惯性系中,牛顿力学的规律都具有相同的形式。在一切惯性系内部所做的任何力学实验,都不能确定该惯性系是静止的,还是相对于其他惯性系在作匀速直线运动。这个原理叫做力学的相对性原理或伽利略相对性原理。

2.4 牛顿运动定律的应用

牛顿运动定律在实践中应用非常广泛,本节通过一些例子来说明如何应用牛顿运动定律分析和求解质点动力学问题。一般来说,可以按照以下的几个步骤进行分析:

(1) 确定研究对象。在有关的问题中选定一个物体(质点)作为研究对象。如果问题涉及几个物体,那就把各个物体一个一个地分离出来,进行研究,这个分析方法称为"隔离体法"。

(2) 进行受力分析。对每一个质点分别做受力分析,并画出受力示意图。首先分析重力,然后从该物体与其他物体的接触面去分析是否存在相互作用力,例如,是否存在方向垂直于接触面的正压力或拉力,在接触面内是否存在摩擦力等。

(3) 分析运动情况。分析各个物体的运动状态,包括它的轨迹、速度和加速度。当问题涉及几个有联系的物体时,需要找出它们运动之间的联系,即速度或加速度之间的关系。

(4) 列方程,联立求解。选定参考系,建立坐标系,对物体分别用牛顿第二定律列出方程的分量式,再结合所找出的运动之间的联系,在方程数目足够的情况下联立求解。

(5) 先进行符号运算,再代入数据运算,注意物理量的单位,并对结果作必要的讨论,从而加深对物理概念的理解和掌握。

【例题 2-2】 如图 2-10(a)所示,一电梯以加速度 $\boldsymbol{a}$ 上升,在电梯内有一轻滑轮,其上通过轻绳挂有一对重物,它们质量分别为 m_1 和 m_2($m_1>m_2$)。试求两重物相对于电梯的加速度 a_r 以及绳子的张力 T。

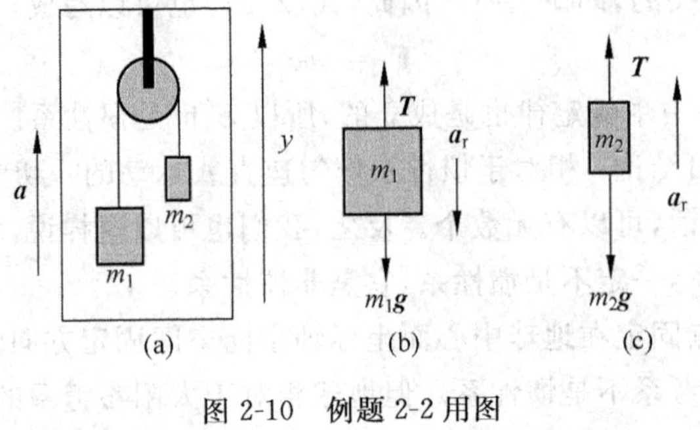

图 2-10 例题 2-2 用图

解:这是一个恒力作用下的连接体问题。关键在于要找到 m_1 和 m_2 之间的联系。因为轻绳在运动中不可伸长,因此,相对于电梯,两个质点的加速度大小应相等,设相对于电梯,m_1 以 $\boldsymbol{a}_r$ 向下运动,则 m_2 以 $\boldsymbol{a}_r$ 向上运动。其次,因为是轻绳,所以两侧绳子中的拉力 T 相等。

应用隔离体法，对 m_1 和 m_2，分别作受力分析，画出受力图，如图 2-10(b)和(c)所示。可以看出，除了各自的重力，m_1 和 m_2 都受到绳子向上的拉力。并且选取地面参考系，以向上作为 y 轴正方向建立坐标系。根据伽利略加速度变换式，m_1 和 m_2 相对于地面的加速度分别为

$$a_1 = a - a_r, \quad a_2 = a + a_r$$

应用牛顿第二定律对两个质点分别列方程，得

$$T - m_1 g = m_1 a_1 = m_1(a - a_r)$$

$$T - m_2 g = m_2 a_2 = m_2(a + a_r)$$

解此方程组得到

$$a_r = \frac{m_1 - m_2}{m_1 + m_2}(a + g)$$

$$T = \frac{2m_1 m_2}{m_1 + m_2}(a + g)$$

【例题 2-3】 如图 2-11 所示，长为 l 的轻绳，一端系一个质量为 m 的小球，另一端系于定点 O；$t=0$ 时小球位于最低位置，并具有水平速度 $\boldsymbol{v}_0$，求小球在任意位置的速率及绳的张力。

解：这是一个质点作圆周运动的问题。一般选取自然坐标系，将力和加速度按照切向和法向进行分解，列出牛顿第二定律的切向和法向分量式。

取小球为研究对象，小球受到重力和绳子的拉力作用，在竖直面内作圆周运动，受力图如图 2-11 所示。拉力是向心力，无需分解；应该将重力按照切向和法向进行分解，然后在自然坐标系下列出牛顿运动方程的分量式

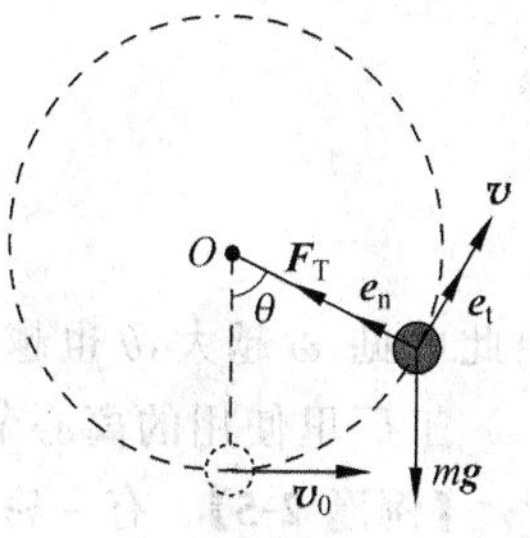

图 2-11 例题 2-3 用图

$$F_T - mg\cos\theta = ma_n, \quad -mg\sin\theta = ma_t \tag{1}$$

将切向加速度 $a_t = \dfrac{dv}{dt}$ 和法向加速度 $a_n = \dfrac{v^2}{l}$ 代入上式，得

$$F_T - mg\cos\theta = \frac{mv^2}{l} \tag{2}$$

$$-mg\sin\theta = m\frac{dv}{dt} \tag{3}$$

由高等数学中的链式变换，并利用角速度 $\omega = \dfrac{d\theta}{dt}$，$\omega = \dfrac{v}{l}$，可得

$$\frac{dv}{dt} = \frac{dv}{d\theta}\frac{d\theta}{dt} = \omega\frac{dv}{d\theta} = \frac{v}{l}\frac{dv}{d\theta} \tag{4}$$

将式(4)代入式(3)，分离变量积分，得

$$\int_{v_0}^{v} v\,dv = -gl\int_0^{\theta}\sin\theta\,d\theta \tag{5}$$

$$v = \sqrt{v_0^2 + 2l(\cos\theta - 1)g}$$

将求出的速率 v 代入式(2)，求得绳的张力为

$$F_T = m\left(\frac{v_0^2}{l} - 2g + 3g\cos\theta\right)$$

【例题 2-4】 如图 2-12 所示，长为 l 的轻绳一端固定在天花板上，另一端悬挂质量为 m 的小球。小球经推动后，将在水平面内作角速度为 ω 的匀速率圆周运动，这种装置称为圆锥摆。试求绳和铅直方向所成的角度 θ，设空气阻力忽略不计。

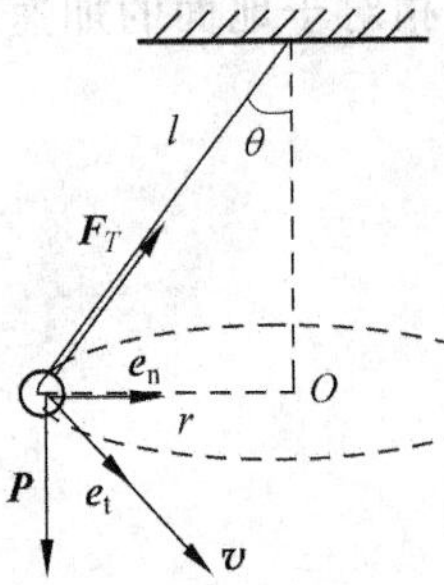

图 2-12　例题 2-4 用图

解：与例题 2-3 不同之处在于小球现在水平面内作圆周运动。其圆周轨迹位于水平面内，因此，将受力按照切向和法向分解时，应该分解拉力。

取小球为研究对象，小球受重力 $\boldsymbol{P}$ 和绳子拉力 $\boldsymbol{F}_T$ 作用，如图 2-12 所示。将拉力按照竖直方向和圆周的法向分解，那么沿圆周的切向小球不受力，切向加速度为零，因此小球作的是匀速圆周运动。根据牛顿第二定律，列出水平方向和竖直方向的分量形式

$$F_T\sin\theta = ma_n = mr\omega^2 \tag{1}$$

$$F_T\cos\theta - mg = 0 \tag{2}$$

由图中可见，圆周运动的半径为 $r=l\sin\theta$，代入式(1)，得

$$F_T = m\omega^2 l \tag{3}$$

联立式(2)和式(3)，得

$$\cos\theta = \frac{mg}{m\omega^2 l} = \frac{g}{\omega^2 l}$$

$$\theta = \arccos\frac{g}{\omega^2 l}$$

由此可见，ω 越大，θ 也越大，但 θ 与小球质量无关。

工厂里使用的离心节速器就是根据圆锥摆的原理制成的。

【例题 2-5】 有一密度为 ρ 的细棒，长度为 l，其上端用细线悬着，下端紧贴着密度为 ρ' 的液体表面。现悬线剪断，求细棒在恰好全部没入水中时的沉降速度。假设液体没有黏性。

解：该题中的浮力随着细棒没入水中的长度而变化。变化的作用力产生一个变化的加速度，在求解速度时，应该将加速度用定义式 $\boldsymbol{a}=\frac{\mathrm{d}\boldsymbol{v}}{\mathrm{d}t}$ 来表示，应用分离变量积分求解。

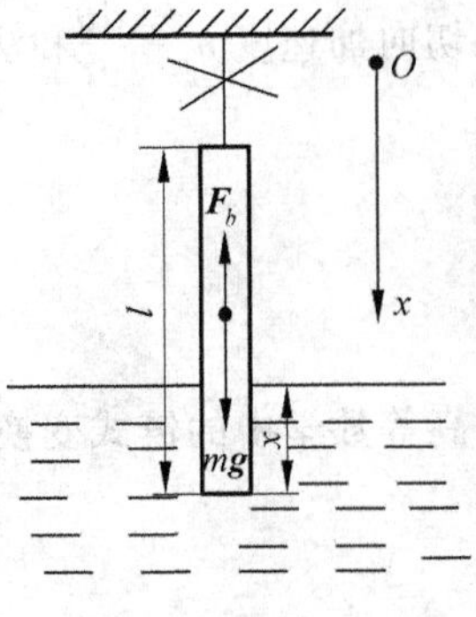

图 2-13　例题 2-5 用图

以棒作为研究对象，受力分析如图 2-13 所示。取竖直向下作为 x 轴正方向。设 s 为细棒的横截面积，当棒的最下端距水面距离为 x 时，浮力大小为

$$F_b = \rho' xsg \tag{1}$$

此时棒受到的合外力为

$$F = mg - \rho' xsg = g(\rho l - \rho' x)s \tag{2}$$

利用牛顿第二定律建立运动方程

$$g(\rho l - \rho' x)s = m\frac{\mathrm{d}v}{\mathrm{d}t} = \rho l s\frac{\mathrm{d}v}{\mathrm{d}t} \tag{3}$$

依题意，要求的是速度与位置的关系式，因此，利用

$$\frac{\mathrm{d}v}{\mathrm{d}t} = \frac{\mathrm{d}v}{\mathrm{d}x}\frac{\mathrm{d}x}{\mathrm{d}t} = v\frac{\mathrm{d}v}{\mathrm{d}x} \tag{4}$$

代入式(3)并分离变量积分

$$\int_0^l g(\rho l-\rho' x)\mathrm{d}x=\int_0^v \rho l v \mathrm{d}v \tag{5}$$

得

$$2\rho g l^2-\rho' g l^2=\rho l v^2$$

$$v=\sqrt{\frac{2\rho g l-\rho' g l}{\rho}}$$

【例题 2-6】 质量为 m 的小球，在水中受的浮力为恒力 $\boldsymbol{F}$；当它从静止开始沉降时，受到水的黏滞阻力为 $f=kv$(k 为常数)，证明小球在水中竖直沉降的速度 v 与时间 t 的关系为 $v=\frac{mg-F}{k}(1-\mathrm{e}^{-\frac{kt}{m}})$。式中 t 为从沉降开始计算的时间。

证明：该题研究小球在变化的作用力下的运动情况。这是一个变力作用下的单体问题。解题的关键是列出方程后，分离变量积分。

质点受力如图 2-14 所示。取向下作为 x 轴正向建立坐标系。根据牛顿第二定律，有

$$mg-kv-F=ma=m\frac{\mathrm{d}v}{\mathrm{d}t}$$

将上式分离变量，并考虑到初始条件：$t=0$ 时 $v_0=0$，得

$$\int_0^v \frac{\mathrm{d}v}{mg-kv-F}=\frac{1}{m}\int_0^t \mathrm{d}t$$

$$-\frac{1}{k}\ln\frac{mg-kv-F}{mg-F}=\frac{t}{m}$$

$$\frac{mg-kv-F}{mg-F}=\mathrm{e}^{-\frac{k}{m}t}$$

$$v=\frac{(mg-F)}{k}(1-\mathrm{e}^{-\frac{kt}{m}})$$

此式表明小球的沉降速度随着时间 t 的增大而增大，最终趋向于恒定值$\frac{mg-F}{k}$，称之为终极速度。这时，小球所受到的合力为零，因此，小球将以终极速度匀速沉降。

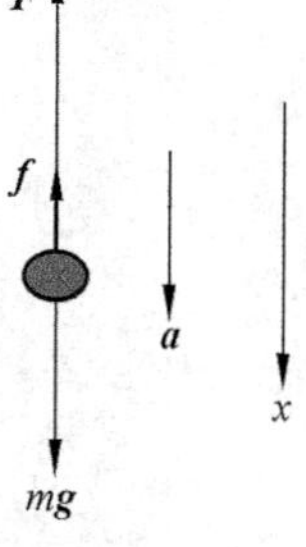

图 2-14　例题 2-6 用图

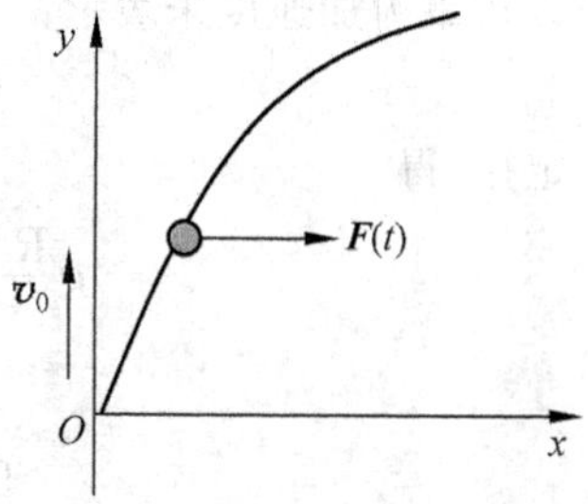

图 2-15　例题 2-7 用图

【例题 2-7】 有一质量为 m 的运动带电粒子沿竖直方向以 v_0 向上运动，从时刻 $t=0$ 开始粒子受到水平方向的力 $F=F_0 t$ 的作用，其中 F_0 为常量。求粒子的运动轨迹。

解：建立如图 2-15 所示的坐标系。设 $t=0$ 时，粒子位于原点。已知粒子在水平方向受到变力的作用，从而产生一个水平方向的变加速度。现在要求粒子轨迹，因此，需要进行两次分离变量积分才能求解。

根据牛顿第二定律，水平方向的方程为

$$F_x = F_0 t = m a_x$$

根据加速度的定义式 $a_x = \frac{dv_x}{dt}$，代入上式，并考虑到水平方向的初速度为零，有

$$\int_0^{v_x} dv_x = \int_0^t \frac{F_0 t}{m} dt$$

因此，任意时刻的速度水平分量为

$$v_x = \frac{F_0 t^2}{2m}$$

根据定义式 $v_x = \frac{dx}{dt}$，得

$$\frac{dx}{dt} = \frac{F_0 t^2}{2m}, \quad \int_0^x dx = \int_0^t \frac{F_0 t^2}{2m} dt$$

解得

$$x = \frac{F_0 t^3}{6m} \tag{1}$$

在竖直方向粒子不受力，因此粒子以 v_0 作匀速运动，得

$$y = v_0 t \tag{2}$$

联立式(1)和式(2)，消去 t，得运动轨迹为

$$x = \frac{F_0}{6mv_0^3} y^3$$

【例题 2-8】 设有一质量为 m 的物体在离地面上空高度等于地球半径处静止落下。设地球质量为 M，地球半径为 R。试求物体到达地面时的速度(不计空气阻力和地球的自转)。

解：物体受到地球的万有引力而运动。在物体运动过程中，万有引力在变化。以地心作为坐标原点，设任意时刻物体到地心的距离为 r，则物体所受万有引力可表示为

$$\boldsymbol{F} = -G\frac{Mm}{r^2}\boldsymbol{e}_r$$

式中的 GM 可以用重力加速度来表示

$$GM = gR^2$$

根据牛顿第二定律，得

$$-g\frac{R^2 m}{r^2} = ma = m\frac{dv}{dt}$$

即

$$\frac{dv}{dt} = -g\frac{R^2}{r^2} \tag{1}$$

同时，式中的 $\frac{dv}{dt}$ 可以用下式表示

$$\frac{dv}{dt} = \frac{dv}{dr}\frac{dr}{dt} = v\frac{dv}{dr} \tag{2}$$

联立式(1)和式(2)，得

$$\int_0^v v dv = -gR^2 \int_{2R}^R \frac{dr}{r^2}$$

得

$$v = \sqrt{gR}$$

2.5　非惯性系　惯性力

在实际问题中，常常在非惯性系中观察和研究物体的运动。但是在非惯性系中，牛顿运动定律不成立。为了方便在非惯性系中能够从形式上应用牛顿运动定律分析和解决问题，我们引入惯性力这一概念。

考虑一个参考系 S' 以加速度 $\boldsymbol{a}_0$ 相对于惯性系 S 作加速平动的情况。假设在惯性系 S 中观测一个质量为 m 的质点，它在真实存在的外力 $\boldsymbol{F}$ 作用下以加速度 $\boldsymbol{a}$ 运动。那么，根据牛顿第二定律有

$$\boldsymbol{F} = m\boldsymbol{a} \tag{2-23}$$

在参考系 S' 中观测该质点，其加速度为 $\boldsymbol{a}'$，则由伽利略变换式可知

$$\boldsymbol{a} = \boldsymbol{a}' + \boldsymbol{a}_0 \tag{2-24}$$

将此式代入式(2-23)，得

$$\boldsymbol{F} = m(\boldsymbol{a}' + \boldsymbol{a}_0) \tag{2-25}$$

移项后，写成

$$\boldsymbol{F} + (-m\boldsymbol{a}_0) = m\boldsymbol{a}' \tag{2-26}$$

此式说明，在参考系 S' 中观测，质点受的合外力 $\boldsymbol{F}$ 并不等于 $m\boldsymbol{a}'$，也就是说牛顿第二定律在参照系 S' 中是不适用的。但是如果在 S' 系中观察时，除了真实的外力 $\boldsymbol{F}$ 外，考虑质点还受到一个大小和方向由 $-m\boldsymbol{a}_0$ 表示的力，并将此力也计入合力之内，则式(2-26)就可以在形式上理解为在 S' 系中观测时，质点所受的“合力”也等于它的质量和加速度的乘积。这样就可以在形式上应用牛顿第二定律了。

上述引入的力 $-m\boldsymbol{a}_0$ 称为惯性力。因此，惯性力的大小定义为质点质量与此非惯性系相对惯性系的加速度的乘积，惯性力的方向与此非惯性系相对惯性系加速度的方向相反。用 $\boldsymbol{F}_i$ 表示惯性力，则可写成

$$\boldsymbol{F}_i = -m\boldsymbol{a}_0 \tag{2-27}$$

在非惯性系中牛顿第二定律在形式上为

$$\boldsymbol{F} + \boldsymbol{F}_i = m\boldsymbol{a}' \tag{2-28}$$

其中 $\boldsymbol{F}$ 是真实存在的各种力的合力，它们都可以找到施力者，它们都有相应的反作用力。而惯性力 $\boldsymbol{F}_i$ 是一种虚拟的力，它仅体现了非惯性系加速度 $\boldsymbol{a}_0$ 所带来的效应，或者说是物体的惯性在非惯性系中的表现；它不是物体间的相互作用，因此找不到施力者，没有反作用力。

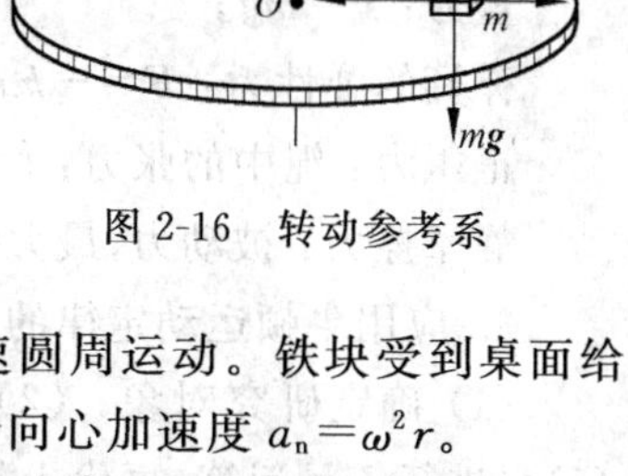

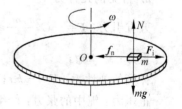

图 2-16　转动参考系

下面我们来讨论惯性离心力的概念。如图 2-16 所示，一个质量为 m 的物体静止在一个转盘上随转盘以角速度 ω 一起转动。在地面参考系中观察铁块，铁块作半径为 r 的匀速圆周运动。铁块受到桌面给予它的静摩擦力 f_n 的作用，静摩擦力方向指向圆心，产生一个向心加速度 $a_n = \omega^2 r$。

若以转动的圆盘作为参考系，则铁块静止，加速度 $\boldsymbol{a}' = 0$。因为圆盘是非惯性系，因此，

铁块除了受到静摩擦力这个"真实"力以外,还受到一个惯性力 $\boldsymbol{F}_i$ 和它平衡。这样,相对于圆盘转动参考系,应该有

$$\boldsymbol{f}_n + \boldsymbol{F}_i = 0 \tag{2-29}$$

也就是说,这个惯性力的方向与静摩擦力相反,沿半径向外,故称惯性离心力。这是在转动参考系中观察到的一种惯性力。例如,当我们乘坐汽车拐弯时,会感受到被甩向弯道外侧,就是惯性离心力产生的效果。

由于惯性离心力和在惯性系中的向心力大小相等、方向相反,所以有人把惯性离心力认为是向心力的反作用力,这是错误的。因为惯性离心力虽然是虚拟力,但是和向心力一样,都是作用在运动物体上的。

延伸阅读

宇航员超重与失重

当火箭宇宙飞船或航天飞机在上升阶段和返回大气层的过程中,由于加速度很大,使其宇航员所受到的惯性力和重力的合力大于重力,宇航员好像变重了。这就称为宇航员的"超重"。

当飞船在太空作自由飞行的过程中,宇航员还会长期处于失重的条件下。所谓失重,是指在飞行的航天器或航天飞机这一参照系中,惯性力与地球引力相抵消,使物体所受的合力几乎等于零,或者说物体的重量为零。失重使宇航员处在完全不同于地面的新环境中,相伴而来的将是一些奇特而有趣的生理效应、物理现象和化学变化。

本章小结

1. 牛顿运动定律

第一定律:阐明了"惯性"和"力"的概念,给出了惯性系的定义

第二定律:$\boldsymbol{F}_{合}=\dfrac{\mathrm{d}\boldsymbol{p}}{\mathrm{d}t}$,$\boldsymbol{p}=m\boldsymbol{v}$;当 m 为常量时,$\boldsymbol{F}_{合}=m\boldsymbol{a}$

常应用分量式,例如,"自然坐标系"中:$F_t=ma_t=m\dfrac{\mathrm{d}v}{\mathrm{d}t}$,$F_n=ma_n=m\dfrac{v^2}{\rho}$

第三定律:$\boldsymbol{F}_{12}=-\boldsymbol{F}_{21}$

2. 常见的几种力

万有引力:$\boldsymbol{F}=-G\dfrac{m_1m_2}{r^2}\boldsymbol{e}_r$;

重力:$\boldsymbol{P}=m\boldsymbol{g}$;

弹簧的弹性力:$F=-kx$;

正压力:绳中的张力:轻绳中的张力处处相等;

静摩擦力:被动力,最大静摩擦力:$f_{s,\max}=\mu_s N$;滑动摩擦力:$f_k=\mu_k N$

3. 应用牛顿运动定律的基本步骤

(1) 确定研究对象;(2)进行受力分析;(3)分析运动情况;(4)列方程,联立求解;(5)先进行符号运算,再代入数据运算,并对结果作必要的讨论。

4. 惯性系与力学相对性原理

5. 非惯性系

惯性力：$\boldsymbol{F}_i=-m\boldsymbol{a}_0$ 形式上的牛顿第二定律：$\boldsymbol{F}+\boldsymbol{F}_i=m\boldsymbol{a}'$

习题

一、选择题

1. 如图 2-17 所示，一轻绳跨过一个定滑轮，两端各系一质量分别为 m_1 和 m_2 的重物，且 $m_1>m_2$；滑轮质量及轴上摩擦均不计，此时重物的加速度的大小为 a；今用一竖直向下的恒力 $F=m_1g$ 代替质量为 m_1 的物体，可得质量为 m_2 的重物的加速度的大小为 a'，则（　　）。

(A) $a'=a$　　(B) $a'>a$　　(C) $a'<a$　　(D) 不能确定

2. 如图 2-18 所示，物体 A，B 质量相同，B 在光滑水平桌面上。滑轮与绳的质量以及空气阻力均不计，滑轮与其轴之间的摩擦也不计。系统无初速地释放，则物体 A 下落的加速度是（　　）。

(A) g　　(B) $4g/5$　　(C) $g/2$　　(D) $g/3$

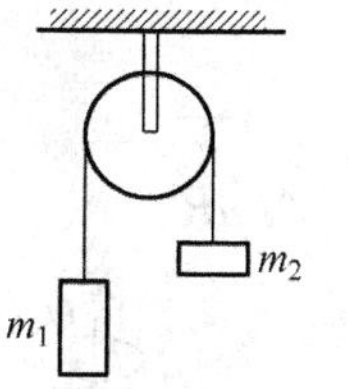

图2-17　习题 1 用图

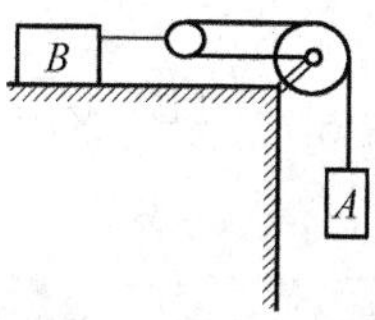

图 2-18　习题 2 用图

3. 在升降机天花板上拴有轻绳，其下端系一重物，当升降机以加速度 a_1 上升时，绳中的张力正好等于绳子所能承受的最大张力的一半，问升降机以多大加速度上升时，绳子刚好被拉断？（　　）

(A) $2a_1$　　(B) $2(a_1+g)$　　(C) $2a_1+g$　　(D) a_1+g

4. 一只质量为 m 的猴，原来抓住一根用绳吊在天花板上的质量为 M 的直杆，悬线突然断开，小猴则沿杆子竖直向上爬以保持它离地面的高度不变，此时直杆下落的加速度为（　　）。

(A) g　　(B) $\dfrac{m}{M}g$

(C) $\dfrac{M+m}{M}g$　　(D) $\dfrac{M+m}{M-m}g$

5. 如图 2-19 所示，质量为 m 的物体 A 用平行于斜面的细线连结置于光滑的斜面上，若斜面向左方作加速运动，当物体开始脱离斜面时，它的加速度的大小为（　　）。

(A) $g\sin\theta$　　(B) $g\cos\theta$　　(C) $g\cot\theta$　　(D) $g\tan\theta$

6. 如图 2-20 所示，假设物体沿着竖直面上圆弧形轨道下滑，轨道是光滑的，在从 A 至 C 的下滑过程中，下面哪个说法是正确的？（　　）。

(A) 它的加速度大小不变，方向永远指向圆心

(B) 它的速率均匀增加

(C) 它的合外力大小变化,方向永远指向圆心

(D) 它的合外力大小不变

(E) 轨道支持力的大小不断增加

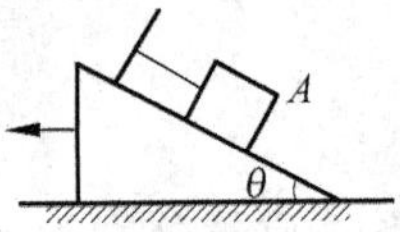

图 2-19　习题 5 用图

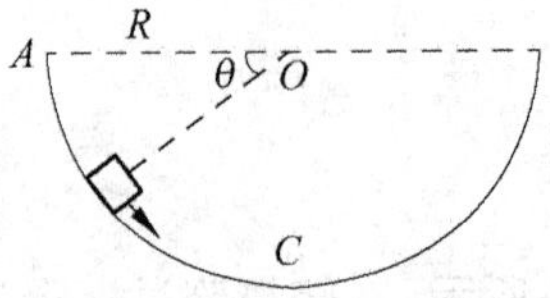

图 2-20　习题 6 用图

7. 如图 2-21 所示,一光滑的内表面半径为 10cm 的半球形碗,以匀角速度 ω 绕其对称 OC 旋转。已知放在碗内表面上的一个小球 P 相对于碗静止,其位置高于碗底 4cm,则由此可推知碗旋转的角速度约为(　　)。

(A) 10rad/s　　(B) 13rad/s　　(C) 17rad/s　　(D) 18rad/s

8. 如图 2-22 所示,竖立的圆筒形转笼,半径为 R,绕中心轴 OO' 转动,物块 A 紧靠在圆筒的内壁上,物块与圆筒间的摩擦系数为 μ,要使物块 A 不下落,圆筒转动的角速度 ω 至少应为(　　)。

(A) $\sqrt{\dfrac{\mu g}{R}}$　　(B) $\sqrt{\mu g}$　　(C) $\sqrt{\dfrac{g}{\mu R}}$　　(D) $\sqrt{\dfrac{g}{R}}$

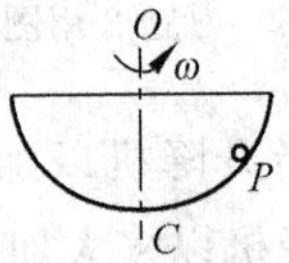

图 2-21　习题 7 用图

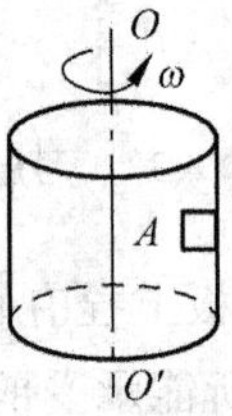

图 2-22　习题 8 用图

9. 质量为 m 的小球,放在光滑的木板和光滑的墙壁之间,并保持平衡,如图 2-23 所示。设木板和墙壁之间的夹角为 α,当 α 逐渐增大时,小球对木板的压力将(　　)。

(A) 增加

(B) 减少

(C) 不变

(D) 先是增加,后又减小。压力增减的分界角为 $\alpha=45^{\circ}$

10. 质量分别为 m 和 M 的滑块 A 和 B,叠放在光滑水平桌面上,如图 2-24 所示。A、B 间静摩擦系数为 μ_s,滑动摩擦系数为 μ_k,系统原处于静止。今有一水平力作用于 A 上,要使 A、B 不发生相对滑动,则应有(　　)。

(A) $F\leqslant\mu_s mg$　　(B) $F\leqslant\mu_s(1+m/M)mg$

(C) $F\leqslant\mu_s(m+M)mg$　　(D) $F\leqslant\mu_k mg\dfrac{M+m}{M}$

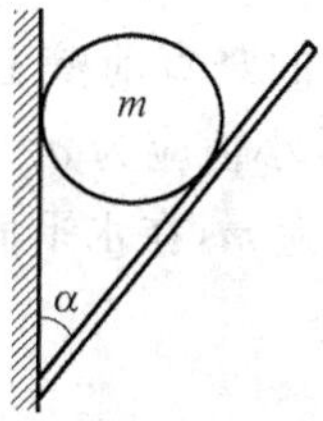

图 2-23　习题 9 用图

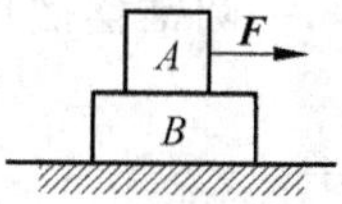

图 2-24　习题 10 用图

二、填空题

11. 质量相等的两物体 A 和 B，分别固定在弹簧的两端，竖直放在光滑水平面 C 上，如图 2-25 所示。弹簧的质量与物体 A，B 的质量相比，可以忽略不计。若把支持面 C 迅速移走，则在移开的一瞬间，A 的加速度大小 $a_A=$________，B 的加速度的大小 $a_B=$________。

12. 质量为 m 的小球，用轻绳 AB，BC 连接，如图 2-26 所示，其中 AB 水平。剪断绳 AB 前后的瞬间，绳 BC 中的张力比 $T:T'=$________。

13. 一小珠可以在半径为 R 的竖直圆环上作无摩擦滑动，如图 2-27 所示。今使圆环以角速度 ω 绕圆环竖直方向的直径转动。要使小珠离开环的底部停在环上某一点，则角速度 ω 应大于________。

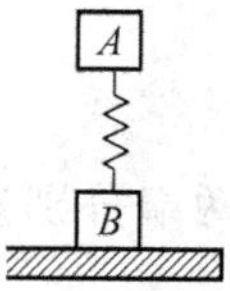

图 2-25　习题 11 用图

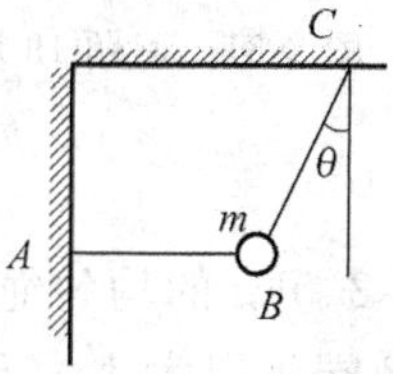

图 2-26　习题 12 用图

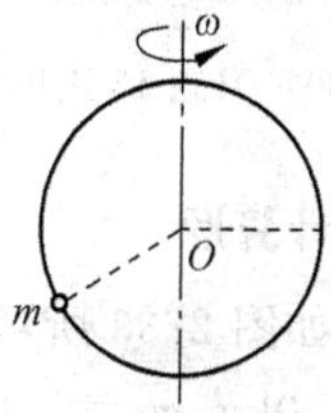

图2-27　习题 13 用图

14. 如图 2-28 所示，沿水平方向的外力 F 将物体 A 压在竖直墙上，由于物体与墙之间有摩擦力，此时物体保持静止，并设其所受静摩擦力为 f_0，若外力增至 $2F$，则此时物体所受静摩擦力为________。

15. 如果一个箱子与货车底板之间的静摩擦系数为 μ，当这货车爬一与水平方向角度为 θ 的平缓山坡时，要不使箱子在车底板上滑动，车的最大加速度 $a_{\max}=$________。

16. 假如地球半径缩短 1%，而它的质量保持不变，则地球表面的重力加速度 g 增大的百分比是________。

17. 在如图 2-29 所示的装置中，两个定滑轮与绳的质量以及滑轮与其轴之间的摩擦都可忽略不计，绳子不可伸长，m_1 与平面之间的摩擦也可不计，在水平外力 F 的作用下，物体 m_1 与 m_2 的加速度 $a=$________，绳中的张力 $T=$________。

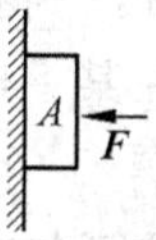

图 2-28　习题 14 用图

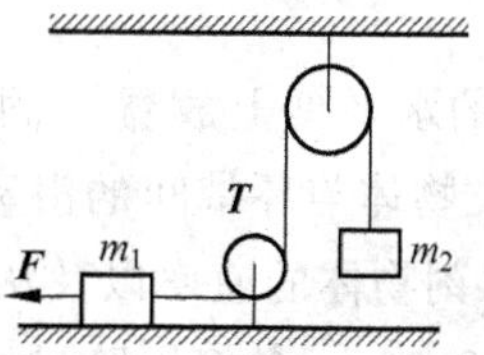

图 2-29　习题 17 用图

18. 如图 2-30 所示，一个小物体 A 靠在一辆小车的竖直前壁上，A 和车壁间静摩擦系数是 μ_s，若要使物体 A 不致掉下来，小车的加速度的最小值应为 $a=$________。

19. 如图 2-31 所示，一圆锥摆摆长为 l、摆锤质量为 m，在水平面上作匀速圆周运动，摆线与铅直线夹角 θ，则

(1) 摆线的张力 $T=$________；

(2) 摆锤的速率 $v=$________。

20. 如图 2-32 所示，一块水平木板上放一砝码，砝码的质量 $m=0.2\text{kg}$，手扶木板保持水平，托着砝码使之在竖直平面内作半径 $R=0.5\text{m}$ 的匀速率圆周运动，速率 $v=1\text{m/s}$。当砝码与木板一起运动到图示位置时，砝码受到木板的摩擦力为________，砝码受到木板的支持力为________。

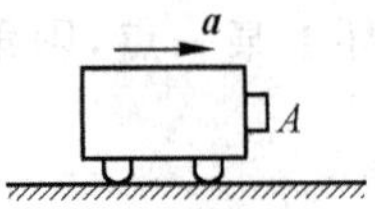

图 2-30　习题 18 用图

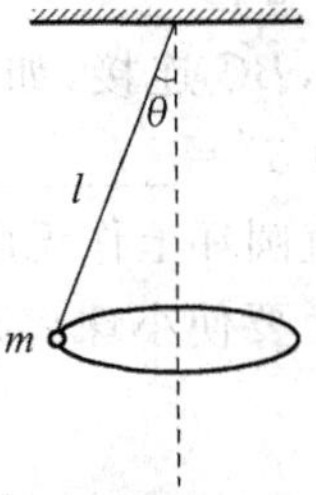

图 2-31　习题 19 用图

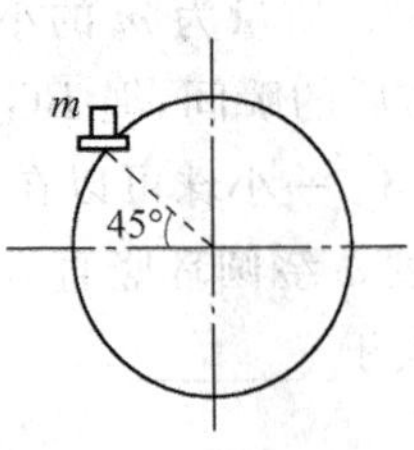

图 2-32　习题 20 用图

三、计算题

21. 如图 2-33 所示，质量 $m=2.0\text{kg}$ 的均匀绳，长 $L=1.0\text{m}$，两端分别连接重物 A 和 B，$m_A=8.0\text{kg}$，$m_B=5.0\text{kg}$，今在 B 端施以大小为 $F=180\text{N}$ 的竖直拉力，使绳和物体向上运动，求距离绳的下端为 x 处绳中的张力 $T(x)$。

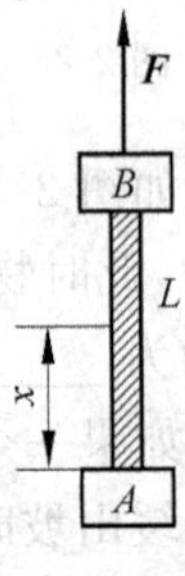

图 2-33　习题 21 用图

22. 质量为 m 的子弹以速度 v_0 水平射入沙土中，设子弹所受阻力与速度反向，大小与速度成正比，比例系数为 K，忽略子弹的重力，求：

(1) 子弹射入沙土后，速度随时间变化的函数式；

(2) 子弹进入沙土的最大深度。

23. 如图 2-34 所示，水平转台上放置一质量 $M=2\text{kg}$ 的小物块，物块与转台间的静摩擦系数 $\mu_s=0.2$，一条光滑的绳子一端系在物块上，另一端则由转台中心处的小孔穿下并悬一质量 $m=0.8\text{kg}$ 的物块。转台以角速度 $\omega=4\pi\ \text{rad/s}$ 绕竖直中心轴转动，求：转台上面的物块与转台相对静止时，物块转动半径的最大值 $r_{\max}$ 和最小值 $r_{\min}$。

24. 光滑的水平桌上放置一固定的半径为 R 的圆环带，一物体贴着环内侧运动，如图 2-35 所示。物体与环带间的滑动摩擦系数为 μ，设物体在某一时刻经过 A 点的速率为 v_0，求此后 t 时刻物体的速率以及从 A 点开始所经的路程 S。

25. 如图 2-36，一条轻绳跨过一轻滑轮（滑轮和轴的摩擦可忽略）。在绳的一端挂一质量为 m_1 的物体，在另一侧有一质量为 m_2 的环。当环相对于绳以恒定的加速度 a_2 沿绳向

下滑动时，物体和环相对地面的加速度各是多少？环与绳间的摩擦力多大？

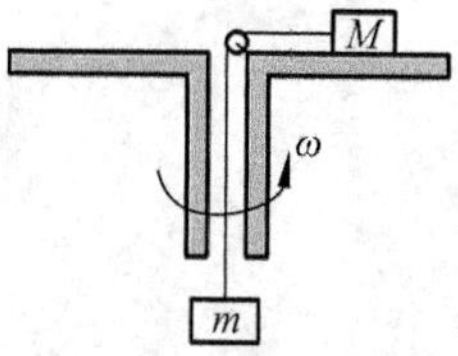

图 2-34　习题 23 用图

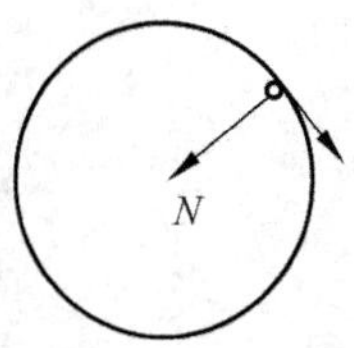

图 2-35　习题 24 用图

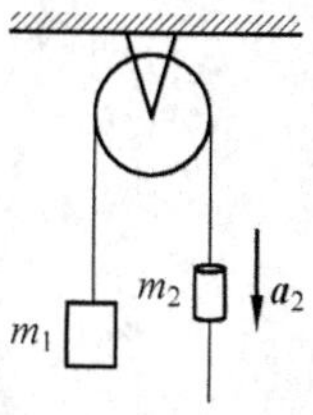

图 2-36　习题 25 用图

26. 竖直而立的细 U 形管里面装有密度均匀的某种液体。U 形管的横截面粗细均匀，两根竖直细管相距为 l，底下的连通管水平。当 U 形管在如图 2-37 所示的水平的方向上以加速度 a 运动时，两竖直管内的液面将产生高度差 h。若假定竖直管内各自的液面仍然可以认为是水平的，试求两液面的高度差 h。

27. 一条质量分布均匀的绳子，质量为 m，长度为 L，一端拴在竖直转轴 OO' 上，并以恒定角速度 ω 在水平面上旋转，设转动过程中绳子始终伸直不打弯，且忽略重力，求距转轴为 r 处绳中的张力 $T(r)$。

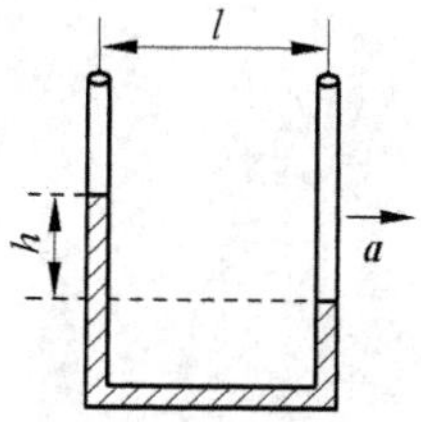

图 2-37　习题 26 用图

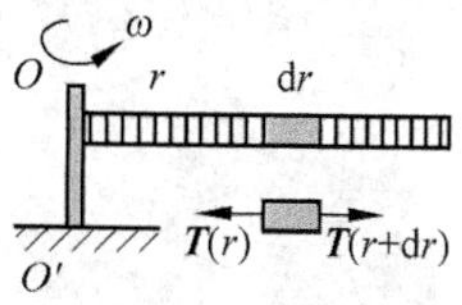

图 2-38　习题 27 用图

28. 质量为 m 的物体系于长度为 R 的绳子的一个端点上，在竖直平面内绕绳子另一端点（固定）作圆周运动。设 t 时刻物体瞬时速度的大小为 v，绳子与竖直向上的方向成 θ 角，如图 2-38 所示。

(1) 求 t 时刻绳中的张力 $\boldsymbol{T}$ 和物体的切向加速度 $\boldsymbol{a}_t$；

(2) 说明在物体运动过程中 $\boldsymbol{a}_t$ 的大小和方向如何变化。

29. 有一物体放在地面上，重量为 P，它与地面间的摩擦系数为 μ；今用力使物体在地面上匀速前进，问此力 $\boldsymbol{F}$ 与水平面夹角 θ 为多大时最省力？

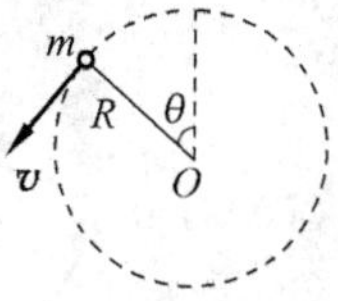

图 2-39　习题 28 用图

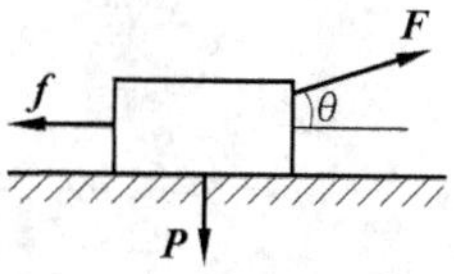

图 2-40　习题 29 用图

这是神舟七号载人飞船用长征二号F火箭发射升空时的照片。神舟七号载人飞船(Shenzhou-Ⅶ manned spaceship)是中国神舟号飞船系列之一，是中国第三艘载人航天飞船。神舟七号载人飞船于北京时间2008年9月25日21时10分04秒988毫秒由长征2号F火箭发射升空。2008年9月27日16点30分，中国航天员景海鹏留守返回舱，航天员翟志刚(指令长)、刘伯明分别穿着中国制造的“飞天”舱外航天服和俄罗斯出品的“海鹰”舱外航天服进入神舟七号载人飞船兼任气闸舱的轨道舱。翟志刚出舱作业，刘伯明在轨道舱内协助(刘伯明的头部手部部分出舱)，实现了中国历史上宇航员第一次的太空漫步，使中国成为第三个有能力把航天员送上太空并进行太空行走的国家。

从物理学角度看，飞船升空是动量定理在变质量系统的技术应用。神舟七号载人飞船的发射成功表明中国正在大步迈向航天强国。

第3章

动量与角动量

本章概要 动量定理是表示力的时间累积效应的物理规律。本章首先从牛顿运动定理出发，导出了动量定理，接着把动量定理应用于质点系，得到了一条重要的守恒定律——动量守恒定律。然后引入了质心的概念，对质心的运动规律进行了讨论。最后介绍了质点的角动量及角动量守恒定律。

3.1 质点动量定理

牛顿运动定律表示了力与物体加速度之间的瞬时关系。但在许多情况下，我们需要考虑力的时间累积效果。这一效果可以由牛顿第二定律直接推得。

由牛顿第二定律表达式得

$$\boldsymbol{F}=m\frac{\mathrm{d}\boldsymbol{v}}{\mathrm{d}t}=\frac{\mathrm{d}(m\boldsymbol{v})}{\mathrm{d}t}$$

或

$$\boldsymbol{F}\mathrm{d}t=\mathrm{d}(m\boldsymbol{v})$$

式中 $m\boldsymbol{v}$ 称为运动物体的动量，用 $\boldsymbol{p}$ 表示。动量是矢量，它的方向与物体的运动方向一致。动量的单位为 kg·m/s。

牛顿第二定律也可写成动量表达形式：

$$\boldsymbol{F}=\frac{\mathrm{d}\boldsymbol{p}}{\mathrm{d}t}$$

或 $\boldsymbol{F}\mathrm{d}t=\mathrm{d}\boldsymbol{p}$。$\boldsymbol{F}\mathrm{d}t$ 称为力 $\boldsymbol{F}$ 在 $\mathrm{d}t$ 时间内的微冲量。用 $\mathrm{d}\boldsymbol{I}$ 表示。

而 $\boldsymbol{I}=\int_{t_1}^{t_2}\boldsymbol{F}\mathrm{d}t$ 称为力 $\boldsymbol{F}$ 在 $t_1\sim t_2$ 这段时间内的冲量。

则牛顿第二定律的动量表达形式可写为

$$\mathrm{d}\boldsymbol{I}=\boldsymbol{F}\mathrm{d}t=\mathrm{d}\boldsymbol{p}=\mathrm{d}(m\boldsymbol{v}) \tag{3-1}$$

这一关系叫动量定理的微分形式，它实际上是牛顿第二定律数学表达式的变形，它表明：合外力 $\boldsymbol{F}$ 在 $\mathrm{d}t$ 时间内的微冲量等于质点动量的微增量。

对一段有限时间有

$$\boldsymbol{I}=\int_{t_1}^{t_2}\boldsymbol{F}\mathrm{d}t=\int_{p_1}^{p_2}\mathrm{d}\boldsymbol{p}=\int_{v_1}^{v_2}\mathrm{d}(m\boldsymbol{v})=m\boldsymbol{v}_2-m\boldsymbol{v}_1 \tag{3-2}$$

这一关系叫动量定理积分形式，它表明：作用在物体上的合外力的冲量等于物体动量的增量。这一结论称为质点的动量定理。

下面对质点的动量定理作一些讨论。

(1) 在质点动量定理表达式中的冲量是矢量，在恒力作用下，冲量的大小就是恒力大小和作用时间的乘积，冲量的方向与恒力的方向相同。即 $\boldsymbol{I}=\boldsymbol{F}\Delta t$。

(2) 质点的动量定理表达式为矢量式，在直角坐标系下动量定理可写成三个分量形式，其分量表达形式为

$$\begin{cases} I_x = \int_{t_1}^{t_2} F_x \mathrm{d}t = mv_{2x} - mv_{1x} \\ I_y = \int_{t_1}^{t_2} F_y \mathrm{d}t = mv_{2y} - mv_{1y} \\ I_z = \int_{t_1}^{t_2} F_z \mathrm{d}t = mv_{2z} - mv_{1z} \end{cases} \tag{3-3}$$

质点所受合外力的冲量沿某一坐标轴方向的分量等于沿该坐标轴方向上的动量分量的增量。

(3) 在冲击和碰撞等问题中，通常引入平均冲力的概念。

如图 3-1 所示，在打击或碰撞情况下，力 $\boldsymbol{F}$ 的方向保持不变，大小变化，曲线与 t 轴所包围的面积就是 $t_1 \sim t_2$ 这段时间内力 $\boldsymbol{F}$ 的冲量的大小，根据改变动量的等效性，可得到平均力。

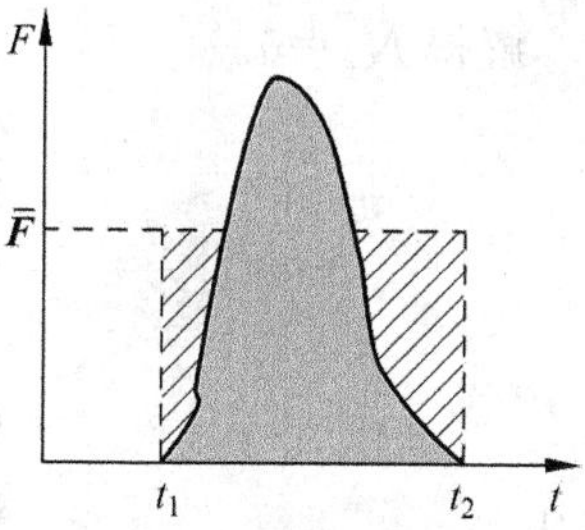

图 3-1　平均冲力

在力的整个作用时间内，平均力的冲量等于变力的冲量

$$\boldsymbol{I} = \int_{t_1}^{t_2} \boldsymbol{F}\mathrm{d}t = \bar{\boldsymbol{F}}(t_2 - t_1)$$

其分量形式为

$$\begin{cases} I_x = \bar{F}_x(t_2 - t_1) = mv_{2x} - mv_{1x} \\ I_y = \bar{F}_y(t_2 - t_1) = mv_{2y} - mv_{1y} \\ I_z = \bar{F}_z(t_2 - t_1) = mv_{2z} - mv_{1z} \end{cases} \tag{3-4}$$

【例题 3-1】 一篮球质量 0.58kg，从 2.0m 的高度下落，到达地面后，以同样速率反弹，接触时间为 0.019s。求篮球对地面的平均冲力。

解：取篮球为研究对象。在篮球与地面的接触时间 Δt 内，作用在篮球上的力有两个：重力 $\boldsymbol{G}$，方向向下；地面对篮球的作用力 $\boldsymbol{N}$，方向向上，这个作用力为变力，其平均作用力用 $\bar{\boldsymbol{N}}$ 来代替，其反作用力即为篮球对地面的平均冲力。

由自由落体公式，可以求出篮球到达地面的速率为

$$v = \sqrt{2gh} = \sqrt{2 \times 9.8 \times 2} = 6.3(\mathrm{m/s})$$

如取竖直向上的方向为坐标轴的正方向，那么在接触时间内，篮球的速度由初速 $-v$ 变为 v，根据动量定理可得到对地平均冲力：

$$(\bar{N} - mg)\Delta t = mv - (-mv)$$

$$\bar{N} = \frac{2mv}{\Delta t} + mg \approx \frac{2mv}{\Delta t} = \frac{2 \times 0.58 \times 6.3}{0.019} = 3.8 \times 10^2(\mathrm{N})$$

由牛顿第三定律，篮球对地面的平均冲力与 $\bar{N}$ 的大小相同而方向相反。其作用力大小相当于 40kg 重物所受重力！

【例题 3-2】 如图 3-2(a)所示，一小球与地面碰撞 $m=2\times10^{-3}$kg，$\alpha=60°$，$v=v'=5$m/s，碰撞时间 $t=0.05$s。求碰撞时间内地面对小球的平均作用力。

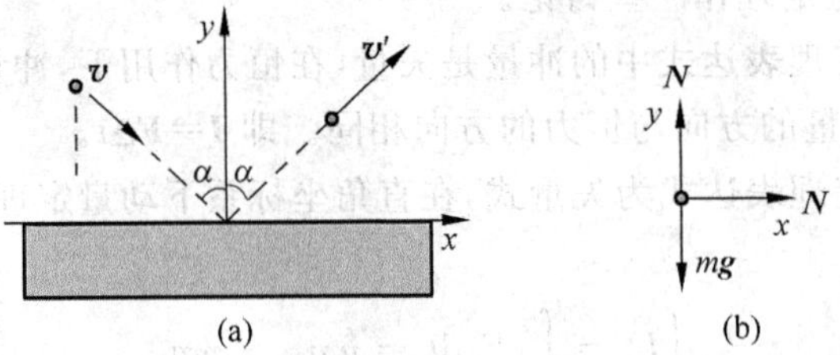

图 3-2 例题 3-2 用图

解：取小球为研究对象。取如图 3-2(b)所示坐标系。设地面对小球的平均冲力沿 x 方向、y 方向的分量分别为 $\overline{N}_x$，$\overline{N}_y$，由动量定理得

$$\overline{N}_x\Delta t = mv\sin\alpha - mv\sin\alpha$$

$$(\overline{N}_y - mg)\Delta t = mv\cos\alpha - (-mv\cos\alpha)$$

解得 $\overline{N}_x=0$。

$$\overline{N}_y = \frac{2mv\cos\alpha}{\Delta t} + mg$$

$$= \frac{2\times2\times10^{-3}\times5\times\cos60°}{0.05} + 2\times10^{-3}\times10$$

$$= 0.22(\text{N})$$

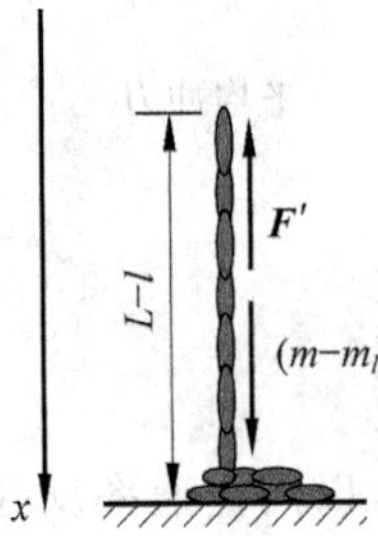

图 3-3 例题 3-3 用图

【例题 3-3】 如图 3-3 所示，质量为 m 的匀质链条，全长为 L，开始时，下端与地面的距离为 h，链条自由下落在地面上。求链条下落在地面上的长度为 $l(l<L)$时，地面所受链条的作用力的大小。

解：如图 3-3 所示，取竖直向下为 x 轴正向。设 t 时刻，地面上的链段长为 l，质量为 m_l。则有

$$m_l = \lambda l = \frac{m}{L}l$$

在空中的链条在此时的速度大小

$$v = \sqrt{2g(l+h)}$$

在 $\mathrm{d}t$ 时间内，有 $\mathrm{d}m=\lambda v\mathrm{d}t$ 链条元落地。取向下为坐标轴正方向，根据动量定理有

$$-f\mathrm{d}t = 0 - (\lambda v\mathrm{d}t)v$$

$$f = \frac{\lambda v\mathrm{d}t}{\mathrm{d}t}v = \lambda v^2 = \frac{2m(l+h)g}{L} = f'$$

地面受力大小为

$$F = f' + m_l g = \frac{m}{L}(3l+2h)g$$

延伸阅读——施工设备

打 桩 机

打桩机是利用冲击力将桩贯入地层的施工设备。打桩机由桩锤、桩架及附属设备组成。

桩锤依附在桩架前部两根平行的竖直导杆(俗称龙门)之间，用提升吊钩吊升。桩锤按运动的动力来源可分为落锤、汽锤、柴油锤、液压锤等。桩架为一钢结构塔架，在其后部设有卷扬机，用以升起吊桩和桩锤。桩架前面有两根导杆组成的导向架，用以控制打桩方向，使桩按照设计方位准确地贯入地层。塔架和导向架可以一起偏斜，用以打斜桩。导向架还能沿塔架向下引伸，用以沿堤岸或码头打水下桩。桩架能转动，也能移行。打桩机的基本技术参数是冲击部分重量、冲击动能和冲击频率。

3.2　质点系动量定理

由有相互作用的多个质点组成的系统称为质点系。质点系内各质点之间的相互作用力称为系统的内力。质点系以外的物体对质点系内任意一个质点的作用力称为系统的外力。如把地球和月球看作一个系统，则它们之间的相互作用力称为内力，而系统以外的物体如太阳和其他行星对地球或月球的作用力都是外力。

将动量定理应用于质点系内的每一个质点，就可以得到质点系的动量定理。

设 $\boldsymbol{P}$ 表示质点系在时刻 t 的动量，则有 $\boldsymbol{P}=\sum_i m_i\boldsymbol{v}_i$。

以两个质点组成的质点系为例来讨论。将动量定理用于两质点，分别以 F 和 f 表示质点所受的外力和内力，有

$$\mathrm{d}(m_1\boldsymbol{v}_1)=(\boldsymbol{F}_1+\boldsymbol{f}_{12})\mathrm{d}t$$

$$\mathrm{d}(m_2\boldsymbol{v}_2)=(\boldsymbol{F}_2+\boldsymbol{f}_{21})\mathrm{d}t$$

因为

$$\boldsymbol{f}_{12}+\boldsymbol{f}_{21}=0\quad(\text{牛顿第三定律})$$

故

$$\mathrm{d}(m_1\boldsymbol{v}_1)+\mathrm{d}(m_2\boldsymbol{v}_2)=(\boldsymbol{F}_1+\boldsymbol{F}_2)\mathrm{d}t \tag{3-5a}$$

或

$$\mathrm{d}\boldsymbol{P}=\sum_i\boldsymbol{F}_i\mathrm{d}t \tag{3-5b}$$

推广到多个质点组成的系统，有

$$\mathrm{d}\left(\sum_i m_i\boldsymbol{v}_i\right)=\sum_i\boldsymbol{F}_i\mathrm{d}t \tag{3-6a}$$

或

$$\mathrm{d}\boldsymbol{P}=\sum_i\boldsymbol{F}_i\mathrm{d}t \tag{3-6b}$$

在直角坐标系下质点系的动量定理的分量形式：

$$\begin{cases}\mathrm{d}\left(\sum_i m_iv_{ix}\right)=\sum_i F_{ix}\mathrm{d}t\\ \mathrm{d}\left(\sum_i m_iv_{iy}\right)=\sum_i F_{iy}\mathrm{d}t\\ \mathrm{d}\left(\sum_i m_iv_{iz}\right)=\sum_i F_{iz}\mathrm{d}t\end{cases} \tag{3-7}$$

在从时刻 $t_1\sim t_2$ 这样一段有限时间内

$$\sum_i m_i \boldsymbol{v}_{i2} - \sum_i m_i \boldsymbol{v}_{i1} = \int_{t_1}^{t_2} \sum_i \boldsymbol{F}_i \mathrm{d}t \tag{3-8}$$

即在某段时间内，质点系动量的增量，等于作用在质点系上所有外力在同一时间内的冲量的矢量和，而与内力无关。这就是质点系的动量定理。

需要明确说明的是：

(1) 只有质点系以外的作用力才可以改变系统的总动量。

(2) 无论质点系内部的相互作用如何复杂，内力只可以改变系统内单个质点的动量，但不能改变系统的总动量。

【例题 3-4】 一粒子弹水平地穿过并排静止放置在光滑水平面上的木块，已知两木块的质量分别为 m_1，m_2，子弹穿过两木块的时间各为 Δt_1、Δt_2，假如子弹在木块中所受的阻力为恒力 F。求子弹穿过后，两木块各以多大速度运动。

解：子弹在穿越第一木块的过程中，两木块速度相同，均为 v_1。对两木块组成的系统，因受到子弹给予的大小相等的外力 F，用质点系动量定理，得到

$$F\Delta t_1 = (m_1 + m_2)v_1 - 0$$

子弹穿越第二木块后，第二木块速度变为 v_2，对第二木块用质点动量定理，因受到第一块木块给予的外力 F，有

$$F\Delta t_2 = m_2 v_2 - m_1 v_1$$

联立求解得到

$$v_1 = \frac{F\Delta t_1}{m_1 + m_2}$$

$$v_2 = \frac{F\Delta t_1}{m_1 + m_2} + \frac{F\Delta t_2}{m_2}$$

【例题 3-5】 如图 3-4 所示。矿砂从传送带 A 落入传送带 B，其速度大小为 $v_1 = 4\text{m/s}$，方向与竖直方向成 30°，而传送带 B 与水平方向成 15°角，其速度大小为 $v_2 = 2\text{m/s}$。传送带的运送量为 $k = 20\text{kg/s}$。

求：落到传送带 B 上的矿砂所受到的力。

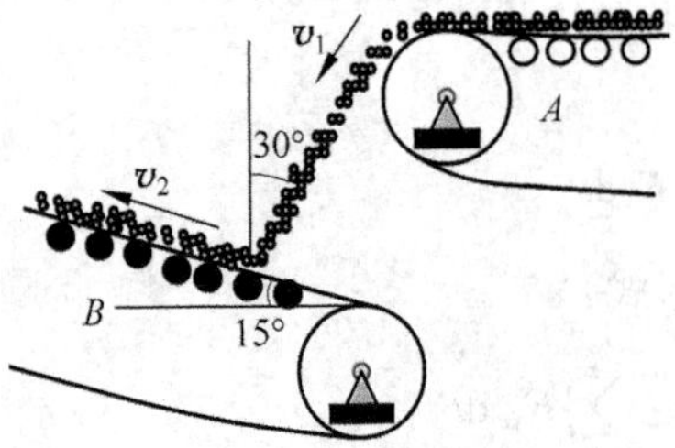

图 3-4 例题 3-5 用图 1

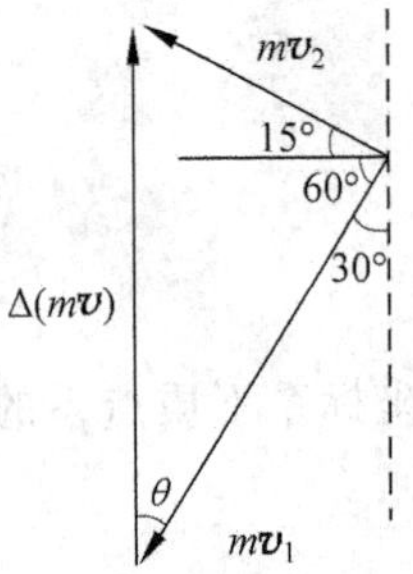

图 3-5 例题 3-5 用图 2

解：如图 3-5 所示。设在某极短的时间 Δt 内落在传送带上的矿砂质量为 m，即 $m = k\Delta t$，这些矿砂的动量增量(注意为矢量)为

$$\Delta(m\boldsymbol{v}) = m\boldsymbol{v}_2 - m\boldsymbol{v}_1$$

由余弦定理可得其量值为

$$|\Delta(m\boldsymbol{v})| = m\sqrt{4^2+2^2-2\times4\times\cos75^\circ} = 3.98m = 3.98k\Delta t(\mathrm{m/s})$$

设这些矿砂在 Δt 时间内受到的平均作用力为 $\overline{\boldsymbol{F}}$，由动量定理，得

$$\overline{F}\Delta t = |\Delta(m\boldsymbol{v})|$$

于是

$$\overline{F} = \frac{|\Delta(m\boldsymbol{v})|}{\Delta t} = \frac{3.98k\Delta t}{\Delta t} = 3.98k = 79.6(\mathrm{N})$$

其方向可用图 3-5 中 θ 表示。

由正弦定理可得

$$\frac{|\Delta(m\boldsymbol{v})|}{\sin75^\circ} = \frac{|m\boldsymbol{v}_2|}{\sin\theta}$$

得 $\theta=29^\circ$。即作用力 $\overline{\boldsymbol{F}}$ 方向近似沿竖直方向向上。

3.3 质点系动量守恒定律

当质点系所受的合外力为零，即

$$\sum_i \boldsymbol{F}_i = 0$$

由质点系的动量定理有

$$\mathrm{d}\left(\sum_i m_i \boldsymbol{v}_i\right) = \sum_i \boldsymbol{F}_i \mathrm{d}t = 0$$

于是有

$$\sum_i m_i \boldsymbol{v}_i = \text{常矢量} \tag{3-9}$$

这就是说当一个质点系所受的合外力为零时，这一质点系的总动量等于一常矢量，系统的总动量守恒。这一结论叫做质点系动量守恒定律。

应用质点系动量守恒定律分析和解决问题时，应该注意以下几点。

(1) 质点系动量守恒表达式是矢量关系式，在实际问题中，常应用其沿坐标轴的分量形式。例如，在直角坐标系下，有

$$\begin{cases} \text{当 } F_x = \sum F_{ix} = 0 \text{ 时}, \sum_i m_i v_{ix} = P_x = \text{常量} \\ \text{当 } F_y = \sum F_{iy} = 0 \text{ 时}, \sum_i m_i v_{iy} = P_y = \text{常量} \\ \text{当 } F_z = \sum F_{iz} = 0 \text{ 时}, \sum_i m_i v_{iz} = P_z = \text{常量} \end{cases} \tag{3-10}$$

(2) 质点系动量守恒定律适用于惯性系。

(3) 质点系动量守恒的条件是合外力为零，即 $\sum_i \boldsymbol{F}_i = 0$。但在外力远远小于内力的情况下，外力对质点系的总动量变化影响很小，这时仍可以用动量守恒定律来处理问题。

(4) 内力的存在只改变系统内动量的分配，而不能改变系统的总动量。

(5) 动量守恒是自然界普遍适用的物理定律，它比牛顿定律更为基本。在微观世界及微观领域中牛顿定律不再适用，但动量守恒定律仍然正确。

【**例题 3-6**】 如图 3-6 所示，设炮车以仰角 θ 发射一炮弹，炮车和炮弹的质量分别为 M 和 m，炮弹的出口速度大小为 v，求炮车的反冲速度大小 V。炮车与地面间的摩擦力不计。

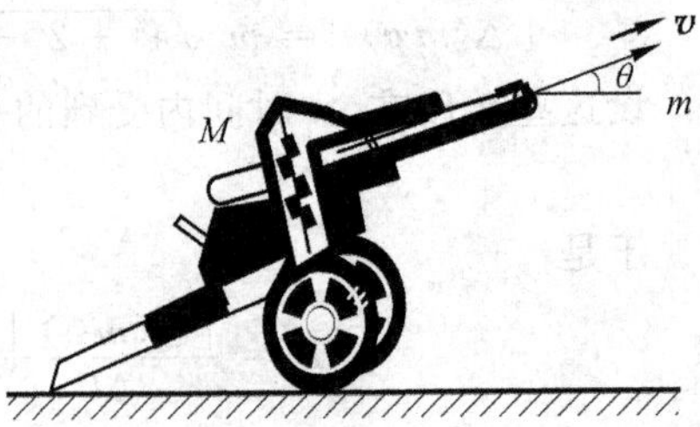

图 3-6 例题 3-6 用图

解：把炮车和炮弹看成一个系统。发射炮弹前，系统在竖直方向上的外力有重力 $\boldsymbol{G}$ 和地面支持力 $\boldsymbol{N}$，而且 $\boldsymbol{G}=-\boldsymbol{N}$，在发射过程中 $\boldsymbol{G}=-\boldsymbol{N}$ 并不成立，系统所受的外力矢量和不为零，所以这一系统的总动量不守恒。

按照题设，炮车与地面间的摩擦力不计，则系统所受外力在水平方向的分量之和为零。因而系统沿水平方向的总动量守恒。在发射炮弹前，系统的总动量等于零。系统沿水平方向的总动量也为零。所以炮弹在出口的一瞬间，系统沿水平方向的总动量也应等于零。对地面参考系而言炮弹相对地面的速度为 $\boldsymbol{u}$，按速度变换定理为 $\boldsymbol{u}=\boldsymbol{v}+\boldsymbol{V}$。

取炮弹前进时的水平方向为坐标轴正方向，于是，炮弹在水平方向的动量为 $m(v\cos\theta-V)$，而炮车在水平方向的动量为 $-MV$。根据动量守恒定理有

$$-MV+m(v\cos\theta-V)=0$$

由此得炮车的反冲速度大小为

$$V=\frac{m}{m+M}v\cos\theta$$

延伸阅读——战器回顾

无坐力炮

无坐力炮是发射时利用后喷物质的动量抵消后坐力使炮身不后坐的火炮。亦称无后坐力炮。一般火炮在发射炮弹的同时，还会产生巨大的后坐力，使火炮后退很远的距离，这既影响射击的准确性和发射速度，又给操作带来不便。1879 年，法国的德维尔将军等人发明了火炮的反后坐复进装置，但它并没有消除开炮时的后坐现象，只是使后坐炮身能够自动回到原来的位置。并且它还会使炮架结构复杂，重量增加，机动性降低。

1914 年，美国海军少校戴维斯发明了世界上第一门可供实用的无坐力炮。人称“戴维斯炮”。为了抵消炮弹发射时所产生的巨大反作用力，戴维斯在同一根炮管的另一头也装上一个配重弹丸，向前发射弹丸的同时，后面那颗平衡弹在其反作用推力下从炮后射出，爆成碎片，从而第一次制造出一种在发射过程中利用后喷物质与前射弹丸动量平衡使炮身不后坐的火炮，并且用于实战当中。

3.4 质心 质心运动定理

一、质心

质点系的质量中心简称质心，它具有长度的量纲。质心是与质点系相关的某一空间点

的位置，质心运动反映了质点系的整体运动趋势。

对由 n 个质点组成的质点系，质量分别为 $m_1, m_2, \cdots, m_i, \cdots, m_n$，位置矢量分别为 $\boldsymbol{r}_1, \boldsymbol{r}_2, \cdots, \boldsymbol{r}_i, \cdots, \boldsymbol{r}_n$，$M = \sum m_i$ 为质点系总质量。其质心位置为

$$\boldsymbol{r}_c = \frac{\sum_i m_i \boldsymbol{r}_i}{\sum_i m_i} = \frac{\sum_i m_i \boldsymbol{r}_i}{M} \tag{3-11a}$$

质心的位矢随坐标系的选取而变化，但对一个质点系，质心相对于质点系内各质点的相对位置不随坐标系的选择而变化，它相对于质点系本身而言，是一个特定的位置。

直角坐标系中质心的坐标分量式为

$$\begin{cases} x_c = \dfrac{\sum_i m_i x_i}{M} \\ y_c = \dfrac{\sum_i m_i y_i}{M} \\ z_c = \dfrac{\sum_i m_i z_i}{M} \end{cases} \tag{3-11b}$$

当质量为连续分布时，系统的质心位置

$$\boldsymbol{r}_c = \frac{\lim\limits_{n\to\infty}\sum\limits_{i=1}^{n} \boldsymbol{r}_i \Delta m_i}{M} = \frac{\int \boldsymbol{r}\mathrm{d}m}{M} \tag{3-12a}$$

在直角坐标系中质心的分量式为

$$\begin{cases} x_c = \dfrac{1}{M}\int x\mathrm{d}m \\ y_c = \dfrac{1}{M}\int y\mathrm{d}m \\ z_c = \dfrac{1}{M}\int z\mathrm{d}m \end{cases} \tag{3-12b}$$

对称物体的质心就是物体的对称中心。由两个质点组成的质点系，在质心位置已知的情况下，通常选取质心处为坐标原点，以便于分析和计算。

【例题 3-7】 一段均匀铁丝弯成半径为 R 的半圆形，求此半圆形铁丝的质心。

解：选如图 3-7 所示的坐标系，取长为 $\mathrm{d}l$ 的铁丝，质量为 $\mathrm{d}m$，以 λ 表示铁丝的线密度，$\mathrm{d}m=\lambda\mathrm{d}l$，由对称分析得质心 c 应在 y 轴上。

$$\mathrm{d}l = R\mathrm{d}\theta$$

$$x = R\cos\theta$$

$$y = R\sin\theta$$

$$y_c = \frac{\int y\mathrm{d}m}{M} = \frac{\int_0^{\pi} R\sin\theta\lambda R\,\mathrm{d}\theta}{M} = \frac{\lambda R^2[1-(-1)]}{\lambda\pi R} = \frac{2R}{\pi}$$

而 $x_c=0$。

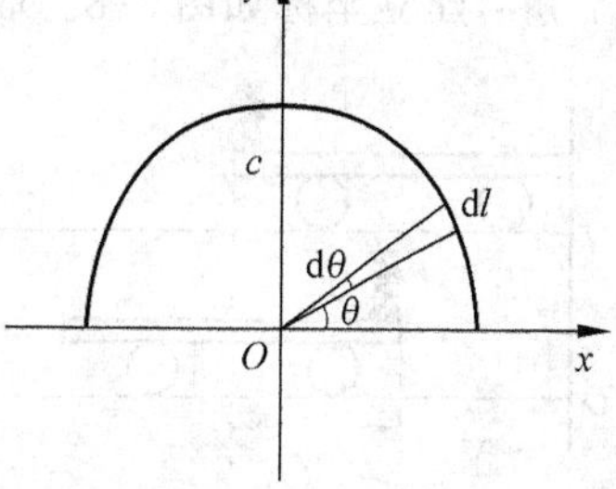

图 3-7 例题 3-7 用图

说明：

(1) 弯曲铁丝的质心并不在铁丝上。

(2) 质心位置只决定于质点系的质量和质量分布情况，与其他因素无关。

二、质心运动定理

由质心的位置定义有

$$\boldsymbol{r}_c = \frac{\sum_i m_i \boldsymbol{r}_i}{M}$$

质心的速度

$$\boldsymbol{v}_c = \frac{d\boldsymbol{r}_c}{dt} = \frac{1}{M}\sum_i m_i \frac{d\boldsymbol{r}_i}{dt} = \frac{1}{M}\sum_i m_i \boldsymbol{v}_i = \frac{\sum_i \boldsymbol{p}_i}{M} \tag{3-13}$$

由

$$M\boldsymbol{v}_c = \sum_i m_i \boldsymbol{v}_i = \sum_i \boldsymbol{p}_i = \boldsymbol{P} \tag{3-14}$$

得

$$\boldsymbol{P} = M\boldsymbol{v}_c$$

为质点系的总动量。质点系的总动量等于它的总质量与质心运动速度的乘积。

质心的加速度和动力学规律

$$\boldsymbol{a}_c = \frac{d\boldsymbol{v}_c}{dt}$$

$$\boldsymbol{F} = \frac{d\boldsymbol{P}}{dt} = M\frac{d\boldsymbol{v}_c}{dt} = M\boldsymbol{a}_c \tag{3-15}$$

由此得质心运动定律：系统的总质量和质心加速度的乘积等于质点系所受外力的矢量和。

说明：

(1) 质心的运动是一种特殊质点的运动，该质点集中整个系统质量，并集中系统所受的外力。

(2) 质心运动状态取决于系统所受外力，内力不能使质心产生加速度。

【例题 3-8】 如图 3-8 所示，已知人的质量为 m，车长 l，车的质量为 M。开始时人和车都静止。求人从车的一端走到另一端时车相对地面移动的距离及人相对地面走过的距离。

解：建立坐标如图 3-8。取人车为系统。

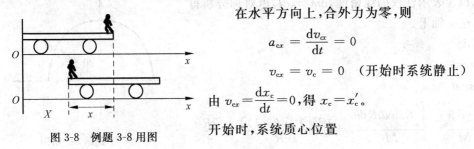

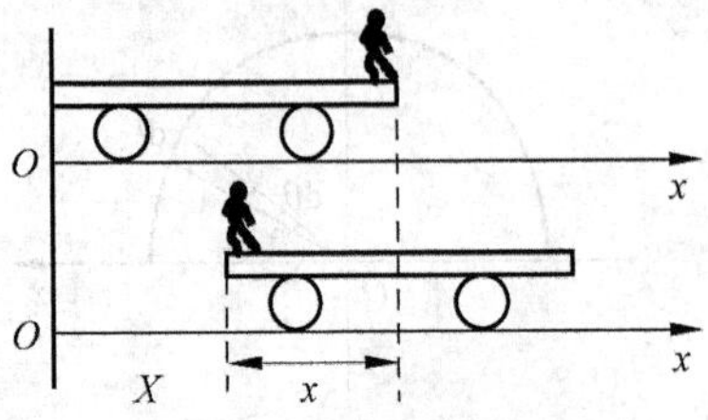

图 3-8 例题 3-8 用图

在水平方向上，合外力为零，则

$$a_{cx} = \frac{dv_{cx}}{dt} = 0$$

$$v_{cx} = v_c = 0 \quad （开始时系统静止）$$

由 $v_{cx} = \dfrac{dx_c}{dt} = 0$，得 $x_c = x_c'$。

开始时，系统质心位置

$$x_c = \frac{ml + M\frac{l}{2}}{m+M}$$

终了时，系统质心位置

$$x_c' = \frac{mX + M\left(X + \frac{l}{2}\right)}{m+M}$$

由 $x_c = x_c'$，得

$$X = \frac{ml}{m+M}$$

而

$$x = l - X = \frac{Ml}{m+M}$$

延伸阅读——物理学家

钱　学　森

钱学森(1911—2009)，中国著名物理学家，世界著名火箭专家。为新中国成长作出无可估量贡献的老一辈科学家团体中影响最大、功勋最为卓著的杰出代表人物，新中国爱国留学归国人员中最具代表性的国家建设者，新中国历史上享有崇高威望的人民科学家。1911 年 12 月 11 日生于上海，1934 年毕业于上海交通大学机械工程系，1935 年赴美国研究航空工程和空气动力学，1938 年获加利福尼亚理工学院博士学位。后留在美国任讲师、副教授、教授以及超音速实验室主任和古根罕喷气推进研究中心主任，并从事火箭研究。1950 年开始争取回归祖国，当时一位美国海军的一位高级将领金布尔说："钱学森无论走到哪里，都抵得上 5 个师的兵力，我宁可把他击毙在美国也不能让他离开。"因此钱学森受到美国政府迫害，失去自由，历经 5 年于 1955 年才回到祖国。钱学森为中国火箭和导弹技术的发展提出了极为重要的实施方案。1958 年 4 月起，他长期担任火箭导弹和航天器研制的技术领导职务，为中国的火箭导弹和航天事业发展付出了毕生心血。于 2009 年 10 月 31 日在北京逝世。被誉为中国的"火箭之父""导弹之王"。

3.5　质点的角动量与角动量守恒定律

一、角动量

我们以质量为 m 的质点作匀速率圆周运动为例引入角动量的概念。

如图 3-9 所示，质点对圆心的角动量为动量的大小和圆的半径的乘积。

即 $L=pr=mvr$。角动量方向可由从位矢 $\boldsymbol{r}$ 转向动量 $\boldsymbol{p}$ 的右手螺旋法则确定。

图 3-9　角动量

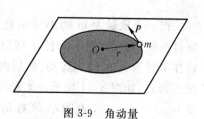

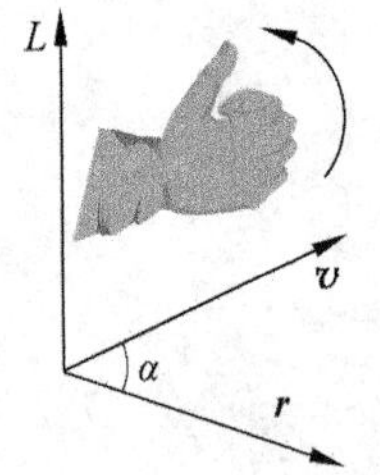

图 3-10 右手螺旋法则

由此得到质点对点 O 的角动量定义：

$$\boldsymbol{L}=\boldsymbol{r}\times\boldsymbol{P}=\boldsymbol{r}\times(m\boldsymbol{v}) \tag{3-16}$$

角动量大小 $L=rmv\sin\alpha$。角动量方向可由右手螺旋法则确定，如图 3-10 所示。

讨论：

(1) 质点对点的角动量，不但与质点运动有关，且与参考点位置有关。

(2) $\boldsymbol{L}$ 方向由右手螺旋法则确定。

(3) 作圆周运动时，由于 $\boldsymbol{r}\perp\boldsymbol{v}$，质点对圆心的角动量大小为 $L=rmv$，即质点对圆心 O 的角动量为恒量。

【例题 3-9】 按经典原子理论，认为氢原子中的电子在圆形轨道上绕核运动。电子与氢原子核之间的静电力为 $F=k\dfrac{e^2}{r^2}$，其中 e 为电子或氢原子核的电荷量，r 为轨道半径，k 为常量。因为电子的角动量具有量子化的特征，所以电子绕核运动的角动量只能等于 $\dfrac{h}{2\pi}$ 的 n 个整数倍，问电子运动允许的轨道半径等于多少？

解：由牛顿第二定律得

$$F=k\frac{e^2}{r^2}=ma_{\mathrm{n}}=m\frac{v^2}{r}$$

由于电子绕核运动时，角动量具有量子化的特征，即

$$L=mvr=n\frac{h}{2\pi},\quad n=1,2,3,\cdots$$

由上述两式可以得到

$$r=\frac{n^2h^2}{4\pi^2kme^2}$$

由上式可知，电子绕核运动允许的轨道半径与 n 的平方成正比。这就是说，只有半径等于一些特定值的轨道才是允许的，轨道半径的量值是不连续的。

将各常量的值代入 r 的表达式，并取 $n=1$，得 r 的最小值：

$$r_1=0.530\times10^{-10}\,\mathrm{m}$$

从近代物理学中知道，这一量值与用其他方法估计得到的量值符合得很好。

二、角动量定理及角动量守恒定律

把一个质量为 m 的小球系在轻绳的一端，轻绳穿过一根竖直的管子，先使小球以速率 v_1 在水平面内作半径为 r_1 的圆周运动，然后向下拉绳子，使半径减小到 r_2，如图 3-11 所示。实验中发现 $v_2r_2=v_1r_1$，即 $mv_2r_2=mv_1r_1$，表明小球对圆心的角动量保持不变。

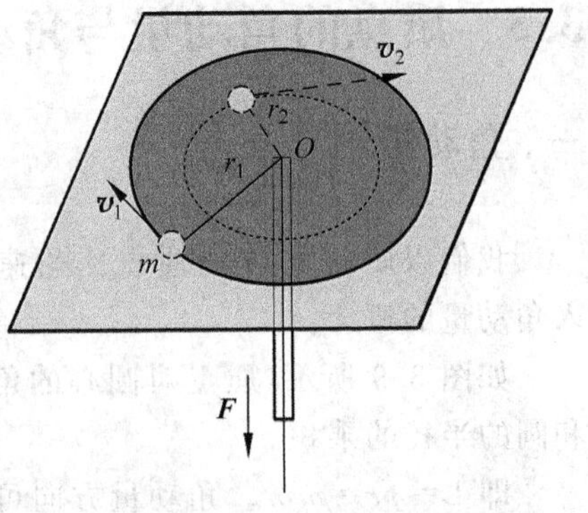

图 3-11 角动量定理

$$\boldsymbol{L}=\boldsymbol{r}\times\boldsymbol{P}$$

$$\frac{\mathrm{d}\boldsymbol{L}}{\mathrm{d}t}=\frac{\mathrm{d}}{\mathrm{d}t}(\boldsymbol{r}\times\boldsymbol{P})=\frac{\mathrm{d}\boldsymbol{r}}{\mathrm{d}t}\times\boldsymbol{P}+\boldsymbol{r}\times\frac{\mathrm{d}\boldsymbol{p}}{\mathrm{d}t}$$

由$\frac{\mathrm{d}\boldsymbol{r}}{\mathrm{d}t}=\boldsymbol{v}$，$\frac{\mathrm{d}\boldsymbol{r}}{\mathrm{d}t}\times\boldsymbol{p}=\boldsymbol{v}\times(m\boldsymbol{v})=0$，有

$$\frac{\mathrm{d}\boldsymbol{L}}{\mathrm{d}t}=\boldsymbol{r}\times\frac{\mathrm{d}\boldsymbol{p}}{\mathrm{d}t}=\boldsymbol{r}\times\boldsymbol{F}=\boldsymbol{M}\tag{3-17}$$

上式为质点的角动量定理，$\boldsymbol{M}$为作用在质点上的外力矩。它说明作用在质点上的力矩等于质点角动量对时间的变化率。

在应用角动量定理时，一定要注意等式两边的力矩和角动量必须都对同一固定点。

由$\frac{\mathrm{d}\boldsymbol{L}}{\mathrm{d}t}=\boldsymbol{M}$，有 $\mathrm{d}\boldsymbol{L}=\boldsymbol{M}\mathrm{d}t$，积分得

$$\int_{t_1}^{t_2}\boldsymbol{M}\mathrm{d}t=\boldsymbol{L}_2-\boldsymbol{L}_1\tag{3-18}$$

当$\boldsymbol{M}=0$时，$\boldsymbol{L}=$常矢量。质点的角动量守恒定律：如果作用在质点上的外力对某给定点O的力矩$\boldsymbol{r}\times\boldsymbol{F}$为零，则质点对$O$点的角动量在运动过程中保持不变。这就叫做角动量守恒定律。

【例题 3-10】 我国第一颗人造卫星绕地球沿椭圆轨道运动，地球的中心O为该椭圆的一个焦点。已知地球的平均半径$R=6378\mathrm{km}$，人造卫星距地面最近距离$l_1=439\mathrm{km}$，最远距离$l_2=2384\mathrm{km}$。若人造卫星在近地点A_1的速度$v_1=8.10\mathrm{km/s}$，求人造卫星在远地点v_2的速度。

解：如图 3-12 所示，因人造卫星所受引力指向地球中心，所以$\boldsymbol{M}=0$，人造卫星对地心的角动量守恒。

$$A_1: L_1=mv_1(R+l_1)$$

$$A_2: L_2=mv_2(R+l_2)$$

$$mv_1(R+l_1)=mv_2(R+l_2)$$

$$v_2=v_1\frac{R+l_1}{R+l_2}=6.30(\mathrm{km/s})$$

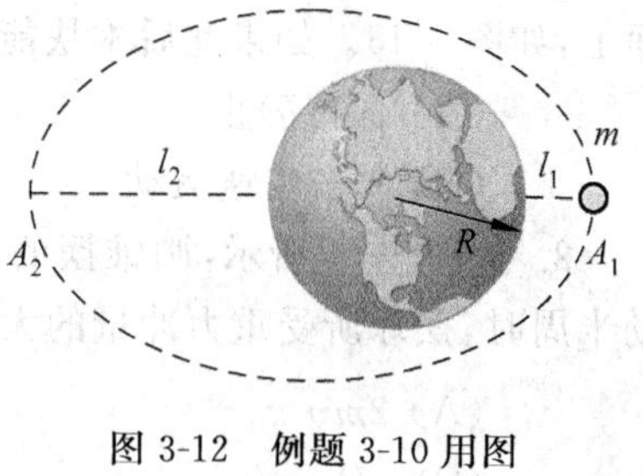

图 3-12 例题 3-10 用图

本章小结

1. 质点动量定理

动量 $\boldsymbol{p}=m\boldsymbol{v}$

冲量 $\boldsymbol{I}=\int_{t_1}^{t_2}\boldsymbol{F}\mathrm{d}t=\overline{\boldsymbol{F}}(t_2-t_1)$，$\overline{\boldsymbol{F}}$为平均冲力

$$\boldsymbol{I}=\int_{t_1}^{t_2}\boldsymbol{F}\mathrm{d}t=\sum\boldsymbol{I}_i$$

动量定理：$\boldsymbol{I}=\boldsymbol{p}_2-\boldsymbol{p}_1$

2. 质点系动量定理：$\boldsymbol{I} = \boldsymbol{P}_2 - \boldsymbol{P}_1 = \sum \boldsymbol{p}_{i2} - \sum \boldsymbol{p}_{i1}$

3. 质点系的动量守恒：当 $\sum \boldsymbol{F}_i = 0$ 时，$\boldsymbol{P} = \sum m_i \boldsymbol{v}_i = M\boldsymbol{v}_c =$ 常矢量

4. 质心及其运动

质心位置：$\boldsymbol{r}_c = \dfrac{\sum\limits_i m_i \boldsymbol{r}_i}{M}$，$M = \sum m_i$ 为质点系的总质量

质心运动速度：$\boldsymbol{v}_c = \dfrac{d\boldsymbol{r}_c}{dt} = \dfrac{\boldsymbol{P}}{M}$

质心运动加速度：$\boldsymbol{a}_c = \dfrac{d\boldsymbol{v}_c}{dt} = \dfrac{\sum m_i \boldsymbol{a}_i}{M}$

质心运动定律：$\boldsymbol{F} = \sum \boldsymbol{F}_i = M\boldsymbol{a}_c$

5. 力矩：$\boldsymbol{M} = \boldsymbol{r} \times \boldsymbol{F}$

6. 质点的角动量：$\boldsymbol{L} = \boldsymbol{r} \times m\boldsymbol{v}$

7. 质点的角动量定理：$\boldsymbol{M} = \dfrac{d\boldsymbol{L}}{dt}$；$\int_{t_1}^{t_2} \boldsymbol{M} dt = \boldsymbol{L}_2 - \boldsymbol{L}_1$

8. 质点的角动量守恒：当 $\boldsymbol{M} = 0$ 时，$\boldsymbol{L} =$ 常量

习题

一、选择题

1. 一质量为 M 的斜面原来静止于水平光滑平面上，将一质量为 m 的木块轻轻放于斜面上，如图 3-13。如果此后木块能静止于斜面上，则斜面将（　　）。

(A) 保持静止　(B) 向右加速运动

(C) 向右匀速运动　(D) 向左加速运动

2. 如图 3-14 所示，圆锥摆的摆球质量为 m，速率为 v，圆半径为 R，当摆球在轨道上运动半周时，摆球所受重力冲量的大小为（　　）。

(A) $2mv$　(B) $\sqrt{(2mv)^2 + (mg\pi R/v)^2}$

(C) $\pi Rmg/v$　(D) 0

3. 如图 3-15 所示，质量为 m 的质点，以不变速率 v 沿图中正三角形 ABC 的水平光滑轨道运动。质点越过 A 时，轨道作用于质点的冲量的大小为（　　）。

(A) mv　(B) $\sqrt{2}mv$　(C) $\sqrt{3}mv$　(D) $2mv$

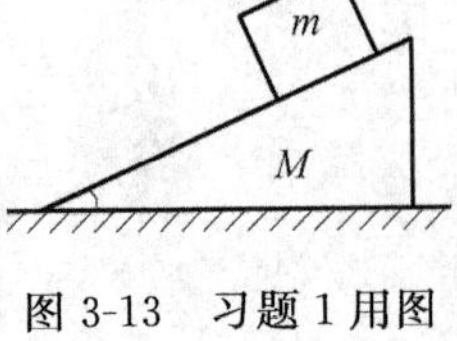

图 3-13　习题 1 用图

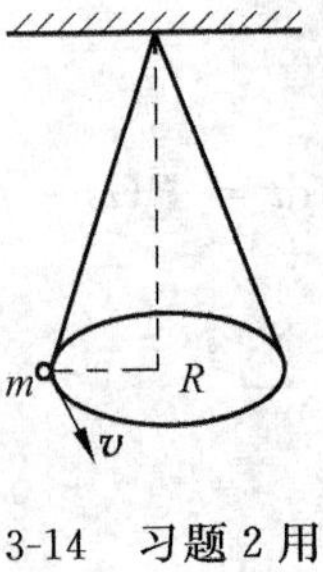

图 3-14　习题 2 用图

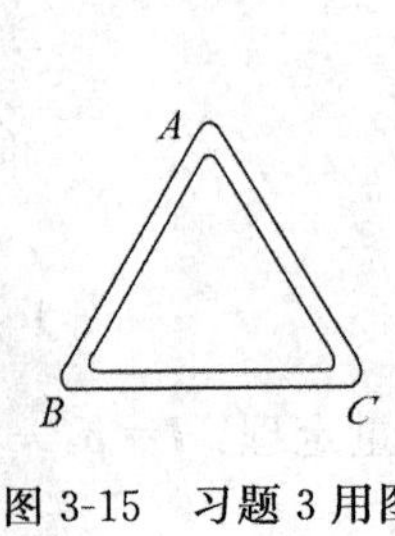

图 3-15　习题 3 用图

4. 如图 3-16 所示，质量为 20g 的子弹，以 400m/s 的速率沿图示方向射入一原来静止的质量为 980g 的摆球中，摆线长度不可伸缩。子弹射入后开始与摆球一起运动的速率为( )。

(A) 2m/s (B) 4m/s

(C) 7m/s (D) 8m/s

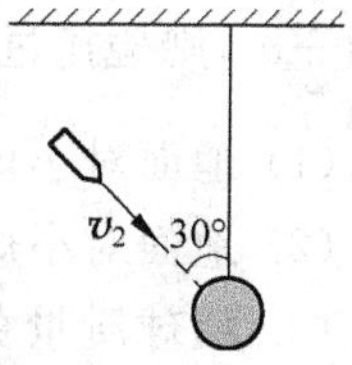

图 3-16 习题 4 用图

5. 质量为 20g 的子弹沿 x 轴正向以 500m/s 的速率射入一木块后，与木块一起仍沿 x 轴正向以 50m/s 的速率前进，在此过程中木块所受冲量的大小为( )。

(A) 9N・s (B) −9N・s (C) 10N・s (D) −10N・s

6. 在水平冰面上以一定速度向东行驶的炮车，向东南(斜向上)方向发射一炮弹，对于炮车和炮弹这一系统，在此过程中(忽略冰面摩擦力及空气阻力)( )。

(A) 总动量守恒

(B) 总动量在炮身前进的方向上的分量守恒，其他方向动量不守恒

(C) 总动量在水平面上任意方向的分量守恒，竖直方向分量不守恒

(D) 总动量在任何方向的分量均不守恒

7. 用一根细线吊一重物，重物质量为 5kg，重物下面再系一根同样的细线，细线只能经受 70N 的拉力。现在突然向下拉一下下面的线。设力最大值为 50N，则( )。

(A) 下面的线先断 (B)上面的线先断

(C) 两根线一起断 (D) 两根线都不断

8. 一炮弹由于特殊原因在水平飞行过程中，突然炸裂成两块，其中一块作自由下落，则另一块着地点(飞行过程中阻力不计)( )。

(A) 比原来更远 (B) 比原来更近

(C) 仍和原来一样远 (D) 条件不足，不能判定

9. 质量为 m 的小球，沿水平方向以速率 v 与固定的竖直壁作弹性碰撞，设指向壁内的方向为正方向，则由于此碰撞，小球的动量增量为( )。

(A) mv (B) 0 (C) $2mv$ (D) $-2mv$

10. 人造地球卫星，绕地球作椭圆轨道运动，地球在椭圆的一个焦点上，则卫星的( )。

(A) 动量不守恒，动能守恒

(B) 动量守恒，动能不守恒

(C) 对地心的角动量守恒，动能不守恒

(D) 对地心的角动量不守恒，动能守恒

二、填空题

11. 设作用在质量为 1kg 的物体上的力 $F=6t+3$(SI)。如果物体在这一力的作用下，由静止开始沿直线运动，在 0～2.0s 的时间间隔内，这个力作用在物体上的冲量大小 $I=$________。

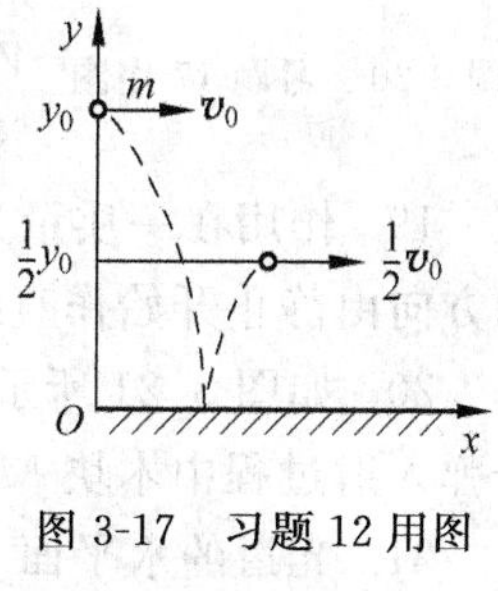

图 3-17 习题 12 用图

12. 如图 3-17 所示，质量为 m 的小球自高为 y_0 处沿水平方向以速率 v_0 抛出，与地面碰撞后跳起的最大高度为 $\frac{1}{2}y_0$，水平速

率为$\frac{1}{2}v_0$,则碰撞过程中:

(1) 地面对小球的竖直冲量的大小为________;

(2) 地面对小球的水平冲量的大小为________。

13. 两球质量分别为$m_1=2.0\text{g}$,$m_2=5.0\text{g}$,在光滑的水平桌面上运动。用直角坐标Oxy描述其运动,两者速度分别为$\boldsymbol{v}_1=10\boldsymbol{i}\text{cm/s}$,$\boldsymbol{v}_2=3\boldsymbol{i}+5\boldsymbol{j}\text{cm/s}$。若碰撞后两球合为一体,则碰撞后两球速度$\boldsymbol{v}$的大小$v=$________,$\boldsymbol{v}$与$x$轴的夹角$\alpha=$________。

14. 如图3-18所示,质量为M的小球,自距离斜面高度为h处自由下落到倾角为30°的光滑固定斜面上,设碰撞是完全弹性的,则小球对斜面的冲量的大小为________,方向为________。

15. 流过一个固定的涡轮叶片,如图3-19所示,水流流过叶片曲面前后的速率都等于v,每单位时间流向叶片的水的质量保持不变且等于Q,则水作用于叶片的力大小为________,方向为________。

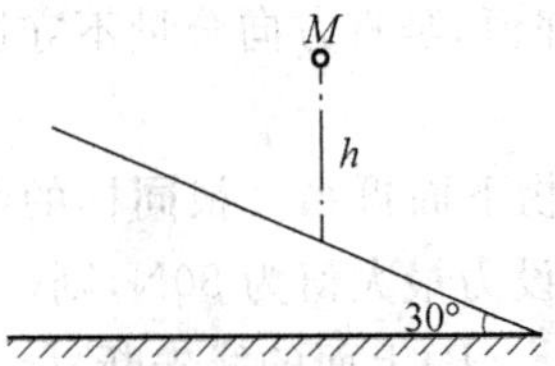

图3-18 习题14用图

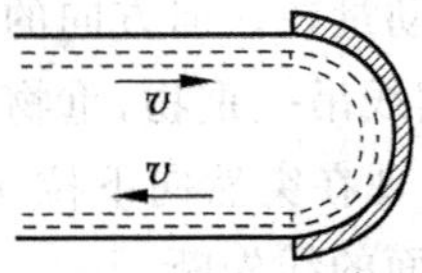

图3-19 习题15用图

16. 弹在枪筒里前进时所受的合力大小为$F=400-\frac{4\times10^5}{3}t$(SI),子弹从枪口射出时的速率为300m/s。假设子弹离开枪口时合力刚好为零,则

(1) 子弹走完枪筒全长所用的时间$t=$________;

(2) 子弹在枪筒中所受力的冲量$I=$________;

(3) 子弹的质量$m=$________。

17. 如图3-20所示的圆锥摆,质量为m的小球在水平面内以角速度ω匀速转动。在小球转动一周的过程中,

(1) 小球动量增量的大小等于________;

(2) 小球所受重力的冲量的大小等于________;

(3) 小球所受绳子拉力的冲量大小等于________。

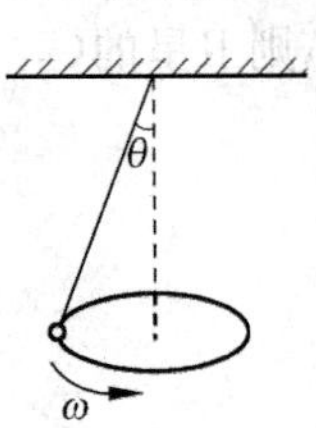

图3-20 习题17用图

18. $m=10\text{g}$的子弹,以速率$v_0=500\text{m/s}$沿水平方向射穿一物体。穿出时,子弹的速率为$v=30\text{m/s}$,仍是水平方向。则子弹在穿透过程中所受的冲量的大小为________,方向为________。

19. 作用在一质量为10kg的物体上的力,在4s内均匀地从零增加到50N,使物体沿力的方向由静止开始作直线运动。则物体最后的速率$v=$________。

20. 如图3-21所示,质量为m的子弹以水平速度$\boldsymbol{v}_0$射入静止的木块并陷入木块内,设子弹入射过程中木块M不反弹,则墙壁对木块的冲量为________。

21. 光滑的水平面上,一根长$L=2\text{m}$的绳子,一端固定于O点,另一端系于一质量$m=0.5\text{kg}$的物体上。开始时,物体位于位置A,OA间距离$d=0.5\text{m}$,绳子处于松弛状态。现

在使物体以初速度 $v_A=4\mathrm{m}\cdot\mathrm{s}^{-1}$ 垂直于 OA 向右滑动，如图 3-22 所示。设以后的运动中物体到达位置 B，此时物体速度的方向与绳垂直。则此时刻物体对 O 点的角动量的大小 $L_B=$________，物体速度的大小 $v=$________。

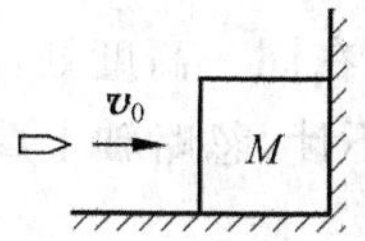

图 3-21　习题 20 用图

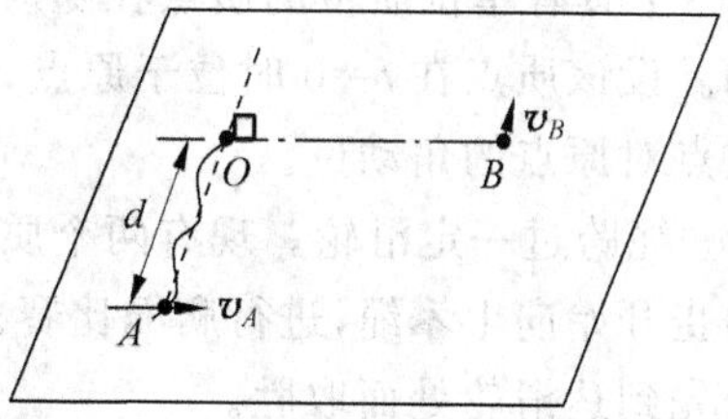

图 3-22　习题 21 用图

22. 质量为 m，太阳的质量为 M，地心与日心的距离为 R，引力常量为 G，则地球绕太阳作圆周运动的轨道角动量为 $L=$________。

23. 某行星绕太阳的轨道是以太阳为一个焦点的椭圆. 它离太阳最近的距离是 $r_1=8.75\times10^{10}\mathrm{m}$，此时它的速率是 $v_1=5.46\times10^4\mathrm{m/s}$。它离太阳最远时的速率是 $v_2=9.08\times10^2\mathrm{m/s}$，这时它离太阳的距离是 $r_2=$________。

24. m 的质点以速度 $\boldsymbol{v}$ 沿一直线运动，则它对该直线上任一点的角动量为________。

25. 湖面上有一小船静止不动，船上有一打渔人质量为 60kg。如果他在船上向船头走了 4m，但相对于湖底只移动了 3m，(水对船的阻力略去不计)，则小船的质量为________。

三、计算题

26. 水平运动的皮带将沙子从一处运到另一处，沙子经一竖直的静止漏斗落到皮带上，皮带以恒定的速率 v 水平地运动。忽略机件各部位的摩擦及皮带另一端的其他影响，试问：

(1) 若每秒有质量为 $q_m=\mathrm{d}M/\mathrm{d}t$ 的沙子落到皮带上，要维持皮带以恒定速率 v 运动，需要多大的功率？

(2) 若 $q_m=20\mathrm{kg/s}$，$v=1.5\mathrm{m/s}$，水平牵引力多大？所需功率多大？

27. A、B、C 为质量都是 M 的三个物体，B、C 放在光滑水平桌面上，两者间连有一段长为 0.4m 的细绳，原先松放着。B、C 靠在一起，B 的另一侧用一跨过桌边定滑轮的细绳与 A 相连(如图 3-23 所示)。滑轮和绳子的质量及轮轴上的摩擦不计，绳子不可伸长。问：

(1) A、B 起动后，经多长时间 C 也开始运动？

(2) C 开始运动时速度的大小是多少？(取 $g=10\mathrm{m/s^2}$)

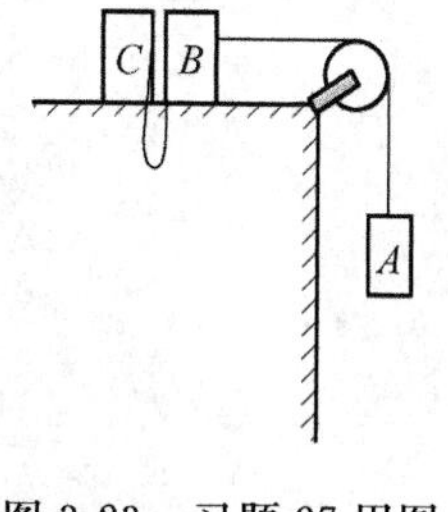

图 3-23　习题 27 用图

28. 在 28 天里，月球沿半径为 $4.0\times10^8\mathrm{m}$ 的圆轨道绕地球一周。月球的质量为 $7.35\times10^{22}\mathrm{kg}$，地球的半径为 $6.37\times10^3\mathrm{km}$。求在地球参考系中观察时，在 14 天里，月球动量增量的大小。

29. 如图 3-24 所示，质量为 m，速率为 v 的小球，以入射角 α 斜向与墙壁相碰，又以原速率沿反射角 α 方向从墙壁弹回。设碰撞时间为 Δt，求墙壁受到的平均冲力。

30. 光滑水平面上有两个质量不同的小球 A 和 B。A 球静止，B 球以速度 $\boldsymbol{v}$ 和 A 球发生碰撞，碰撞后 B 球速度的大小为 $\frac{1}{2}v$，方向与 $\boldsymbol{v}$ 垂直，求碰后 A 球运动方向。

31. 质量为 1kg 的物体,它与水平桌面间的摩擦系数 $\mu=0.2$。现对物体施以 $F=10t$(SI)的力,力的方向保持一定,如图 3-25 所示。如 $t=0$ 时物体静止,则 $t=3\text{s}$ 时它的速率 v 为多少?

32. 一个具有单位质量的质点在随时间 t 变化的力 $\boldsymbol{F}=(3t^2-4t)\boldsymbol{i}+(12t-6)\boldsymbol{j}$(SI)作用下运动。设该质点在 $t=0$ 时位于原点,且速度为零。求 $t=2\text{s}$ 时,该质点受到对原点的力矩和该质点对原点的角动量。

33. 一绳跨过一定滑轮。现有两个质量相同的人 A 和 B 在同一高度处,各在滑轮一侧同时由静止开始向上攀绳,进行爬绳比赛。若绳和滑轮质量不计,忽略轴上摩擦,问他们之中哪一个先到达滑轮处而取胜。

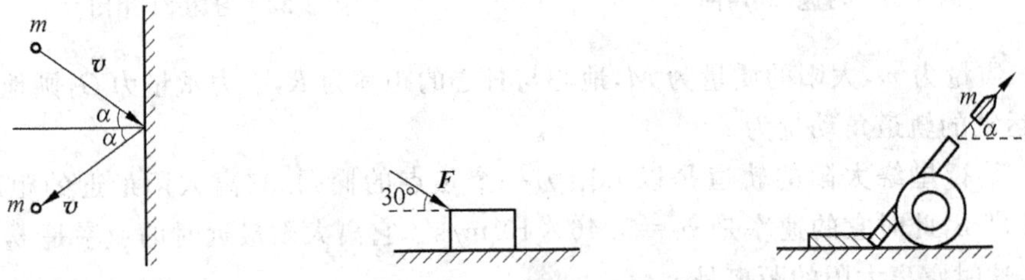

图 3-24　习题 29 用图　　图 3-25　习题 31 用图　　图 3-26　习题 34 用图

34. 如图 3-26,水平地面上一辆静止的炮车发射炮弹。炮车质量为 M,炮身仰角为 α,炮弹质量为 m,炮弹刚出口时,相对于炮身的速度为 u,不计地面摩擦:

(1) 求炮弹刚出口时,炮车的反冲速度大小;

(2) 若炮筒长为 l,求发炮过程中炮车移动的距离。

黄果树瀑布有大水、中水、小水之分，常年流量中水为每秒20立方米，时间在九至十个月。流量不同，景观也不一样。大水时，流量达每秒1500立方米，银浪滔天，卷起千堆雪，奔腾浩荡，势不可挡，其壮观自不待说。中水时景观最好，瀑布清晰，轮廓分明，雪白的瀑水在碧绿的深潭和蓝天的 衬托下，犹如一幅美丽的图画。小水时，瀑布分成的四支，铺展在整个岩壁上，仍不失其"阔而大"的气势。黄果树瀑布素以"雄伟、壮观"而名扬四海。

从物理学的角度看这张照片，其蕴涵的物理意义非常深刻，它包含了能量转换与守恒的物理学基本规律。水从高处下落的过程中，势能减小而动能增加，水流穿越山径，汇成美丽的白水河。

第4章

功　和　能

本章概要　能量是贯穿物理学始终的重要概念，也是衡量物体运动的重要属性。本章从功的定义出发，导出了力学中的一个重要定理——动能定理。介绍了几种做功与路径无关的力，定义了保守力及势能。然后把动能定理应用于质点系，得到了质点系动能定理、机械能守恒定律及能量守恒定律。

4.1　功　动能　动能定理

人们在生产活动和科学实践中发现，物质运动的形式是多种多样的，而不同的运动形式之间又是可以互相转化的，而且在转化时存在着一定的数量关系，一定量的某种运动形式的产生，总是以一定量的另一种运动形式的消失为代价的。在探求各种运动形式的相互转化以及在转化过程中所存在的数量关系时，人们发现能量是最能反映各种运动形式的共性的物理量，而能量的改变和转换需要通过做功来完成。

一、功的概念

(1) 恒力的功

如果一物体在恒力 $\boldsymbol{F}$ 的作用下产生了位移 $\Delta\boldsymbol{r}$，那么恒力 $\boldsymbol{F}$ 的功等于该恒力在位移 $\Delta\boldsymbol{r}$ 上的投影与位移大小的乘积。功通常用符号 A 表示，功 A 的单位由 $\Delta\boldsymbol{r}$ 和 $\boldsymbol{F}$ 的单位而定，在国际单位制中，功 A 的单位为牛顿·米(N·m)，也可写成焦耳(J)。

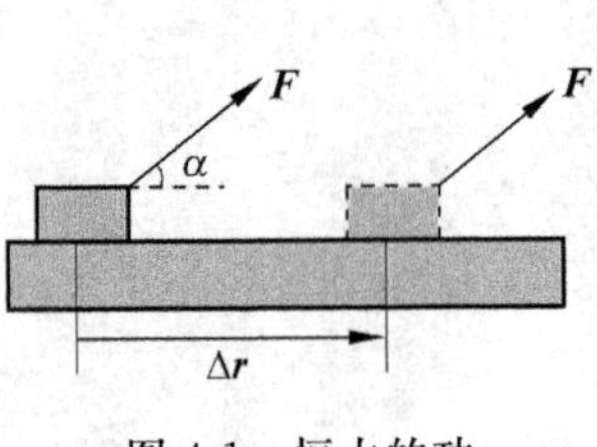

图 4-1　恒力的功

如图 4-1 所示。物体在从初位置运动到末位置的过程中，力 $\boldsymbol{F}$ 所做的功为

$$A = F\Delta r\cos\alpha = \boldsymbol{F}\cdot\Delta\boldsymbol{r} \tag{4-1}$$

式中 α 为力 $\boldsymbol{F}$ 与位移 $\Delta\boldsymbol{r}$ 之间的夹角。因此，功等于力与位移的标积，也称点积，说明功是力的空间积累效应。

需要明确的是功是标量，没有方向，但有正负之分。当 $0\leqslant\alpha<\frac{\pi}{2}$ 时，$A>0$，力对物体做正功；当 $\alpha=\frac{\pi}{2}$ 时，$A=0$，力对物体不做功；当 $\frac{\pi}{2}<\alpha\leqslant\pi$ 时，$A<0$，力对物体做负功。这最后一种情况也常被解释为物体克服外力 $\boldsymbol{F}$ 做功。另外，物体的位移与所选择的参照系有关，因此力 $\boldsymbol{F}$ 所做功与参照系有关。

(2) 变力的功

物体在变力 $\boldsymbol{F}$ 的作用下沿路径 L 从 a 运动到 b。怎样计算这个力的功呢？采用微元分割法，我们要先把路径 L 划分成无限多个元位移 $\mathrm{d}\boldsymbol{r}$，每个元位移都足够小，该位移段内的力的变化足够小，可以忽略不计，可当作恒力来处理。设元位移 $\mathrm{d}\boldsymbol{r}$ 与该处力 $\boldsymbol{F}$ 成 α 角，则 $\mathrm{d}\boldsymbol{r}$ 位移内力所做的元功为

$$\mathrm{d}A=F\mathrm{d}r\cos\alpha=\boldsymbol{F}\cdot\mathrm{d}\boldsymbol{r}$$

整个路径变力做功为所有元功的和：

$$A=\int_a^b\boldsymbol{F}\cdot\mathrm{d}\boldsymbol{r}\tag{4-2}$$

在数学形式上，力的功等于力 $\boldsymbol{F}$ 沿路径 L 从 a 到 b 的线积分。
积分形式：

$$A_{ab}=\int_a^b\boldsymbol{F}\cdot\mathrm{d}\boldsymbol{r}=\int_a^b F\cos\alpha\mathrm{d}r=\int_a^b F_r\mathrm{d}r\tag{4-3}$$

在 F_r-r 图上，功 A 等于过程曲线下所包围的面积，如图 4-2 所示。

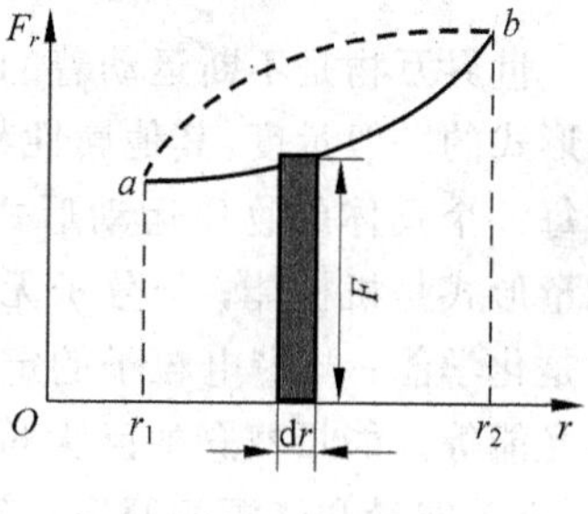

图 4-2　变力的功

由图 4-2 可以看出，不同的过程曲线(实线和虚线)下所包围的面积不同，所做的功的多少就不一样，因此功是过程量，一个力做功的多少与做功的路径有关。

在直角坐标系中：

物体受力：$\boldsymbol{F}=F_x\boldsymbol{i}+F_y\boldsymbol{j}+F_z\boldsymbol{k}$

对应元位移：$\mathrm{d}\boldsymbol{r}=\mathrm{d}x\boldsymbol{i}+\mathrm{d}y\boldsymbol{j}+\mathrm{d}z\boldsymbol{k}$

元功为：$\mathrm{d}A=\boldsymbol{F}\cdot\mathrm{d}\boldsymbol{r}=F_x\mathrm{d}x+F_y\mathrm{d}y+F_z\mathrm{d}z$

总功：

$$A_{ab}=\int_a^b\boldsymbol{F}\cdot\mathrm{d}\boldsymbol{r}=\int_{x_a}^{x_b}F_x\mathrm{d}x+\int_{y_a}^{y_b}F_y\mathrm{d}y+\int_{z_a}^{z_b}F_z\mathrm{d}z\tag{4-4}$$

在自然坐标系中：

物体受力：$\boldsymbol{F}=F_\mathrm{t}\boldsymbol{e}_\mathrm{t}+F_\mathrm{n}\boldsymbol{e}_\mathrm{n}$

对应元位移：$\mathrm{d}\boldsymbol{r}=\mathrm{d}s\boldsymbol{e}_\mathrm{t}$

元功为：$\mathrm{d}A=\boldsymbol{F}\cdot\mathrm{d}\boldsymbol{r}=(F_\mathrm{t}\boldsymbol{e}_\mathrm{t}+F_\mathrm{n}\boldsymbol{e}_\mathrm{n})\cdot\mathrm{d}s\boldsymbol{e}_\mathrm{t}=F_\mathrm{t}\mathrm{d}s$

总功：

$$A=\int_a^b\mathrm{d}A=\int_a^b F_\mathrm{t}\mathrm{d}s\tag{4-5}$$

(3) 合力的功

当一个质点同时受到几个力，如 $\boldsymbol{F}_1,\boldsymbol{F}_2,\cdots,\boldsymbol{F}_n$ 的作用而沿路径 L 从 a 运动到 b 时，合力 $\boldsymbol{F}$ 对质点所做的功应为

$$A_{ab}=\int_a^b\mathrm{d}A=\int_a^b\boldsymbol{F}\cdot\mathrm{d}\boldsymbol{r}=\int_a^b(\boldsymbol{F}_1+\boldsymbol{F}_2+\cdots+\boldsymbol{F}_n)\cdot\mathrm{d}\boldsymbol{r}$$

$$= \int_a^b \boldsymbol{F}_1 \cdot \mathrm{d}\boldsymbol{r} + \int_a^b \boldsymbol{F}_2 \cdot \mathrm{d}\boldsymbol{r} + \cdots + \int_a^b \boldsymbol{F}_n \cdot \mathrm{d}\boldsymbol{r}$$

$$= A_1 + A_2 + \cdots + A_n = \sum_{i=1}^{n} A_i \tag{4-6}$$

此式的物理意义是：合力的功等于各分力沿同一路经所做功的代数和。

(4) 功率

力在单位时间内所做的功称为功率，用于表明力做功的快慢程度，功率越大，做同样的功所花费的时间就越少，做功的效率也越高。功率通常用符号 P 表示，在国际单位制中，功率 P 的单位为焦耳每秒(J/s)，也可写成瓦特(W)。

如果某力在 Δt 时间内做功 ΔA，那么这段时间内该力的平均功率为

$$\overline{P} = \frac{\Delta A}{\Delta t} \tag{4-7}$$

而平均功率在 Δt 趋于零的极限为瞬时功率

$$P = \lim_{\Delta t \to 0} \frac{\Delta A}{\Delta t} = \frac{\mathrm{d}A}{\mathrm{d}t} = \frac{\boldsymbol{F} \cdot \mathrm{d}\boldsymbol{r}}{\mathrm{d}t} = \boldsymbol{F} \cdot \boldsymbol{v} \tag{4-8}$$

二、能量

世界万物是不断运动着的，在物质的一切属性中，运动是最基本的属性，能量是各种运动形式的一般量度，其他属性都是运动属性的具体表现，物质的运动形式是多种多样的，对于每一个具体的物质运动形式存在相应的能量形式，例如：与宏观物体的机械运动对应的能量形式是机械能；与分子无规则运动对应的能量形式是热能；与原子运动对应的能量形式是化学能；与带电粒子的定向运动对应的能量形式是电能；与光子运动对应的能量形式是光能等。能量概念的巨大价值在于它形式上的多样性以及不同能量形式之间的可转化性，有关能量和能源的开发和利用的研究，对于当代社会和人类的未来有着深远的意义。

对应于物体的某一个状态，必定有一个而且只能有一个能量值，如果物体的状态发生了变化，它的能量值也随之变化，因此，能量是物体状态的单值函数。物体有多少能量，就能为我们做多少功，所以能量反映了一个物体所具有的做功的本领。机械运动是自然界中最简单、最基本的运动形态，与之相对应的能量形式是机械能。物体作机械运动时，它的状态可以用速度和位置来描述，与速度有关的能量称为动能，而与位置有关的能量则称为势能(也称位能)。下面将介绍机械能的一些具体表示以及它们与功的关系。

三、动能定理

设有一质点沿任一曲线从 a 运动到 b，在曲线上任取一元位移 $\mathrm{d}\boldsymbol{r}$，则合外力 $\boldsymbol{F}$ 在这段元位移上的功为

$$\mathrm{d}A = \boldsymbol{F} \cdot \mathrm{d}\boldsymbol{r} = \frac{\mathrm{d}(m\boldsymbol{v})}{\mathrm{d}t} \cdot \boldsymbol{v}\mathrm{d}t = m\boldsymbol{v} \cdot \mathrm{d}\boldsymbol{v} = mv\mathrm{d}v = \mathrm{d}\left(\frac{1}{2}mv^2\right)$$

质点沿曲线从 a 运动到 b，合外力 $\boldsymbol{F}$ 所做的总功为

$$A = \int_a^b \boldsymbol{F} \cdot \mathrm{d}\boldsymbol{r} = \int_a^b \mathrm{d}\left(\frac{1}{2}mv^2\right) = \frac{1}{2}mv_b^2 - \frac{1}{2}mv_a^2 \tag{4-9}$$

式(4-9)中$\frac{1}{2}mv^2$是质点由于运动而具有的能量，称为质点的动能，用符号E_k表示。即

$$E_k=\frac{1}{2}mv^2$$

由此，式(4-9)可写为

$$A=\int_a^b \boldsymbol{F}\cdot \mathrm{d}\boldsymbol{r}=E_{kb}-E_{ka}=\Delta E_k \tag{4-10}$$

式(4-9)或者式(4-10)称为动能定理。它表明：合外力对质点所做的功等于做功前后质点动能的增量。它还表明：功是物体在某个过程能量改变的量度。不管力的种类和性质如何，凡是有力做功的地方，一定伴随有能量的改变或转换，某个力做功多少，相应的能量改变或转换就有多少。

由动能定理可知，合外力做正功时，质点动能增大；合外力做负功时，质点动能减小。动能和功的单位是一样的，但是它们的物理意义却不尽相同，功是力的空间积累效应，其大小取决于过程，是一个过程量；动能表示物体的运动状态，是一个状态量。而动能定理反映了它们之间的等量关系。

由于位移和速度的值与参照系的选择有关，所以功和动能的量值也与参考系的选择有关。一辆行驶中的汽车，对在车前以相同速度奔跑的运动员来说，动能为零，毫无威胁。但对于周围的观众，汽车的动能就不为零，就不能置之不理了。尽管功和动能都依赖于惯性参考系的选择，在不同的惯性参考系中各有不同的量值，而在每个惯性参考系中却都存在着各自的动能定理，这就是说，动能定理的形式与惯性参考系的选择无关。

【例题 4-1】 装有货物的木箱，重$G=980$N，要把它运上汽车。现将长$l=3$m的木板搁在汽车后部，构成一斜面，然后把木箱沿斜面拉上汽车。斜面与地面成30°，木箱与斜面间的滑动摩擦系数$\mu=0.2$，绳的拉力$\boldsymbol{F}$与斜面成10°，大小为700N，如图4-3(a)所示。求：(1)木箱所受各力所做的功；(2)合外力对木箱所做的功；(3)如改用起重机把木箱直接吊上汽车能不能少做些功？

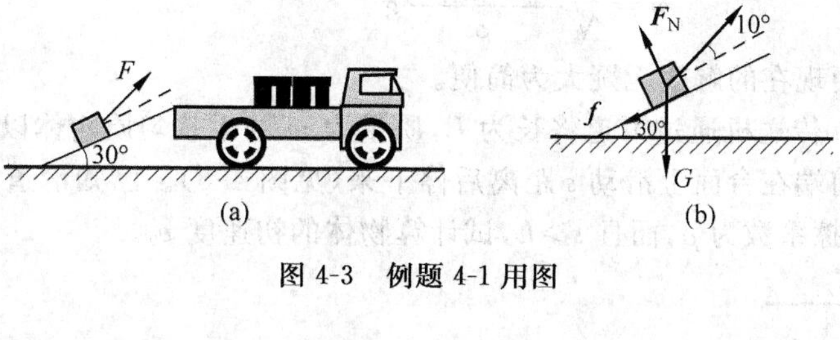

图 4-3　例题 4-1 用图

解：木箱所受的力如图4-3(b)所示。

(1) 拉力$\boldsymbol{F}$所做的功A_1为

$$A_1=Fl\cos 10^\circ=2.07\times 10^3(\mathrm{J})$$

重力$\boldsymbol{G}$所做的功A_2为

$$A_2=Gl\cos(180^\circ-60^\circ)=-1.47\times 10^3(\mathrm{J})$$

正压力F_N所做的功A_3为

$$A_3=F_N l\cos 90^\circ=0$$

下面计算摩擦力 f 所做的功 A_4。分析木箱的受力，由于木箱在垂直于斜面方向上没有运动，根据牛顿第二定律得

$$F_N + F\sin 10° - G\cos 10° = 0$$
$$F_N = G\cos 30° - F\sin 10° = 727(\text{N})$$

由此可求得摩擦力

$$f = \mu N = 145(\text{N})$$
$$A_4 = fl\cos 180° = -435(\text{J})$$

(2) 根据合力所做功等于各分力功的代数和，算出合力所做的功

$$A = A_1 + A_2 + A_3 + A_4 = 165(\text{J})$$

(3) 如改用起重机把木箱吊上汽车，这时所用拉力 $\boldsymbol{F}'$ 的大小至少要等于重力 $\boldsymbol{G}$ 的大小。在这个拉力的作用下，木箱移动的竖直距离是 $l\sin 30°$。因此拉力所做的功为

$$A' = Fl\sin 30° = 1.47 \times 10^3(\text{J})$$

与(1)中 $\boldsymbol{F}$ 做的功相比较，用了起重机能够少做功。我们还发现，虽然 $\boldsymbol{F}'$ 的量值比 $\boldsymbol{F}$ 的量值大，但所做的功 A' 却比 A_1 小，这是因为功的大小不完全取决于力的大小，还和位移的大小及位移与力之间的夹角有关。因此机械不能省功，但能省力或省时间，正是这些事例，使我们加深了对功这个概念的重要性的认识。那么，在(1)中拉力 $\boldsymbol{F}$ 所多做的功

$$2.07 \times 10^3 - 1.47 \times 10^3 = 0.60 \times 10^3(\text{J})$$

起的是什么作用呢？我们说：第一，为了克服摩擦力，用去 435J 的功，它最后转变成热量；第二，余下的 165J 的功将使木箱的动能增加。

【例题 4-2】 利用动能定理重做例题 2-5。

解：如图 4-4 所示，细棒下落过程中，合外力对它做的功为

$$A = \int_0^l (G - B)\mathrm{d}x = \int_0^l (\rho l - \rho' x) g \mathrm{d}x = \rho l^2 g - \frac{1}{2}\rho' l^2 g$$

应用动能定理，因初速度为 0，末速度 v 可求得如下：

$$\rho l^2 g - \frac{1}{2}\rho' l^2 g = \frac{1}{2}mv^2 = \frac{1}{2}\rho l v^2$$

$$v = \sqrt{\frac{(2\rho l - \rho' l)}{\rho} g}$$

所得结果相同，而现在的解法无疑大为简便。

【例题 4-3】 传送机通过滑道将长为 L，质量为 m 的柔软匀质物体以初速 v_0 向右送上水平台面，物体前端在台面上滑动 s 距离后停下来（见图 4-5）。已知滑道上的摩擦可不计，物与台面间的摩擦系数为 μ，而且 $s > L$，试计算物体的初速度 v_0。

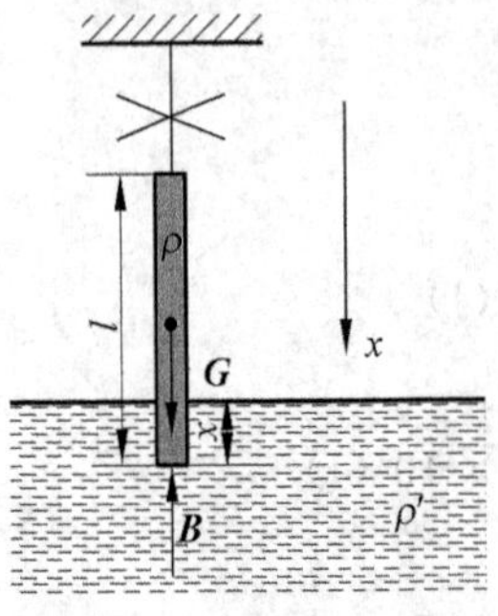

图 4-4 例题 4-2 用图

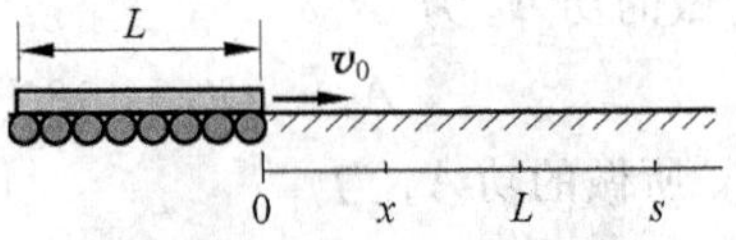

图 4-5 例题 4-3 用图

解：由于物体是柔软匀质的，在物体完全滑上台面之前，它对台面的正压力可认为与滑上台面的质量成正比，所以，它所受台面的摩擦力 f_r 是变化的。本题如果用牛顿定律的瞬时关系求加速度是不太方便的。我们把变化的摩擦力表示为

$$0 < x < L,\quad f_r = \mu \frac{m}{L} g x$$

$$x \geqslant L,\quad f_r = \mu m g$$

当物体前端在 s 处停止时，摩擦力做的功为

$$A = \int F \cdot \mathrm{d}x = -\int f_r \mathrm{d}x = -\int_0^L \mu \frac{m}{L} g x \mathrm{d}x - \int_L^s \mu m g \mathrm{d}x$$

$$= -\mu m g\left(\frac{L}{2} + s - L\right) = -\mu m g\left(s - \frac{L}{2}\right)$$

再由动能定理得

$$-\mu m g\left(s - \frac{L}{2}\right) = 0 - \frac{1}{2} m v_0^2$$

即得

$$v_0 = \sqrt{2\mu g\left(s - \frac{L}{2}\right)}$$

延伸阅读——物理学家

胡　克

胡克，又译虎克(Robert Hooke，1635—1703)，英国科学家，英国博物学家，发明家。1635 年 7 月 18 日生于英国怀特岛的弗雷斯沃特村，1703 年 3 月 3 日卒于伦敦。在物理学研究方面，他提出了描述材料弹性的基本定律——胡克定律，在机械制造方面，他设计制造了真空泵、显微镜和望远镜，并将自己用显微镜观察所得写成《显微术》一书，细胞一词即由他命名。在新技术发明方面，他发明的很多设备至今仍然在使用。除去科学技术，胡克还在城市设计和建筑方面有着重要的贡献。但由于与牛顿的争论导致他去世后少为人知。胡克也因其兴趣广泛、贡献重要而被某些科学史家称为“伦敦的达·芬奇”。

4.2　保守力　成对力的功　势能

一、保守力

前面我们讲过，功是过程量，一个力做功的多少与它做功的路径有关。但我们也发现有些力所做功非常特别，它们做功的多少只与物体的始末位置有关，却与路径无关，我们把它们称为保守力，如重力、万有引力、弹性力等。

(1) 重力的功

设质量为 m 的物体在重力的作用下从 a 点沿任一曲线运动到 b 点。

在 ab 之间任意选取元位移 $\mathrm{d}\boldsymbol{r}$(如图 4-6)，重力 $\boldsymbol{G}$ 所做的元功是

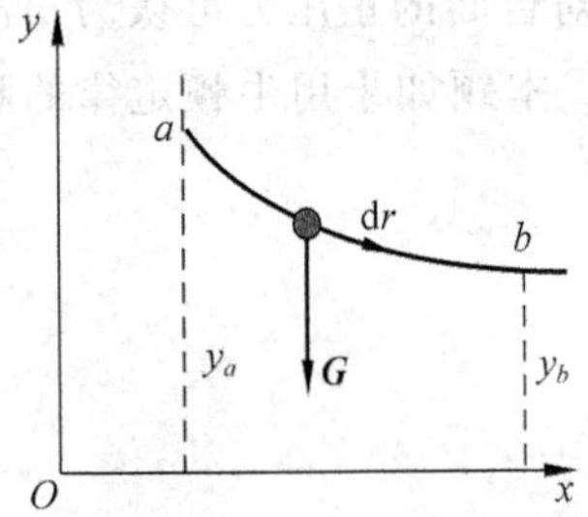

图 4-6　重力的功

$$dA = \boldsymbol{G} \cdot d\boldsymbol{r} = (-mg\boldsymbol{j}) \cdot (dx\boldsymbol{i} + dy\boldsymbol{j})$$
$$= -mg\,dy$$

从 a 点运动到 b 点，重力 $\boldsymbol{G}$ 所做的功为

$$A = \int_a^b dA = \int_a^b (-mg)\,dy$$
$$= -(mgy_b - mgy_a) \tag{4-11}$$

由此可见，重力做功仅仅与物体的始末位置有关，而与运动物体所经历的路径无关。

若物体从 a 出发经任意路径回到 a 点，则有

$$A = \oint \boldsymbol{G} \cdot d\boldsymbol{r} = 0 \tag{4-12}$$

式中 $\oint$ 表示沿闭合路径一周进行积分的意思。式(4-12)表明：在重力场中物体沿任一闭合路径运动一周时重力所做的功为零。

(2) 弹性力的功

如图 4-7 所示，设弹簧劲度系数为 k，一端固定于墙壁，另一端系一质量为 m 的物体，置于光滑水平桌面。O 点为弹簧未伸长时物体的位置，称为平衡位置。以 O 点为坐标原点建立一维坐标系，并取向右为正。设 a，b 两点为弹簧伸长后物体的两个位置，x_a 和 x_b 分别表示物体在 a，b 两点时的坐标。

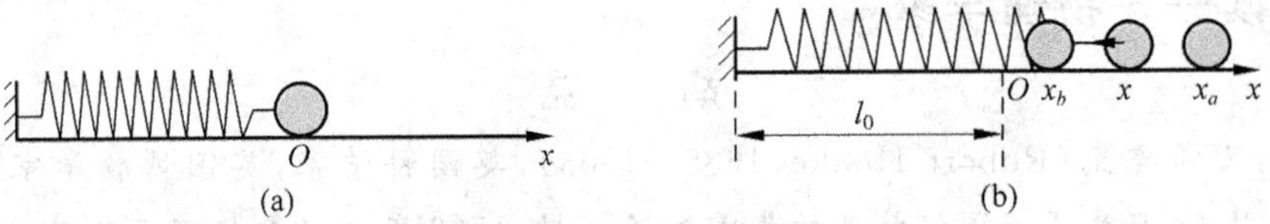

图 4-7　弹性力的功

根据胡克定律，弹簧在任一位置时(坐标为 x)所受弹性力为 $F = -kx$

在元位移为 dx 的情况下，元功为

$$dA = F\,dx = -kx\,dx$$

故

$$A = \int_a^b dA = \int_{x_a}^{x_b} F\,dx = \int_{x_a}^{x_b} (-kx)\,dx = -\left(kx_b^2 - \frac{1}{2}kx_a^2\right) \tag{4-13}$$

由此可见，弹性力做功也仅仅与质点的始末位置有关，与具体路径无关。

(3) 万有引力的功

两个物体的质量分别为 M 和 m，它们之间有万有引力作用。M 静止，以 M 为原点 O 建立坐标系，研究 m 相对 M 运动时从 a 点运动到 b 点万有引力所做的功。

在 ab 之间任意选取元位移 $d\boldsymbol{r}$(如图 4-8)，万有引力 $\boldsymbol{F}$ 所做的元功是

$$dA = \boldsymbol{F} \cdot d\boldsymbol{r} = G\frac{Mm}{r^2}\cos\alpha \,|\, d\boldsymbol{r} \,|$$

因为 $\cos\alpha |d\boldsymbol{r}| = -|d\boldsymbol{r}|\cos(\pi - \alpha) = -dr$

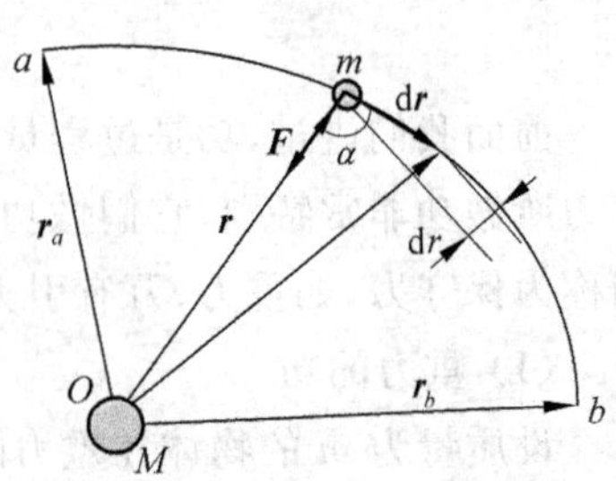

图 4-8　万有引力的功

所以 $\mathrm{d}A=-G\dfrac{Mm}{r^2}\mathrm{d}r$。

从 a 点运动到 b 点，万有引力 $\boldsymbol{F}$ 所做的功为

$$A=\int_{r_a}^{r_b}\mathrm{d}A=\int_{r_a}^{r_b}\left(-G\frac{Mm}{r^2}\right)\mathrm{d}r=-GMm\left(\frac{1}{r_a}-\frac{1}{r_b}\right)$$

即

$$A=-\left[\left(-\frac{GMm}{r_b}\right)-\left(-\frac{GMm}{r_a}\right)\right] \tag{4-14}$$

由此可见，万有引力做功也仅仅与质点的始末位置有关，与具体路径无关。

若我们让物体 m 从 a 出发经任意路径回到 a 点，则依然有

$$A=\oint\boldsymbol{F}_{万有引力}\cdot\mathrm{d}\boldsymbol{r}=0$$

此式表明：在引力场中物体沿任一闭合路径运动一周时万有引力所做的功为零。

由以上例子可以看出，重力、弹性力和万有引力这三种力对质点所做的功仅决定于质点运动的始末位置，与运动的路径无关。若一个力 $\boldsymbol{F}$ 对物体所做的功只决定于做功的起点和终点的位置而与做功的路径无关，则称此力为保守力。不具备这种性质的力叫做非保守力。因此若有一个力满足条件

$$\oint\boldsymbol{F}\cdot\mathrm{d}\boldsymbol{r}=0$$

则称此力为保守力。

二、成对力的功

根据力的相互作用性质，不管是保守力还是非保守力，总是成对出现的。下面，通过对成对力做功的讨论，将加深我们对保守力的认识。

如图 4-9 所示，设有两个质点 1 和 2，质量分别为 m_1 和 m_2，$\boldsymbol{F}_1$ 为质点 1 受到质点 2 的作用力，$\boldsymbol{F}_2$ 为质点 2 受到质点 1 的作用力，它们是一对作用力和反作用力，遵循牛顿第三定律。设两个质点分别有了位移 $\mathrm{d}\boldsymbol{r}_1$ 和 $\mathrm{d}\boldsymbol{r}_2$，而 $\mathrm{d}\boldsymbol{r}'$ 表示质点 2 相对于质点 1 的位移，即 $\mathrm{d}\boldsymbol{r}_2=\mathrm{d}\boldsymbol{r}_1+\mathrm{d}\boldsymbol{r}'$，则两个作用力所做的元功分别为

$$\mathrm{d}A_1=\boldsymbol{F}_1\cdot\mathrm{d}\boldsymbol{r}_1$$
$$\mathrm{d}A_2=\boldsymbol{F}_2\cdot\mathrm{d}\boldsymbol{r}_2$$

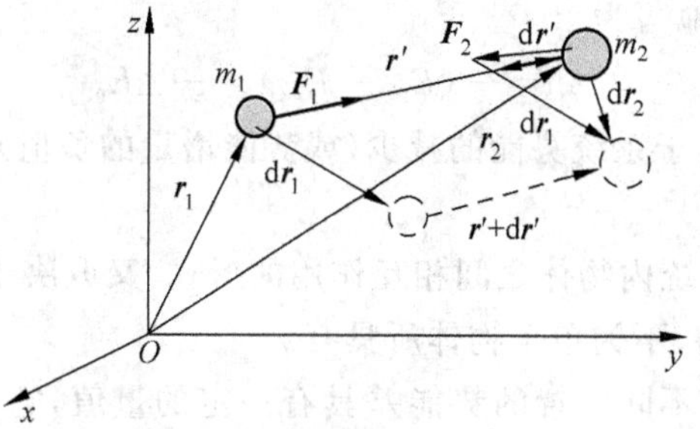

图 4-9　成对力的功

这一对力所做的元功之和为

$$
\begin{aligned}
\mathrm{d}A &= \boldsymbol{F}_1 \cdot \mathrm{d}\boldsymbol{r}_1 + \boldsymbol{F}_2 \cdot \mathrm{d}\boldsymbol{r}_2 = \boldsymbol{F}_1 \cdot \mathrm{d}\boldsymbol{r}_1 + \boldsymbol{F}_2 \cdot (\mathrm{d}\boldsymbol{r}_1 + \mathrm{d}\boldsymbol{r}') \\
&= (-\boldsymbol{F}_2 + \boldsymbol{F}_2) \cdot \mathrm{d}\boldsymbol{r}_1 + \boldsymbol{F}_2 \cdot \mathrm{d}\boldsymbol{r}' = \boldsymbol{F}_2 \cdot \mathrm{d}\boldsymbol{r}'
\end{aligned}
$$

由此可见，成对的作用力与反作用力所做的总功只与作用力 $\boldsymbol{F}_2$ 及相对位移 $\mathrm{d}\boldsymbol{r}'$ 有关，而与每个质点各自的运动无关。它表明：任何一对作用力和反作用力所做的总功具有与参考系选择无关的不变性质。也就是说，无论我们用哪个参照系去计算，成对力所做的功的结果都是一样的。利用这一特点我们可以方便地用一个力和相对位移来计算成对力（两个力）的功。

回顾前面讨论的保守力做功问题，都是在两个相互作用质点中的一个质点不动的情形下讨论了保守力的功，既然作用在不动的质点上的力的功为零，那么，实际上前面讨论的就是成对保守力的总功，运动质点的始末位置也就是两个质点的始末相对位置。所以，保守力的普遍意义在于：在任意的参考系中，成对保守力的功只取决于相互作用质点的始末相对位置，而与各质点的运动路径无关。

三、势能

在生活和生产实践中我们知道，从高处落下的重物能够做功，例如高举的夯可以把地面打结实，高山上的瀑布能带动发电机发电，这说明高处的重物具有能量；我们还知道，形变的弹簧能带动物体作简谐振动，这说明形变的弹簧也具有能量。而这些能量都与位置有关，因此它们被称为位能，习惯上也称它们为势能，是质点在保守力场中与位置相关的能量。势能是一种潜在的能量，不同于动能。从前面的讨论我们可以很容易求得以下物理量。

重力势能：

$$E_{\mathrm{p}} = mgy \tag{4-15}$$

弹性势能：

$$E_{\mathrm{p}} = \frac{1}{2}kx^2 \tag{4-16}$$

万有引力势能：

$$E_{\mathrm{p}} = -G\frac{Mm}{r} \tag{4-17}$$

保守力做功与路径无关的性质，使保守力做功的计算得到了简化，而引入势能概念之后，保守力做的功可简单地写为

$$A_{\mathrm{c}} = -(E_{\mathrm{p}b} - E_{\mathrm{p}a}) = -\Delta E_{\mathrm{p}} \tag{4-18}$$

说明成对保守内力的功等于系统势能的减少（或势能增量的负值）。

需要注意：

(1) 势能既取决于系统内物体之间相互作用的形式，又取决于物体之间的相对位置，所以势能是属于物体系统的，不为单个物体所具有。

(2) 物体系统在两个不同位置的势能差具有一定的量值，它可用成对保守力做的功来衡量。

(3) 势能差有绝对意义，而势能只有相对意义。势能零点可根据问题的需要来选择。

由万有引力势能表式：$E_p=-G\dfrac{Mm}{r}$可知，在无穷远处，$E_p(\infty)=-G\dfrac{Mm}{\infty}=0$。由于势能差有绝对意义，也就是说，不管我们将势能零点选择在哪里，其差值不变，即

$$E'_{pb}-E'_{pa}=E_{pb}-E_{pa}$$

如果需要，我们可以将任意一点作为势能的零点。假如我们已知 a，b 两点势能，分别为 E_{pa}和 E_{pb}，现在需要将 a 点设为势能零点，那么 b 点的势能为

$$E'_{pb}=E_{pb}-E_{pa}$$

四、势能曲线

如果把势能和相对位置的关系描绘成曲线，并用它来讨论在保守力作用下的运动是很方便的。根据势能表达式，容易得到如图 4-10 的势能曲线。

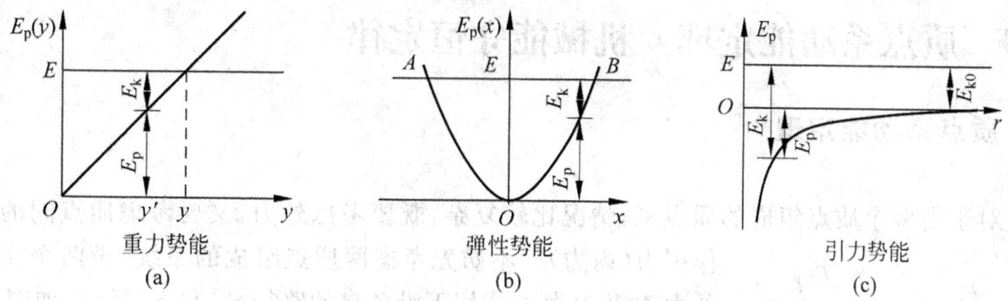

图 4-10　势能曲线

在系统的总机械能($E=E_k+E_p$)保持不变的条件下，在势能曲线图上，可以用一条平行于横坐标轴的直线来表示，而且系统在每一个位置时的动能($E_k=E-E_p$)也可以方便地在图 4-10 上显示出来。因为动能不可能为负值，所以只有符合 $E_k\geqslant 0$ 的运动才可能发生，因此，根据势能曲线的形状可以讨论物体的运动。如在图 4-10(b)中代表总机械能的直线与代表势能的曲线相交于 A，B 两点，这表示质点只能在 $A\sim B$ 的范围内运动，当质点运动到 A，B 两点时，质点的动能为零。

利用势能曲线，可以判断物体在各个位置所受保守力的大小和方向。由式(4-18)可知

$$A=-(E_{p2}-E_{p1})=-\Delta E_p$$

将其写成微分形式，有

$$\mathrm{d}A=-\mathrm{d}E_p$$

当系统内的物体在保守力 $\boldsymbol{F}$ 的作用下，沿 x 轴发生位移 $\mathrm{d}x$ 时，保守力所做的功为

$$\mathrm{d}A=F\cos\varphi\mathrm{d}x=F_x\mathrm{d}x$$

式中 φ 为力 $\boldsymbol{F}$ 与 x 轴正方向的夹角，因此可得

$$F_x=-\frac{\mathrm{d}E_p}{\mathrm{d}x}\tag{4-19}$$

此式表明：保守力沿某坐标轴的分量等于势能对此坐标的导数的负值。

前面提到，在图 4-10(b)中当质点运动到 A，B 两点时，质点的动能为零，速度也为零，根据势能曲线在 A，B 两点的斜率和式(4-19)，可确定保守力 $\boldsymbol{F}$ 在 x 轴方向上的分量指向

原点,由此可以确定质点只能在 $A \sim B$ 的范围内运动。

延伸阅读——奇异天体

黑　　洞

黑洞是宇宙空间内存在的一种质量或密度极大、体积极小、引力场极强的奇异天体。在它周围存在着一个时空封闭的区域(其边界称为视界),在视界内连光都无法逃脱。通常它是由星系爆发、碰撞或者是晚期的恒星塌缩形成的。

1916 年,德国天文学家卡尔·史瓦兹谢尔德通过计算得到了爱因斯坦引力场方程的一个真空解,这个解表明,如果恒星质量被集中在足够小的区域,恒星表面的引力场就会变得非常强,并会产生奇异的现象,即存在一个界面——"视界"。一旦进入这个界面,任何物质都无法逃脱,即使光也不例外。这种"奇异的天体"被美国物理学家约翰·阿契巴尔德·惠勒(John Archibald Wheeler)命名为"黑洞"。

4.3　质点系动能定理　机械能守恒定律

一、质点系动能定理

对于由多个质点组成的质点系,情况比较复杂,既要考虑外力,又要考虑质点间的相互作用力(内力)。不妨先考虑两质点组成的系统,设两个质点在外力 $\boldsymbol{F}$ 及内力 $\boldsymbol{f}$ 作用下沿各自的路径 S_1 和 S_2 运动,如图 4-11 所示。

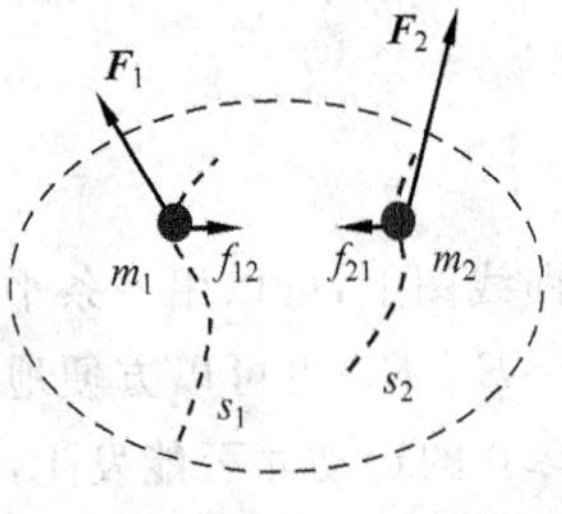

图 4-11　质点系动能定理

对 m_1 运用质点动能定理:

$$\int_{a_1}^{b_1} \boldsymbol{F}_1 \cdot \mathrm{d}\boldsymbol{r}_1 + \int_{a_1}^{b_1} \boldsymbol{f}_{12} \cdot \mathrm{d}\boldsymbol{r}_1 = \frac{1}{2} m_1 v_{1b}^2 - \frac{1}{2} m_1 v_{1a}^2$$

对 m_2 运用质点动能定理:

$$\int_{a_2}^{b_2} \boldsymbol{F}_2 \cdot \mathrm{d}\boldsymbol{r}_2 + \int_{a_2}^{b_2} \boldsymbol{f}_{21} \cdot \mathrm{d}\boldsymbol{r}_2 = \frac{1}{2} m_2 v_{2b}^2 - \frac{1}{2} m_2 v_{2a}^2$$

作为系统考虑时,得到

$$\int_{a_1}^{b_1} \boldsymbol{F}_1 \cdot \mathrm{d}\boldsymbol{r}_1 + \int_{a_2}^{b_2} \boldsymbol{F}_2 \cdot \mathrm{d}\boldsymbol{r}_2 + \int_{a_1}^{b_1} \boldsymbol{f}_{12} \cdot \mathrm{d}\boldsymbol{r}_1 + \int_{a_1}^{b_1} \boldsymbol{f}_{21} \cdot \mathrm{d}\boldsymbol{r}_2$$

$$= \left(\frac{1}{2} m_1 v_{1b}^2 + \frac{1}{2} m_2 v_{2b}^2\right) - \left(\frac{1}{2} m_1 v_{1a}^2 + \frac{1}{2} m_2 v_{2a}^2\right)$$

推广到多个质点组成的系统,有

$$A_e + A_i = E_{kb} - E_{ka} = \Delta E_k \tag{4-20}$$

由此得到质点系动能定理:所有外力与所有内力对质点系做功之和等于做功前后质点系总动能的增量。

二、质点系功能原理

当我们取系统作为研究对象时,系统中各质点所受的作用力可分为外力和内力。对系统的内力来说，它们必定是成对出现的，根据牛顿第三定律可知，它们的矢量和为零，因此内力不改变质点组的动量。但是系统中各质点的位移不尽相同，所以各内力所做功之和不一定为零。我们又知道，有力做功的地方必然伴随着能量的转换，而保守力做功与路径无关，引入势能概念之后，我们证明了成对保守内力的功等于系统势能的减少，因此有必要将系统的内力分为保守内力和非保守内力，而内力的功也有必要分为保守内力的功 A_{ic} 和非保守内力的功 A_{id}。根据质点系动能定理有

$$A_e + A_i = A_e + A_{ic} + A_{id} = \Delta E_k$$

而系统的机械能 E 包括动能和势能，因为

$$A_{ic} = -\Delta E_p$$

有

$$A_e + A_{id} = \Delta E_k + \Delta E_p = \Delta E \tag{4-21}$$

式(4-21)表明：当系统从状态 1 变化到状态 2 时，外力的功与非保守内力的功的总和等于做功前后系统机械能的增量，这个结论叫做系统的功能原理。

三、机械能守恒定律

前面我们讨论了机械运动的两种能量形式：动能和势能，也讨论了它们和外力的功与非保守内力的功的关系：功能原理。在日常生活中，人们希望某些机械运动(如时钟、传送带)能长久地持续运动下去，在什么条件下能实现人们的愿望呢？根据功能原理式(4-21)，容易得出，当满足条件 $A_e + A_{id} = 0$ 或 $A_e = 0, A_{id} = 0$ 时，有

$$E_k + E_p = E_{k0} + E_{p0} = E \tag{4-22}$$

式(4-22)表明：如果一个系统内只有保守内力做功，或者非保守内力与外力的总功为零，则系统内各物体的动能和势能可以互相转换，但机械能的总值保持不变。这一结论称为机械能守恒定律。

当我们讨论机械运动时，能量只有动能和势能两种形式。事实上，物质的运动形式是千变万化的，其能量形式是多种多样的。然而，不管能量形式有多少种，人们发现，系统的机械能减少或增加的同时，必然有等值的其他形式的能量在增加或减少，从而使系统的机械能和其他形式的能量的总和保持不变。可见，自然界存在着比机械能守恒定律更普遍的能量守恒定律。

四、能量守恒定律

我们把一个不受外界作用的系统称为孤立系统，对于孤立系统，外力的功当然为零。当系统发生变化时，可以有非保守内力做功，此时，系统的机械能就不再守恒了。大量事实证明：当一个孤立系统经历任何变化时，该系统的所有能量的总和是不变的，能量只能从一种形式变化为另外一种形式，或从系统内一个物体传给另一个物体，这就是能量守恒定律。

能量守恒定律，是自然界最普遍、最重要的基本定律之一。从物理、化学到地质、生物，大到宇宙天体，小到原子核内部，只要有能量转化，就一定服从能量守恒的规律。从日常生活到科学研究、工程技术，这一规律都发挥着重要的作用。人类对各种能量，如煤、石油等燃

料以及水能、风能、核能等的利用，都是通过能量转化来实现的。能量守恒定律是人们认识自然和利用自然的有力武器。

【例题 4-4】 小球的质量为 m，沿着弯曲圆形轨道滑下，轨道半径为 R，轨道的形状如图 4-12 所示。

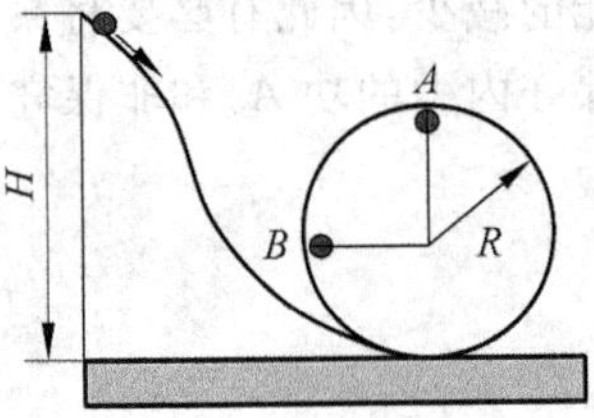

图 4-12　例题 4-4 用图

(1) 要使小球沿圆形轨道运动一周而不脱离轨道，问小球至少应从多高的地方滑下？设高度为 H。

(2) 小球在圆圈的最高点 A 受到哪几个力的作用？

(3) 若小球由 $H=2R$ 的高处滑下，小球的运动将如何？

解：(1) 在小球运动过程中只有重力做功，系统机械能守恒。

$$E_C = E_A$$

以 A 为参考点，有

$$mg(H-2R) = \frac{1}{2}mv_A^2$$

$$N + mg = \frac{mv_A^2}{R}$$

不脱轨的条件为

$$N = \frac{mv_A^2}{R} - mg \geqslant 0$$

$$\frac{mv_A^2}{R} \geqslant mg$$

由 $mg(H-2R)=\frac{1}{2}mv_A^2$ 及 $\frac{mv_A^2}{R}\geqslant mg$，得 $mg(H-2R)\geqslant\frac{1}{2}mgR$，$H\geqslant\frac{1}{2}R+2R$，即 $H\geqslant\frac{5}{2}R$。

(2) 小球在 A 点受重力及轨道对小球的正压力作用。

(3) 小球由 $H=2R$ 的高处滑下将不能到达 A 点。

【例题 4-5】 一劲度系数为 k 的弹簧，原长为 l_0，上端固定，下端挂一质量为 m 的物体，先用手托住，使弹簧不伸长。

(1) 如将物体托住慢慢放下，达静止(平衡位置)时，弹簧的最大伸长和弹性力是多少？

(2) 如将物体突然放手，物体到达最低位置时，弹簧的伸长和弹性力各是多少？物体经过平衡位置时的速度是多少？

解：(1) $F-mg=0$

设弹簧最大伸长为 x_m，由 $F=kx_m=mg$，得最大伸长 $x_m=\frac{mg}{k}$，弹性力 $F=mg$。

(2) 若将物体突然释放到最大位置，选最低点为参考点。由机械能守恒，得 $mgx_m=\frac{1}{2}kx_m^2$，得最大伸长 $x_m=\frac{2mg}{k}$，弹性力 $F=kx_m=k\times\frac{2mg}{k}=2mg$。

物体在平衡位置时，$F=mg=kx_0$，选平衡位置为参考点，由机械能守恒，得 $mgx_0=\frac{1}{2}mv_0^2+\frac{1}{2}kx_0^2$。将 $x_0=\frac{mg}{k}$ 代入，得 $mg\frac{mg}{k}=\frac{1}{2}mv_0^2+\frac{1}{2}k\left(\frac{mg}{k}\right)^2$，$v_0^2=\frac{m}{k}g^2$，$v_0=g\sqrt{\frac{m}{k}}$。

【例题 4-6】 起重机用钢丝绳吊运一质量为 m 的物体，以速度 v_0 作匀速下降，如图 4-13 所示。当起重机突然刹车时，物体因惯性下降，问：(1)钢丝绳将再有多少微小的伸长？(设钢丝绳的劲度系数为 k，钢丝绳的重力忽略不计。)(2)这样突然刹车后，钢丝绳所受的最大拉力将有多大？

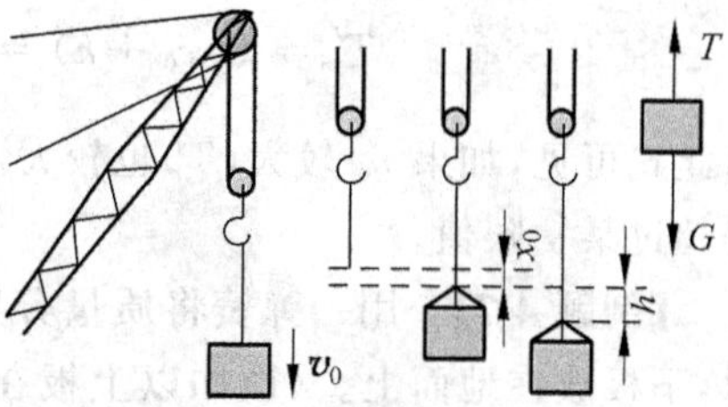

图 4-13 例题 4-6 用图

解：我们考察由物体、地球和钢丝绳所组成的系统。除重力和钢丝绳中的弹性力外，其他的外力和内力都不做功，所以系统的机械能守恒。现在研究两个位置的机械能。在起重机突然停止的那个瞬时位置，物体的动能为

$$E_{k1} = \frac{1}{2}mv_0^2$$

设这时钢丝绳的伸长量为 x_0，系统的弹性势能为

$$E_{p1}^{弹} = \frac{1}{2}kx_0^2$$

如果物体因惯性继续下降的微小距离为 h，并且以这最低位置作为重力势能的零位置，那么，系统这时的重力势能为

$$E_{p1}^{重} = mgh$$

所以，系统在这位置的总机械能为

$$E_1 = E_{k1} + E_{p1}^{弹} + E_{p1}^{重} = \frac{1}{2}mv_0^2 + \frac{1}{2}kx_0^2 + mgh$$

在物体下降到最低位置时，物体的动能为 E_{k2}，系统的弹性势能应为

$$E_{p2}^{弹} = \frac{1}{2}k(x_0 + h)^2$$

此时的重力势能为

$$E_{p2}^{重} = 0$$

所以在最低位置时，系统的总机械能为

$$E_2 = E_{k2} + E_{p2}^{弹} + E_{p2}^{重} = \frac{1}{2}k(x_0 + h)^2$$

按机械能守恒定律，应有 $E_1 = E_2$，于是

$$\frac{1}{2}mv_0^2 + \frac{1}{2}kx_0^2 + mgh = \frac{1}{2}k(x_0 + h)^2$$

$$\frac{1}{2}kh^2 + (kx_0 - mg)h - \frac{1}{2}mv_0^2 = 0$$

由于物体作匀速运动时，钢丝绳的伸长量 x_0 满足 $x_0 = \dfrac{G}{k} = \dfrac{mg}{k}$，代入上式后得

$$kh^2 - mv_0^2 = 0$$

即 $h = \sqrt{\dfrac{m}{k}}v_0$。

钢丝绳对物体的拉力 $\boldsymbol{T}$ 和物体对钢丝绳的拉力 $\boldsymbol{T}'$ 是一对作用力和反作用力。$\boldsymbol{T}'$ 和 $\boldsymbol{T}$ 的大小决定于钢丝绳的伸长量 x，$T' = kx$。现在，若物体在起重机突然刹车后因惯性而下降，

在最低位置时相应的伸长量 $x=x_0+h$ 是钢丝绳的最大伸长量，所以钢丝绳所受的最大拉力

$$T'_m=k(x_0+h)=k\left(\frac{mg}{k}+\sqrt{\frac{m}{k}}v_0\right)=mg+\sqrt{km}\,v_0$$

由此式可见，如果 v_0 较大，T'_m 也较大。所以对于一定的钢丝绳来说，应规定吊运速度 v_0 不得超过某一限值。

【例题 4-7】 用一弹簧将质量分别为 m_1 和 m_2 的上下两水平木板连接，如图 4-14 所示，下板放在地面上。(1)如以上板在弹簧上的平衡静止位置为重力势能和弹性势能的零点，试写出上板、弹簧以及地球这个系统的总势能。(2)对上板加多大的向下压力 $\boldsymbol{F}$，才能因突然撤去它，使上板向上跳而把下板拉起来？

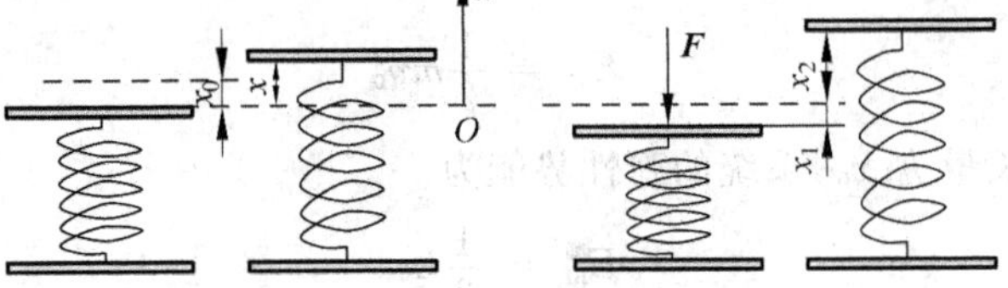

(a) (b)

图 4-14 例题 4-7 用图

解：(1) 参看图 4-14(a)，取上板的平衡位置为 x 轴的原点，并设弹簧为原长时上板处在 x_0 位置。系统的弹性势能

$$E_{pe}=\frac{1}{2}k(x-x_0)^2-\frac{1}{2}kx_0^2=\frac{1}{2}kx^2-kxx_0$$

系统的重力势能

$$E_{pg}=m_1gx$$

所以总势能为

$$E_p=E_{pe}+E_{pg}=\frac{1}{2}kx^2-kx_0^2x+m_1gx$$

考虑到上板在弹簧上的平衡条件，得 $kx_0=m_1g$，代入上式得

$$E_p=\frac{1}{2}kx^2$$

可见，如选上板在弹簧上静止的平衡位置为原点和势能零点，则系统的总势能将以弹性势能的单一形式出现。

(2) 参看图 4-14(b)，以加力 $\boldsymbol{F}$ 时为初态，撤去力 $\boldsymbol{F}$ 而弹簧伸长最大时为末态，则

初态：$E_{k1}=0,E_{p1}=\frac{1}{2}kx_1^2$

末态：$E_{k2}=0,E_{p2}=\frac{1}{2}kx_2^2$

根据能量守恒定律，应有

$$\frac{1}{2}kx_1^2=\frac{1}{2}kx_2^2$$

因恰好提起 m_2 时，$k(x_2-x_0)=m_2g$，而 $kx_1=F$，$kx_0=m_1g$，代入解得 $F=(m_1+m_2)g$。这就是说当 $F\geqslant(m_1+m_2)g$ 时，下板就能被拉起。

【例题 4-8】 讨论宇宙航行所需要的三种宇宙速度。

解：第一宇宙速度(环绕速度)

如图 4-15,设在地球表面外某一高度的 P 点发射飞行器,发射速度为 v_1,方向和地面平行。当 v_1 的值使机械能 $E<0$ 时,飞行器作椭圆运动。当 v_1 足够大时,使它能沿圆周Ⅱ运行,这个速度就是第一宇宙速度。

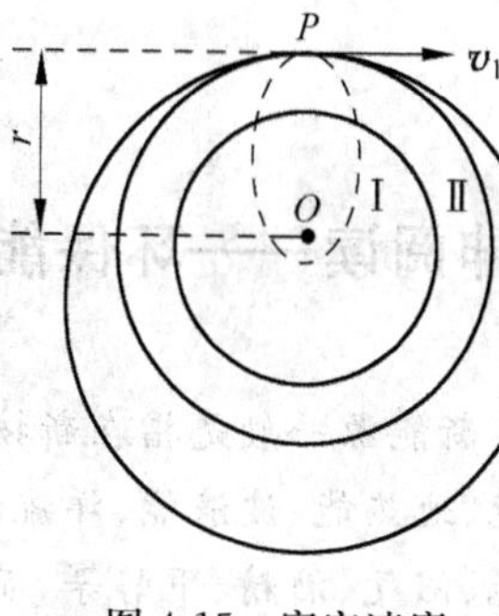

图 4-15 宇宙速度

飞行器以 v_1 环绕地球运动,地球质量为 m_E,飞行器质量为 m,所需向心力由万有引力提供,亦即

$$G\frac{m_E m}{r^2}=\frac{mv_1^2}{r}$$

由此得 $v_1=\frac{Gm_E}{r}$,设地面上飞行器的重量为 mg,地球的半径为 R,则飞行器所受地球的引力等于重力,$G\frac{m_E m}{R^2}=mg$。

由此求得 $g=G\frac{m_E}{R^2}$,代入 v_1 的表达式,则得 $v=\sqrt{\frac{gR^2}{r}}$

当 $r\approx R$ 时

$$v_1=\sqrt{Rg}=7.91\times10^3\,(\text{m/s})$$

第二宇宙速度(逃逸速度)

当飞行器发射速度从 $7.91\times10^3\,\text{m/s}$ 增大时,椭圆逐渐拉长变大;当速度达到某一程度,飞行器就挣脱地球的束缚而一去不复返。能使物体挣脱地球束缚的速度叫第二宇宙速度。此时物体脱离地球引力时,系统机械能为零。

$$E=0$$

$$E=\frac{1}{2}mv_2^2-\frac{Gm_E m}{r}=0$$

得 $v_2=\sqrt{\frac{2Gm_E}{r}}=\sqrt{2Rg}=11.2\times10^3\,(\text{m/s})$

第三宇宙速度

物体脱离太阳引力所需的最小速度叫第三宇宙速度。记太阳质量为 m_s,有

$$\frac{1}{2}mv_3'^2=G\frac{m_s m}{r'}$$

物体相对太阳的速度

$$v_3'=\sqrt{\frac{2Gm_s}{r'}}=42.2\times10^3\,(\text{m/s})$$

地球相对太阳的速度

$$v'=29.8\times10^3\,(\text{m/s})$$

物体相对于地球的发射速度

$$v_3''=v_3'-v'$$

从地面发射物体要飞出太阳系,既要克服地球引力,又要克服太阳引力,所以发射时物体的

动能必须满足

$$\frac{1}{2}mv_3^2=\frac{1}{2}mv_2^2+\frac{1}{2}mv''^2_3$$

$$v_3=\sqrt{v_2^2+v''^2_3}=16.7\times10^3(\mathrm{m/s})$$

延伸阅读——环保能源

新 能 源

新能源一般是指在新技术基础上加以开发利用的可再生能源,包括太阳能、生物质能、风能、地热能、波浪能、洋流能和潮汐能,以及海洋表面与深层之间的热循环等;此外,还有氢能、沼气、酒精、甲醇等,而已经广泛利用的煤炭、石油、天然气、水能等能源,称为常规能源。随着常规能源的有限性以及环境问题的日益突出,以环保和可再生为特质的新能源越来越得到各国的重视。

4.4 碰撞

两个或几个物体在相遇时,如果物体之间的相互作用仅持续一个极为短暂的时间,这种现象就是碰撞。其特点是碰撞时间短而碰撞体间的作用力远远大于外力(外力可忽略)。碰撞过程一般都非常复杂,难于对过程进行仔细分析。如果我们对过程并不感兴趣,只想了解物体在碰撞前后运动状态的变化,而对发生碰撞的物体系来说,外力的作用又往往可以忽略,那么,只要我们将碰撞的物体作为一个系统,该系统的合外力就为零,该系统的动量就守恒。

如果两个小球碰撞前后的速度都沿着球心的连线,这种碰撞称为正碰。设 $\boldsymbol{v}_{10}$ 和 $\boldsymbol{v}_{20}$ 分别表示两球在碰撞前的速度,$\boldsymbol{v}_1$ 和 $\boldsymbol{v}_2$ 分别表示两球在碰撞后的速度,m_1 和 m_2 分别为两球的质量。应用动量守恒定律得

$$m_1v_{10}+m_2v_{20}=m_1v_1+m_2v_2 \tag{4-23}$$

牛顿从大量实验结果中总结出了碰撞定律:碰撞后两球的分离速度 v_2-v_1,与碰撞前两球的接近速度 $v_{10}-v_{20}$ 成正比,比值由两球的材料性质决定。

恢复系数为

$$e=\frac{v_2-v_1}{v_{10}-v_{20}} \tag{4-24}$$

$e=1$,分离速度等于接近速度,称为弹性碰撞。

$0<e<1$,机械能有损失的碰撞叫做非弹性碰撞。

$e=0$,碰撞后两球以同一速度运动,并不分开,称为完全非弹性碰撞。

一、弹性碰撞

$$e=\frac{v_2-v_1}{v_{10}-v_{20}}$$

$$m_1v_{10}+m_2v_{20}=m_1v_1+m_2v_2$$

$$\begin{cases} v_1 = v_{10} - \dfrac{(1+e)m_2(v_{10}-v_{20})}{m_1+m_2} \\ v_2 = v_{20} + \dfrac{(1+e)m_1(v_{10}-v_{20})}{m_1+m_2} \end{cases} \tag{4-25}$$

令 $e=1$

$$\begin{cases} v_1 = \dfrac{(m_1-m_2)v_{10}+2m_2v_{20}}{m_1+m_2} \\ v_2 = \dfrac{(m_2-m_1)v_{20}+2m_1v_{10}}{m_1+m_2} \end{cases} \tag{4-26}$$

讨论：

设 $m_1=m_2$ 得 $v_1=v_{20}$，$v_2=v_{10}$，两球经过碰撞将交换彼此的速度。

设 $m_1\neq m_2$，质量为 m_2 的物体在碰撞前静止不动，即 $v_{20}=0$，有

$$v_1 = \frac{(m_1-m_2)v_{10}}{m_1+m_2},\quad v_2 = \frac{2m_1v_{10}}{m_1+m_2}$$

如果 $m_2\gg m_1$，则

$$\frac{m_1-m_2}{m_1+m_2}\approx -1,\quad \frac{2m_1}{m_1+m_2}\approx 0$$

$$v_1\approx -v_{10},\quad v_2\approx 0$$

即质量很大并且静止的物体，经碰撞后，几乎仍静止不动，而质量很小的物体在碰撞前后的速度方向相反，大小几乎不变。

二、完全非弹性碰撞

在完全非弹性碰撞中 $e=0$，由

$$v_1 = v_{10} - \frac{(1+e)m_2(v_{10}-v_{20})}{m_1+m_2},\quad v_2 = v_{20} + \frac{(1+e)m_1(v_{10}-v_{20})}{m_1+m_2}$$

得

$$v_1 = v_2 = \frac{m_1v_{10}+m_2v_{20}}{m_1+m_2} \tag{4-27}$$

三、碰撞中的力和能

设在两球相碰撞的问题中，碰撞接触时间极短，用 Δt 表示，把动量定理应用于质量为 m_2 的小球得

$$\bar{f} = \frac{m_2v_2-m_2v_{20}}{\Delta t}$$

把 $v_2=v_{20}+\dfrac{(1+e)m_1(v_{10}-v_{20})}{m_1+m_2}$ 代入，得

$$\bar{f} = \frac{m_1m_2(1+e)(v_{10}-v_{20})}{(m_1+m_2)\Delta t} \tag{4-28}$$

上式表明：力的大小和两物体相遇前的接近速度成正比，而和接触时间成反比。力的大小

与接触物体的质量和材料有关。

由 $v_1=v_{10}-\dfrac{(1+e)m_2(v_{10}-v_{20})}{m_1+m_2}$，$v_2=v_{20}+\dfrac{(1+e)m_1(v_{10}-v_{20})}{m_1+m_2}$ 可知，系统损失的机械能

$$\Delta E=\frac{1}{2}m_1v_{10}^2+\frac{1}{2}m_2v_{20}^2-\left(\frac{1}{2}m_1v_1^2+\frac{1}{2}m_2v_2^2\right)$$
$$=\frac{1}{2}(1-e^2)\frac{m_1m_2}{m_1+m_2}(v_{10}-v_{20})^2 \tag{4-29}$$

【例题 4-9】 在碰撞实验中，常用如图 4-16 所示的仪器。A 为一小球，B 为蹄状物，质量分别为 m_1 和 m_2。开始时，将 A 球从张角 θ 处落下，然后与静止的 B 物相碰撞，嵌入 B 中一起运动，求两物到达最高处的张角 φ。

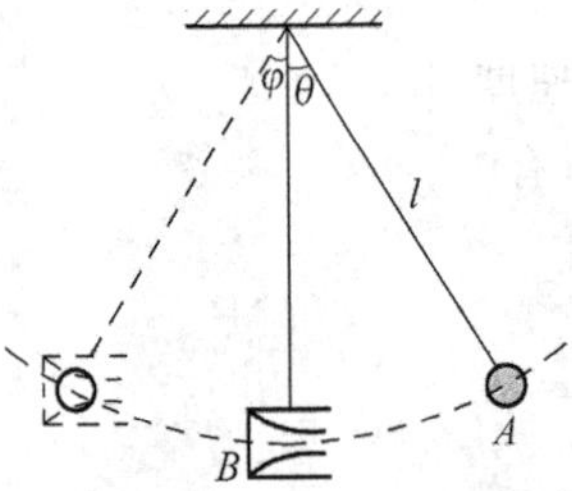

图 4-16　例题 4-9 用图

解：(1) 小球 A 从开始位置下落 h，而到最低位置，这是小球与蹄状物 B 碰撞前的过程，此过程机械能守恒。

$$m_1gl(1-\cos\theta)=\frac{1}{2}m_1v^2$$

则

$$v=\sqrt{2gl(1-\cos\theta)} \tag{1}$$

(2) 当小球与蹄状物碰撞时，两物作完全非弹性碰撞，动量守恒

$$m_1v=(m_1+m_2)v' \tag{2}$$

(3) 小球与蹄状物开始运动后，在这过程中机械能守恒定律，即

$$\frac{1}{2}(m_1+m_2)v'^2=(m_1+m_2)gl(1-\cos\varphi)$$

则

$$v'=\sqrt{2gl(1-\cos\varphi)} \tag{3}$$

从(1)、(2)和(3)三式消去 v 和 v'，可得

$$\cos\varphi=1-\left(\frac{m_1}{m_1+m_2}\right)^2(1-\cos\theta)$$

利用这种碰撞实验，可以验证动量守恒与机械能守恒定律。

【例题 4-10】 在恒星系中，两个质量分别为 m_1 和 m_2 的星球，原来为静止，且相距为无穷远，后来在引力的作用下，互相接近。求当它们相距为 r 时它们之间的相对速率为多少？

解：由动量守恒，机械能守恒，可得

$$m_1v_1-m_2v_2=0$$

$$\frac{1}{2}m_1v_1^2+\frac{1}{2}m_2v_2^2-G\frac{m_1m_2}{r}=0$$

解得

$$v_1=m_2\sqrt{\frac{2G}{(m_1+m_2)r}}$$

$$v_2=m_1\sqrt{\frac{2G}{(m_1+m_2)r}}$$

相对速率

$$v_{12} = v_1 + v_2 = m_2\sqrt{\frac{2G}{(m_1+m_2)r}} + m_1\sqrt{\frac{2G}{(m_1+m_2)r}}$$

【例题 4-11】 当质子以初速 v_0 通过质量较大的原子核时，原子核可看作不动，质子受到原子核斥力的作用引起了散射，它运行的轨迹将是一双曲线，如图 4-17 所示。试求质子和原子核最接近的距离 r_s。

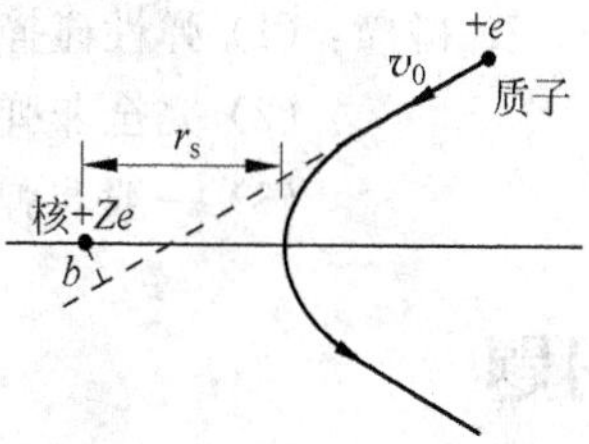

图 4-17　例题 4-11 用图

解：将质量比质子大得多的原子核看作不动，并取原子核所在处为坐标的原点 O。由角动量守恒，得

$$mv_0 b = mv_s r_s \tag{1}$$

式中 m 是质子的质量，v_0 是质子在无限远处的初速，v_s 是质子在离原子核最近处的速度，b 是初速度的方向线与原子核间的垂直距离。

当在无限远处，质子的动能为$\frac{1}{2}mv_0^2$，而电势能取为零，所以，这时的总能量为$\frac{1}{2}mv_0^2$。

在离原子核最近处，质子的动能为$\frac{1}{2}mv_s^2$，而电势能为 $k\frac{Ze^2}{r_s}$。所以，这时的总能量为$\frac{1}{2}mv_s^2 + k\frac{Ze^2}{r_s}$。

由于质子在飞行过程中没有能量损失，因此总能量也守恒，即

$$\frac{1}{2}mv_s^2 + k\frac{Ze^2}{r_s} = \frac{1}{2}mv_0^2 \tag{2}$$

从式(1)和式(2)中消去 v_s，得

$$k\frac{Ze^2}{r_s} = \frac{1}{2}mv_0^2\left[1-\left(\frac{b}{r_s}\right)^2\right]$$

由此可求得

$$r_s = 2k\frac{Ze^2}{mv_0} + \sqrt{\left(2k\frac{Ze^2}{mv_0}\right)^2 + 4b^2}$$

本章小结

1. 功和功率：功 $A_{ab} = \int_a^b \boldsymbol{F}\cdot d\boldsymbol{r} = \int_a^b F\cos\alpha dr = \int_{x_a}^{x_b} F_x dx + \int_{y_a}^{y_b} F_y dy + \int_{z_a}^{z_b} F_z dz$

   功率 $P = \boldsymbol{F}\cdot\boldsymbol{v} = Fv\cos\theta$

2. 保守力的功及系统势能差：$A_{a\to b} = \int_a^b \boldsymbol{F}\cdot d\boldsymbol{r} = -(E_{P_2} - E_{P_1})$

3. 势能：$E_p = \int_P^{\text{势能零点}} \boldsymbol{F}_{\text{保}}\cdot d\boldsymbol{r}$（$E_p$ 的表达式取决于势能零点的选择）

   万有引力势能：$E_p = -\frac{Gm_1m_2}{r}$（以无穷远处为势能零点）

   弹性势能：$E_p = \frac{1}{2}kx^2$（以弹簧原长为势能零点）

   重力势能：$E_p = mgh$（一般以物体运动最低点为势能零点）

4. 动能定理：$A_{合}=A_{内}+A_{外}=E_{k2}-E_{k1}$

5. 功能原理：$A_{外}+A_{非保内}=E_2-E_1$，机械能：$E=E_k+E_p$

6. 机械能守恒：当 $A_{外}+A_{非保内}=0$ 时，$E=$ 常量

7. 碰撞：(1) 弹性碰撞：机械能守恒，动量某分量可能守恒

(2) 完全非弹性碰撞：机械能损失最大，动量某分量可能守恒

(3) 一般非弹性碰撞：机械能有损失，动量某分量可能守恒

习题

一、选择题

1. 如图 4-18 所示，在光滑水平地面上放着一辆小车，车上左端放着一只箱子，今用同样的水平恒力 $\boldsymbol{F}$ 拉箱子，使它由小车的左端达到右端，一次小车被固定在水平地面上，另一次小车没有固定。试以水平地面为参照系，判断下列结论中正确的是（　　）。

(A) 在两种情况下，$\boldsymbol{F}$ 做的功相等

(B) 在两种情况下，摩擦力对箱子做的功相等

(C) 在两种情况下，箱子获得的动能相等

(D) 在两种情况下，由于摩擦而产生的热相等

2. 质量分别为 m 和 $4m$ 的两个质点分别以动能 E 和 $4E$ 沿一直线相向运动，它们的总动量大小为（　　）。

(A) $2\sqrt{2mE}$　　(B) $3\sqrt{2mE}$

(C) $5\sqrt{2mE}$　　(D) $(2\sqrt{2}-1)\sqrt{2mE}$

3. 一质点在如图 4-19 所示的坐标平面内作圆周运动，有一力 $\boldsymbol{F}=\boldsymbol{F}_0(x\boldsymbol{i}+y\boldsymbol{j})$ 作用在质点上。在该质点从坐标原点运动到 $(0,2R)$ 位置过程中，力 $\boldsymbol{F}$ 对它所做的功为（　　）。

(A) F_0R^2　　(B) $2F_0R^2$　　(C) $3F_0R^2$　　(D) $4F_0R^2$

4. 如图 4-20 所示，木块 m 沿固定的光滑斜面下滑，当下降 h 高度时，重力做功的瞬时功率是（　　）。

(A) $mg(2gh)^{1/2}$　　(B) $mg\cos\theta(2gh)^{1/2}$

(C) $mg\sin\theta\left(\frac{1}{2}gh\right)^{1/2}$　　(D) $mg\sin\theta(2gh)^{1/2}$

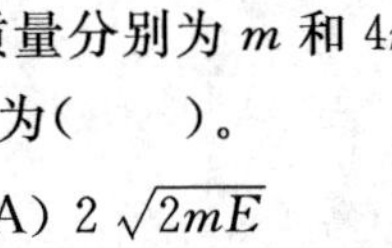

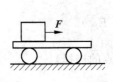

图 4-18　习题 1 用图

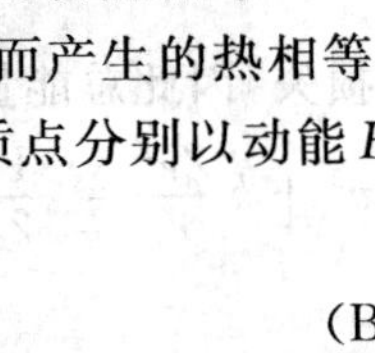

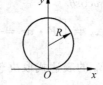

图 4-19　习题 3 用图

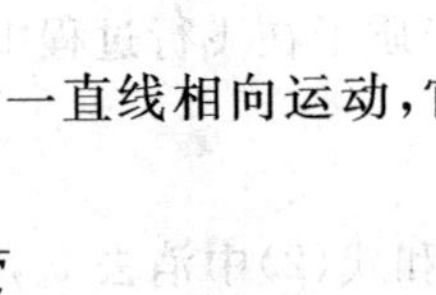

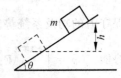

图 4-20　习题 4 用图

5. 质量为 $m=0.5\text{kg}$ 的质点，在 Oxy 坐标平面内运动，其运动方程为 $x=5t$，$y=0.5t^2$(SI)，从 $t=2\text{s}$ 到 $t=4\text{s}$ 这段时间内，外力对质点做的功为（　　）。

(A) 1.5J　　(B) 3J　　(C) 4.5J　　(D) −1.5J

6. 已知两个物体 A 和 B 的质量以及它们的速率都不相同，若物体 A 的动量在数值上比物体 B 的大，则 A 的动能 E_{kA} 与 B 的动能 E_{kB} 之间关系为(　　)。

(A) E_{kB} 一定大于 E_{kA}　　(B) E_{kB} 一定小于 E_{kA}

(C) $E_{kB}=E_{kA}$　　(D) 不能判定谁大谁小

7. 如图 4-21 所示，一质量为 m 的物体，位于质量可以忽略的直立弹簧正上方高度为 h 处，该物体从静止开始落向弹簧，若弹簧的劲度系数为 k，不考虑空气阻力，则物体下降过程中可能获得的最大动能是(　　)。

(A) mgh　　(B) $mgh-\frac{m^2g^2}{2k}$　　(C) $mgh+\frac{m^2g^2}{2k}$　　(D) $mgh+\frac{m^2g^2}{k}$

8. 如图 4-22 所示，子弹射入放在水平光滑地面上静止的木块而不穿出，以地面为参考系，下列说法中正确的说法是(　　)。

(A) 子弹的动能转变为木块的动能

(B) 子弹-木块系统的机械能守恒

(C) 子弹动能的减少等于子弹克服木块阻力所做的功

(D) 子弹克服木块阻力所做的功等于这一过程中产生的热

图 4-21　习题 7 用图

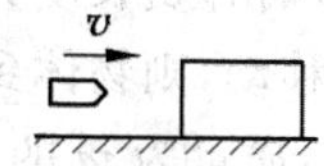

图 4-22　习题 8 用图

9. 作直线运动的甲、乙、丙三物体，质量之比是 1∶2∶3。若它们的动能相等，并且作用于每一个物体上的制动力的大小都相同，方向与各自的速度方向相反，则它们制动距离之比是(　　)。

(A) 1∶2∶3　　(B) 1∶4∶9　　(C) 1∶1∶1　　(D) 3∶2∶1

(E) $\sqrt{3}:\sqrt{2}:1$

10. 速度为 v 的子弹，打穿一块不动的木板后速度变为零，设木板对子弹的阻力是恒定的。那么，当子弹射入木板的深度等于其厚度的一半时，子弹的速度是(　　)。

(A) $\frac{1}{4}v$　　(B) $\frac{1}{3}v$　　(C) $\frac{1}{2}v$　　(D) $\frac{1}{\sqrt{2}}v$

二、填空题

11. 图 4-23 中，沿着半径为 R 圆周运动的质点，所受的几个力中有一个是恒力 $\boldsymbol{F}_0$，方向始终沿 x 轴正向，即 $\boldsymbol{F}_0=F_0\boldsymbol{i}$。当质点从 A 点沿逆时针方向走过 3/4 圆周到达 B 点时，力 $\boldsymbol{F}_0$ 所做的功为 $W=$________。

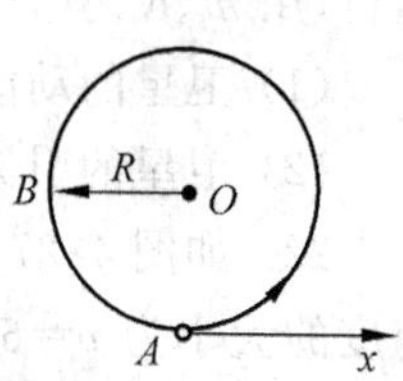

图 4-23　习题 11 用图

12. 已知地球质量为 M，半径为 R。一质量为 m 的火箭从地面上升到距地面高度为 $2R$ 处。在此过程中，地球引力对火箭做的功为________。

13. 某质点在力 $\boldsymbol{F}=(4+5x)\boldsymbol{i}$(SI)的作用下沿 x 轴作直线运动，在从 $x=0$ 移动到 $x=10\text{m}$ 的过程中，力 $\boldsymbol{F}$ 所做的功为________。

14. 二质点的质量各为 m_1，m_2。当它们之间的距离由 a 缩短到 b 时，它们之间万有引力所做的功为________。

15. 质量为 m 的物体，置于电梯内，电梯以 $\frac{1}{2}g$ 的加速度匀加速下降 h，在此过程中，电梯对物体的作用力所做的功为________。

16. 某人拉住在河水中的船，使船相对于岸不动，以地面为参考系，人对船所做的功为________；以流水为参考系，人对船所做的功为________。(填 >0，$=0$ 或 <0)

17. 有一劲度系数为 k 的轻弹簧，竖直放置，下端悬一质量为 m 的小球。先使弹簧为原长，而小球恰好与地接触。再将弹簧上端缓慢地提起，直到小球刚能脱离地面为止。在此过程中外力所做的功为________。

18. 如图 4-24 所示，一人造地球卫星绕地球作椭圆运动，近地点为 A，远地点为 B。A、B 两点距地心分别为 r_1、r_2。设卫星质量为 m，地球质量为 M，万有引力常量为 G。则卫星在 A、B 两点处的万有引力势能之差 $E_{pB}-E_{pA}=$________；卫星在 A、B 两点的动能之差 $E_{pB}-E_{pA}=$________。

19. 如图 4-25 所示，劲度系数为 k 的弹簧，一端固定在墙壁上，另一端连一质量为 m 的物体，物体在坐标原点 O 时弹簧长度为原长。物体与桌面间的摩擦系数为 μ。若物体在不变的外力 F 作用下向右移动，则物体到达最远位置时系统的弹性势能 $E_p=$________。

20. 如图 4-26 所示，质量为 m 的小球系在劲度系数为 k 的轻弹簧一端，弹簧的另一端固定在 O 点。开始时弹簧在水平位置 A，处于自然状态，原长为 l_0。小球由位置 A 释放，下落到 O 点正下方位置 B 时，弹簧的长度为 l，则小球到达 B 点时的速度大小为 $v_B=$________。

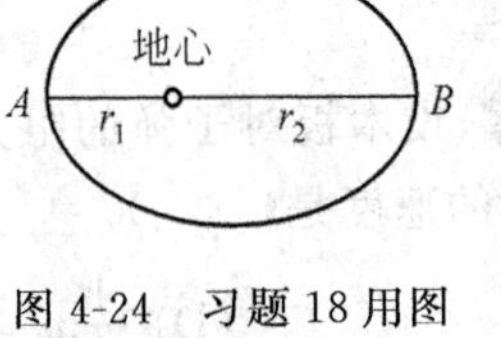

图 4-24　习题 18 用图

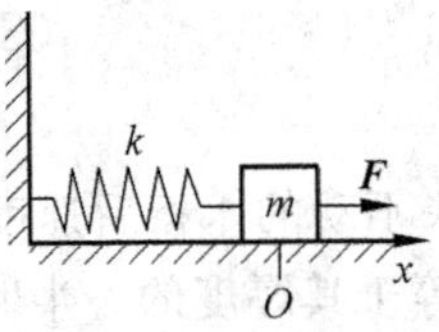

图 4-25　习题 19 用图

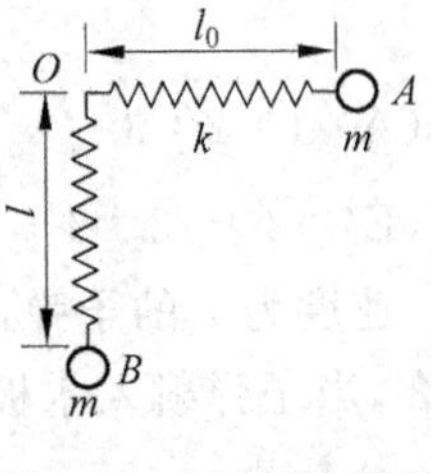

图 4-26　习题 20 用图

21. 有一人造地球卫星，质量为 m，在地球表面上空 2 倍于地球半径 R 的高度沿圆轨道运行，用 m、R、引力常数 G 和地球的质量 M 表示时，

(1) 卫星的动能为________；

(2) 卫星的引力势能为________。

22. 如图 4-27 所示，质量 $m=2\text{kg}$ 的物体从静止开始，沿 1/4 圆弧从 A 滑到 B，在 B 处速度的大小为 $v=6\text{m/s}$，已知圆的半径 $R=4\text{m}$，则物体从 A 到 B 的过程中摩擦力对它所做的功 $W=$________。

23. 如图 4-28 所示，劲度系数为 k 的弹簧，上端固定，下端悬挂重物。当弹簧伸长 x_0，重物在 O 处达到平衡，现取重物在 O 处时各种势能均为零，则当弹簧长度为原长时，系统的重力势能为________；系统的弹性势能为________；系统的总势能为________。(答案用 k 和 x_0 表示)

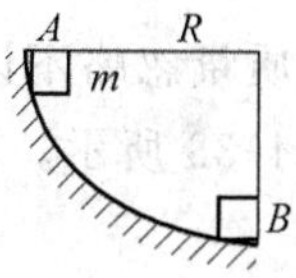

图 4-27　习题 22 用图

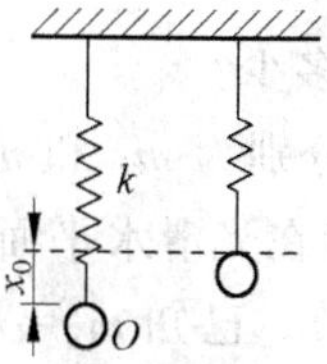

图 4-28　习题 23 用图

24. 一长为 l，质量为 m 的匀质链条，放在光滑的桌面上，若其长度的 1/5 悬挂于桌边下，将其慢慢拉回桌面，需做功________。

25. 一个质量为 m 的质点，仅受到力 $\boldsymbol{F}=k\boldsymbol{r}/r^3$ 的作用，式中 k 为常量，$\boldsymbol{r}$ 为从某一定点到质点的矢径。该质点在 $r=r_0$ 处被释放，由静止开始运动，则当它到达无穷远时的速率为________。

三、计算题

26. 一物体按规律 $x=ct^3$ 在流体媒质中作直线运动，式中 c 为常量，t 为时间。设媒质对物体的阻力正比于速度的平方，阻力系数为 k，试求物体由 $x=0$ 运动到 $x=l$ 时，阻力所做的功。

27. 如图 4-29 所示，质量 m 为 0.1kg 的木块，在一个水平面上和一个劲度系数 k 为 20N/m 的轻弹簧碰撞，木块将弹簧由原长压缩了 $x=0.4$m。假设木块与水平面间的滑动摩擦系数 μ_k 为 0.25，问在将要发生碰撞时木块的速率 v 为多少？

28. 如图 4-30 所示。陨石在距地面高 h 处时速度为 v_0。忽略空气阻力，求陨石落地的速度。令地球质量为 M，半径为 R，万有引力常量为 G。

29. 在以加速度 a 向上运动的电梯内，挂着一根劲度系数为 k 的轻弹簧，弹簧下面挂着一质量为 M 的物体，物体处于 A 点，相对于电梯速度为零，如图 4-31 所示。当电梯的加速度突然变为零后，电梯内的观测者看到 M 的最大速度是多少？

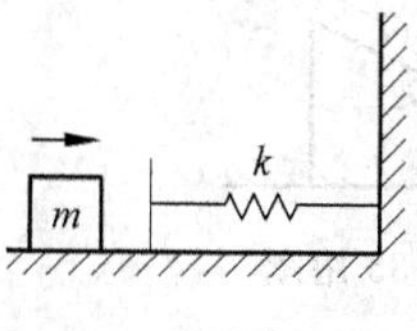

图 4-29　习题 27 用图

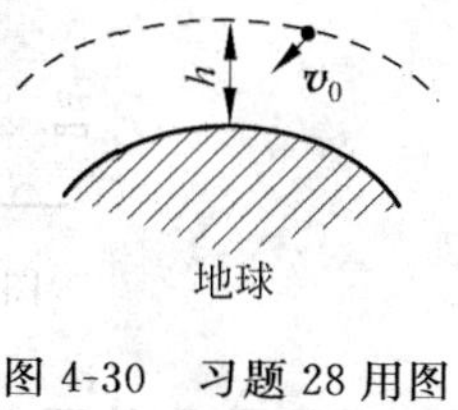

图 4-30　习题 28 用图

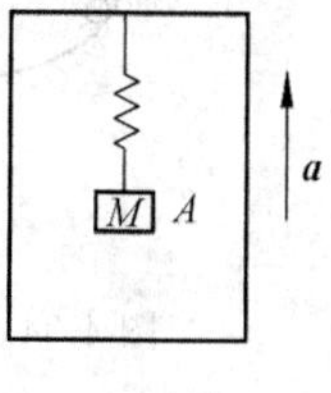

图 4-31　习题 29 用图

30. 质量分别为 m 和 M 的两个粒子，最初处在静止状态，并且彼此相距无穷远。以后，由于万有引力的作用，它们彼此接近。当它们之间的距离为 d 时，它们的相对速度多大？

31. 如图 4-32 所示，在光滑水平面上有一质量为 m_B 的静止物体 B，在 B 上又有一个质量为 m_A 的静止物体 A。今有一小球从左边射到 A 上被弹回，此时 A 获得水平向右的速度 $\boldsymbol{v}_A$(对地)，并逐渐带动 B，最后二者以相同速度一起运动。设 A、B 之间的摩擦系数为 μ，问 A 从开始运动到相对于 B 静止时，在 B 上移动了多少距离？

32. 设想有两个自由质点,其质量分别为 m_1 和 m_2,它们之间的相互作用符合万有引力定律。开始时,两质点间的距离为 l,它们都处于静止状态,试求当它们的距离变为 $\frac{1}{2}l$ 时,两质点的速度各为多少?

33. 两个质量分别为 m_1 和 m_2 的木块 A 和 B,用一个质量忽略不计、劲度系数为 k 的弹簧联接起来,放置在光滑水平面上,使 A 紧靠墙壁,如图 4-33 所示。用力推木块 B 使弹簧压缩 x_0,然后释放。已知 $m_1=m, m_2=3m$,求:

(1) 释放后,A、B 两木块速度相等时的瞬时速度的大小;

(2) 释放后,弹簧的最大伸长量。

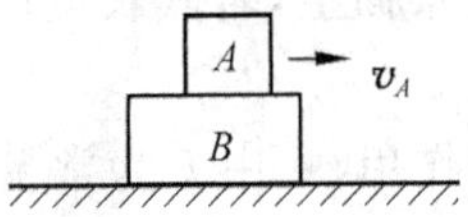

图 4-32　习题 31 用图

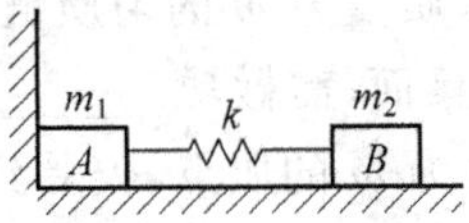

图 4-33　习题 33 用图

34. 如图 4-34 所示,质量为 m_A 的小球 A 沿光滑的弧形轨道滑下,与放在轨道端点 P 处(该处轨道的切线为水平的)的静止小球 B 发生弹性正碰撞,小球 B 的质量为 m_B,A、B 两小球碰撞后同时落在水平地面上。如果 A、B 两球的落地点距 P 点正下方 O 点的距离之比 $L_A/L_B=2/5$,求两小球的质量比 m_A/m_B。

35. 如图 4-35,光滑斜面与水平面的夹角为 $\alpha=30°$,轻质弹簧上端固定。今在弹簧的另一端轻轻地挂上质量为 $M=1.0\text{kg}$ 的木块,则木块沿斜面向下滑动。当木块向下滑 $x=30\text{cm}$ 时,恰好有一质量 $m=0.01\text{kg}$ 的子弹,沿水平方向以速度 $v=200\text{m/s}$ 射中木块并陷在其中。设弹簧的劲度系数为 $k=25\text{N/m}$。求子弹打入木块后它们的共同速度。

36. 在一光滑水平面上,有一轻弹簧,一端固定,一端连接一质量 $m=1\text{kg}$ 的滑块,如图 4-36 所示。弹簧自然长度 $l_0=0.2\text{m}$,劲度系数 $k=100\text{N}\cdot\text{m}^{-1}$。设 $t=0$ 时,弹簧长度为 l_0,滑块速度 $v_0=5\text{m}\cdot\text{s}^{-1}$,方向与弹簧垂直。以后某一时刻,弹簧长度 $l=0.5\text{m}$。求该时刻滑块速度 $\boldsymbol{v}$ 的大小和夹角 θ。

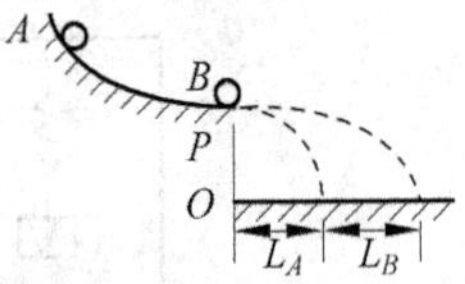

图 4-34　习题 34 用图

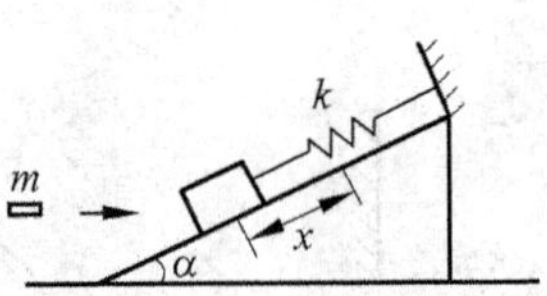

图 4-35　习题 35 用图

37. 质量为 m_A 的粒子 A 受到另一重粒子 B 的万有引力作用,B 保持在原点不动。起初,当 A 离 B 很远($r=\infty$)时,A 具有速度 $\boldsymbol{v}_0$,方向沿图 4-37 所示直线 Aa,B 与这直线的垂直距离为 D。粒子 A 由于粒子 B 的作用而偏离原来的路线,沿着图中所示的轨道运动。已知这轨道与 B 之间的最短距离为 d,求 B 的质量 m_B。

38. 地球可看作是半径 $R=6400\text{km}$ 的球体,一颗人造地球卫星在地面上空 $h=800\text{km}$ 的圆形轨道上,以 7.5km/s 的速度绕地球运动。在卫星的外侧发生一次爆炸,其冲量不影响卫星当时的绕地圆周切向速度 $v_t=7.5\text{km/s}$,但却给予卫星一个指向地心的径向速度

$v_n = 0.2\text{km/s}$。求这次爆炸后使卫星轨道的最低点和最高点各位于地面上空多少千米？

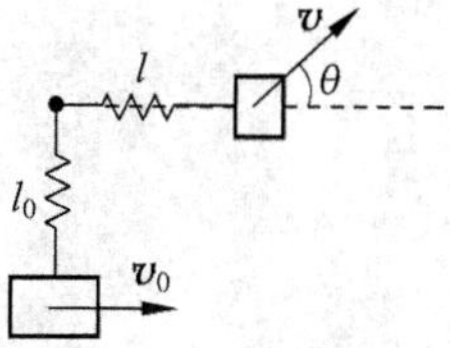

图 4-36　习题 36 用图

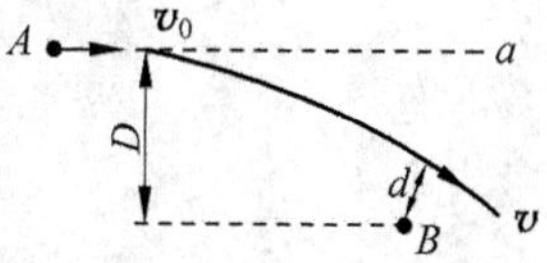

图 4-37　习题 37 用图

跳水运动是人类在同自然界斗争中，伴随着游泳技能的发展而产生的一个运动项目。在竞技跳水出现之前，跳水的好坏是以高度来衡量的。在我国，1000 年前的宋代就已有了跳水运动，而且具有一定的技术水平。宋代诗人王珪曾写过一首描述当时跳水的诗："内人稀见水秋千，争擘珠帘帐殿前。第一锦标谁夺得？右军输却水龙船。"诗中所指的"水秋千"就是指花式跳水。现代跳水运动始于 20 世纪。1900 年瑞典运动员在第 2 届奥运会上进行了跳水表演。一般公认这是最早的现代竞技跳水。

从物理学的角度看，跳水是运动员在体育竞赛中利用角动量守恒定律的例子。运动员在跳板上跳起时，总是向上伸直手臂，跳到空中时，又收拢双腿和双臂，以减小转动惯量（对通过自身质心的转轴），获得较大的空翻速度。当快接近水时，又伸展身体减小角速度，以便竖直地进入水中。

第5章

刚体的定轴转动

本章概要 刚体是力学中的又一个理想化模型。在许多实际问题中都可以把物体当刚体来处理。本章首先介绍了刚体模型及运动，然后从牛顿运动定律出发建立刚体定轴转动定律并介绍了转动惯量及其计算。接着讨论了定轴转动中的功能关系和定轴转动的角动量定理及角动量守恒定律。

5.1 刚体模型及其运动

一、刚体

若一个物体，无论在多大的外力作用下，其形状和大小都不发生任何变化，即其内部任意两点之间距离永远不变，各部分之间没有相对运动，则这样的物体称为刚体。

(1) 刚体是一个物体，可视为由许多质点组成；每个质点运动都服从质点力学规律。因此研究质点系的方法和得出的一般结论均适用于刚体。

(2) 刚体是物理学中的一个理想模型，绝对的刚体是不存在的。一般情况下，如果在外力作用下，物体的形状和大小发生的变化很小，这样的物体便可以当作刚体来处理。

二、平动和转动

1. 平动

在刚体运动过程中，如果联接刚体内任意两点的连线在运动中始终保持平行，这种运动叫做刚体的平动。由于刚体在平动过程中各质元的位移、速度、加速度均相同，因此可以用刚体上任意一点的运动代表整个刚体的运动。一般用刚体质心的运动代表刚体作平动时每一质元的运动。

2. 转动

刚体在运动时，如果刚体的各个质点在运动中都绕同一直线作圆周运动，这种运动就叫做刚体的转动，这一直线就叫做转轴。

如果转轴固定不动，则这样的转动叫做定轴转动。刚体作定轴转动时，组成刚体的各质元均作圆周运动，其圆心都在一条固定不动的直线(转轴)上。各质元的线量一般不同(因为半径不同)但角量(角位移、角速度、角加速度)都相同。

刚体的一般运动可看成平动和转动的叠加，如车轮的转动。

三、刚体转动的角速度、角加速度

要描述刚体的运动，首先要确定刚体的位置。如图 5-1 所示，在定轴转动的情况下，转轴已固定，可在刚体上任取一质元 P 作为代表点，作 P 对轴的垂线，垂足 O 称为 P 的转心，过 OP 垂直于转轴的平面称为转动平面。然后选 O 为原点在此平面上取定相对参考系静止的坐标轴 Ox，取任一时刻 OP 对 x 轴的夹角 θ 为 t 时刻刚体的角坐标。

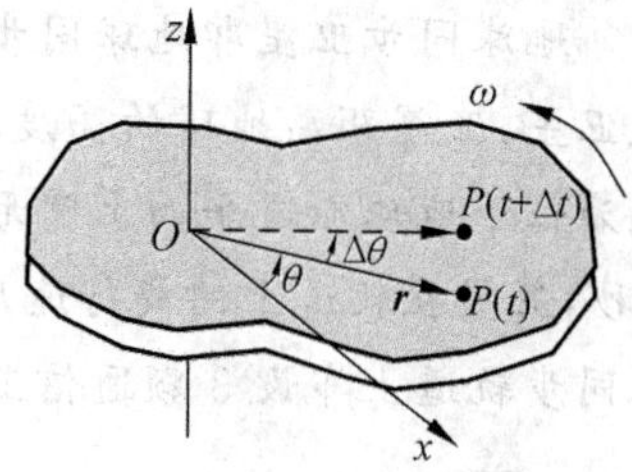

图 5-1 刚体转动

即

$$\theta = \theta(t) \tag{5-1}$$

并约定转动沿逆时针方向 $\theta>0$，转动沿顺时针方向 $\theta<0$。

从 t 时刻到 $t+\Delta t$ 时刻的角位移为

$$\Delta\theta = \theta(t+\Delta t) - \theta(t) \tag{5-2}$$

角位移 $\Delta\theta$ 与时间 Δt 之比在 Δt 趋近于零时的极限为

$$\omega = \lim_{\Delta t\to 0}\frac{\Delta\theta}{\Delta t} = \frac{\mathrm{d}\theta}{\mathrm{d}t} \tag{5-3}$$

式中 ω 叫做某一时刻 t 刚体作定轴转动时的角速度，其单位为 rad/s。

角速度是矢量，但对于刚体定轴转动角速度的方向只有两个，在表示角速度时只用角速度的正负数值就可表示角速度的方向，可不必用矢量表示。

刚体上任一质元的速度表示为

$$\boldsymbol{v} = \boldsymbol{\omega}\times\boldsymbol{r} \tag{5-4a}$$

$$v = \omega r \tag{5-4b}$$

角速度增量 $\Delta\omega$ 与时间 Δt 之比在 Δt 趋近于零时的极限为

$$\beta = \lim_{\Delta t\to 0}\frac{\Delta\omega}{\Delta t} = \frac{\mathrm{d}\omega}{\mathrm{d}t} = \frac{\mathrm{d}^2\theta}{\mathrm{d}t^2} \tag{5-5}$$

式中 β 叫做某一时刻 t 质点对 O 点的瞬时角加速度，简称角加速度，角加速度单位为 $\mathrm{rad/s^2}$。

角加速度也是矢量，但对于刚体定轴转动角加速度的方向只有两个，在表示角加速度时只用角加速度的正负数值就可表示角加速度的方向，不必用矢量表示。

刚体运动学中所用的角量关系及角量和线量的关系如下：

$$\begin{cases} \omega = \dfrac{\mathrm{d}\theta}{\mathrm{d}t} \\ \beta = \dfrac{\mathrm{d}\omega}{\mathrm{d}t} = \dfrac{\mathrm{d}^2\theta}{\mathrm{d}t^2} \\ v = r\omega, \quad a_{\mathrm{t}} = r\beta, \quad a_{\mathrm{n}} = r\omega^2 \end{cases} \tag{5-6}$$

注意：ω、β 是矢量，由于在定轴转动中轴的方位不变，故用正负表示其方向。

在刚体作匀变速转动时，相应公式如下：

$$\begin{cases}\theta=\theta_0+\omega_0 t+\dfrac{1}{2}\beta t^2\\ \omega=\omega_0+\beta t\\ \omega^2=\omega_0^2+2\beta(\theta-\theta_0)\end{cases}\tag{5-7}$$

延伸阅读——技术应用

地球同步卫星

地球同步卫星即地球同步轨道卫星,又称对地静止卫星,是运行在地球同步轨道上的人造卫星,卫星距离地球的高度约为36000km,卫星的运行方向与地球自转方向相同,运行轨道为位于地球赤道平面上圆形轨道,运行周期与地球自转一周的时间相等,即23小时56分4秒,卫星在轨道上的绕行速度约为3.1km/s,其运行角速度等于地球自转的角速度。在地球同步轨道上布设3颗通信卫星,即可实现除两极外的全球通信。

5.2 力矩 转动惯量 定轴转动定律

一、力矩

如图5-2所示,刚体绕 Oz 轴旋转,力 $\boldsymbol{F}$ 作用于刚体上的点 P,且在转动平面内,$\boldsymbol{r}$ 为由点 O 到力的作用点 P 的径矢。

力 $\boldsymbol{F}$ 对转轴 z 的力矩为

$$\boldsymbol{M}=\boldsymbol{r}\times\boldsymbol{F}\tag{5-8a}$$

其大小为

$$M=rF\sin\theta=Fd\tag{5-8b}$$

式中 $d=r\sin\theta$ 是转轴到力作用线的距离,称为力臂。一般把 $\boldsymbol{M}$ 沿 z 轴的分量称为 $\boldsymbol{F}$ 对 z 轴力矩 M_z。

当力 $\boldsymbol{F}$ 不在转动平面内时,可把力 $\boldsymbol{F}$ 分解为平行和垂直于转轴方向的两个分量,如图5-3所示。

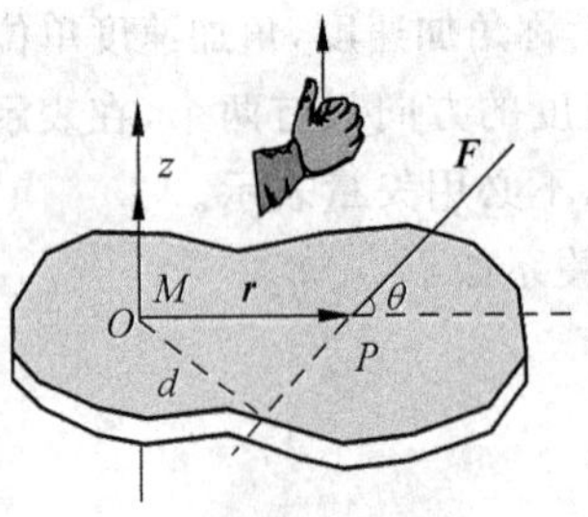

图5-2 刚体绕轴旋转

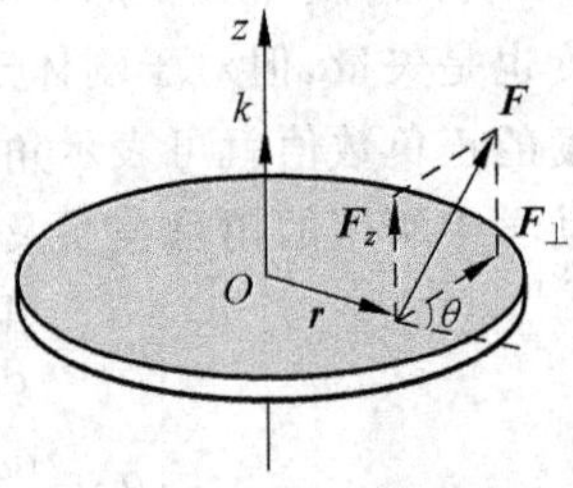

图5-3 F不在转动平面内

$$\boldsymbol{F}=\boldsymbol{F}_z+\boldsymbol{F}_\perp$$

$$\boldsymbol{M}=\boldsymbol{r}\times(\boldsymbol{F}_z+\boldsymbol{F}_\perp)=\boldsymbol{r}\times\boldsymbol{F}_z+\boldsymbol{r}\times\boldsymbol{F}_\perp$$

其中 F_z 对转轴 z 的力矩为零，故 $\boldsymbol{F}$ 对转轴的力矩如下：

$$\begin{cases} M_z\boldsymbol{k} = \boldsymbol{r} \times \boldsymbol{F}_\perp \\ M_z = rF_\perp \sin\theta \end{cases} \tag{5-9}$$

其中 $\boldsymbol{r}\times\boldsymbol{F}_z$ 只能引起轴的变形，对转动无贡献。

注：

(1) 在定轴转动问题中，如不加说明，所指的力矩是指力在转动平面内的分力对转轴的力矩。

(2) 合力矩等于各分力矩的矢量和。

$$\boldsymbol{M} = \boldsymbol{M}_1 + \boldsymbol{M}_2 + \boldsymbol{M}_3 + \cdots$$

(3) 刚体内作用力和反作用力的力矩互相抵消，如图 5-4 所示。

(4) 在转轴方向确定后，力对转轴的力矩方向可用＋、－号表示。

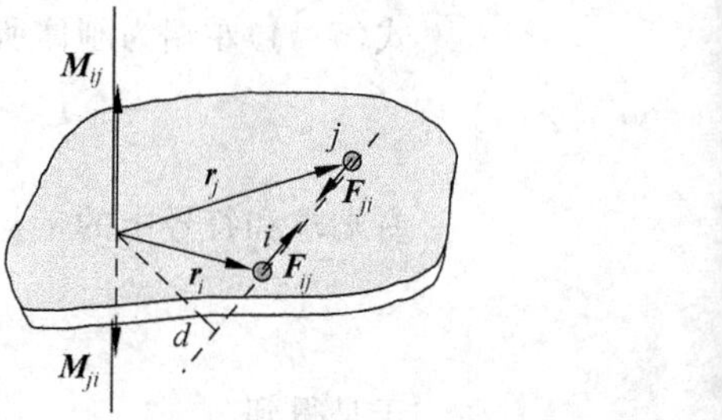

图 5-4 刚体内作用力和反作用力力矩抵消

二、刚体定轴转动定律

图 5-5 所示，对单个质点 m 与转轴刚性连接的情况。

$$F_t = ma_t = mr\beta$$

$$M = rF\sin\theta = rF_t = mr^2\beta$$

即 $M=mr^2\beta$。

如图 5-6 所示，对刚体中任一质量元 Δm_i，以 $\boldsymbol{F}_i$ 代表作用于质量元的外力，以 $\boldsymbol{f}_i$ 代表作用于质量元的内力，应用牛顿第二定律，可得

$$\boldsymbol{F}_i + \boldsymbol{f}_i = \Delta m_i \boldsymbol{a}_i \tag{5-10}$$

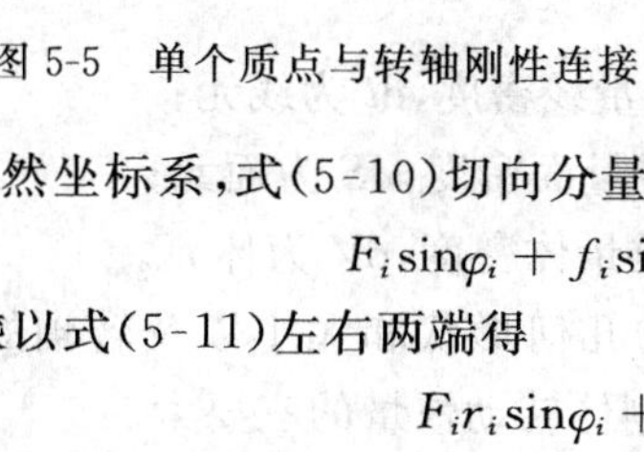

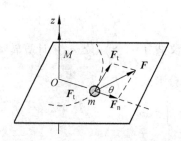

图 5-5 单个质点与转轴刚性连接

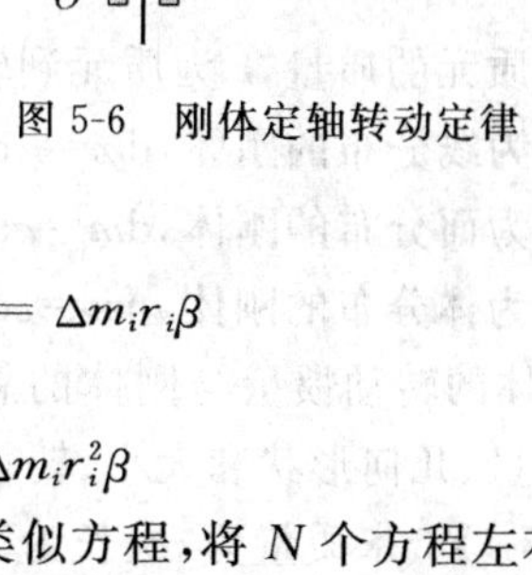

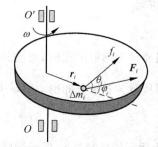

图 5-6 刚体定轴转动定律

采用自然坐标系，式(5-10)切向分量式为

$$F_i\sin\varphi_i + f_i\sin\theta_i = \Delta m_i a_{i\tau} = \Delta m_i r_i \beta \tag{5-11}$$

用 r_i 乘以式(5-11)左右两端得

$$F_i r_i \sin\varphi_i + f_i r_i \sin\theta_i = \Delta m_i r_i^2 \beta \tag{5-12}$$

设刚体由 N 个质点构成，对每个质点可写出上述类似方程，将 N 个方程左右相加，得

$$\sum_{i=1}^{N} F_i r_i \sin\varphi_i + \sum_{i=1}^{N} f_i r_i \sin\theta_i = \sum_{i=1}^{N} (\Delta m_i r_i^2)\beta \tag{5-13}$$

根据内力性质(每一对内力等值、反向、共线,对同一轴力矩之代数和为零),得

$$\sum_{i=1}^{N} f_i r_i \sin\theta_i = 0$$

由此得到

$$\sum_{i=1}^{N} F_i r_i \sin\varphi_i = \sum_{i=1}^{N} (\Delta m_i r_i^2)\beta \tag{5-14}$$

式(5-14)左端为刚体所受外力的合外力矩,以 M 表示,即

$$M = \sum_{i=1}^{N} F_i r_i \sin\varphi_i \tag{5-15}$$

右端求和符号中的量与转动状态无关,称为刚体转动惯量,以 J 表示,即

$$J = \sum_{i=1}^{N} (\Delta m_i r_i^2) \tag{5-16}$$

于是得到

$$M = J\beta = J\frac{\mathrm{d}\omega}{\mathrm{d}t} \tag{5-17}$$

刚体定轴转动定律:刚体作定轴转动时的角加速度与它所受的合外力矩成正比,与刚体的转动惯量成反比。

讨论:

(1) 当合外力矩 M 一定时,转动惯量 J 增加,角加速度 β 减小;转动惯量 J 减小,角加速度 β 增加;因此转动惯量是转动惯性大小的量度;

(2) 合外力矩 M 的符号:规定使刚体向指定的转动正方向加速转动时的力矩为正;

(3) 转动惯量 J 与质量的分布有关;

(4) 转动惯量 J 与转轴有关,同一个物体对不同转轴的转动惯量不同。

三、转动惯量

(1) 当质量为离散分布时,可按转动惯量的定义式 $J = \sum_{i=1}^{N} r_i^2 \Delta m_i$ 来计算转动惯量。

(2) 当质量为连续分布时,式(5-16)可写成积分形式

$$J = \sum_{i=1}^{\infty} r_i^2 \Delta m_i = \int r^2 \mathrm{d}m \tag{5-18}$$

其中,$\mathrm{d}m$ 为质元的质量,r 为质元到转轴的距离。

对质量为线分布的刚体,$\mathrm{d}m=\lambda \mathrm{d}l$,其中 λ 为质量线密度,$\mathrm{d}l$ 为线元;

对质量为面分布的刚体,$\mathrm{d}m=\sigma \mathrm{d}S$,其中 σ 为质量面密度,$\mathrm{d}S$ 为面元;

对质量为体分布的刚体,$\mathrm{d}m=\rho \mathrm{d}V$,其中 ρ 为质量体密度,$\mathrm{d}V$ 为体元。

(3) 刚体的转动惯量与刚体的总质量、刚体的几何形状和大小以及转轴的位置有关。刚体的总质量、几何形状和大小、转轴的位置称为刚体转动惯量的三要素。

【例题 5-1】 求质量为 m、长为 l 的均匀细棒对下面三种转轴的转动惯量:

(1) 转轴通过棒的中心并与棒垂直;

(2) 转轴通过棒的一端并与棒垂直;

(3) 转轴通过棒上距中心为 h 的一点并与棒垂直。

解：(1) 建立图 5-7 所示的坐标系，分割质量元，在与坐标原点相距为 x 处取质量元 $\mathrm{d}m$。

$$J=\int x^2\,\mathrm{d}m=\int_{-l/2}^{l/2}x^2\,\frac{m}{l}\mathrm{d}x=\frac{1}{12}ml^2$$

(2) 建立图 5-8 所示的坐标系，分割质量元，在与坐标原点相距为 x 处取质量元 $\mathrm{d}m$。

$$J=\int x^2\,\mathrm{d}m=\int_0^l x^2\,\frac{m}{l}\mathrm{d}x=\frac{1}{3}ml^2$$

(3) 建立坐标系，分割质量元，在与坐标原点相距为 x 处取质量元 $\mathrm{d}m$(图 5-9)。

$$J=\int x^2\,\mathrm{d}m=\int_{-l/2+h}^{l/2+h}x^2\,\frac{m}{l}\mathrm{d}x=\frac{1}{12}ml^2+mh^2$$

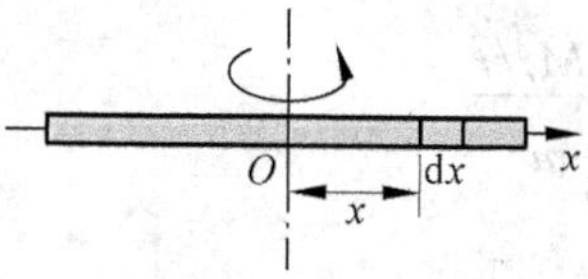

图 5-7　例题 5-1(1)用图

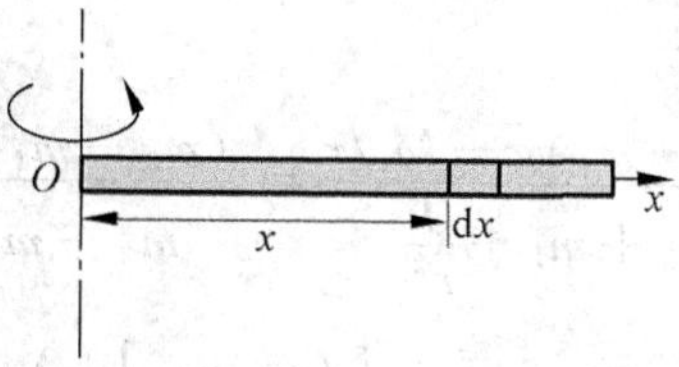

图 5-8　例题 5-1(2)用图

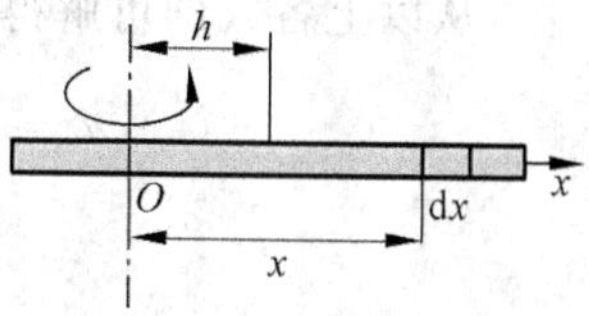

图 5-9　例题 5-1(3)用图

平行轴定理：刚体绕平行于质心轴的转动惯量 J，等于绕质心轴的转动惯量 J_c 加上刚体质量与两轴间的距离平方的乘积：$J=J_c+md^2$。

若 $J_c=\frac{1}{12}ml^2$。则 $J=J_c+m\left(\frac{1}{2}l\right)^2=\frac{1}{12}ml^2+\frac{1}{4}ml^2=\frac{1}{3}ml^2$。由平行轴定理可知，刚体绕质心轴的转动惯量最小。

【例题 5-2】　求圆盘对于通过中心并与盘面垂直的转轴的转动惯量。设圆盘的半径为 R，质量为 m，密度均匀。

解：设圆盘的质量面密度为 σ，在圆盘上取一半径为 r、宽度为 $\mathrm{d}r$ 的圆环(如图 5-10 所示)，环的面积为 $2\pi r\mathrm{d}r$，环的质量 $\mathrm{d}m=\sigma 2\pi r\mathrm{d}r$。可得

$$J=\int r^2\,\mathrm{d}m=\int_0^R 2\pi\sigma r^3\,\mathrm{d}r=\frac{\pi\sigma R^4}{2}=\frac{1}{2}mR^2$$

【例题 5-3】　一轻绳跨过一定滑轮，滑轮视为圆盘，绳的两端分别悬有质量为 m_1 和 m_2 的物体 1 和 2，$m_1<m_2$，如图 5-11 所示。设滑轮的质量为 m，半径为 r，所受的摩擦阻力矩为 M_r。绳与滑轮之间无相对滑动。试求物体的加速度和绳的张力。

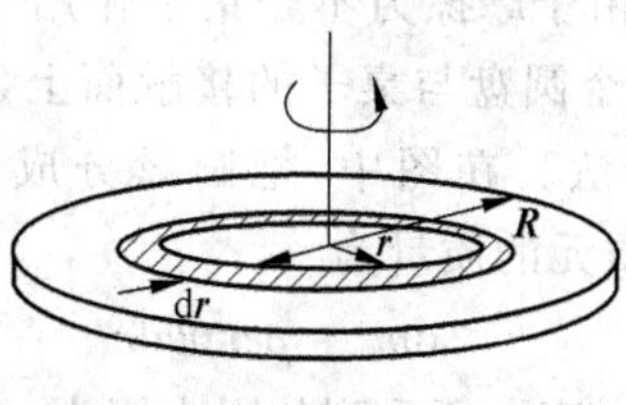

图 5-10　例题 5-2 用图

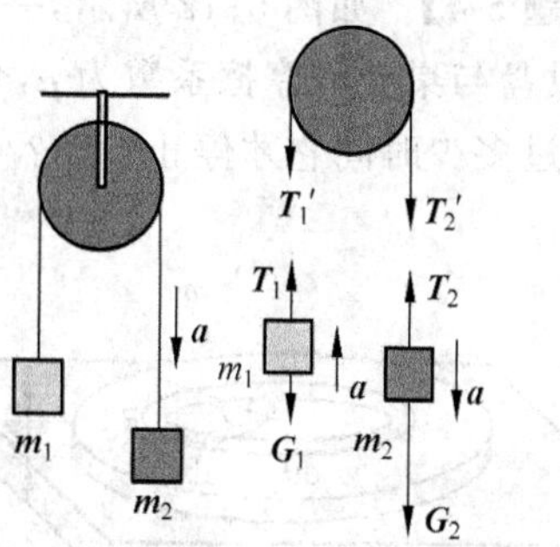

图 5-11　例题 5-3 用图

解：如图 5-11 所示，滑轮具有一定的转动惯量。

在转动中受到阻力矩的作用，两边的张力不再相等，设物体 1 这边绳的张力为 T_1、$T_1'(T_1=T_1')$，物体 2 这边的张力为 T_2、$T_2'(T_2=T_2')$因 $m_2>m_1$，物体 1 向上运动，物体 2 向下运动，滑轮以顺时针方向旋转，M_r 的指向为逆时针方向。可列出下列方程：

$$\begin{cases} T_1-G_1=m_1a \\ G_2-T_2=m_2a \\ T_2'r-T_1'r-M_r=J\beta \end{cases}$$

式中，β 是滑轮的角加速度，a 是物体的加速度。滑轮边缘上的切向加速度和物体的加速度相等，即

$$a=r\beta$$

从以上各式即可解得

$$a=\frac{(m_2-m_1)g-M_r/r}{m_2+m_1+\frac{J}{r^2}}=\frac{(m_2-m_1)g-M_r/r}{m_2+m_1+\frac{1}{2}m}$$

$$T_1=m_1(g+a)=\frac{m_1\left[\left(2m_2+\frac{1}{2}m\right)g-M_r/r\right]}{m_2+m_1+\frac{1}{2}m}$$

$$T_2=m_1(g-a)=\frac{m_2\left[\left(2m_1+\frac{1}{2}m\right)g+M_r/r\right]}{m_2+m_1+\frac{1}{2}m}$$

$$\alpha=\frac{a}{r}=\frac{(m_2-m_1)g-M_r/r}{\left(m_2+m_1+\frac{1}{2}m\right)r}$$

当不计滑轮质量及摩擦阻力矩，即令 $m=0$、$M_r=0$ 时，有

$$T_1=T_2=\frac{2m_1m_2}{m_2+m_1}g,\quad a=\frac{m_2-m_1}{m_2+m_1}g$$

上题中的装置叫做阿特伍德机，是一种可用来测量重力加速度 $\boldsymbol{g}$ 的简单装置。因为在已知 m_1、m_2、r 和 J 的情况下，能通过实验测出物体 1 和 2 的加速度 $\boldsymbol{a}$，再通过加速度把 $\boldsymbol{g}$ 算出来。在实验中可使两物体的 m_1 和 m_2 相近，从而使它们的加速度 $\boldsymbol{a}$ 和速度 $\boldsymbol{v}$ 都较小，这样就能较精确地测出 $\boldsymbol{a}$ 来。

【例题 5-4】 如图 5-12 所示，一半径为 R，质量为 m 的匀质圆盘，平放在粗糙的水平桌面上。设盘与桌面间摩擦系数为 μ，令圆盘最初以角速度 ω_0 绕通过中心且垂直盘面的轴旋转，问经过多少时间它才停止转动？

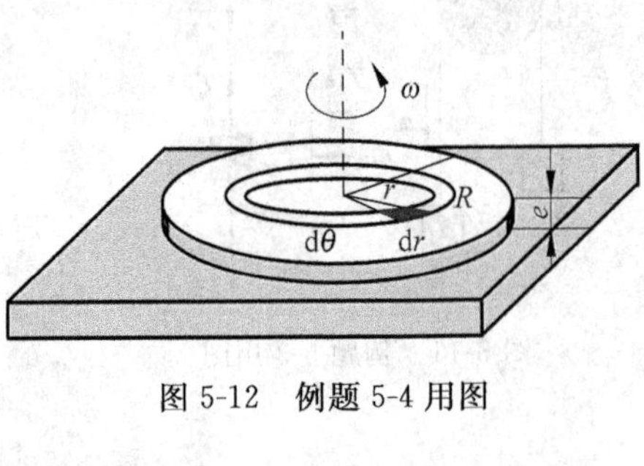

图 5-12 例题 5-4 用图

解：由于摩擦力不是集中作用于一点，而是分布在整个圆盘与桌子的接触面上，力矩的计算要用积分法。在图中，把圆盘分成许多环形质元，每个质元的质量为

$$dm=\rho e r d\theta dr$$

e 是盘的厚度。所受到的阻力矩为 $r\mu dmg$。

圆盘所受阻力矩为

$$M_\tau = \int r\mu \mathrm{d}mg = \mu g \int r\rho r e \mathrm{d}\theta \mathrm{d}r$$

$$= \mu g \rho e \int_0^{2\pi} \mathrm{d}\theta \int_0^R r^2 \mathrm{d}r$$

$$= \frac{2}{3}\mu g \rho e \pi R^3$$

因 $m=\rho e\pi R^2$，代入得

$$M_\tau = \frac{2}{3}\mu mgR$$

根据定轴转动定律，阻力矩使圆盘减速，即获得负的角加速度。

$$-\frac{2}{3}\mu mgR = J\beta = \frac{1}{2}mR^2\frac{\mathrm{d}\omega}{\mathrm{d}t}$$

设圆盘经过时间 t 停止转动，则有

$$-\frac{2}{3}\mu g\int_0^t \mathrm{d}t = \frac{1}{2}R\int_{\omega_0}^0 \mathrm{d}\omega$$

由此求得

$$t = \frac{3}{4}\frac{R}{\mu g}\omega_0$$

5.3　定轴转动中的功能关系

一、力矩的功

力矩的功：当刚体在外力矩作用下绕定轴转动而发生角位移时，就称力矩对刚体做功。

如图 5-13 所示，力 $\boldsymbol{F}$ 所做的元功

$$\mathrm{d}A = \boldsymbol{F}\cdot\mathrm{d}\boldsymbol{r} = F_\mathrm{t}\mathrm{d}s = F_\mathrm{t}r\mathrm{d}\theta$$

由 $\mathrm{d}s=r\mathrm{d}\theta$，有 $\mathrm{d}A=F_\mathrm{t}r\mathrm{d}\theta$

而 $F_\mathrm{t}r=M$，所以 $\mathrm{d}A=M\mathrm{d}\theta$。

力矩做功为

$$A = \int M\mathrm{d}\theta = \int_{\theta_0}^{\theta} M\mathrm{d}\theta \qquad (5\text{-}19)$$

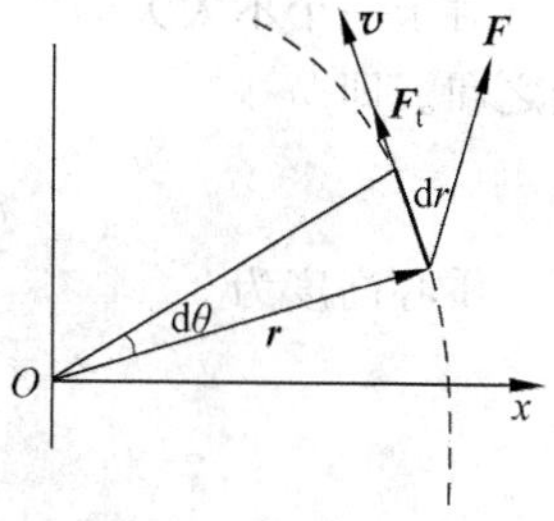

图 5-13　力矩的功

对于刚体定轴转动情形，因质点间无相对位移，任何一对内力做功为零。

二、刚体的转动动能

刚体的转动动能应该是组成刚体的各个质点的动能之和。

设刚体中第 i 个质点的质量为 Δm_i，速率为 v_i，则该质点的动能为

$$E_{\mathrm{k}i} = \frac{1}{2}\Delta m_i v_i^2$$

刚体作定轴转动时,各质点的角速度 ω 相同。

设质点 Δm_i 离轴的垂直距离为 r_i,则它的线速度 $v_i=\omega r_i$

因此整个刚体的动能

$$E_k=\sum E_{ki}=\sum\frac{1}{2}\Delta m_i v_i^2=\frac{1}{2}\left(\sum\Delta m_i r_i^2\right)\omega^2$$

式中 $\sum\Delta m_i r_i^2$ 是刚体对转轴的转动惯量 J,所以上式写为

$$E_k=\frac{1}{2}J\omega^2 \tag{5-20}$$

式中的动能是刚体因转动而具有的动能,因此叫做刚体的转动动能。

三、定轴转动的动能定理

总外力矩对刚体所做的功为

$$A=\int_{\theta_1}^{\theta_2}M\mathrm{d}\theta$$

与此对应的动能增量为

$$\Delta E_k=\frac{1}{2}J\omega_2^2-\frac{1}{2}J\omega_1^2$$

转动的动能定理

$$A=\int_{\theta_1}^{\theta_2}M\mathrm{d}\theta=\frac{1}{2}J\omega_2^2-\frac{1}{2}J\omega_1^2 \tag{5-21}$$

四、刚体的重力势能

对于一个不太大的质量为 m 的物体,它的重力势能应是组成刚体的各个质点的重力势能之和。即

$$E_p=\sum\Delta m_i g h_i=g\sum\Delta m_i h_i$$

质心高度为

$$h_c=\frac{\sum\Delta m_i h_i}{m}$$

所以,有

$$E_p=mgh_c \tag{5-22}$$

这一结果表明,一个不太大的刚体的重力势能与它的质量集中在质心时所具有的势能一样。

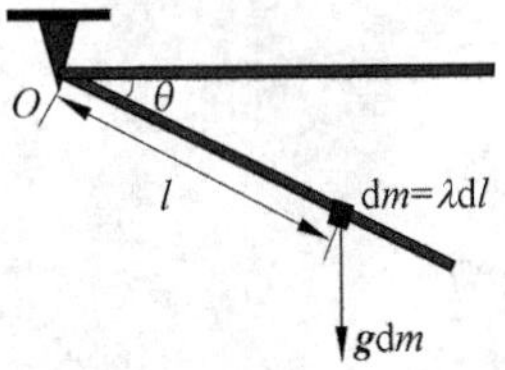

图 5-14　例题 5-5 用图

【例题 5-5】 一根长为 l、质量为 m 的均匀细直棒,其一端有一固定的光滑水平轴,因而可以在竖直平面内转动。最初棒静止在水平位置,求它由此下摆 θ 角时的角加速度和角速度。

解:如图 5-14 所示,棒下摆为加速过程,外力矩为重力对 O 的力矩。棒上取质元 $\mathrm{d}m$,当棒处在下摆角 θ 时,该质量元的重力

对轴的元力矩为

$$dM = l\cos\theta g\,dm = \lambda g l\cos\theta dl$$

重力对整个棒的合力矩为

$$M = \int dM = \int_0^l \lambda g l\cos\theta dl = \frac{\lambda}{2} g l^2 \cos\theta = \frac{1}{2} mgl\cos\theta$$

代入转动定律，可得

$$\beta = \frac{M}{J} = \frac{\frac{1}{2}mgl\cos\theta}{\frac{1}{3}ml^2} = \frac{3g\cos\theta}{2l}$$

根据刚体定轴转动定律及角加速度定义有

$$M = J\beta = J\frac{d\omega}{dt} = J\frac{d\omega}{d\theta}\frac{d\theta}{dt} = J\frac{d\omega}{d\theta}\omega$$

可得

$$M d\theta = J\omega d\omega$$

代入得

$$M = \frac{1}{2}mgl\cos\theta$$

$$\frac{1}{2}mgl\cos\theta d\theta = J\omega d\omega$$

$$\int_0^\theta \frac{1}{2}mgl\cos\theta d\theta = \int_0^\omega J\omega d\omega$$

得
$$\frac{1}{2}mgl\sin\theta = \frac{1}{2}J\omega^2$$

$$\omega = \sqrt{\frac{mgl\sin\theta}{J}} = \sqrt{\frac{3g\sin\theta}{l}}$$

【例题 5-6】 一根质量为 m、长为 l 的均匀细棒 OA（如图 5-15 所示），可绕通过其一端的光滑轴 O 在竖直平面内转动，今使棒从水平位置开始自由下摆，求细棒摆到竖直位置时其中点 C 和端点 A 的速度。

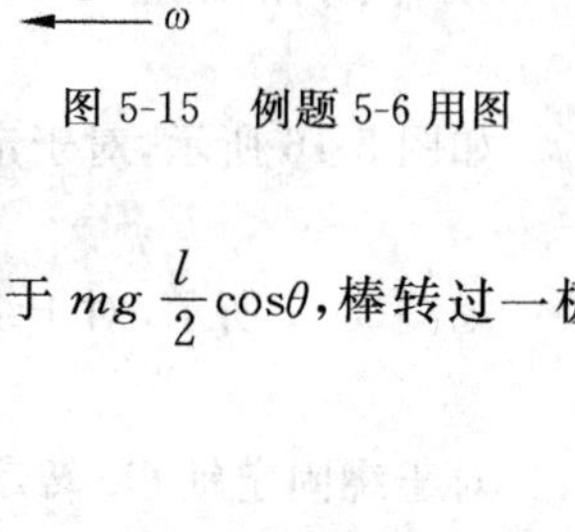

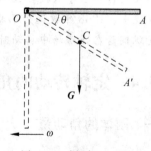

图 5-15　例题 5-6 用图

解：先对细棒 OA 所受的力作一分析；重力 $\boldsymbol{G}$ 作用在棒的中心点 C，方向竖直向下；轴和棒之间没有摩擦力，轴对棒作用的支撑力 $\boldsymbol{N}$ 垂直于棒和轴的接触面且通过 O 点，在棒的下摆过程中，此力的方向和大小是随时改变的。

在棒的下摆过程中，对转轴 O 而言，支撑力 $\boldsymbol{N}$ 通过 O 点，所以支撑力 $\boldsymbol{N}$ 的力矩等于零，重力 $\boldsymbol{G}$ 的力矩则是变力矩，大小等于 $mg\frac{l}{2}\cos\theta$，棒转过一极小的角位移 $d\theta$ 时，重力矩所做的元功是

$$dA = mg\frac{l}{2}\cos\theta d\theta$$

在使棒从水平位置下摆到竖直位置过程中，重力矩所做的功为

$$A=\int \mathrm{d}A=\int_0^{\frac{\pi}{2}} mg\ \frac{l}{2}\cos\theta \mathrm{d}\theta=mg\ \frac{l}{2}$$

应该指出,重力矩做的功就是重力做的功,也可用重力势能的差值来表示。棒在水平位置时的角速度 $\omega_0=0$,下摆到竖直位置时的角速度为 ω,由力矩的功和转动动能增量的关系式得

$$mg\ \frac{l}{2}=\frac{1}{2}J\omega^2$$

由此得

$$\omega=\sqrt{\frac{mgl}{J}}$$

因 $J=\frac{1}{3}ml^2$,代入上式得 $\omega=\sqrt{\frac{3g}{l}}$

所以细棒在竖直位置时,端点 A 和中心点 C 的速度分别为

$$v_A=l\omega=\sqrt{3gl}$$

$$v_C=\frac{l}{2}\omega=\frac{1}{2}\sqrt{3gl}$$

延伸阅读——物理学家

傅　　科

傅科(Jean-Bernard-Léon Foucault,1819—1868),法国物理学家。傅科最初学医,后转向实验物理。1851年,傅科在67m长的钢丝下面挂一个重28kg的铁球,组成一个单摆,他利用摆平面的转动证实了地球有自转。演示地球有自转的这种单摆后称为傅科摆。他还用陀螺仪证实了地球的自转。1853年由于光速的测定获物理学博士学位,1855年,他因上述两项实验获英国皇家学会科普利奖章,并被任命为巴黎皇家天文台物理助理。1855年任巴黎天文台物理学教授。1864年当选为英国皇家学会会员,以及柏林科学院、圣彼得堡科学院院士。1868年被选为巴黎科学院院士。他证实了光在水中的传播速度比在空气中小,还发现铜盘在强磁场中转动时产生涡流。

5.4　定轴转动的角动量定理和角动量守恒定律

一、刚体的角动量

如图5-16所示,对于定点转动而言,有

$$\boldsymbol{L}=\boldsymbol{r}\times\boldsymbol{P}=\boldsymbol{r}\times(m\boldsymbol{v})$$

如图5-17所示,对于绕固定轴 Oz 的转动的质元 Δm_i 而言,有

$$\boldsymbol{L}_i=\boldsymbol{r}_i\times\Delta m_i\boldsymbol{v}_i=\Delta m_i\boldsymbol{r}_i^2\omega\boldsymbol{k}$$

对于绕固定轴 Oz 转动的整个刚体而言,有

$$L=\left(\sum_i^N \Delta m_i r_i^2\right)\omega=J\omega \tag{5-23}$$

角动量的方向沿轴的正向或负向,所以可用代数量来描述。

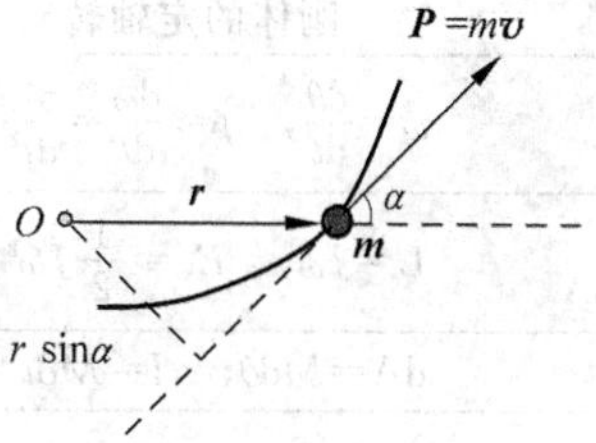

图 5-16 定点转动

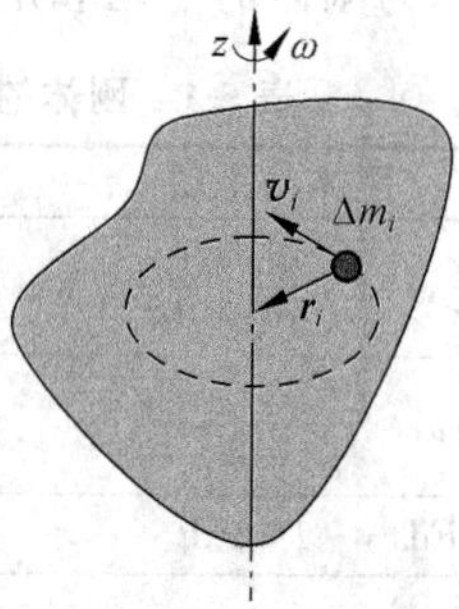

图 5-17 定轴转动

二、定轴转动刚体的角动量定理

$$M = J\frac{\mathrm{d}\omega}{\mathrm{d}t} = \frac{\mathrm{d}(J\omega)}{\mathrm{d}t} = \frac{\mathrm{d}L}{\mathrm{d}t} \tag{5-24}$$

微分形式：

$$M\mathrm{d}t = \mathrm{d}(J\omega) = \mathrm{d}L \tag{5-25a}$$

积分形式：

$$\int_{t_0}^{t} M\mathrm{d}t = J\omega - J\omega_0 \tag{5-25b}$$

或

$$\int_{t_0}^{t} M\mathrm{d}t = L - L_0 \tag{5-25c}$$

三、定轴转动刚体的角动量守恒定律

由定轴转动定理 $M=\frac{\mathrm{d}(J\omega)}{\mathrm{d}t}$，当 $M=0$ 时，

$$\frac{\mathrm{d}(J\omega)}{\mathrm{d}t} = 0,\quad J\omega = J_0\omega_0 = C \tag{5-26}$$

刚体在定轴转动中，当对转轴的合外力矩为零时，刚体对转轴的角动量保持不变，这一规律就是定轴转动的角动量守恒定律。

讨论：

(1) 对于绕固定转轴转动的刚体，因 J 保持不变，当合外力矩为零时，其角速度恒定。即当 $M_z=0$ 时，$J=$恒量，$\omega=$恒量。

(2) 若系统由若干个刚体构成，当合外力矩为零时，系统的角动量依然守恒。转动惯量变大则角速度变小，转动惯量变小则角速度变大。

例如，在芭蕾舞和花样滑冰表演中，演员和运动员总是先张开两臂旋转，然后收拢臂和小腿，减小对通过自身质心转轴的转动惯量以获得很快的旋转角速度。再如跳水运动员在跳板上起跳时，总是向上伸直手臂，跳到空中时，又收拢腿和臂，以减小转动惯量(对通过自身质心的转轴)，获得较大的空翻速度。当快接近入水时，又伸展身体减小角速度，以便竖直地进入水中。完成"团身→展体"动作。

表 5-1 所示为刚体的平动和定轴转动中的一些重要公式对比。

表 5-1 刚体的平动和定轴转动中的一些重要公式对比

刚体的平动	刚体的定轴转动
$v=\dfrac{dx}{dt}$， $a=\dfrac{dv}{dt}=\dfrac{d^2x}{dt^2}$	$\omega=\dfrac{d\theta}{dt}$， $\beta=\dfrac{d\omega}{dt}=\dfrac{d^2\theta}{dt^2}$
$P=mv$， $E_k=\dfrac{1}{2}mv^2$	$L=J\omega$， $E_k=\dfrac{1}{2}J\omega^2$
$dA=Fdx$， $I=Fdt$	$dA=Md\theta$， $I=Mdt$
$F=ma$	$M=J\beta$
$\int Fdt=P-P_0$	$\int Mdt=L-L_0$
$\int Fdx=\dfrac{1}{2}mv^2-\dfrac{1}{2}mv_0^2$	$\int Md\theta=\dfrac{1}{2}J\omega^2-\dfrac{1}{2}J\omega_0^2$

【例题 5-7】 如图 5-18 所示，一质量为 m 的子弹以水平速度射入一静止悬于顶端长棒的下端，穿出后速度损失 3/4，求子弹穿出后棒的角速度 ω。已知棒长为 l，质量为 M。

解：以 f 代表棒对子弹的阻力，对子弹，有

$$\int f dt = m(v-v_0) = -\frac{3}{4}mv_0$$

子弹对棒的反作用力对棒的冲量矩为

$$\int f' l\, dt = l\int f' dt = J\omega$$

因 $f'=-f$ 由两式得

$$\omega=\frac{3mv_0 l}{4J}=\frac{9mv_0}{4Ml}$$

式中，$J=\dfrac{1}{3}Ml^2$。

请问：子弹和棒的总动量守恒吗？为什么？

总角动量守恒吗？为什么？

若守恒，其方程应如何写？

【例题 5-8】 一匀质细棒长为 l，质量为 m，可绕通过其端点 O 的水平轴转动，如图 5-19 所示。当棒从水平位置自由释放后，它在竖直位置上与放在地面上的物体相撞。该物体的质量也为 m，它与地面的摩擦系数为 μ。相撞后物体沿地面滑行一距离 s 而停止。求相撞后棒的质心 C 离地面的最大高度 h，并说明棒在碰撞后将向左摆或向右摆的条件。

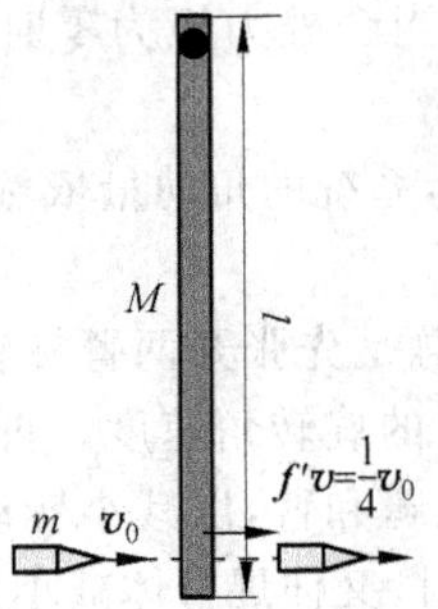

图 5-18 例题 5-7 用图

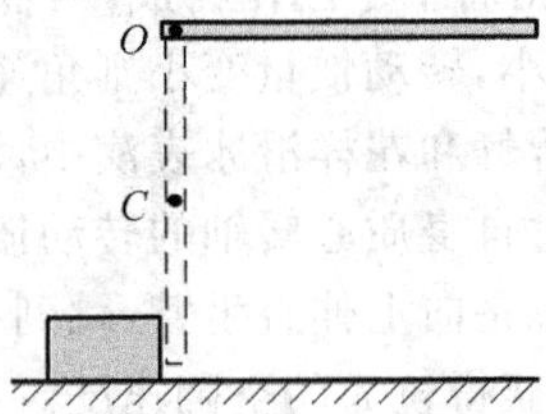

图 5-19 例题 5-8 用图

解：这个问题可分为三个阶段进行分析。第一阶段是棒自由摆落的过程。这时除重力外，其余内力与外力都不做功，所以机械能守恒。我们把棒在竖直位置时质心所在处取为势能零点，用 ω 表示棒这时的角速度，则

$$mg\frac{l}{2}=\frac{1}{2}J\omega^2=\frac{1}{2}\left(\frac{1}{3}ml^2\right)\omega^2 \tag{1}$$

第二阶段是碰撞过程。因碰撞时间极短，自由的冲力极大，物体虽然受到地面的摩擦力，但可以忽略。这样，棒与物体相撞时，它们组成的系统所受的对转轴 O 的外力矩为零，所以，这个系统的对 O 轴的角动量守恒。我们用 v 表示物体碰撞后的速度，则

$$\left(\frac{1}{3}ml^2\right)\omega=mvl+\left(\frac{1}{3}ml^2\right)\omega' \tag{2}$$

式中 ω' 为棒在碰撞后的角速度，它可正可负。ω' 取正值，表示碰后棒向左摆；反之，表示向右摆。

第三阶段是物体在碰撞后的滑行过程。物体作匀减速直线运动，加速度由牛顿第二定律求得为

$$-\mu mg=ma \tag{3}$$

由匀减速直线运动的公式得

$$0=v^2+2as$$

亦即

$$v^2=2\mu gs \tag{4}$$

由式(1)、(2)与(4)联合求解，即得

$$\omega'=\frac{\sqrt{3gl}-3\sqrt{2\mu gs}}{l} \tag{5}$$

当 ω' 取正值，则棒向左摆，其条件为

$$\sqrt{3gl}-3\sqrt{2\mu gs}>0,\quad \text{即}\quad l>6\mu s$$

当 ω' 取负值，则棒向右摆，其条件为

$$\sqrt{3gl}-3\sqrt{2\mu gs}<0,\quad \text{即}\quad l<6\mu s$$

棒的质心 C 上升的最大高度，与第一阶段情况相似，也可由机械能守恒定律求得

$$mgh=\frac{1}{2}\left(\frac{1}{3}ml^2\right)\omega'^2 \tag{6}$$

把式(5)代入上式，所求结果为

$$h=\frac{l}{2}+3\mu s-\sqrt{6\mu sl}$$

【例题 5-9】 一质量为 M，半径 R 的圆盘，盘上绕有细绳，一端挂有质量为 m 的物体。问物体由静止下落高度 h 时，其速度为多大？

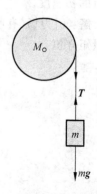

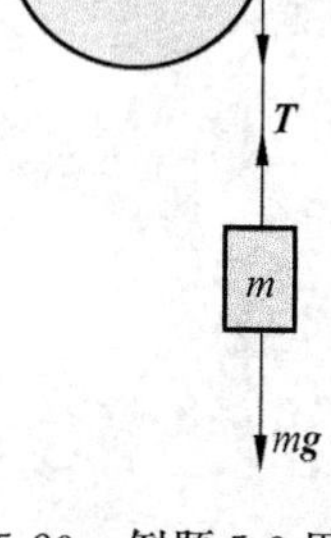

图 5-20　例题 5-9 用图

解：如图 5-20，对圆盘和质量为 m 的物体分别用动能定理，

$$TR\Delta\varphi=\frac{1}{2}J\omega^2-\frac{1}{2}J\omega_0^2$$

$$mgh-Th=\frac{1}{2}mv^2-\frac{1}{2}mv_0^2$$

而 $h=R\Delta\varphi$, $v=R\omega$, $v_0=0$, $\omega_0=0$, $J=MR^2/2$。由此解得 $v=2\sqrt{\dfrac{mgh}{M+2m}}$。

【例题 5-10】 工程上，常用摩擦啮合器使两飞轮以相同的转速一起转动。如图 5-21 所示，A 和 B 两飞轮的轴杆在同一中心线上，A 轮的转动惯量为 $J_A=10\text{kg}\cdot\text{m}^2$，B 的转动惯量为 $J_B=20\text{kg}\cdot\text{m}^2$。开始时 A 轮的转速为 600r/min，B 轮静止。C 为摩擦啮合器。求两轮啮合后的转速；在啮合过程中，两轮的机械能有何变化？

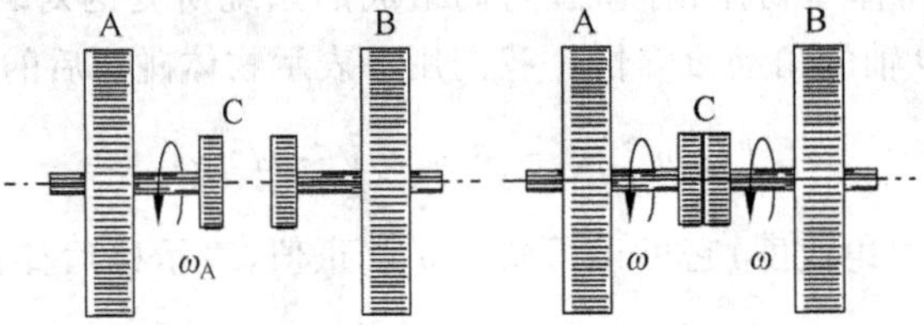

图 5-21　例题 5-10 用图

解：以飞轮 A、B 和啮合器 C 作为一系统来考虑，在啮合过程中，系统受到轴向的正压力和啮合器间的切向摩擦力，前者对转轴的力矩为零，后者对转轴有力矩，但为系统的内力矩。系统没有受到其他外力矩，所以系统的角动量守恒。按角动量守恒定律可得

$$J_A\omega_A+J_B\omega_B=(J_A+J_B)\omega$$

ω 为两轮啮合后共同转动的角速度，于是

$$\omega=\frac{J_A\omega_A+J_B\omega_B}{J_A+J_B}$$

以各量的数值代入得 $\omega=20.9\text{rad/s}$，或共同转速为 $n=200\text{r/min}$。在啮合过程中，摩擦力矩做功，所以机械能不守恒，部分机械能将转化为热量，损失的机械能为

$$\Delta E=\frac{1}{2}J_A\omega_A^2+\frac{1}{2}J_B\omega_B^2-\frac{1}{2}(J_A+J_B)\omega^2=1.32\times10^4(\text{J})$$

【例题 5-11】 发射一宇宙飞船去考察一质量为 M、半径为 R 的行星，当飞船静止于空间距行星中心 $4R$ 时，以速度 v_0 发射一质量为 m 的仪器，如图 5-22 所示。要使该仪器恰好掠过行星表面，求 θ 角及着陆滑行的初速度。

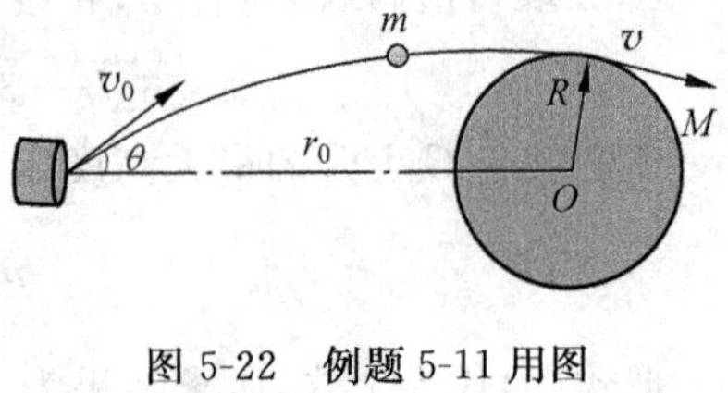

图 5-22　例题 5-11 用图

解：引力场（有心力）系统的机械能守恒，质点的动量矩守恒

$$\frac{1}{2}mv_0^2-\frac{GMm}{r_0}=\frac{1}{2}mv^2-\frac{GMm}{R}$$

$$mv_0r_0\sin\theta=mvR$$

$$v=\frac{v_0r_0\sin\theta}{R}=4v_0\sin\theta$$

$$\sin\theta=\frac{1}{4}\left(1+\frac{3GM}{2Rv_0^2}\right)^{1/2}$$

$$v=v_0\left(1+\frac{3GM}{2Rv_0^2}\right)^{1/2}$$

【例题 5-12】 如图 5-23 所示，质量为 M，半径为 R 的转台，可绕中心轴转动。设质量为 m 的人站在台的边缘上。初始时人、台都静止。如果人相对于台沿边缘奔跑一周，问：相对于地面而言，人和台各转过了多少角度？

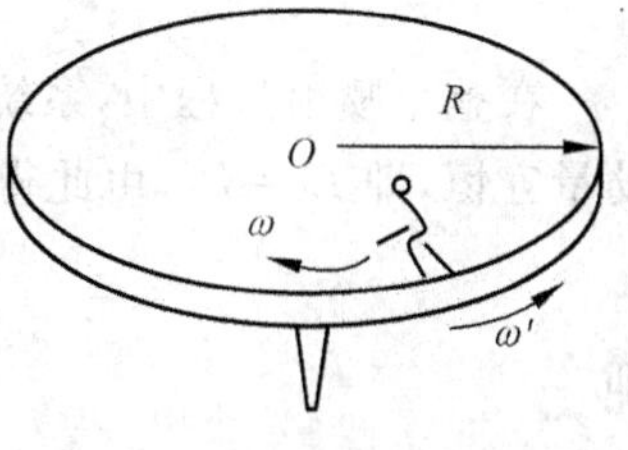

图 5-23　例题 5-12 用图

思考：

1. 台为什么转动？向什么方向转动？
2. 人相对转台跑一周，相对于地面是否也跑了一周？
3. 人和台相对于地面转过的角度之间有什么关系？

解：如图 5-23 所示，选地面为参考系，设对转轴人的转动惯量和角速度分别为 J 和 ω，对转轴台的转动惯量和角速度分别为 J' 和 ω'，则

$$J = mR^2 \quad J' = \frac{1}{2}MR^2$$

系统对转轴合外力矩为零，角动量守恒。以向上为正，有

$$J\omega - J'\omega' = 0$$

设人沿转台边缘跑一周的时间为 t，有

$$\int_0^t \omega \mathrm{d}t + \int_0^t \omega' \mathrm{d}t = 2\pi$$

人相对地面转过的角度：

$$\theta = \int_0^t \omega \mathrm{d}t = \frac{2\pi M}{2m + M}$$

台相对地面转过的角度：

$$\theta' = \int_0^t \omega' \mathrm{d}t = \frac{4\pi m}{2m + M}$$

【例题 5-13】 图 5-24 中的宇宙飞船对其中心轴的转动惯量为 $J = 2\times10^3\,\mathrm{kg\cdot m^2}$，它以 $\omega = 0.2\,\mathrm{rad/s}$ 的角速度绕中心轴旋转。宇航员用两个切向的控制喷管使飞船停止旋转。每个喷管的位置与轴线距离都是 $r = 1.5\,\mathrm{m}$。两喷管的喷气流量恒定，共是 $\alpha = 2\,\mathrm{kg/s}$。废气的喷射速率(相对于飞船周边)$u = 50\,\mathrm{m/s}$，并且恒定。问喷管应喷射多长时间才能使飞船停止旋转？

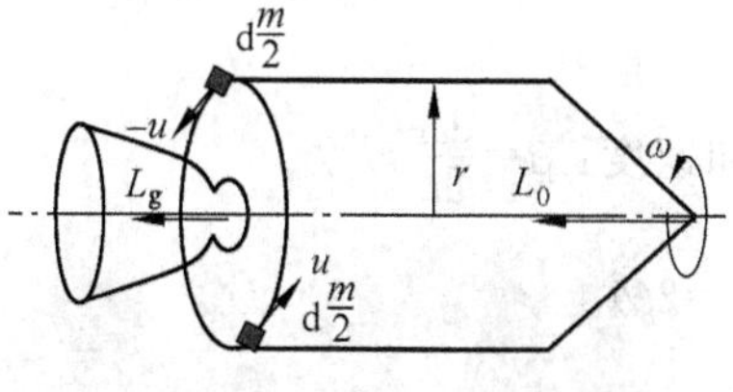

图 5-24　例题 5-13 用图

解：把飞船和排出的废气看作一个系统，废气质量为 m。可以认为废气质量远小于飞船的质量，所以原来系统对于飞船中心轴的角动量近似地等于飞船自身的角动量，即 $L_0 = J\omega$ 在喷气过程中，以 $\mathrm{d}m$ 表示 $\mathrm{d}t$ 时间内喷出的气体，这些气体对中心轴的角动量为 $\mathrm{d}mr(u+v)$，方向与飞船的角动量相同。因 $u = 50\,\mathrm{m/s}$ 远大于飞船的速率 $v = \omega r$，所以此角动量近似地等于 $\mathrm{d}mru$。在整个喷气过程中喷出废气的总的角动量 L_g 应为

$$L_g = \int_0^m \mathrm{d}m \cdot ru = mru$$

当宇宙飞船停止旋转时，其角动量为零。系统这时的总角动量 L_1 就是全部排出的废气的总角动量，即为

$$L_1 = L_g = mru$$

在整个喷射过程中,系统所受的对于飞船中心轴的外力矩为零,所以系统对于此轴的角动量守恒,即 $L_0 = L_1$,由此得

$$J\omega = mru$$

即

$$m = \frac{J\omega}{ru}$$

于是所需的时间为

$$t = \frac{m}{\alpha} = \frac{J\omega}{\alpha ru} = 2.67\text{s}$$

延伸阅读——神秘星系

银 河 系

银河系是地球和太阳所属的星系。因其主体部分投影在天球上的亮带被我国称为银河而得名。银河系约有2000多亿个恒星。银河系侧看像一个中心略鼓的大圆盘,整个圆盘的直径约为10万光年,太阳位于据银河中心3.3万光年处。鼓起处为银心是恒心密集区,故望去白茫茫的一片。银河系俯视像一个巨大的漩涡这个漩涡有四个旋臂组成。太阳系位于其中一个旋臂(猎户座臂),逆时针旋转(太阳绕银心旋转一周需要2.5亿万年)。

银河系呈旋涡状,有4条螺旋状的旋臂从银河系中心均匀对称地延伸出来。银河系中心和4条旋臂都是恒星密集的地方。从远处看,银河系像一个体育锻炼用的大铁饼,大铁饼的直径有10万光年,相当于9460800000亿公里。中间最厚的部分约3000~6500光年。太阳位于一条叫做猎户臂的旋臂上,距离银河系中心约3.3万光年。

本章小结

1. 运动学(角量描述):角位置 θ,角速度 $\omega = \frac{d\theta}{dt}$,角加速度:$\beta = \frac{d\omega}{dt}$

(1) 匀加速转动:$\omega = \omega_0 + \beta t$,$\theta = \omega_0 t + \frac{1}{2}\beta t^2$,$\omega^2 - \omega_0^2 = 2\beta\theta$

(2) $\boldsymbol{v} = \boldsymbol{\omega} \times \boldsymbol{r}$,$a_n = \omega^2 r = v^2/r$,$\boldsymbol{r}$ 为轴距矢量

2. 关于定轴刚体的几个物理量

(1) 转动惯量的计算:$J = \sum J_i = \sum m_i r_i^2$,(细杠绕端点 $J = \frac{1}{3}ml^2$,滑轮 $J = \frac{1}{2}mR^2$,质点 $J = ml^2$)

(2) 力矩的功:$A = \int_{\theta_1}^{\theta_2} M d\theta$

(3) 转动动能:$E_k = \frac{1}{2}J\omega^2$,重力势能:$E_p = mgh_c$

(4) 刚体的角动量 $L = J\omega$

3. 刚体定轴转动定律:$M = J\beta$

4. 角动量定理：$M_{外}=\dfrac{\mathrm{d}L}{\mathrm{d}t}$；角动量守恒：当 $M_{外}=0$ 时，$L=$常量

5. 动能定理：$A_{外}=\int_{\theta_1}^{\theta_2} M_{外}\,\mathrm{d}\theta=E_{k2}-E_{k1}=\dfrac{1}{2}J\omega_2^2-\dfrac{1}{2}J\omega_1^2$

习题

一、选择题

1. 一刚体以每分钟60转绕 z 轴作匀速转动(ω 沿 z 轴正方向). 设某时刻刚体上一点 P 的位置矢量为 $\boldsymbol{r}=3\boldsymbol{i}+4\boldsymbol{j}+5\boldsymbol{k}$，其单位为“cm”，若以“$10^{-2}$ m/s”为速度单位，则该时刻 P 点的速度为(　　)。

(A) $\boldsymbol{v}=94.2\boldsymbol{i}+125.6\boldsymbol{j}+157.0\boldsymbol{k}$　　(B) $\boldsymbol{v}=-25.1\boldsymbol{i}+18.8\boldsymbol{j}$

(C) $\boldsymbol{v}=-25.1\boldsymbol{i}-18.8\boldsymbol{j}$　　(D) $\boldsymbol{v}=31.4\boldsymbol{k}$

2. 均匀细棒 OA 可绕通过其一端 O 而与棒垂直的水平固定光滑轴转动，如图5-25所示。今使棒从水平位置由静止开始自由下落，在棒摆动到竖直位置的过程中，下述说法哪一种是正确的？(　　)

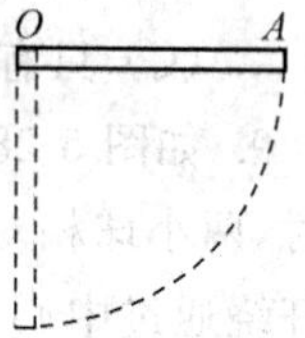

图5-25　习题2用图

(A) 角速度从小到大，角加速度从大到小

(B) 角速度从小到大，角加速度从小到大

(C) 角速度从大到小，角加速度从大到小

(D) 角速度从大到小，角加速度从小到大

3. 一轻绳绕在有水平轴的定滑轮上，滑轮的转动惯量为 J，绳下端挂一物体。物体所受重力为 P，滑轮的角加速度为 β。若将物体去掉而以与 P 相等的力直接向下拉绳子，滑轮的角加速度 β 将(　　)。

(A) 不变　　(B) 变小

(C) 变大　　(D) 如何变化无法判断

4. 两个匀质圆盘A和B的密度分别为 ρ_A 和 ρ_B，若 $r_A>r_B$，但两圆盘的质量与厚度相同，如两盘对通过盘心垂直于盘面轴的转动惯量各为 J_A 和 J_B，则(　　)。

(A) $J_A>J_B$　　(B) $J_B>J_A$

(C) $J_A=J_B$　　(D) J_A、J_B 哪个大，不能确定

5. 花样滑冰运动员绕通过自身的竖直轴转动，开始时两臂伸开，转动惯量为 J_0，角速度为 ω_0。然后她将两臂收回，使转动惯量减少为 $\dfrac{1}{3}J_0$。这时她转动的角速度变为(　　)。

(A) $\dfrac{1}{3}\omega_0$　　(B) $\dfrac{1}{\sqrt{3}}\omega_0$　　(C) $\sqrt{3}\omega_0$　　(D) $3\omega_0$

6. 光滑的水平桌面上，有一长为 $2L$、质量为 m 的匀质细杆，可绕过其中点且垂直于杆的竖直光滑固定轴 O 自由转动，其转动惯量为 $\dfrac{1}{3}mL^2$，起初杆静止。桌面上有两个质量均为 m 的小球，各自在垂直于杆的方向上，正对着杆的一端，以相同速率 v 相向运动，如图5-26所示。当两小球同时与杆的两个端点发生完全非弹性碰撞后，就与杆粘在一起转动，

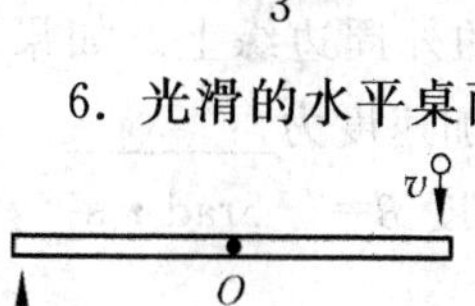

图5-26　习题6用图

则这一系统碰撞后的转动角速度应为（　　）。

(A) $\frac{2v}{3L}$　　(B) $\frac{4v}{5L}$　　(C) $\frac{6v}{7L}$　　(D) $\frac{8v}{9L}$

(E) $\frac{12v}{7L}$

7. 一水平圆盘可绕通过其中心的固定竖直轴转动，盘上站着一个人。把人和圆盘取作系统，当此人在盘上随意走动时，若忽略轴的摩擦，此系统（　　）。

(A) 动量守恒　　(B) 机械能守恒

(C) 对转轴的角动量守恒　　(D) 动量、机械能和角动量都守恒

(E) 动量、机械能和角动量都不守恒

8. 如图 5-27 所示，一匀质细杆可绕通过上端与杆垂直的水平光滑固定轴 O 旋转，初始状态为静止悬挂。现有一个小球自左方水平打击细杆。设小球与细杆之间为非弹性碰撞，则在碰撞过程中对细杆与小球这一系统（　　）。

(A) 只有机械能守恒　　(B) 只有动量守恒

(C) 只有对转轴 O 的角动量守恒　　(D) 机械能、动量和角动量均守恒

9. 如图 5-28 所示，一水平刚性轻杆，质量不计，杆长 $l=20\text{cm}$，其上穿有两个小球。初始时，两小球相对杆中心 O 对称放置，与 O 的距离 $d=5\text{cm}$，二者之间用细线拉紧。现在让细杆绕通过中心 O 的竖直固定轴作匀角速度的转动，转速为 ω_0，再烧断细线让两球向杆的两端滑动。不考虑转轴的和空气的摩擦，当两球都滑至杆端时，杆的角速度为（　　）。

(A) $2\omega_0$　　(B) ω_0　　(C) $\frac{1}{2}\omega_0$　　(D) $\frac{1}{4}\omega_0$

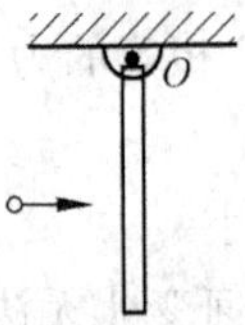

图 5-27　习题 8 用图

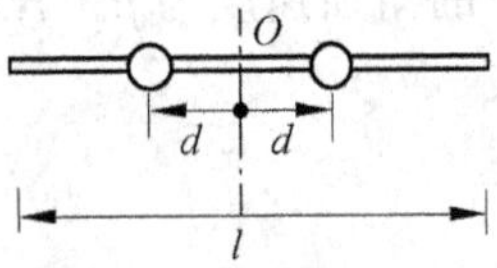

图 5-28　习题 9 用图

10. 有一半径为 R 的水平圆转台，可绕通过其中心的竖直固定光滑轴转动，转动惯量为 J，开始时转台以匀角速度 ω_0 转动，此时有一质量为 m 的人站在转台中心。随后人沿半径向外跑去，当人到达转台边缘时，转台的角速度为（　　）。

(A) $\frac{J}{J+mR^2}\omega_0$　　(B) $\frac{J}{(J+m)R^2}\omega_0$　　(C) $\frac{J}{mR^2}\omega_0$　　(D) ω_0

二、填空题

11. 可绕水平轴转动的飞轮，直径为 1.0m，一条绳子绕在飞轮的外周边缘上。如果飞轮从静止开始做匀角加速运动且在 4s 内绳被展开 10m，则飞轮的角加速度为________。

12. 半径为 $r=1.5\text{m}$ 的飞轮，初角速度 $\omega_0=10\text{rad}\cdot\text{s}^{-1}$，角加速度 $\beta=-5\text{rad}\cdot\text{s}^{-2}$，则在 $t=$________时角位移为零，而此时边缘上点的线速度 $v=$________。

13. 绕定轴转动的飞轮均匀地减速，$t=0$ 时角速度为 $\omega_0=5\text{rad/s}$，$t=20\text{s}$ 时角速度为 $\omega=0.8\omega_0$，则飞轮的角加速度 $\beta=$________，$t=0$ 到 $t=100\text{s}$ 时间内飞轮所转过的角度

θ=________。

14. 一均匀细直棒，可绕通过其一端的光滑固定轴在竖直平面内转动。使棒从水平位置自由下摆，棒是否作匀角加速转动？________理由是________。

15. 一长为 l，质量可以忽略的直杆，可绕通过其一端的水平光滑轴在竖直平面内作定轴转动，在杆的另一端固定着一质量为 m 的小球，如图 5-29 所示。现将杆由水平位置无初转速地释放。则杆刚被释放时的角加速度 β_0 = ________，杆与水平方向夹角为 60°时的角加速度 β=________。

16. 如图 5-30 所示，P,Q,R 和 S 是附于刚性轻质细杆上的质量分别为 $4m,3m,2m$ 和 m 的四个质点，$PQ=QR=RS=l$，则系统对 OO' 轴的转动惯量为________。

17. 一作定轴转动的物体，对转轴的转动惯量 $J=3.0\text{kg}\cdot\text{m}^2$，角速度 $\omega_0=6.0\text{rad/s}$。现对物体加一恒定的制动力矩 $M=-12\text{N}\cdot\text{m}$，当物体的角速度减慢到 $\omega=2.0\text{rad/s}$ 时，物体已转过了角度 $\Delta\theta$=________。

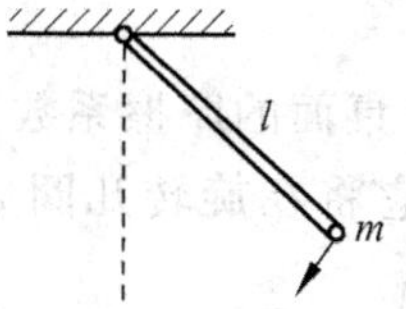

图 5-29 习题 15 用图

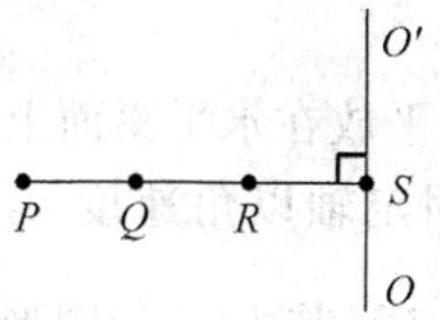

图 5-30 习题 16 用图

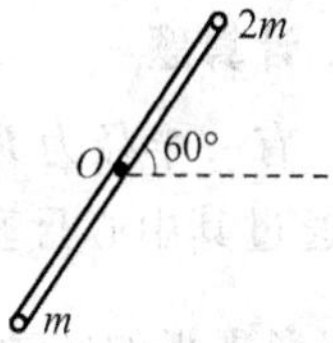

图 5-31 习题 18 用图

18. 如图 5-31 所示，一长为 L 的轻质细杆，两端分别固定质量为 m 和 $2m$ 的小球，此系统在竖直平面内可绕过中点 O 且与杆垂直的水平光滑固定轴（O 轴）转动。开始时杆与水平成 60°，处于静止状态。无初转速地释放以后，杆球这一刚体系统绕 O 轴转动。系统绕 O 轴的转动惯量 J = ________。释放后，当杆转到水平位置时，刚体受到的合外力矩 M= ________，角加速度 β ________。

19. 如图 5-32 所示，一轻绳绕于半径 $r=0.2\text{m}$ 的飞轮边缘，并施以 $F=98\text{N}$ 的拉力，若不计轴的摩擦，飞轮的角加速度等于 39.2rad/s^2，此飞轮的转动惯量为________。

20. 如图 5-33 所示，一轻绳绕于半径为 r 的飞轮边缘，并以质量为 m 的物体挂在绳端，飞轮对过轮心且与轮面垂直的水平固定轴的转动惯量为 J。若不计摩擦，飞轮的角加速度 β=________。

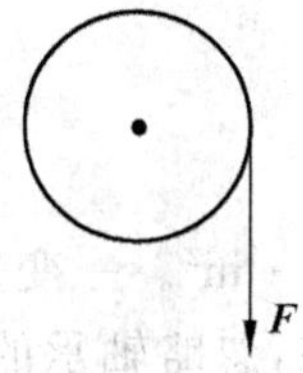

图 5-32 习题 19 用图

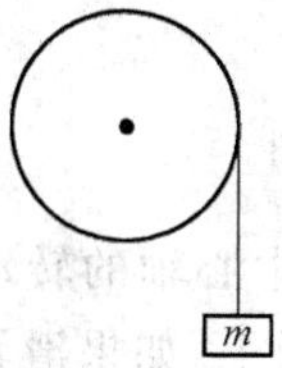

图 5-33 习题 20 用图

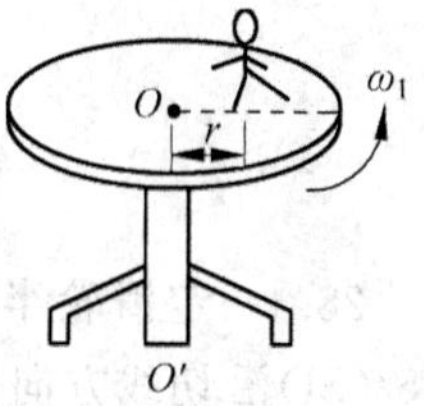

图 5-34 习题 22 用图

21. 一根质量为 m、长为 l 的均匀细杆，可在水平桌面上绕通过其一端的竖直固定轴转动。已知细杆与桌面的滑动摩擦系数为 μ，则杆转动时受的摩擦力矩的大小为________。

22. 如图 5-34 所示，有一半径为 R 的匀质圆形水平转台，可绕通过盘心 O 且垂直于盘面的竖直固定轴OO'转动，转动惯量为J。台上有一人，质量为m。当他站在离转轴r处时（$r<R$），转台和人一起以ω_1的角速度转动，如图。若转轴处摩擦可以忽略，当人走到转台边缘时，转台和人一起转动的角速度$\omega_2=$________。

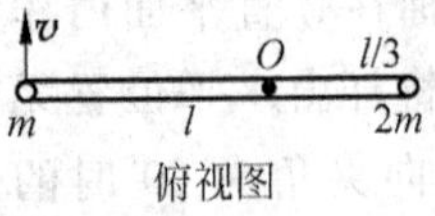

图 5-35　习题 23 用图

23. 如图 5-35 所示，质量分别为m和$2m$的两物体（都可视为质点），用一长为l的轻质刚性细杆相连，系统绕通过杆且与杆垂直的竖直固定轴O转动，已知O轴离质量为$2m$的质点的距离为$\frac{1}{3}l$，质量为m的质点的线速度为v且与杆垂直，则该系统对转轴的角动量（动量矩）大小为________。

24. 一水平的匀质圆盘，可绕通过盘心的竖直光滑固定轴自由转动。圆盘质量为M，半径为R，对轴的转动惯量$J=\frac{1}{2}MR^2$。当圆盘以角速度ω_0转动时，有一质量为m的子弹沿盘的直径方向射入而嵌在盘的边缘上。子弹射入后，圆盘的角速度$\omega=$________。

三、计算题

25. 有一半径为R的圆形平板平放在水平桌面上，平板与水平桌面的摩擦系数为μ，若平板绕通过其中心且垂直板面的固定轴以角速度ω_0开始旋转，它将在旋转几圈后停止？$\left(\text{已知圆形平板的转动惯量 } J=\frac{1}{2}mR^2\text{，其中 } m \text{ 为圆形平板的质量}\right)$

26. 如图 5-36 所示，一个质量为m的物体与绕在定滑轮上的绳子相联，绳子质量可以忽略，它与定滑轮之间无滑动。假设定滑轮质量为M、半径为R，其转动惯量为$\frac{1}{2}MR^2$，滑轮轴光滑。试求该物体由静止开始下落的过程中，下落速度与时间的关系。

27. 一质量为m的物体悬于一条轻绳的一端，绳另一端绕在一轮轴的轴上，如图 5-37 所示。轴水平且垂直于轮轴面，其半径为r，整个装置架在光滑的固定轴承之上。当物体从静止释放后，在时间t内下降了一段距离S。试求整个轮轴的转动惯量（用m，r，t和S表示）。

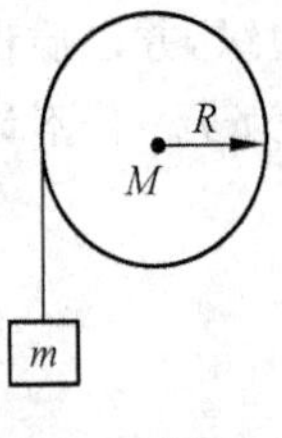

图 5-36　习题 26 用图

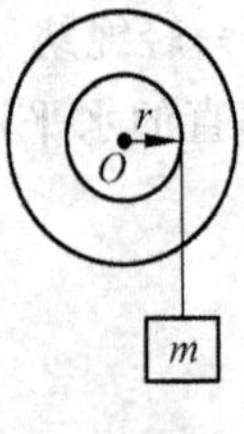

图 5-37　习题 27 用图

28. 一定滑轮半径为 0.1m，相对中心轴的转动惯量为$1\times10^{-3}\text{kg}\cdot\text{m}^2$。一变力$F=0.5t$(SI)沿切线方向作用在滑轮的边缘上，如果滑轮最初处于静止状态，忽略轴承的摩擦。试求它在 1s 末的角速度。

29. 质量为 5kg 的一桶水悬于绕在辘轳上的轻绳的下端，辘轳可视为一质量为 10kg 的圆柱体。桶从井口由静止释放，求桶下落过程中绳中的张力。辘轳绕轴转动时的转动惯量为$\frac{1}{2}MR^2$，其中M和R分别为辘轳的质量和半径，轴上摩擦忽略不计。

30. 如图 5-38 所示，一长为 l 的均匀直棒可绕过其一端且与棒垂直的水平光滑固定轴转动。抬起另一端使棒向上与水平面成 60°，然后无初转速地将棒释放。已知棒对轴的转动惯量为$\frac{1}{3}ml^2$，其中 m 和 l 分别为棒的质量和长度。求：

(1) 放手时棒的角加速度；

(2) 棒转到水平位置时的角加速度。

31. 质量分别为 m 和 $2m$、半径分别为 r 和 $2r$ 的两个均匀圆盘，同轴地粘在一起，可以绕通过盘心且垂直盘面的水平光滑固定轴转动，对转轴的转动惯量为 $9mr^2/2$，大小圆盘边缘都绕有绳子，绳子下端都挂一质量为 m 的重物，如图 5-39 所示。求盘的角加速度的大小。

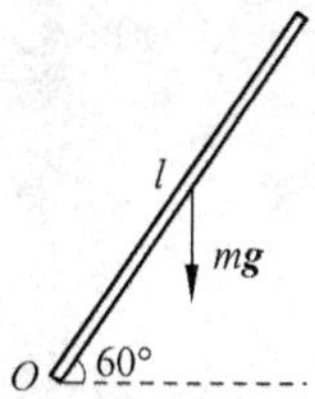

图 5-38　习题 30 用图

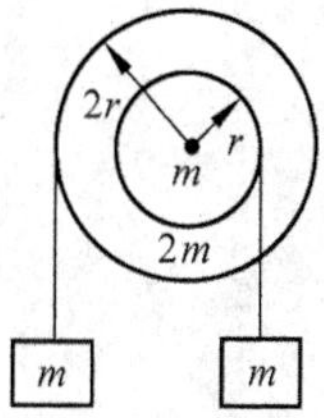

图 5-39　习题 31 用图

32. 如图 5-40 所示，长为 l 的轻杆，两端各固定质量分别为 m 和 $2m$ 的小球，杆可绕水平光滑固定轴 O 在竖直面内转动，转轴 O 距两端分别为$\frac{1}{3}l$ 和$\frac{2}{3}l$。轻杆原来静止在竖直位置。今有一质量为 m 的小球，以水平速度 $\boldsymbol{v}_0$ 与杆下端小球 m 作对心碰撞，碰后以$\frac{1}{2}v_0$ 的速度返回，试求碰撞后轻杆所获得的角速度。

33. 有一半径为 R 的均匀球体，绕通过其一直径的光滑固定轴匀速转动，转动周期为 T_0。如它的半径由 R 自动收缩为$\frac{1}{2}R$，求球体收缩后的转动周期。(球体对于通过直径的轴的转动惯量为 $J=2mR^2/5$，式中 m 和 R 分别为球体的质量和半径)。

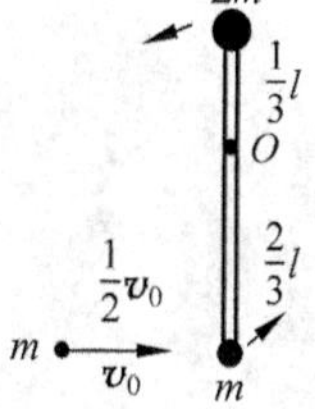

图 5-40　习题 32 用图

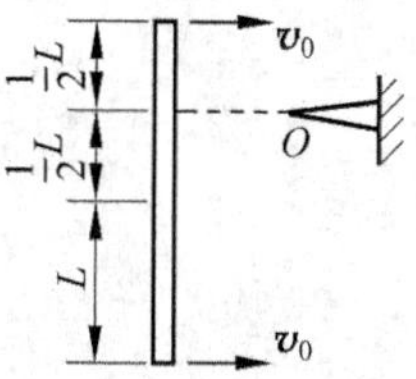

图 5-41　习题 34 用图

34. 一匀质细棒长为 $2L$，质量为 m，以与棒长方向相垂直的速度 v_0 在光滑水平面内平动时，与前方一固定的光滑支点 O 发生完全非弹性碰撞。碰撞点位于棒中心的一侧$\frac{1}{2}L$处，如图 5-41 所示。求棒在碰撞后的瞬时绕 O 点转动的角速度 ω。$\left(\right.$细棒绕通过其端点且与其垂直的轴转动时的转动惯量为$\frac{1}{3}ml^2$，式中的 m 和 l 分别为棒的质量和长度。$\left.\right)$

这是一幅原子弹爆炸时的照片。美丽的蘑菇云的背后渗透着强大的威慑力量。原子弹爆炸，不仅释放的能量巨大，而且核反应过程非常迅速，微秒级的时间内即可完成。因此，在原子弹爆炸周围不大的范围内形成极高的温度，加热并压缩周围空气使之急速膨胀，产生高压冲击波。地面和空中核爆炸，还会在周围空气中形成火球，发出很强的光辐射。

然而这一切都源于爱因斯坦的著名的质量能量公式 $\Delta E=\Delta mc^2$。原子弹的爆炸成功，验证了爱因斯坦狭义相对论的正确性。

第 6 章

相对论基础

本章概要 相对论是20世纪初物理学取得的两个最伟大的成就之一，它给出了高速运动物体的力学规律。本章首先介绍狭义相对论产生的简要历史背景，然后叙述狭义相对论基本原理，讨论狭义相对论时空观，而后推出了洛伦兹时空坐标变换和速度变换，最后讨论狭义相对论动力学基础。

6.1 迈克耳孙-莫雷实验

一、经典力学的困难

经典力学时空观认为时间和空间的确定与物质运动无关。绝对的时间观认为在所有的惯性参照系中有统一的时间。用牛顿的话来说，“绝对的真实的数学时间，就其本质而言，是永远均匀地流逝着，与任何外界无关”。绝对的空间观认为空间与运动无关，空间是绝对静止的。用牛顿的话来说，“绝对空间就其本质而言是与任何外界事物无关的，它从不运动，并且永远不变”。

19世纪中叶，麦克斯韦建立了完整的电磁理论。该理论关于存在电磁波的预言得到实验的证实，同时还证明光也是一种电磁波。一些人认为光和机械波一样，也是在某一种介质中传播的，该介质被称为“以太”。并认为以太是绝对静止的，且弥漫于整个宇宙中间，如把以太选作为绝对静止的参照系，则相对于以太的运动便称为绝对运动。根据力学相对性原理，任何惯性系都是等价的，无法借助力学实验的手段来确定惯性系自身的运动状态。那么是否可以借助于其他实验手段(比如说光学实验)来发现相对于以太的运动呢？

如图6-1所示，在以太参照系中，光在以太中的速度是 $\boldsymbol{c}$，车的运动速度为 $\boldsymbol{u}$，根据伽利略速度变换在车上的观察者认为，光向 A 传播速度为 $\boldsymbol{c}-\boldsymbol{u}$，光向 B 传播速度为 $\boldsymbol{c}+\boldsymbol{u}$。因此，$B$ 先接收到光信号。

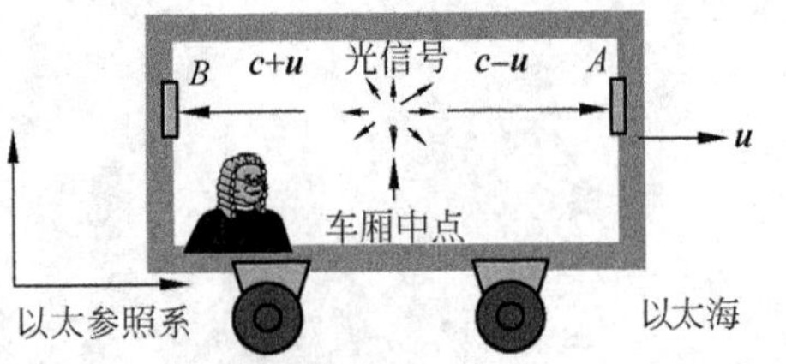

图 6-1 以太

利用两光到达 A、B 的时间差可以测出车厢相对于以太的运动速度。

二、迈克耳孙-莫雷实验

1887 年，美国物理学家迈克尔逊和莫雷为证明以太的存在，一起设计了测量地球在以太中运动速度的实验，试图借助光学实验的手段来发现地球相对于以太的运动。

迈克耳孙-莫雷实验的实验装置如图 6-2 所示。

若地球相对以太以速度 $\boldsymbol{v}$ 向右运动，则从地球上观察以太风从右边吹来。

在实验室 K'系中观察，当光从 G_1 到 M_1 时，光速大小为 $\boldsymbol{c}-\boldsymbol{v}$，当光从 M_1 到 G_1 时，光速大小为 $\boldsymbol{c}+\boldsymbol{v}$，来回时间

$$t_1=\frac{l_1}{c-v}+\frac{l_1}{c+v}=\frac{2l_1}{c\left(1-\frac{v^2}{c^2}\right)} \tag{6-1}$$

在实验室 K'系中观察，当光从 G_1 到 M_2 时，光速大小为 $\sqrt{c^2-v^2}$，如图 6-3(a)所示。

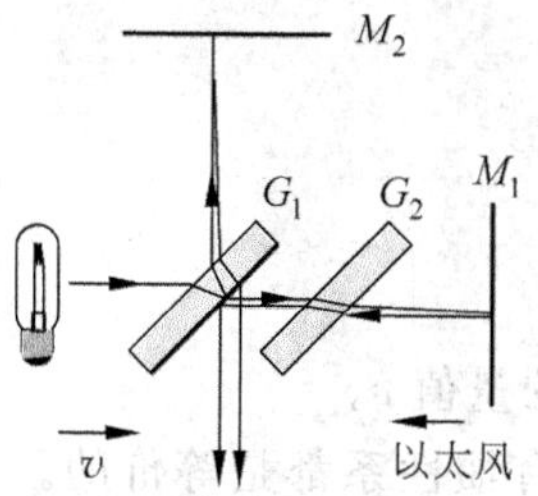

图 6-2　迈克耳孙-莫雷实验装置图

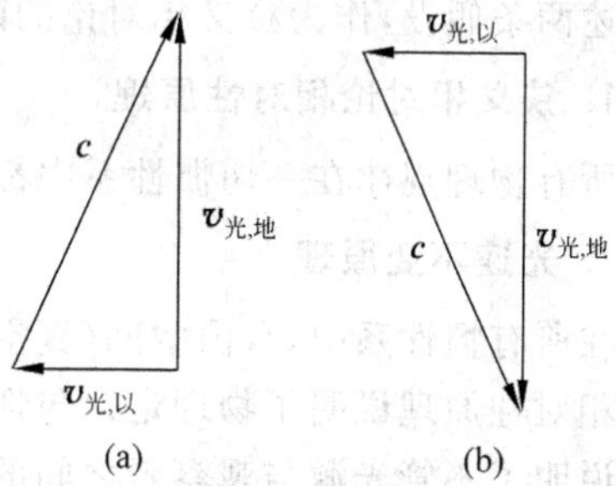

图 6-3　速度矢量

当光从 M_2 到 G_1 时，光速大小为 $\sqrt{c^2-v^2}$，如图 6-3(b)所示。

来回时间为

$$t_2=\frac{2l_2}{\sqrt{c^2-v^2}}=\frac{2l_2}{c\left(1-\frac{v^2}{c^2}\right)^{\frac{1}{2}}} \tag{6-2}$$

两束光到望远镜的时间差为

$$\Delta t=t_2-t_1=\frac{2l_2}{c\left(1-\frac{v^2}{c^2}\right)^{1/2}}-\frac{2l_1}{c\left(1-\frac{v^2}{c^2}\right)} \tag{6-3}$$

将仪器旋转 90°两束光到望远镜的时间差为

$$\Delta t'=t_2'-t_1'=\frac{2l_2}{c\left(1-\frac{v^2}{c^2}\right)}-\frac{2l_1}{c\left(1-\frac{v^2}{c^2}\right)^{1/2}} \tag{6-4}$$

于是得到干涉仪转动前后两束光到望远镜的时间差改变量为

$$\delta(\Delta t)=\Delta t'-\Delta t=\frac{2(l_1+l_2)}{c}\left(\frac{1}{1-\frac{v^2}{c^2}}-\frac{1}{\sqrt{1-\frac{v^2}{c^2}}}\right)\approx\frac{l_1+l_2}{c}\left(\frac{v}{c}\right)^2$$

应该有干涉条纹的移动，在 1887 年迈克耳孙和莫雷所做实验中，使两臂长度 $l_1=l_2=$

11m，光的波长 $\lambda=590\text{nm}$，而 $v=3.0\times10^4\text{m/s}$ 为地球绕太阳的公转速度。如果实验前提正确，按照实验条件应该观察到 0.4 条的条纹移动。但是，在实验中并没有观察到干涉条纹的移动，得到预期结果。以后又在不同季节、不同纬度、不同时间进行重复实验，都没有观察到干涉条纹的移动。

迈克耳孙-莫雷实验的结果说明：

(1) 绝对参照系是不存在的；

(2) 借助于光学实验的手段也无法确定惯性参照系自身的运动状态。

6.2 狭义相对论基本原理及狭义相对论时空观

一、狭义相对论的两条基本原理

1905 年，爱因斯坦扬弃了以太假说和绝对参照系的想法，在前人各种实验的基础上，提出下述两条假设，作为狭义相对论的两条基本原理：

1. 狭义相对论相对性原理

所有物理规律在一切惯性系中都具有相同形式。

2. 光速不变原理

在所有惯性系中，自由空间(真空)中的光速具有相同的量值 c。

相对性原理说明了物理定律与惯性系的选择无关，所有惯性系都是等价的。光速不变原理说明了不管光源与观察者之间的相对运动如何，在任一惯性系中所测得的真空中的光速都是相等的。这两条基本原理是整个狭义相对论的基础。

下面我们从狭义相对论的两条基本原理出发讨论狭义相对论时空观。

延伸阅读——物理学家

爱 因 斯 坦

爱因斯坦(Albert Einstein，1879—1955)是德裔美国科学家。1879 年 3 月 14 日生于德国乌耳姆镇的一个小业主家庭，1955 年 4 月 18 日卒于美国普林斯顿，自幼喜爱音乐，是一名熟练的小提琴手。1900 年毕业于苏黎世联邦工业大学，后在伯尔尼瑞士专利局找到固定工作。他早期的一系列历史成就都是在这里做出的。1909 年首次在学术界任职，出任苏黎世大学理论物理学副教授。1914 年，应 M. 普朗克和 W. 能斯托的邀请，回德国任威廉皇家物理研究所所长兼柏林大学教授。1933 年希特勒上台，爱因斯坦因为是犹太人，又坚决捍卫民主，因而受到迫害，被迫移居美国的普林斯顿。1940 年加入美国籍。1945 年退休。

爱因斯坦分别于 1905 年和 1915 年提出了狭义相对论和广义相对论，重新诠释物理学的基本概念，修正了牛顿力学，取代了传统的万有引力理论，使物理学的预测更为精确。爱因斯坦是和牛顿并举的物理学史上的巨人。

二、同时性的相对性

如图 6-4 所示，在相对于地面以 $\boldsymbol{u}$ 作匀速运动的车厢中点放一个闪光灯，在车厢的前后两端分别放一个接收器A和B。让灯发出一次闪光，在以车厢为参照系（K'系）的惯性参照系中看，由于光源位于A和B的中点，光的传播速度大小在前后两个方向上均等于$\boldsymbol{c}$，故A和B同时接收到光信号，A接收光信号与B接收光信号是同时发生的事件。

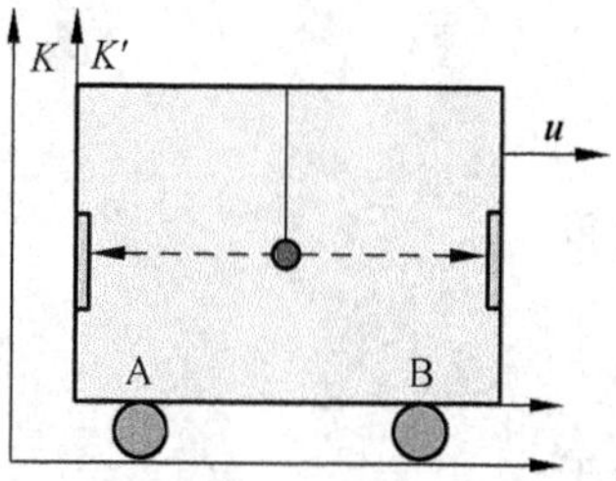

图 6-4　同时性的相对性

在以地面为参照系（K系）的惯性参照系中看，由于光速与参照系无关，因而光的传播速度大小在前后两个方向上仍等于$\boldsymbol{c}$，但因在光到达接收器A和B的过程中，A迎着光走了一段距离而B背着光走了一段距离，所以A接收器必先接收到光信号B接收器后接收到光信号，即在K系中的观察者看来，A接收光信号与B接收光信号不再是同时发生的事件。A接收到光信号先于B接收到光信号。

在一个惯性系中同时发生的两件事在另一个惯性系中不再同时发生。这就是同时的相对性。

思考：如果按伽利略速度关系来计算结果应如何？

三、时间间隔的相对性

在相对于地面以$\boldsymbol{u}$作匀速运动的车厢中放一个闪光灯，在同一地点放一个接收器，在其竖直上方放一反光镜（见图6-5），让闪光灯发出一光信号，光经过镜面反射被接收器接收。

在以车厢为参照系（K'系）的惯性参照系中观察光脉冲往返一次所花的时间，亦即发射光信号和接收光信号两个事件之间的时间间隔，假设这一时间间隔为$\Delta t'$，由图可以得到

$$\Delta t' = \frac{2d}{c}$$

从K'系中观察光信号的发射和接收是在同一地点发生的，其时间间隔可设想是用同闪光灯固定在一起的钟测量得到的，通常将在参照系中同一地点发生的两事件之间的时间间隔称为固有时，并用Δt_0表示，所以这里的$\Delta t'$就是固有时Δt_0。

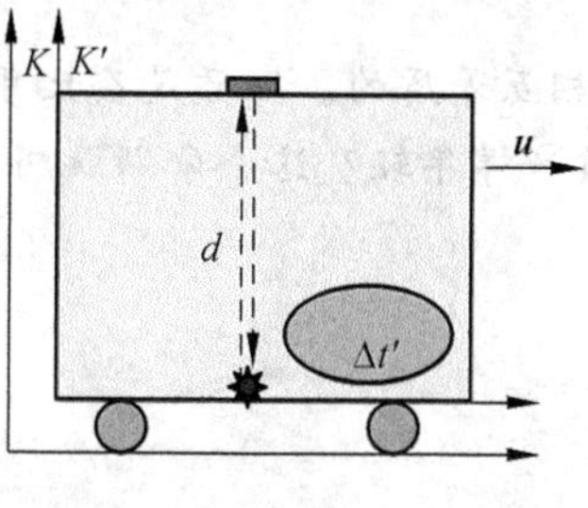

图 6-5　时间间隔的相对性

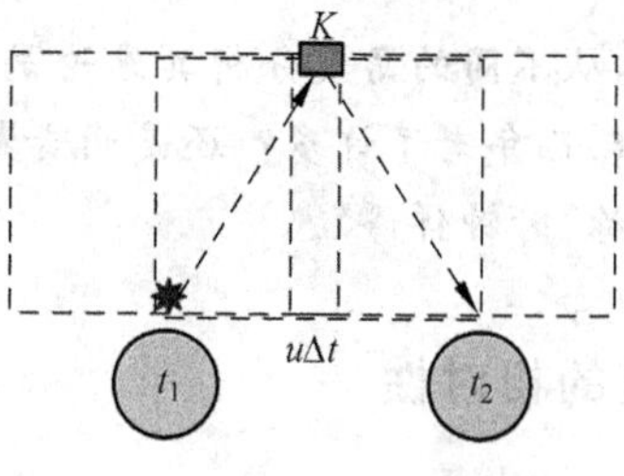

图 6-6　以地面为参考系

再到以地面为参照系（K系）的惯性参照系中观察，在K系中光脉冲以速度$\boldsymbol{u}$向右运动，光脉冲走的是一个三角形的两边，参见图6-6。

$$l = \sqrt{d^2 + \left(\frac{u \cdot \Delta t}{2}\right)^2}$$

$$\Delta t=\frac{2l}{c}=\frac{2\sqrt{d^2+\left(\frac{u\cdot\Delta t}{2}\right)^2}}{c}$$

解得

$$\Delta t=\frac{2d}{c}\frac{1}{\sqrt{1-u^2/c^2}}=\frac{\Delta t'}{\sqrt{1-\beta^2}}$$

由于

$$\Delta t'=\Delta t_0$$

故

$$\Delta t=\frac{\Delta t_0}{\sqrt{1-u^2/c^2}} \tag{6-5}$$

从 K 系中看,光脉冲的发射和接收是在不同地点发生的,为此,K 系中的观测者必须在发射处和接收处各设置一个时钟,即需要用两个钟来测量,且两个钟应该是完全对准的两个钟,因而 K 系测出的时间间隔不是固有时。

在测得的两事件时间间隔中,以固有时间为最短。

固有时间用放在两事件发生在同一地点的时钟测量,从其他参照系去观察这一运动的时钟它将变慢,这种现象称为时间膨胀。

可见,从不同的参照系去测量两事件的时间间隔,其结果不同,显示了时间间隔的相对性。

延伸阅读——时钟佯谬

双生子佯谬

设想有两个孪生兄弟甲和乙,甲乘飞船作太空旅行,乙留在地面等待甲。在乙看来,乙静止在地面,而甲则随飞船作高速运动,根据相对论时间膨胀的结论,返回时会发现乙比甲变老了。

但是,以上情形还可以换另一个角度来考察。即对于乘坐太空飞船的甲来说,甲在飞船上静止不动,甲看到乙在朝相反的方向高速运动,因此,在甲看来,在甲乙会面时,甲比乙变老了。

可见,从不同的角度分析其结论是不同的,而且是相互矛盾的。究竟是乙比甲年老了许多还是甲比乙年老了许多?还是两者都错了,二人应该一样年轻?这个命题就叫做“双生子佯谬”,也称“时钟佯谬”。

四、长度的相对性

如图 6-7 所示,在相对于地面(K 系)以 $\boldsymbol{u}$ 作匀速运动的 K'系中有一根棒,棒相对 K'系静止。分别在 K 系和 K'系中测量其长度。

K'中测得的为棒的静止长度,称为固有长度 l_0;K 中测得的为棒运动的长度,测量方法为同一时刻棒在 K 中前后端的坐标差。

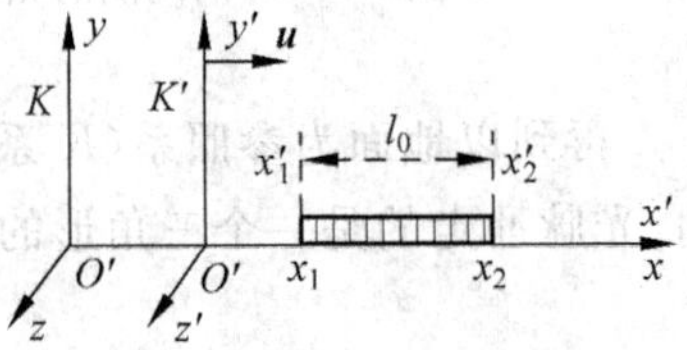

图 6-7 长度的相对性

$$l = x_2 - x_1$$

在 K 中 x_1 处放一时钟，测量棒前后端分别通过该处的时间，此为固有时间 Δt_0。在 K 中有

$$l = x_2 - x_1 = u\Delta t_0$$

在 K'中的棒前端和棒后端各放一时钟（两钟事先已校准），分别测量棒前端和后端通过 K 中 x_1 处的时间，用 Δt 表示。

在 K'中有

$$l' = x_2' - x_1' = u\Delta t$$

由时间膨胀公式

$$\Delta t = \frac{\Delta t_0}{\sqrt{1-\beta^2}}$$

有

$$l = l'\sqrt{1-\beta^2}, \quad l < l'$$

由于

$$l' = l_0$$

故

$$l = l_0\sqrt{1-\beta^2} \tag{6-6}$$

在不同惯性系中测量物体的长度，固有长度最长。从其他参照系去观察物体的长度，在运动的方向上它将变短，这种现象称为长度收缩。

可见，从不同的参照系去测量同一物体的长度，其结果不同，显示了长度的相对性。

6.3　洛伦兹变换及因果关系

一、洛伦兹坐标变换

洛伦兹变换是建立在相对论理论基础上的时空变换关系。如图 6-8 所示，K 系和 K'系是两个相对作匀速直线运动的惯性系。K'系相对 K 系以 $\boldsymbol{u}$ 的速度沿 x 轴正向运动，且初始时刻 O 与 O'重合。我们求由两个坐标系测出的在某时刻发生在 P 点的一个事件（比如一次爆炸）的两套坐标值 $p(x,y,z,t)$ 及 $p(x',y',z',t')$ 之间的关系。

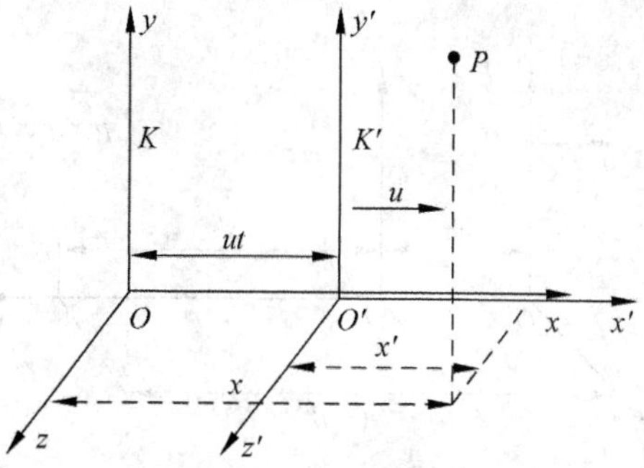

图 6-8　洛伦兹变换

如图 6-9，在 K' 系中测量时刻为 t'，从 $y'z'$ 平面到 P 点的距离为 x'。在 K 系中测量时刻为 t，从 yz 平面到 P 点的距离为 x 应等于此时刻两原点之间的距离 ut 加上 $y'z'$ 平面到 P 点的距离。但后一段距离在 K 系中测量，其数值不再等于 x'，根据长度收缩，应等于 $x'\sqrt{1-u^2/c^2}$，因此在 K 系中测量的结果应为

$$x = ut + x'\sqrt{1-u^2/c^2}$$

或

$$x' = \frac{x-ut}{\sqrt{1-u^2/c^2}}$$

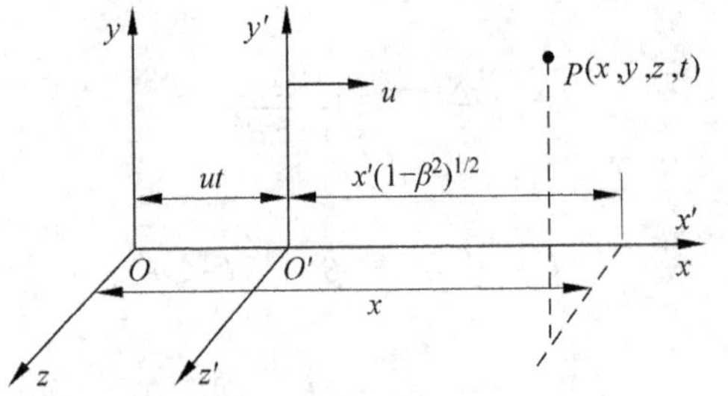

图 6-9　距离变换公式

如图 6-10 所示，为了求得时间变换公式，可以先求出 x 和 t' 表示的 x' 的表达式。在 K' 系中观察时，yz 平面到 P 点的距离应为 $x\sqrt{1-u^2/c^2}$，而两原点之间的距离为 ut'，这样在 K' 系中测量就有

$$x' = x\sqrt{1-\beta^2} - ut'$$

由

$$x = ut + x'\sqrt{1-u^2/c^2}$$

消去 x'，得到

$$t' = \frac{t-\dfrac{u}{c^2}x}{\sqrt{1-u^2/c^2}}$$

由于在垂直于运动方向上的长度测量与参考系无关，即 $y'=y$，$z'=z$，将上述变换式列到一起得到从 K 系到 K' 系的变换（正变换）：

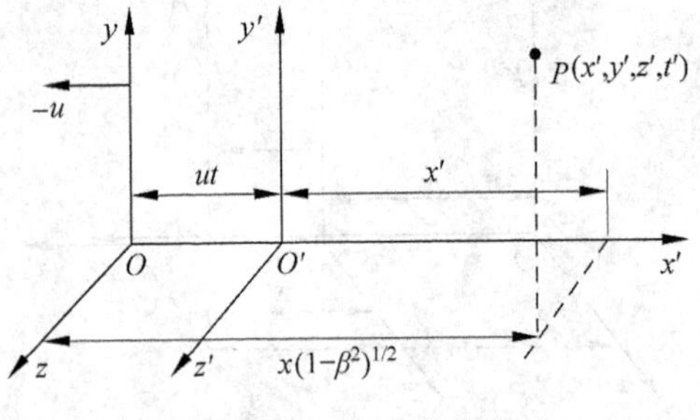

图 6-10　时间变换公式

$$\begin{cases} x' = \dfrac{x-ut}{\sqrt{1-u^2/c^2}} = \gamma(x-ut) \\ y' = y \\ z' = z \\ t' = \dfrac{t-\dfrac{u}{c^2}x}{\sqrt{1-u^2/c^2}} = \gamma\left(t-\dfrac{u}{c^2}x\right) \end{cases} \tag{6-7}$$

而从 K' 系到 K 系的变换(逆变换)为

$$\begin{cases} x = \dfrac{x'+ut'}{\sqrt{1-u^2/c^2}} = \gamma(x'+ut) \\ y = y' \\ z = z' \\ t = \dfrac{t'+\dfrac{u}{c^2}x'}{\sqrt{1-u^2/c^2}} = \gamma\left(t'+\dfrac{u}{c^2}x'\right) \end{cases} \tag{6-8}$$

式中

$$\gamma = \frac{1}{\sqrt{1-\beta^2}} = \frac{1}{\sqrt{1-\left(\dfrac{u}{c}\right)^2}}, \quad \beta = \frac{u}{c}$$

式(6-7)、式(6-8)称为洛伦兹变换式。

对于洛伦兹变换的说明:

(1) 洛伦兹变换将时间、空间及它们与物质的运动不可分割地联系起来了。

(2) 洛伦兹变换是同一事件在不同惯性系中两组时空坐标之间的变换方程。

(3) 洛伦兹变换与伽利略变换本质不同,但是在低速和宏观世界范围内洛伦兹变换可以还原为伽利略变换。

【例题 6-1】 用洛伦兹变换说明同时性的相对性。

解:由洛伦兹变换式得到

$$t'_2 = \frac{t_2-\dfrac{u}{c^2}x_2}{\sqrt{1-u^2/c^2}}$$

$$t'_1 = \frac{t_1-\dfrac{u}{c^2}x_1}{\sqrt{1-u^2/c^2}}$$

$$\Delta t' = t'_2 - t'_1 = \frac{\Delta t-\dfrac{u}{c^2}\Delta x}{\sqrt{1-u^2/c^2}}$$

若 $\Delta x \neq 0$ 且 $\Delta t = 0$,则

$$\Delta t' = t'_2 - t'_1 = \frac{\Delta t-\dfrac{u}{c^2}\Delta x}{\sqrt{1-u^2/c^2}} = \frac{-\dfrac{u}{c^2}\Delta x}{\sqrt{1-u^2/c^2}} \neq 0$$

这就说明了同时性的相对性。即在一个惯性系的不同地点同时发生的两个事件,在另

一个惯性系是不同时的。同时也说明只有在一个惯性系同时同地发生的两个事件，在另一个惯性系也是同时同地发生的。

【例题 6-2】 用洛伦兹变换验证长度的相对性。

解：设在相对于 K 系以 u 作匀速运动的 K'系中有一根棒，棒相对 K'系静止。

则在 K'系中测得的是棒的固有长度 $l_0=x_2'-x_1'$。

由洛伦兹变换式得到

$$x_2'=\frac{x_2-ut_2}{\sqrt{1-u^2/c^2}}$$

$$x_1'=\frac{x_1-ut_1}{\sqrt{1-u^2/c^2}}$$

$$l_0=x_2'-x_1'=\frac{x_2-ut_2}{\sqrt{1-u^2/c^2}}-\frac{x_1-ut_1}{\sqrt{1-u^2/c^2}}$$

由于在 K 系中测得的为棒运动的长度，必须同一时刻记录棒在 K 系中前后端的坐标。所以用 $l=x_2-x_1$ 表示棒在 K 系中测得的棒的长度，由 $t_1=t_2$，有

$$l_0=x_2'-x_1'=\frac{x_2-x_1}{\sqrt{1-u^2/c^2}}=\frac{l}{\sqrt{1-u^2/c^2}}$$

由此得

$$l=l_0\sqrt{1-u^2/c^2}$$

【例题 6-3】 一短跑选手，在地球上以 10s 的时间跑完 100m，在飞行速率为 $0.98c$ 的飞船中观测者看来，这个选手跑了多少时间和空间距离(设飞船沿跑道的竞跑方向行)？

解：设地面为 K 系，飞船为 K'系。因为

$$x'=\frac{x-ut}{\sqrt{1-u^2/c^2}}$$

故

$$x_2'-x_1'=\frac{(x_2-x_1)-u(t_2-t_1)}{\sqrt{1-u^2/c^2}}$$

又因为

$$t'=\frac{t-\frac{u}{c^2}x}{\sqrt{1-u^2/c^2}}$$

故

$$t_2'-t_1'=\frac{(t_2-t_1)-u(x_2-x_1)/c^2}{\sqrt{1-u^2/c^2}}$$

$$\Delta x=x_2-x_1=100\text{m},\quad \Delta t=t_2-t_1=10\text{s},\quad u=0.98c$$

$$x_2'-x_1'=\frac{100-0.98\times10}{\sqrt{1-0.98^2}}\approx-1.47\times10^{10}\,(\text{m})$$

$$t_2'-t_1'=\frac{10-0.98c\times100/c^2}{\sqrt{1-0.98^2}}\approx50.25\,(\text{s})$$

【例题 6-4】 在惯性系 K 中，相距 $\Delta x=5\times10^6\text{m}$ 的两个地方发生两个事件，时间间隔 $\Delta t=10^{-2}\text{s}$；而在相对于 K 系沿 x 轴正向匀速运动的 K'系中观测到这两事件却是同时发生的，试求 K'系中发生这两事件的地点间的距离 $\Delta x'$。

解：设 K'系相对于 K 系的速度大小为 u。

$$x' = \frac{x - ut}{\sqrt{1 - u^2/c^2}}$$

$$t' = \frac{t - \dfrac{u}{c^2}x}{\sqrt{1 - u^2/c^2}}$$

$$\Delta t' = \frac{\Delta t - u\Delta x/c^2}{\sqrt{1 - u^2/c^2}}$$

$$\Delta t - u\Delta x/c^2 = 0$$

$$u = \frac{\Delta t}{\Delta x}c^2$$

$$\Delta x' = \frac{\Delta x - u\Delta t}{\sqrt{1 - u^2/c^2}} = \frac{\Delta x - \dfrac{(\Delta t)^2}{\Delta x}c^2}{\sqrt{1 - \dfrac{(\Delta t)^2}{(\Delta x)^2}c^2}} = 4 \times 10^6\,(\text{m})$$

【例题 6-5】 测得宇宙射线中的 μ 子的平均寿命为 $\Delta t = 2.67\times10^{-5}$ s，而在实验室中它的速度远小于光速，测得的平均寿命为 $\Delta t_0 = 2.2\times10^{-6}$ s，求 μ 子的速度大小及飞行的空间距离。

解：由 $\Delta t = \dfrac{\Delta t_0}{\sqrt{1-u^2/c^2}}$

得

$$u = c\sqrt{1 - \left(\frac{\Delta t_0}{\Delta t}\right)^2} = 0.997c$$

μ 子的飞行的空间距离为

$$h = u\Delta t = 0.997c \times 2.67 \times 10^{-5} s = 8 \times 10^3\,(\text{m})$$

二、洛伦兹速度变换

由洛伦兹坐标变换可推出洛伦兹速度变换关系(正变换)为

$$\begin{cases} v'_x = \dfrac{v_x - u}{1 - \dfrac{u}{c^2}v_x} \\ v'_y = \dfrac{v_y}{1 - \dfrac{u}{c^2}v_x}\sqrt{1 - \dfrac{u^2}{c^2}} \\ v'_z = \dfrac{v_z}{1 - \dfrac{u}{c^2}v_x}\sqrt{1 - \dfrac{u^2}{c^2}} \end{cases} \tag{6-9}$$

也可推出洛伦兹速度变换关系(逆变换)为

$$\begin{cases} v_x = \dfrac{v'_x + u}{1 + \dfrac{u}{c^2}v'_x} \\ v_y = \dfrac{v'_y}{1 + \dfrac{u}{c^2}v'_x}\sqrt{1 - \dfrac{u^2}{c^2}} \\ v_z = \dfrac{v'_z}{1 + \dfrac{u}{c^2}v'_x}\sqrt{1 - \dfrac{u^2}{c^2}} \end{cases} \tag{6-10}$$

一维运动情况下洛伦兹速度变换式

$$v_x = v, \quad v_y = 0, \quad v_z = 0$$

$$v'_x = \frac{v - u}{1 - \dfrac{vu}{c^2}}$$

$$v'_y = 0$$

$$v'_z = 0$$

$$v_x = \frac{v' + u}{1 + \dfrac{v'u}{c^2}}$$

$$v_y = 0$$

$$v_z = 0$$

【例题 6-6】 如图 6-11 所示，设想一飞船以 0.8c 的速度在地球上空飞行，如果这时从飞船上沿速度方向发射一物体，物体相对飞船速度为 0.9c。则从地面上看，物体速度多大？

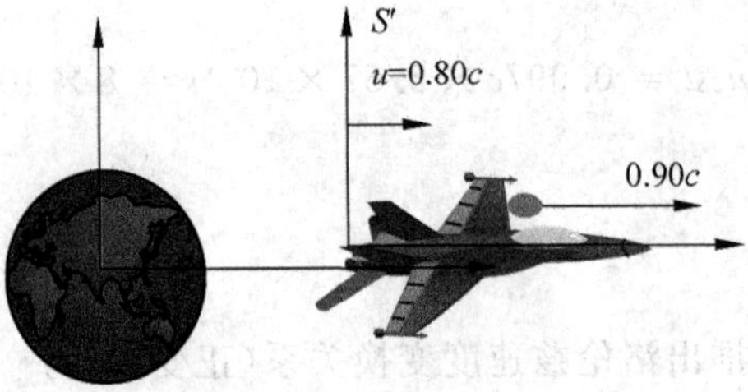

图 6-11　例题 6-6 用图

解：选飞船参考系为 K' 系，地面参考系为 K 系。

$$v = \frac{v' + u}{1 + \dfrac{v'u}{c^2}}$$

$$u = 0.80c, \quad v'_x = 0.90c$$

$$v_x = \frac{v'_x + u}{1 + \dfrac{u}{c^2}v'_x} = \frac{0.90c + 0.80c}{1 + 0.80 \times 0.90} = 0.99c$$

三、因果关系

时序就是两个事件发生的时间顺序。

如图 6-12 所示，以开枪打鸟为例来讨论。这里有两个事件。开枪为事件 1，时空坐标为(x_1, t_1)；鸟中弹为事件 2，时空坐标为(x_2, t_2)。在 K 系中观察：先开枪，后鸟中弹。

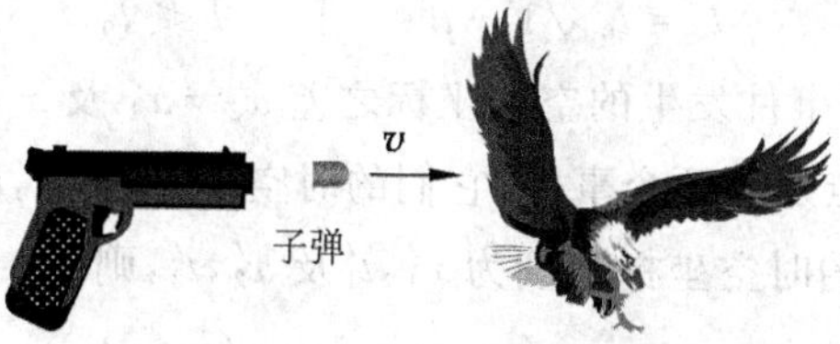

图 6-12　因果关系

那么在 K'系中观察，是否能发生先鸟中弹，后开枪？也就是说由因果律联系的两事件的时序是否会发生颠倒？

用洛伦兹变换式，在 K'系中

$$t_1'=\frac{t_1-\frac{ux_1}{c^2}}{\sqrt{1-\beta^2}}$$

$$t_2'=\frac{t_2-\frac{ux_2}{c^2}}{\sqrt{1-\beta^2}}$$

$$t_2'-t_1'=\frac{t_2-t_1-\frac{u(x_2-x_1)}{c^2}}{\sqrt{1-\beta^2}}=\frac{\Delta t-\frac{u\Delta x}{c^2}}{\sqrt{1-\beta^2}}=\Delta t\left(\frac{1-\frac{u}{c^2}\frac{\Delta x}{\Delta t}}{\sqrt{1-\beta^2}}\right)=\Delta t\left(\frac{1-\frac{uv}{c^2}}{\sqrt{1-\beta^2}}\right)>0$$

因为 $uv<c^2$，所以 $t_2'>t_1'$。在 K'系中，仍然是开枪在前，鸟中弹在后。所以由因果率联系的两事件的时序不会颠倒。

特别要注意下面的概念的区别。

(1) 本征时间(固有时间)与时间间隔

本征时间指的是在相对静止的参照系中，同一地点两个事件的时间差。在相对运动参照系中测量的时间和原时的关系为

$$\tau=\frac{\tau_0}{\sqrt{1-\beta^2}}$$

本征时间 τ_0 总是最小的。

时间间隔指不同地点发生两个事件的时间差。

在相对静止与相对运动参照系中测量的时间间隔的关系为

$$t_2'-t_1'=\frac{t_2-t_1-\frac{u(x_2-x_1)}{c^2}}{\sqrt{1-\beta^2}}$$

从上式可见，$t_2'-t_1'$可能大于也可能小于 t_2-t_1。

总之，对于同一地点发生的两个事件可以套用时间膨胀公式，而对于不同地点发生的两个事件要用洛伦兹坐标变换式进行计算。

(2) 长度与空间间隔(空间距离)

长度和坐标空间间隔是两个完全不同的概念。长度的概念也就是静止参照系中距离的概念，它总是大于零的，负的长度是没有意义的。在相对运动参照系中测量长度时，对物体的两端必须同时测量。在相对静止和相对运动参照系中测得的物体长度的关系是

$$l = l_0\sqrt{1-\beta^2} \quad 且 \quad l < l_0$$

空间间隔指的是两个事件发生的空间坐标之差 $x_2 - x_1$ 及 $x_2 - x_1$。

设在 K 系中不同地点发生两个事件，它们的时空坐标为 x_1, t_1 及 x_2, t_2，在相对 K 系运动的 K' 系中这两个事件的时空坐标分别为 x_1', t_1' 及 x_2', t_2'，则

$$x_2' - x_1' = \frac{(x_2 - x_1) - u(t_2 - t_1)}{\sqrt{1-\beta^2}}$$

与长度的概念不同，在相对运动的参照系中，空间间隔可变大也可变小，甚至变为负值。

结论：在相对运动的参照系中长度总是缩短的，可以套用长度缩短公式；而空间间隔对于不同的参照系可以变大，或变小，必须用洛伦兹坐标变换式进行计算。

【例题 6-7】 一短跑选手，在地球上以 10s 的时间沿直线跑道跑完 100m，在飞行速度为 0.98c 的飞船中的观测者，该选手跑了多长时间？跑道长度为多少？选手跑了多长距离(空间间隔)？

解：首先要明确，起跑是一个事件，到终点是另一个事件，这是在不同地点发生的两个事件。所以不能套用时间膨胀公式，应用洛伦兹坐标变换式来计算时间间隔。

$$t_2' - t_1' = \frac{(t_2 - t_1) - u(x_2 - x_1)/c^2}{\sqrt{1-u^2/c^2}}$$
$$= \frac{(10-0) - 0.98c \times (100-0)/c^2}{\sqrt{1-0.98^2}}$$
$$= 50.25(\mathrm{s})$$

运用时间膨胀公式计算

$$t_2' - t_1' = \frac{(t_2 - t_1)}{\sqrt{1-u^2/c^2}} = 50.25(\mathrm{s})$$

从这里可以看出，运用时间膨胀公式得到了相同的结果，其原因是在本题中

$$u(x_2 - x_1) = 0.98c \times (100-0) \ll c^2$$

$$t_2' - t_1' = \frac{(t_2 - t_1) - \dfrac{u(x_2 - x_1)}{c^2}}{\sqrt{1-\beta^2}} \approx \frac{t_2 - t_1}{\sqrt{1-\beta^2}}$$

这一条件不是在任何时候都能满足的！但在地球这一有限空间范围内，是可以满足的，虽然这两事件并不同地，但可近似地套用时间膨胀公式。

本题求的是跑道长度，所以可以套用长度缩短公式：

$$l = l_0\sqrt{1-\beta^2} = 100\sqrt{1-0.98^2} = 19.9(\mathrm{m})$$

再计算起跑和到达终点两个事件的空间间隔，则

$$x_2' - x_1' = \frac{(x_2 - x_1) - u(t_2 - t_1)}{\sqrt{1-\beta^2}} = \frac{(100-0) - 0.98c \times (10-0)}{\sqrt{1-0.98^2}} = -1.48 \times 10^{10}(\text{m})$$

空间间隔是负的。所以在飞船中观察，选手沿飞船飞行的相反方向跑了 1.48×10^{10} m。

6.4 狭义相对论动力学

一、动量、质量与速度的关系

假设两个全同粒子 A, B，静止质量均为 m_0，A 静止在 K'系中，B 静止在 K 系中，如图 6-13 所示。发生完全非弹性碰撞后结合为一个复合粒子。在 K 系和 K'系中讨论。

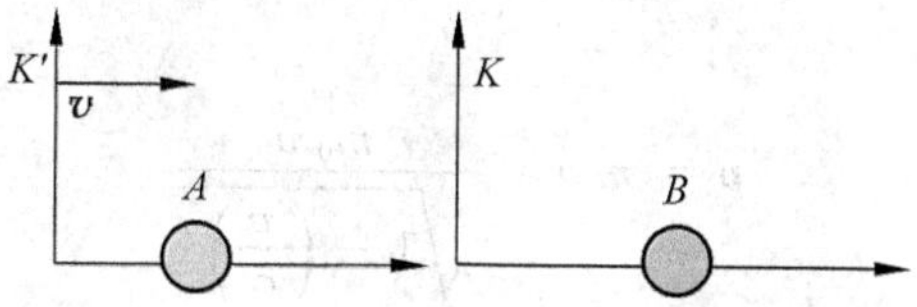

图 6-13　K 系和 K'系中的不同情况

K 系中观察者观察到如下结果：B 球速度为 0，质量为 m_0，动量为 0。A 球速度为 $\boldsymbol{v}$，质量为 m，动量为 $m\boldsymbol{v}$。设两球作完全非弹性碰撞，碰撞前后总质量不变。碰撞后两球共同以速度 $\boldsymbol{u}$ 相对 K 运动。由动量守恒定律

$$mv = (m_0 + m)u \tag{6-11}$$

K'系中观察者观察到结果如下：A 球速度为 0，质量为 m_0，动量为 0。B 球速度为 $-\boldsymbol{v}$，质量为 m，动量为 $-m\boldsymbol{v}$。设碰撞后两球共同相对 K'的速度为 $\boldsymbol{u}'$ 由动量守恒定律

$$-mv = (m_0 + m)u' \tag{6-12}$$

由相对论速度合成公式：

$$u' = \frac{u-v}{1-\dfrac{uv}{c^2}} \tag{6-13}$$

将式(6-13)代入式(6-12)可得

$$-mv = (m_0 + m)\frac{u-v}{1-\dfrac{uv}{c^2}} \tag{6-14}$$

式(6-11)及式(6-14)分别为在 K 中及在 K'中的动量守恒定律，

从式(6-11)、式(6-14)可得

$$\left(\frac{v}{u}\right)^2 - 2\left(\frac{v}{u}\right) + \left(\frac{v}{c}\right)^2 = 0$$

解得

$$\frac{v}{u} = 1 \pm \sqrt{1-\left(\frac{v}{c}\right)^2}$$

由式(6-11)，

$$\frac{v}{u}=\frac{m_0+m}{m}>1$$

故前面只能取正号

$$\frac{v}{u}=\frac{m_0+m}{m}=1+\sqrt{1-\left(\frac{v}{c}\right)^2}$$

解得

$$m=\frac{m_0}{\sqrt{1-\left(\frac{v}{c}\right)^2}} \tag{6-15}$$

此式称为相对论质速关系式，m_0 为物体的静止质量，m 为相对于观察者以速度 v 运动时的质量。

相对论动量表达式为

$$\boldsymbol{p}=m\boldsymbol{v}=\frac{m_0\boldsymbol{v}}{\sqrt{1-\left(\frac{v}{c}\right)^2}} \tag{6-16}$$

相对论动力学基本方程为

$$\boldsymbol{F}=\frac{\mathrm{d}\boldsymbol{p}}{\mathrm{d}t}=\frac{\mathrm{d}}{\mathrm{d}t}\left[\frac{m_0\boldsymbol{v}}{\sqrt{1-\left(\frac{v}{c}\right)^2}}\right] \tag{6-17}$$

当 $v\ll c$ 时

$$\frac{v}{c}\to 0$$

此方程变为牛顿第二定律。

二、质量和能量的关系

由动能定理微分形式

$$\mathrm{d}E_\mathrm{k}=\boldsymbol{F}\cdot\mathrm{d}\boldsymbol{s}=\boldsymbol{F}\cdot\boldsymbol{v}\mathrm{d}t=\mathrm{d}(m\boldsymbol{v})\cdot\boldsymbol{v}=(m\mathrm{d}\boldsymbol{v}+\boldsymbol{v}\mathrm{d}m)\cdot\boldsymbol{v}=m\boldsymbol{v}\cdot\mathrm{d}\boldsymbol{v}+\boldsymbol{v}\cdot\boldsymbol{v}\mathrm{d}m$$

根据

$$\boldsymbol{v}\cdot\boldsymbol{v}=v^2$$

得

$$\boldsymbol{v}\cdot\mathrm{d}\boldsymbol{v}=\frac{1}{2}\mathrm{d}(\boldsymbol{v}\cdot\boldsymbol{v})=\frac{1}{2}\mathrm{d}(v^2)=v\mathrm{d}v$$

故得

$$\mathrm{d}E_\mathrm{k}=mv\mathrm{d}v+v^2\mathrm{d}m$$

又

$$m=\frac{m_0}{\sqrt{1-\left(\frac{v}{c}\right)^2}}$$

得

$$\mathrm{d}m=\frac{m_0 v\mathrm{d}v}{c^2\left[1-\left(\frac{v}{c}\right)^2\right]^{\frac{3}{2}}}$$

$$v\mathrm{d}v=\frac{\mathrm{d}m}{m_0}c^2\left[1-\left(\frac{v}{c}\right)^2\right]^{\frac{3}{2}}$$

代入 $\mathrm{d}E_\mathrm{k}$ 的表达式得

$$\begin{aligned}\mathrm{d}E_\mathrm{k}&=mv\mathrm{d}v+v^2\mathrm{d}m\\&=\frac{m_0}{\sqrt{1-\left(\frac{v}{c}\right)^2}}\frac{\mathrm{d}m}{m_0}c^2\left[1-\left(\frac{v}{c}\right)^2\right]^{\frac{3}{2}}+v^2\mathrm{d}m\\&=\mathrm{d}mc^2\left[1-\left(\frac{v}{c}\right)^2\right]+v^2\mathrm{d}m\\&=c^2\mathrm{d}m\end{aligned}$$

即

$$\mathrm{d}E_\mathrm{k}=c^2\mathrm{d}m$$

$$\int_0^{E_\mathrm{k}}\mathrm{d}E_\mathrm{k}=\int_{m_0}^{m}c^2\mathrm{d}m$$

$$E_\mathrm{k}=mc^2-m_0c^2 \tag{6-18}$$

所以相对论中的动能表达式为

$$E_\mathrm{k}=mc^2-m_0c^2$$

相对论中的总能量表达式为

$$E=E_\mathrm{k}+m_0c^2=mc^2 \tag{6-19}$$

相对论中质能关系表达式为

$$\Delta E=\Delta mc^2 \tag{6-20}$$

而 $E_0=m_0c^2$ 称为静能。

讨论：

当 $v\ll c$ 时，有

$$\begin{aligned}E_\mathrm{k}&=mc^2-m_0c^2\\&=\frac{m_0c^2}{\sqrt{1-\left(\frac{v}{c}\right)^2}}-m_0c^2=m_0c^2\left(\frac{1}{\sqrt{1-\left(\frac{v}{c}\right)^2}}-1\right)\\&=m_0c^2\left(1+\frac{v^2}{2c^2}-1\right)=\frac{1}{2}m_0v^2\end{aligned}$$

又回到了经典力学中的质点动能表达式。

三、相对论能量和动量的关系

静止质量为 m_0，速度为 v 的物体的动量和总能量的大小分别为

$$p=mv=\frac{m_0v}{\sqrt{1-\left(\frac{v}{c}\right)^2}}$$

$$E = mc^2 = \frac{m_0 c^2}{\sqrt{1-\left(\frac{v}{c}\right)^2}}$$

由以上两式得

$$E^2 - c^2 p^2 = \frac{m_0^2 c^4}{1-\frac{v^2}{c^2}} - \frac{m_0^2 v^2 c^2}{1-\frac{v^2}{c^2}} = \frac{m_0^2 c^4\left(1-\frac{v^2}{c^2}\right)}{1-\frac{v^2}{c^2}} = m_0^2 c^4$$

由此得相对论能量动量关系式:

$$E^2 = c^2 p^2 + m_0^2 c^4 \tag{6-21}$$

对于光子,有

$$m_0 = 0, \quad E_0 = 0, \quad E^2 = c^2 p^2, \quad p = \frac{E}{c} = mc$$

延伸阅读——技术应用

核电站

核电站(nuclear power plant)又称核电厂,是利用核裂变(nuclear fission)或核聚变(nuclear fusion)反应所释放的能量产生电能的发电厂。目前商业运转中的核能发电厂都是利用核裂变反应而发电。核电站一般分为两部分:利用原子核裂变生产蒸气的核岛(包括反应堆装置和一回路系统)和利用蒸汽发电的常规岛(包括汽轮发电机系统),使用的燃料一般是放射性重金属铀、钚。

秦山核电站是中国自行设计、建造和运营管理的第一座30万千瓦压水堆核电站,地处浙江省嘉兴市海盐县。总装机容量达到656.4万千瓦,年发电量约500亿千瓦时,是中国和平利用核能量的标志。

本章小结

1. 两个基本假设

(1) 光速不变原理:在任何惯性系中,光在真空中的速率都相等,等于 c。

(2) 狭义相对性原理:一切物理定律在所有惯性系中都具有相同的形式。

2. 洛伦兹时空间隔变换式

当 K' 系以 $\boldsymbol{v}=v\boldsymbol{i}$ 相对于 K 系沿 x 轴正向运动时,有

正变换:

$$\Delta x' = \frac{\Delta x - v\Delta t}{\sqrt{1-\left(\frac{v}{c}\right)^2}}$$

$$\Delta t' = \frac{\Delta t - \frac{v}{c^2}\Delta x}{\sqrt{1-\left(\frac{v}{c}\right)^2}}$$

逆变换：
$$\Delta x=\frac{\Delta x'+v\Delta t'}{\sqrt{1-\left(\frac{v}{c}\right)^2}}$$

$$\Delta t=\frac{\Delta t'+\frac{v}{c^2}\Delta x'}{\sqrt{1-\left(\frac{v}{c}\right)^2}}$$

3. 狭义相对论的时空观

(1) 同时的相对性：K 系中不同地点同时发生的两件事，在 K' 系中观察，必不同时。

(2) 物体沿运动方向的长度收缩：$l=l_0\sqrt{1-\left(\frac{v}{c}\right)^2}<l_0$，$l_0$ 是静止长度，称为固有长度。

(3) 时间膨胀：$\Delta t'=\frac{\Delta t}{\sqrt{1-\left(\frac{v}{c}\right)^2}}$，$\Delta t$ 是 K 系中同一地点不同时刻发生的两事件的时间间隔，称为固有时间。

4. 速度变换式

$$u'_x=\frac{u_x-v}{1-\frac{v}{c^2}u_x}$$

$$u'_y=\frac{u_y}{1-\frac{v}{c^2}u_x}\sqrt{1-\left(\frac{v}{c}\right)^2}$$

$$u'_z=\frac{u_z}{1-\frac{v}{c^2}u_x}\sqrt{1-\left(\frac{v}{c}\right)^2}$$

5. 质速关系

运动质量：
$$m=\frac{m_0}{\sqrt{1-\left(\frac{v}{c}\right)^2}}$$

动量：
$$\boldsymbol{p}=m\boldsymbol{v}=\frac{m_0\boldsymbol{v}}{\sqrt{1-\left(\frac{v}{c}\right)^2}}$$

6. 质能关系

静止能量：
$$E_0=m_0c^2$$

总能量：
$$E=mc^2=\frac{E_0}{\sqrt{1-\left(\frac{v}{c}\right)^2}}$$

动能：
$$E_{\mathrm{k}}=mc^2-m_0c^2=\left(\frac{1}{\sqrt{1-\left(\frac{v}{c}\right)^2}}-1\right)E_0$$

动能定理：
$$A_{外}=E_{\mathrm{k2}}-E_{\mathrm{k1}}$$

7. 光子：$m_0=0, E_0=0, E=mc^2=h\nu, p=mc=\frac{E}{c}=\frac{h}{\lambda}$

8. 两个粒子碰撞，复合成一个新的粒子：满足系统的能量守恒，动量守恒。

习题

一、选择题

1. 宇宙飞船相对于地面以速度 v 作匀速直线飞行，某一时刻飞船头部的宇航员向飞船尾部发出一个光信号，经过 Δt(飞船上的钟)时间后，被尾部的接收器收到，则由此可知飞船的固有长度为(c 表示真空中光速)(　　)。

(A) $c\cdot\Delta t$　　(B) $v\cdot\Delta t$

(C) $\frac{c\cdot\Delta t}{\sqrt{1-\left(\frac{v}{c}\right)^2}}$　　(D) $c\cdot\Delta t\cdot\sqrt{1-\left(\frac{v}{c}\right)^2}$

2. 有下列几种说法：

(1) 所有惯性系对物理基本规律都是等价的。

(2) 在真空中，光的速度与光的频率、光源的运动状态无关。

(3) 在任何惯性系中，光在真空中沿任何方向的传播速率都相同。

若问其中哪些说法是正确的，答案是(　　)。

(A) 只有(1)、(2)是正确的　　(B) 只有(1)、(3)是正确的

(C) 只有(2)、(3)是正确的　　(D) 三种说法都是正确的

3. 在某地发生两件事，静止位于该地的甲测得时间间隔为 4s，若相对于甲作匀速直线运动的乙测得时间间隔为 5s，则乙相对于甲的运动速度是(c 表示真空中光速)(　　)。

(A) $(4/5)c$　　(B) $(3/5)c$　　(C) $(2/5)c$　　(D) $(1/5)c$

4. K 系与 K' 系是坐标轴相互平行的两个惯性系，K' 系相对于 K 系沿 Ox 轴正方向匀速运动。一根刚性尺静止在 K' 系中，与 $O'x'$ 轴成 30°角。今在 K 系中观测得该尺与 Ox 轴成 45°角，则 K' 系相对于 K 系的速度是(　　)。

(A) $(2/3)c$　　(B) $(1/3)c$　　(C) $(2/3)^{1/2}c$　　(D) $(1/3)^{1/2}c$

5. 一匀质矩形薄板，在它静止时测得其长为 a，宽为 b，质量为 m_0。由此可算出其面积密度为 m_0/ab。假定该薄板沿长度方向以接近光速的速度 v 作匀速直线运动，此时再测算该矩形薄板的面积密度则为(　　)。

(A) $\frac{m_0\sqrt{1-\left(\frac{v}{c}\right)^2}}{ab}$　　(B) $\frac{m_0}{ab\sqrt{1-\left(\frac{v}{c}\right)^2}}$

(C) $\frac{m_0}{ab\left[1-\left(\frac{v}{c}\right)^2\right]}$　　(D) $\frac{m_0}{ab\left[1-\left(\frac{v}{c}\right)^2\right]^{3/2}}$

6. 一宇航员要到离地球为 5 光年的星球去旅行。如果宇航员希望把这路程缩短为 3 光年，则他所乘的火箭相对于地球的速度应是(c 表示真空中光速)(　　)。

(A) $v=(1/2)c$　　(B) $v=(3/5)c$　　(C) $v=(4/5)c$　　(D) $v=(9/10)c$

7. (1) 对某观察者来说，发生在某惯性系中同一地点、同一时刻的两个事件，对于相对该惯性系作匀速直线运动的其他惯性系中的观察者来说，它们是否同时发生？

(2) 在某惯性系中发生于同一时刻、不同地点的两个事件，它们在其他惯性系中是否同时发生？

关于上述两个问题的正确答案是(　　)。

(A) (1)同时，(2)不同时　　(B) (1)不同时，(2)同时

(C) (1)同时，(2)同时　　(D) (1)不同时，(2)不同时

8. 两个惯性系 S 和 S'，沿 $x(x')$ 轴方向作匀速相对运动。设在 S' 系中某点先后发生两个事件，用静止于该系的钟测出两事件的时间间隔为 τ_0，而用固定在 S 系的钟测出这两个事件的时间间隔为 τ。又在 S' 系 x' 轴上放置一静止于是该系。长度为 l_0 的细杆，从 S 系测得此杆的长度为 l，则(　　)。

(A) $\tau<\tau_0$；$l<l_0$　　(B) $\tau<\tau_0$；$l>l_0$

(C) $\tau>\tau_0$；$l>l_0$　　(D) $\tau>\tau_0$；$l<l_0$

9. 一个电子运动速度 $v=0.99c$，它的动能是(电子的静止能量为 0.51MeV)(　　)。

(A) 4.0MeV　　(B) 3.5MeV

(C) 3.1MeV　　(D) 2.5MeV

10. 质子在加速器中被加速，当其动能为静止能量的 4 倍时，其质量为静止质量的(　　)。

(A) 4 倍　　(B) 5 倍　　(C) 6 倍　　(D) 8 倍

二、填空题

11. 地面上的观察者测得两艘宇宙飞船相对于地面以速度 $v=0.90c$ 逆向飞行。其中一艘飞船测得另一艘飞船速度的大小 $v'=$________。

12. 当惯性系 S 和 S' 的坐标原点 O 和 O' 重合时，有一点光源从坐标原点发出一光脉冲，在 S 系中经过一段时间 t 后(在 S' 系中经过时间 t')，此光脉冲的球面方程(用直角坐标系)分别为：S 系________________；S' 系________________。

13. 一门宽为 a。今有一固有长度为 $l_0(l_0>a)$ 的水平细杆，在门外贴近门的平面内沿其长度方向匀速运动。若站在门外的观察者认为此杆的两端可同时被拉进此门，则该杆相对于门的运动速率 u 至少为________。

14. 一列高速火车以速度 u 驶过车站时，固定在站台上的两只机械手在车厢上同时划出两个痕迹，静止在站台上的观察者同时测出两痕迹之间的距离为 1m，则车厢上的观察者应测出这两个痕迹之间的距离为________。

15. 牛郎星距离地球约 16 光年，宇宙飞船若以________的匀速度飞行，将用 4 年的时间(宇宙飞船上的钟指示的时间)抵达牛郎星。

16. 静止时边长为 50cm 的立方体，当它沿着与它的一个棱边平行的方向相对于地面以匀速度 2.4×10^8m/s 运动时，在地面上测得它的体积是________。

17. (1) 在速度 $v=$________情况下粒子的动量等于非相对论动量的两倍。

(2) 在速度 $v=$________情况下粒子的动能等于它的静止能量。

18. 当粒子的动能等于它的静止能量时，它的运动速度为________。

19. 质子在加速器中被加速，当其动能为静止能量的 3 倍时，其质量为静止质量的________倍。

20. 狭义相对论中，一质点的质量 m 与速度 v 的关系式为________，其动能的表达式为________。

21. α 粒子在加速器中被加速，当其质量为静止质量的 5 倍时，其动能为静止能量的________倍。

22. 已知一静止质量为 m_0 的粒子，其固有寿命为实验室测量到的寿命的 $1/n$，则此粒子的动能是________。

23. 匀质细棒静止时的质量为 m_0，长度为 l_0，当它沿棒长方向作高速的匀速直线运动时，测得它的长为 l，那么，该棒的运动速度 $v=$________，该棒所具有的动能 $E_k=$________。

三、计算题

24. 一隧道长为 L，宽为 d，高为 h，拱顶为半圆，如图 6-14 所示。设想一列车以极高的速度 v 沿隧道长度方向通过隧道，若从列车上观测，问：

(1) 隧道的尺寸如何？

(2) 设列车的长度为 l_0，它全部通过隧道的时间是多少？

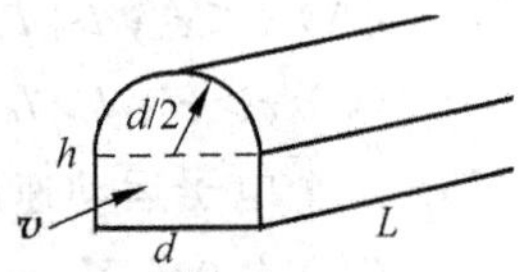

图 6-14　习题 24 用图

25. 在惯性系 S 中，有两事件发生于同一地点，且事件 2 比事件 1 晚发生 $\Delta t=2\text{s}$；而在另一惯性系 S' 中，观测事件 2 比事件 1 晚发生 $\Delta t'=3\text{s}$。那么在 S' 系中两事件发生的地点之间的距离是多少？

26. 观察者 A 测得与他相对静止的 Oxy 平面上一个圆的面积是 12cm^2，另一观察者 B 相对于 A 以 $0.8c$（c 为真空中光速）平行于 Oxy 平面作匀速直线运动，B 测得这一图形为一椭圆，其面积是多少？

27. 一艘宇宙飞船的船身固有长度为 $L_0=90\text{m}$，相对于地面以 $v=0.8c$（c 为真空中光速）的匀速度在地面观测站的上空飞过。

(1) 观测站测得飞船的船身通过观测站的时间间隔是多少？

(2) 宇航员测得船身通过观测站的时间间隔是多少？

28. 地球的半径约为 $R_0=6376\text{km}$，它绕太阳的速率约为 $v=30\text{km/s}$，在太阳参考系中测量地球的半径在哪个方向上缩短得最多？缩短了多少？（假设地球相对于太阳系来说近似于惯性系）

29. 假定在实验室中测得静止在实验室中的 μ^+ 子（不稳定的粒子）的寿命为 $2.2\times10^{-6}\text{m}$，而当它相对于实验室运动时实验室中测得它的寿命为 $1.63\times10^{-6}\text{s}$。试问：这两个测量结果符合相对论的什么结论？$\mu^+$ 子相对于实验室的速度是真空中光速 c 的多少倍？

30. 设有宇宙飞船 A 和 B，固有长度均为 $l_0=100\text{m}$，沿同一方向匀速飞行，在飞船 B 上观测到飞船 A 的船头、船尾经过飞船 B 船头的时间间隔为 $\Delta t=(5/3)\times10^{-7}\text{s}$，求飞船 B 相对于飞船 A 的速度的大小。

31. 要使电子的速度从 $v_1=1.2\times10^8\text{m/s}$ 增加到 $v_2=2.4\times10^8\text{m/s}$ 必须对它做多少功？（电子静止质量 $m_e=9.11\times10^{-31}\text{kg}$）

32. 已知 μ 子的静止能量为 105.7MeV，平均寿命为 2.2×10^{-8} s。试求动能为 150MeV 的 μ 子的速度 v 是多少？平均寿命 τ 是多少？

33. 一电子以 $v=0.99c$（c 为真空中光速）的速率运动。试求：

(1) 电子的总能量是多少？

(2) 电子的经典力学动能与相对论动能之比是多少？（电子静止质量 $m_e=9.11\times10^{-31}$kg）

34. 火箭相对于地面以 $v=0.6c$（c 为真空中光速）的匀速度向上飞离地球。在火箭发射 $\Delta t'=10$s 后（火箭上的钟），该火箭向地面发射一导弹，其速度相对于地面为 $v_1=0.3c$，问火箭发射后多长时间（地球上的钟），导弹到达地球？计算中假设地面不动。

银装素裹的隆冬时节，北国名城哈尔滨即将迎来迸发出绚丽与激情的中国哈尔滨国际冰雪节。中国哈尔滨国际冰雪节与日本札幌雪节、加拿大魁北克冬季狂欢节和挪威奥斯陆滑雪节并称为世界四大冰雪节。1985 年 1 月 5 日创办，成为世界最大的冰雪主题游乐园盛会。

每年一度的哈尔滨冰雪节，以“主题经济化、目标国际化、经营商业化、活动群众化”为原则，集冰灯游园会、大型焰火晚会、冰上婚礼、摄影比赛、图书博览会、经济技术协作洽谈会、经协信息发布洽谈会、物资交易大会、专利技术新产品交易会于一体，吸引游客多达百余万人次，经贸洽谈会成交额逐年上升。不仅是中外游客旅游观光的热点，而且还是国内外客商开展经贸合作、进行友好交往的桥梁和纽带。

在你欣赏这美丽的冰雪盛会的时候，不知你是否和一个物理学量——温度联系在一起，如果没有北国的严冬低温，就不可能有繁荣的冰雪节。

第 7 章

气体动理论

本章概要 气体动理论是大学物理的一个组成部分，是热学的微观描述方法，它从物质由大量分子、原子组成的前提出发，运用统计的方法，把宏观性质看作由微观粒子热运动的统计平均值所决定，由此找出微观量与宏观量之间的关系。本章主要介绍分子运动的基本概念、气体的状态参量、平衡状态、理想气体物态方程、气体动理论压强公式、气体动理论温度公式、能量按自由度均分定理、理想气体的内能气体分子热运动的速率分布等。重点讨论分析理想气体物态方程、压强和温度的微观实质和意义、理想气体的内能、速率分布函数以及理想气体平衡态的特征速率等。本章的难点是压强和温度的微观实质和意义、速率分布函数的物理意义以及相关的计算。

7.1 平衡态 热力学第零定律 理想气体物态方程

热学研究宏观物体的冷热性质，并常把所研究的宏观物体或物体组称为热力学系统。系统的状态可区分为平衡态和非平衡态，这是热学最重要的特征。

一、平衡态与非平衡态

一定的热力学系统在一定的条件下总处于某种状态，称之为**热力学状态**。热力学状态可分为热力学平衡态和非平衡态。系统的状态由系统的热力学参量(压强、温度等)来描述。一般它隐含着这样的假定——系统的各个部分的压强与温度都是处处相等的。下面举两个例子。例一是自由膨胀实验，容器被隔板把它分隔为相等的两部分，左边充有压强 p_0 的理想气体，右边为真空。把隔板打开，气体就自发地流入到右边真空器中，这一现象称为自由膨胀，所谓“自由”是指气体向真空膨胀时不受阻碍。在发生自由膨胀时容器中各处压强都不同，且随时间变化。我们就说这样的系统处于非平衡态。但是经过了并不很长的时间，容器中的气体压强趋于均匀，且不随时间变化，它已处于平衡态。对平衡态的定义：**在不受外界条件影响下，经过足够长时间后系统必将达到一个宏观上看来不随时间变化的状态，这种状态称为平衡态**。值得注意的是，如果有外界影响，即使系统处于宏观性质不随时间变化的稳定状态，也不是平衡态。

下面考虑第二个例子：热传导实验，将一金属杆的一端浸在沸水中，另一端浸在冰水中。在沸水和冰水的维持下，杆上各处的冷热程度有一不随时间改变的稳定分布。但这时金属杆并不处于平衡态，因为杆与沸水及冰水之间有热交换，热量持续不断地从杆的一端传到另一端。

二、状态参量

当系统处于平衡态时，其宏观性质不再随时间变化，因而就可以用一组具有确定数值的宏观物理量来表征它的特性。系统处于不同的平衡态时，这些宏观物理量的数值一般也不相同，我们把这些宏观物理量称为状态参量。一组确定的状态参量值就能确定一个对应的平衡态。例如，一定质量的化学纯气体处在平衡态时，可用气体的压强 p 、体积 V 和温度 T 中任意两个作为状态参量。当选定了描述系统的状态参量之后，描述系统状态的其他宏观量就可以表示为状态参量的函数，这些函数同系统的状态是一一对应的，通常称它们为态函数，例如气体的能量就是态函数。

根据状态参量的隶属性质，可以把状态量分为**热学参量**、**几何参量**、**力学参量**、**化学参量和电磁参量等**，它们分别从热学、几何、力学、化学和电磁学等几个不同的侧面去描述系统的平衡态的性质。例如对于处在外电场中且密闭在有一定体积的容器中的化学纯的气体系统我们可以用气体的**温度** T(热学参量)、**体积** V(几何参量)、**压强** p(力学参量)、**摩尔数** ν(化学参量)和 E(电磁参量)等去描述气体系统的平衡态。至于究竟用哪几个参量才能对系统的平衡态进行完整的描述，则要由系统本身的性质和所要研究问题的要求来确定。

三、温度　热力学第零定律

温度是描述系统平衡态热学性质的重要参量。在初等物理中，温度被定义为表示物体冷热程度的物理量，这种定义是以人的主观感觉为基础的，容易导出错误的结论。温度的科学定义及测量是以热平衡的概念为基础的。要对温度概念深入理解，在宏观上应对温度建立严格的科学定义，因而必须引入热平衡的概念与热力学第零定律。**在微观上，则必须说明，温度是处于热平衡系统的微观粒子热运动强弱程度的度量**。假设两个热力学系统原来各处于一定的平衡态，现使它们热接触(接触时，系统之间可以传热)。实验证明，接触后的两个系统的状态一般都要发生变化，但经过一段时间后，两个系统的状态便不再变化，这表明两个系统已达到一个共同的平衡态。由于这种平衡态是在两个系统发生传热的条件下达到的，所以叫做**热平衡**。

现在考虑 A、B、C 三个热力学系统(如图 7-1 所示)。首先，将 A 和 B 用绝热壁相互隔开，但使它们同时与系统 C 热接触，经过足够长的时间后，A、B 系统将分别与 C 系统达到热平衡。这时如果将 A、B 系统与 C 系统绝热隔开，而使 A 与 B 热接触，则可发现 A 和 B 的状态都不再发生变化，这表明系统 A 和 B 已处于热平衡。由此可以得到结论：**如果两个热力学系统中的每一个都与处于确定状态的第三个热力学系统处于热平衡，则这两个热力学系统彼此也必定处于热平衡。这个结论称为热力学第零定律，又称为热平衡定律**。值得指出的是，热力学第零定律不可能运用逻辑推理推证出来，即它不能由其他定律或定理导出，它的真实性是由大量实验所验证的。

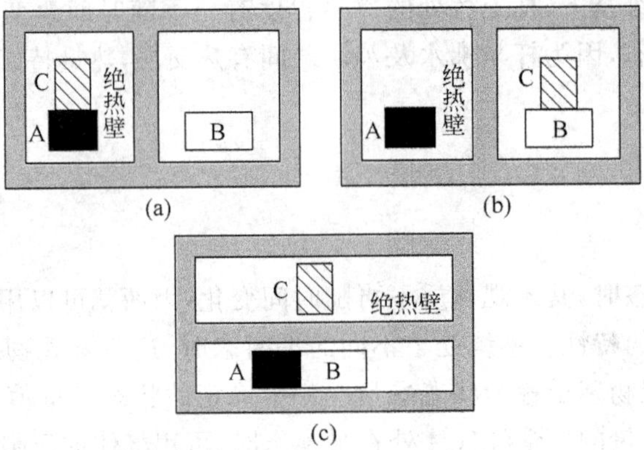

图 7-1　热力学第零定律

由热力学第零定律可知，处于同一热平衡状态的所有热力学系统应当具有某种共同的宏观性质。我们定义表征这种共同的宏观性质的物理量为温度。也就是说，**温度是决定一系统与其他系统是否处于热平衡的物理量，它的特征在于一切互为热平衡的系统都具有相同的温度**。温度的数值表示叫温标。常用的温标有两种：一是热力学温标 T，单位是 K；另一是摄氏温标 t，单位是℃。$t=T-273.15$。

四、理想气体状态方程

表示平衡态的三个参量 p、V、T 之间存在着一定的函数关系。把反映气体的 p、V、T 之间的关系式叫做气体的状态方程。实验表明，一般气体在压强不太大（与大气压比较）和温度不太低（与室温比较）的范围内，遵守**玻意耳定律**、**盖-吕萨克定律**和**查理定律**。由此，我们可以抽象出一个能反映气体共性的理想模型——严格遵从气体三定律的气体，称为**理想气体**；它是实际气体在压强趋于零时的极限情况。**在常温常压下，一切实际气体都可近似地看成是理想气体；压强越低，就越接近理想气体。**

从玻意耳定律、查理定律及盖-吕萨克定律，可知一定质量的理想气体满足

$$\frac{P_1V_1}{T_1}=\frac{P_2V_2}{T_2}=\text{常量} \tag{7-1}$$

令 1mol 气体的常量为 R，则

$$pV_{\mathrm{m}}=RT$$

式中 $R=8.31\mathrm{J\cdot mol^{-1}\cdot K^{-1}}$，称为普适气体常量。若气体质量不是 1mol 而是 m，气体摩尔质量是 M_{m}，并把 $\frac{m}{M_{\mathrm{m}}}=\nu$ 称为气体物质的摩尔数，则

$$pV=\frac{m}{M_{\mathrm{m}}}RT=\nu RT \tag{7-2}$$

这就是理想气体物态方程。**能严格满足理想气体物态方程的气体被称为理想气体，这是从宏观上对理想气体作出的定义。**

【例题 7-1】　某种柴油机的汽缸容积为 $0.827\times10^{-3}\,\mathrm{m^3}$。设压缩前其中空气的温度是

47℃，压强为 8.5×10^4 Pa。当活塞急剧上升时，可把空气压缩到原体积的 1/17，使压强增加到 4.7×10^6 Pa，求此时空气的温度（假设空气可看作理想气体）。

解：空气可视为理想气体，在压缩前的初状态和压缩后的末状态均为平衡态，则有

$$\frac{P_1V_1}{T_1}=\frac{P_2V_2}{T_2}$$

$$T_2=\frac{P_2V_2}{P_1V_1}T_1$$

这里 $P_1=8.5\times10^4\text{Pa}$，$T_1=47℃=273+47=320\text{K}$，$V_1=0.827\times10^{-3}\text{m}^3$，$P_2=4.2\times10^6\text{Pa}$，$V_2=\frac{1}{17}V_1$。代入上式得 $T_2=\frac{P_2V_2}{P_1V_1}T_1=930\text{K}$。此温度大于柴油燃点。所以柴油喷入汽缸时就会立即燃烧，发生爆炸，推动活塞做功。

【例题 7-2】 容积 $V=30\text{L}$ 的高压钢瓶装有压强 $P=1.3\times10^7\text{Pa}$ 的氧气，做实验每天需用 $P_1=1\times10^5\text{Pa}$ 和 $V_1=400\text{L}$ 的氧气，规定钢瓶内氧气压强不能降到 $P'=1.0\times10^6\text{Pa}$ 以下，以免开启阀门时混进空气。试估计这瓶氧气使用几天后就需重新充气。

解：设氧气摩尔质量为 M_m，瓶内原装氧气的质量为 m，重新充气时瓶内剩余氧气的质量为 m'，每日耗用氧气的质量为 m_1，则按理想气体状态方程有

$$m=\frac{PV}{RT}M_m$$

这瓶氧气的使用天数为

$$m'=\frac{P'V}{PT}M_m$$

$$\frac{m-m'}{m_1}=\frac{(p-p')V}{P_1V_1}=9(\text{d})$$

7.2 物质的微观模型

上节是从宏观上来讨论物质的性质的，若要从微观上讨论物质的性质，必须先知道物质的微观模型。本节将从实验事实出发来说明物质的微观模型。在大量实验的基础上，对物质的微观模型的描述可归纳为下述三个基本观点。

一、宏观物质是由大量分子（或原子）组成的

许多实验事实都已证明物质是由大量不连续的微观粒子—分子或原子（离子）所组成的。有很多现象能说明这一特征。例如气体易被压缩；水在 40000atm 的压强下，体积减为原来的 1/3；以 20000atm 压缩钢筒中的油，发现油可透过筒壁渗出。这些事实均说明气体、液体、固体都是不连续的，它们都由微粒构成，微粒间有间隙。大家知道，1mol 物质中的分子数，即阿伏伽德罗常量

$$N_A=6.022045\times10^{23}\text{mol}^{-1}$$

1cm^3 的水中含有 3.3×10^{22} 个分子，即使小如 $1\mu\text{m}^3$ 的水中仍有 3.3×10^{10} 个分子，约是

目前世界总人口的5倍。正因为分子数远非寻常可比，就以“大量”以示区别。**大量分子表示分子数已达宏观系统的数量级。**

二、分子都在不停地作无规则运动，其剧烈程度与物体的温度有关

大量实验证明，物质内的分子在不断地运动着，这种运动是杂乱无章、永不停止的。下面我们从扩散现象和布朗运动这两种现象入手，来阐明分子的无规则运动。

1. 扩散现象

在室内打开一瓶氨水的盖子，过了一段时间整个房间内都会弥漫着氨的气味，这是气体分子作无规则运动的结果，这种现象称为扩散。人们熟悉气体和液体中的扩散现象，固体中的扩散现象通常不大显著，只有高温下才有明显效果。因温度越高，分子热运动越剧烈，因而越易挤入分子之间。

2. 布朗运动

布朗运动现象是分子无规则运动的有力证据。1827年英国植物学家布朗(Brown)从显微镜中看到悬浮在液体中的花粉在作不规则的杂乱运动。

图7-2所示为悬浮在水中的藤黄颗粒作布朗运动的情况，把每隔30s观察到的粒子的相继位置连接起来后即得图中所示的杂乱无章的折线。科学家们对这一奇异现象研究了50年都无法解释，直到1877年德耳索(Delsaux)才正确地指出：这是由于微粒受到周围分子碰撞不平衡而引起的。从而为分子无规则运动的假设提供了十分有力的实验依据。**分子无规则运动的假设认为，分子之间在作频繁的碰撞，每个分子运动方向和速率都在不断地改变。任何时刻，在液体或气体内部各分子的运动速率有大有小，运动方向也各种各样。**按照分子无规运动的假设，液体(或气体)内无规运动的分子不断地从四面八方冲击悬浮的微粒。在通常情况下，这些冲击力的平均值处处相等，相互平衡，因而观察不到布朗运动。若微粒足够小，从各个方向冲击微粒的平均力互不平衡，微粒向冲击作用较弱的方向运动。由于各方向冲击力的平均值的大小均是无规则的，因而微粒运动的方向及运动的距离也无规则。**温度越高，布朗运动越剧烈；微粒越小，布朗运动越明显。**正因为这样，分子的无规运动又称为**分子热运动。**

布朗运动并非分子的运动，但它能间接反映出液体(或气体)内分子运动的无规则性。

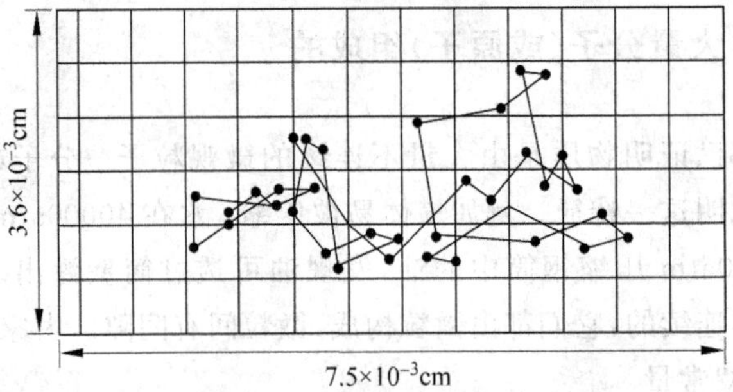

图7-2　布朗运动

三、分子间存在相互作用力

许多事实说明,分子间存在着相互作用力。例如,要把固体棒(如木棒、铁棒等)拉断,需要施加很大的拉力;将两块金属(如铅)的表面磨光,再紧压在一起,则两块金属会粘结在一起,用很大的力也拉不开,这些都说明了固体中分子之间存在着很大的相互吸引力。事实还告诉我们,物质分子之间的这种相互吸引力,将随着分子之间距离的增加而显著减少。例如,使液体分离所需的力就小得多;对于气体,几乎不需外力就能分开。这是因为固体分子之间距离很小,液体分子之间的距离较大,而气体分子之间的距离则更大,以至吸引力小到可使气体因分子的运动而自动分离。

而另一方面,固体和液体很难压缩,即使是气体,压缩到一定程度后再继续压缩也是很困难的。物体不易压缩的事实,说明当物质分子之间的距离小到一定距离后,相互之间会出现排斥力。

延伸阅读——自然奇观

太阳风暴

太阳风暴是指在太阳的日冕层的高温(几百万开尔文)下,氢、氦等原子已经被电离成带正电的质子、氦原子核和带负电的自由电子等。这些带电粒子运动速度极快,以致不断有带电的粒子挣脱太阳的引力束缚,射向太阳的外围,形成太阳风暴。太阳风暴的速度一般在200~800km/s。一般认为,在太阳极小期,从太阳的磁场极地附近吹出的是高速太阳风暴,从太阳的磁场赤道附近吹出的是低速太阳风暴。太阳的磁场的活动性是会变化的,周期大约为11年。

太阳风暴所含的高能X射线、γ射线以及带电粒子构成的巨大脉冲有可能摧毁所有围绕地球运转的人造天体,包括全球定位系统(GPS)以及人造通信卫星、载人航天器与国际空间站。另外,地球上的远距离输电线构成了巨大的天线,它们在太阳风暴中会形成电流冲击变电站,可能让全地球陷入一片黑暗——不但电力无法供给,臭氧层被破坏,电子通信还可能全部停摆。

7.3 理想气体的压强公式和温度公式

对于理想气体,在7.1节中我们曾从宏观上给予了定义,它是实际气体在压强趋于零时的极限情况。现在,我们从气体动理论的观点研究理想气体。

一、理想气体的微观模型

在对分子热运动有了初步了解的基础上,为了简化问题并能作一些定量的分析和计算,为了使今后讨论问题时更加简化,我们建立一个理想气体的微观模型,也就是对理想气体分子作一些简化假设:

(1) 同类气体分子的质量是相等的。由于气体易被压缩,凝结成液体时,体积将缩小到原有体积的千分之一左右。因此，可以认为分子本身的线度比起分子间的平均距离来可以忽略不计。

(2) 气体分子的运动服从经典力学规律。在碰撞中，每个气体分子可以当作一个弹性小球。分子之间或分子与器壁之间的碰撞是完全弹性的，这些碰撞不会有能量的损失。

(3) 因为分子间平均距离较大，而分子力又是短程力，除碰撞的瞬间以外，分子之间以及分子与容器器壁之间的相互作用力可以忽略。分子的动能平均来讲要比重力势能大得多，所以，分子所受的重力也可以略去。

以上的假设只是一个粗浅的气体模型，但是由它推得的结果与理想气体的性质是符合的。下面我们将应用这个模型来推导理想气体的压强公式从而对气体压强的微观本质有所了解。

统计假设：由于分子不断地作无规则运动，因此对于大量分子，从统计观点来讲，分子在各个方向运动的情况相同。即，

(1) 分子沿各个方向运动的分子数相等；

(2) 分子速度在各个方向的分量的各种平均值相等。

二、理想气体的压强公式

容器内的气体分子既然在不停地作无规则热运动，就必然要和器壁发生碰撞，气体在宏观上对器壁所产生的压强正是无规则运动的大量气体分子对器壁不断碰撞的平均效果。若就单个分子来看，它对器壁的碰撞是断续的，每次碰在什么地方，给器壁多大冲量，都是偶然的。但就大量分子的整体来看，每一极短时间内都有许多分子碰到器壁的各处，因而在宏观上就表现出器壁受到一个持续的、恒定的压力。这和雨点打在雨伞上的情形很相似，一个雨点打在雨伞上是断续的，大量密集的雨点打在伞上就使伞受到一个持续的压力。

设一定质量的某种理想气体被封闭在形状任意的容器内，处于平衡态，容器体积为 V，分子总数为 N，分子数密度（单位体积内的分子数）为 $n=N/V$，每个分子的质量为 m_0。由于气体分子具有各种可能的速度，为便于讨论，我们把所有分子按速度区间分为若干组，在同一组内各分子速度的大小和方向都差不多相同。例如，第 i 组分子的速度都在 $\boldsymbol{v}_i$ 到 $\boldsymbol{v}_i+\mathrm{d}\boldsymbol{v}_i$ 这一区间内，所以我们可近似认为该组分子的速度都是 $\boldsymbol{v}_i$。以 n_i 表示这一组分子的数密度，则有 $n=n_1+n_2+\cdots=\sum\limits_i n_i$，$n$ 即为总的分子数密度。任取容器内壁上的一小面积 $\mathrm{d}A$，并取垂直于此面积的方向为直角坐标系 xyz 的 x 轴的方向（图 7-3）。从微观上看，小面积 $\mathrm{d}A$ 应足够大，以保证有足够多的分子与小面积相碰撞。

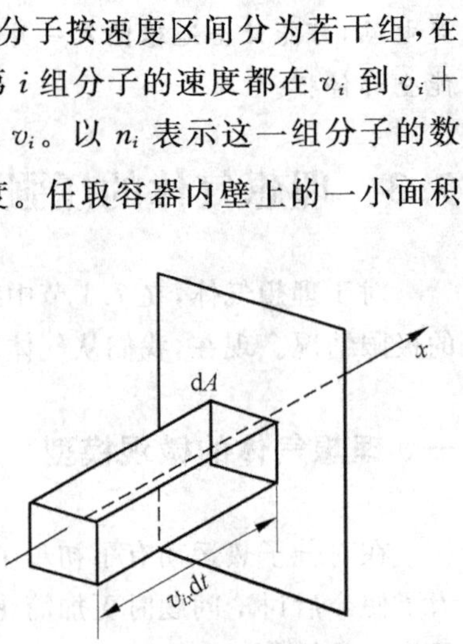

图 7-3　推导压强公式用图

下面，我们来计算小面积 $\mathrm{d}A$ 所受的压强。

首先，考虑单个分子在一次碰撞中对 $\mathrm{d}A$ 的作用。设有一个速度为 $\boldsymbol{v}_i$ 的分子与相碰，$\boldsymbol{v}_i$ 的三个分量为 v_{ix}、v_{iy}、v_{iz}，由于碰撞是完全弹性的，所以碰撞前后分子在 y、z 两个方向上的速度分量不变，仅有 x 方向上的速度分量由 v_{ix} 变为 $-v_{ix}$。因此，该分子在碰撞过程中动量改变为

$-m_0 v_{ix} - m_0 v_{ix} = -2m_0 v_{ix}$。按动量定理，这也就是碰撞时器壁对分子的冲量。根据牛顿第三定律，在碰撞时分子施于器壁的冲量为 $2m_0 v_{ix}$，方向垂直于器壁 $\mathrm{d}A$。

其次，确定在 $\mathrm{d}t$ 时间内速度近似为 v_i 的这组分子施于小面积 $\mathrm{d}A$ 的冲量。我们注意到，在 $\mathrm{d}t$ 时间内，并不是速度基本上为 v_i 的分子都能与小面积 $\mathrm{d}A$ 相碰的，只有那些在速度为 v_i 且位于以 $\mathrm{d}A$ 为底，v_i 为轴线，$v_{ix}\mathrm{d}t$ 为高的斜柱体内的分子才能在 $\mathrm{d}t$ 时间内与 $\mathrm{d}A$ 相碰。由于在该斜柱体内的这类分子的数目为 $n_i v_{ix}\mathrm{d}A\mathrm{d}t$。因此，在 $\mathrm{d}t$ 时间内这些分子对 $\mathrm{d}A$ 的总冲量为 $2n_i v_{ix}^2\mathrm{d}A\mathrm{d}t$。

最后，将以上结果对所有可能的速度求和，就得到 $\mathrm{d}t$ 时间内碰撞到 $\mathrm{d}A$ 上的所有分子对 $\mathrm{d}A$ 的总冲量 $\mathrm{d}I$。应注意求和时只能对 $v_{ix}>0$ 的那些速度区间求和，因为 $v_{ix}<0$ 的分子并不与 $\mathrm{d}A$ 发生碰撞，因此

$$\mathrm{d}I = \sum_{i(v_{ix}>0)} 2m_0 n_i v_{ix}^2$$

根据统计性假设，$v_{ix}>0$ 与 $v_{ix}<0$ 的分子数应该各占分子总数的一半，若想在计算时不受 $v_{ix}>0$ 的限制，则上式应除以 2，于是有

$$\mathrm{d}I = \sum_i m_0 n_i v_{ix}^2 \mathrm{d}A\mathrm{d}t$$

这个冲量体现出气体分子在 $\mathrm{d}t$ 时间内对 $\mathrm{d}A$ 的持续作用，根据压强的意义，气体作用与器壁的宏观压强应为

$$P = \frac{\mathrm{d}F}{\mathrm{d}A} = \frac{\mathrm{d}I}{\mathrm{d}t\mathrm{d}A} = \sum_i m_0 n_i v_{ix}^2 = m_0 n \frac{\sum n_i v_{ix}^2}{n} \tag{7-3}$$

如果以 $\overline{v_x^2}$ 表示 v_x^2 对所有分子的平均值，即令

$$\overline{v_x^2} = \frac{n_1 v_{1x}^2 + n_2 v_{2x}^2 + \cdots}{n_1 + n_2 + \cdots} = \frac{\sum_i n_i v_{ix}^2}{\sum_i n_i} = \frac{\sum_i n_i v_{ix}^2}{n}$$

则式(7-3)可写作

$$P = m_0 n \overline{v_x^2} \tag{7-4}$$

在平衡态下，气体的性质与方向无关，气体的向各个方向运动的几率均等，所以对大量分子来说，三个速度分量平方的平均值必然相等，即

$$\overline{v_x^2} = \overline{v_y^2} = \overline{v_z^2}$$

又因

$$v_i^2 = v_{ix}^2 + v_{iy}^2 + v_{iz}^2$$

或

$$\overline{v^2} = \overline{v_x^2} + \overline{v_y^2} + \overline{v_z^2}$$

所以有

$$\overline{v_x^2} = \frac{1}{3}\overline{v^2} \tag{7-5}$$

把这个结果代入式(7-4)，即得

$$P = \frac{1}{3} m_0 n \overline{v^2} \tag{7-6}$$

或

$$P=\frac{2}{3}n\left(\frac{1}{2}m_0\overline{v^2}\right)=\frac{2}{3}n\bar{\varepsilon}_k \tag{7-7}$$

式中,$\bar{\varepsilon}_k=\frac{1}{2}m_0\overline{v^2}$表示气体分子平动能的平均值。因此,上式说明,理想气体的压强 p 取决于单位体积内的分子数 n 和分子的平均平动能 $\bar{\varepsilon}_k$,n 和 $\bar{\varepsilon}_k$ 越大,P 就越大。

从压强的基本公式(7-7)可以看出,它将宏观量压强 P 与分子的平均平动动能联系起来。气体作用于器壁的压强,是大量分子和器壁碰撞所产生的平均效果,离开了"大量分子"和"平均",压强这一概念就失去了意义,因此这是一个统计规律

在导出式(7-7)过程中我们已在式(7-5)等式中引用了统计的概念和统计方法(即平均的概念和求统计平均值的方法)。虽然单个分子的运动服从力学规律,但大量分子所表现的分子运动却是服从统计学的理论。

还需要说明,推导压强公式,不同的教材选用不同形状的容器,由于压强与形状无关,所得结果都是一样。

三、温度的微观解释

从微观上理解,温度是平衡态系统的微观粒子热运动程度强弱的度量。由理想气体的状态方程和压强公式,可以得到气体的温度与分子的平均平动动能之间的关系。由式(7-7)

$$P=\frac{2}{3}n\bar{\varepsilon}_k$$

和理想气体的状态方程

$$pV=\frac{m}{M_m}RT$$

两式中消去压强 P,可得

$$\bar{\varepsilon}_k=\frac{3}{2}\cdot\frac{1}{n}\frac{m}{M_m}\frac{RT}{V}$$

因为 $n=\frac{N}{V}$,$N=\frac{m}{M_m}N_A$,$N_A=6.022045\times10^{23}\,\mathrm{mol}^{-1}$,所以

$$\bar{\varepsilon}_k=\frac{3}{2}\cdot\frac{R}{N_A}T$$

R 和 N_A 都是常量,它们的比值可用另一个常量 k 来表示,k 称为玻耳兹曼常量,其值为

$$k=\frac{R}{N_A}=1.38\times10^{-23}\,\mathrm{J\cdot K^{-1}}$$

R 是描述 1mol 气体行为的普适常量,而 k 是描述一个分子或一个粒子行为的普适恒量,这是奥地利物理学家玻耳兹曼(Boltzmann)于 1872 年引入的。

这样,上式就可写作

$$\bar{\varepsilon}_k=\frac{1}{2}m_0\overline{v^2}=\frac{3}{2}kT \tag{7-8}$$

上式是宏观物理量 T 与微观物理量 $\bar{\varepsilon}_k$ 的关系式,**它表明分子热运动平均平动动能与绝对温度成正比。**绝对温度越高,分子热运动越剧烈。**绝对温度是分子热运动剧烈程度的**

度量，这是温度的微观意义所在。上式中单个分子平移动能的平均值 $\bar{\varepsilon}_k$ 是对处于平衡态下系统内的大量分子计算得到的。所以，温度这个宏观量是与分子的平移动能这个微观量的统计平均值相联系着的。可以说，温度平均地标志了系统内分子热运动的剧烈程度。只有对由大量分子组成的系统而言，温度才有意义，对一个分子，只有动能，无所谓温度。有关温度本质的这个结论不仅适用于理想气体，也适用于任何其他物体。应该指出：

(1) $\bar{\varepsilon}_k$ 是分子杂乱无章热运动的平均平动动能，它不包括整体定向运动动能。只有作高速定向运动的粒子流经过频繁碰撞改变运动方向而成无规则的热运动，定向运动动能转化为热运动动能后，所转化的能量才能计入与绝对温度有关的能量中。

(2) 从式(7-8)可看到，**粒子的平均热运动动能与粒子质量无关，而仅与温度有关**。7.4 节中将从这一性质出发引出热物理中又一重要规律——能量均分定理。

由于温度是与大量分子的平均平动能相联系的，所以温度是大量分子热运动的集中表现，也是含有统计意义的。这就是温度这一概念的微观实质。和气体的压强一样，离开了"大量分子"和"求统计平均" 温度就失去了意义。所以，对于单个的分子说它有温度是没有意义的。

如果两种气体有相同的温度，那么这两种气体分子的平均平动动能相等。在式(7-8)中若 $T=0$，则 $\varepsilon=0$，即在热力学温度等于 0 时，理想气体分子将停止运动。实际上，气体分子永远不会停止运动，热力学零度也永远不可能达到。由于推导式(7-8)时用了理想气体状态方程，而当温度接近与热力学零度时，理想气体状态方程不能适用。所以，式(7-8)有一定的适用范围。

我们现在用上述结论对热平衡这一概念作出微观解释。从分子动理论的观点来看，两个气体系统经热接触后，之所以能够达到热平衡，是由于分子间的碰撞使得两个系统间得以交换能量，重新分配能量的结果。我们知道，两个系统达到热平衡的宏观特征是温度相同，由式(7-8)知，两个系统达到热平衡，实际上就是两个系统的分子的平均平动动能相等，即两系统内部分子热运动的平均剧烈程度相同。这就是两个气体系统间的热平衡的微观实质。

四、理想气体状态方程的另一形式 $p=nkT$

理想气体状态方程可改写为

$$pV=\nu RT=\nu N_A kT$$

即

$$p=\frac{\nu N_A kT}{V}=nkT \tag{7-9}$$

式(7-9)是理想气体方程的另一重要形式，也是联系宏观物理量 P、T 与微观物理量 n 间的一个重要公式。

五、气体分子的均方根速率

利用式(7-8)可求出分子的均方根速率

$$v_{\mathrm{rms}}=\sqrt{\overline{v^2}}=\sqrt{\frac{3kT}{m_0}}=\sqrt{\frac{3RT}{M_m}} \tag{7-10}$$

上式说明温度越高，分子质量越小，分子热运动越剧烈。

【例题 7-3】 试求 $T=273\text{K}$ 时氢分子的均方根速率及空气分子的均方根速率。

解：

$$\sqrt{\overline{v^2}}=\sqrt{\frac{3RT}{M_{\mathrm{m}}}}=\sqrt{\frac{3\times 8.31\times 273}{2\times 10^{-3}}}=1.84\times 10^3(\mathrm{m\cdot s^{-1}})$$

$$\sqrt{\overline{v^2}}=\sqrt{\frac{3RT}{M_{\mathrm{m}}}}=\sqrt{\frac{3\times 8.31\times 273}{29\times 10^{-3}}}=486(\mathrm{m\cdot s^{-1}})$$

延伸阅读——技术应用

地源热泵

地源热泵是一种利用土壤所储藏的太阳能资源作为冷热源，进行能量转换的供暖制冷空调系统，地源热泵利用的是清洁的可再生能源的一种技术。地表土壤和水体是一个巨大的太阳能集热器，收集了47%的太阳辐射能量，比人类每年利用的500倍还多(地下的水体是通过土壤间接的接收太阳辐射能量)；它又是一个巨大的动态能量平衡系统，地表的土壤和水体自然地保持能量接收和发散相对的平衡，地源热泵技术的成功使得利用储存于其中的近乎无限的太阳能或地能成为现实。

土壤或水体温度冬季为12～22℃，温度比环境空气温度高，地源热泵机组利用天然条件使地源热泵循环蒸发温度提高，能效比也提高；土壤或水体温度夏季为18～32℃，温度比环境空气温度低，地源热泵机组利用天然条件使制冷系统冷凝温度降低，冷却效果好于风冷式和冷却塔式制冷系统，机组效率大大提高，可以节约30%～40%的供热制冷空调的运行费用。

7.4 能量均分定理 理想气体的内能

前面各节在研究大量气体分子的热运动时，一直是把分子视为质点，所以只考虑了分子的平动。实际上，气体分子具有一定的大小和比较复杂的结构，除了可视为质点的单原子分子以外，还有双原子分子和多原子分子。这些分子除了平动以外，还有转动和分子内原子间的振动。因此，在计算气体分子的热运动能量时，应该考虑到气体分子各种运动形式的能量。本节就来研究分子热运动的能量所遵循的统计规律——能量按自由度均分定理。为此，必须先介绍自由度的概念。

一、自由度与自由度数

自由度是描述物体运动自由程度的物理量。例如能在三维空间中运动的质点就比仅能在一固定直线或固定平面上运动的质点来得自由。一个大的物体既可以在空间平移，还可以转动，在这个意义上，它比质点又较自由些。如何说明一个物体运动的自由程度呢？简单的方法就是看需要用几个独立坐标才能完全描述出它的运动，或者等效地看需要用几个独立坐标才能确定一个物体在空间的位置和方向。

自由度是如此定义的：**描述一个物体在空间的位置所需的独立坐标称为该物体的自由度。决定一个物体在空间的位置所需的独立坐标数称为自由度数。**

因此，如果一个质点可以在空间自由运动，则它的位置需要三个独立坐标来决定，如直角坐标的 x、y、z。所以空间的自由质点有三个自由度。若对质点的运动加以限制，比如把它限制在一个平面或曲面上运动，它的位置只需两个独立坐标来决定，这样的质点就只有两个自由度了；如果质点被限制在一直线或曲线上运动，只用一个独立坐标就可以决定它的位置，所以这个质点只有一个自由度。假若我们把飞机、轮船、火车都看成质点，那么在天空中飞行的飞机有三个自由度，在海面上航行的轮船有两个自由度，在铁轨上行驶的火车只有一个自由度。刚体除平动外还有转动。由于刚体的一般运动可分解为质心的平动及绕通过质心轴的转动，所以刚体的位置可决定如下：(1)用三个独立坐标，如 x,y,z 决定其质心的位置；(2)用两个独立坐标，如 α,β(三个方位角中只有两个是独立的，因为 $\cos^2\alpha+\cos^2\beta+\cos^2\gamma=1$)决定转轴的方位；(3)用一个独立坐标，如 ϕ 决定刚体相对于某一起始位置转过的角度(见图 7-4)。因此，自由运动的刚体共有六个自由度，其中，三个是平动的，三个是转动的，当刚体的运动受到某种限制时，自由度也会减少。例如，绕定轴转动的刚体只有一个自由度。

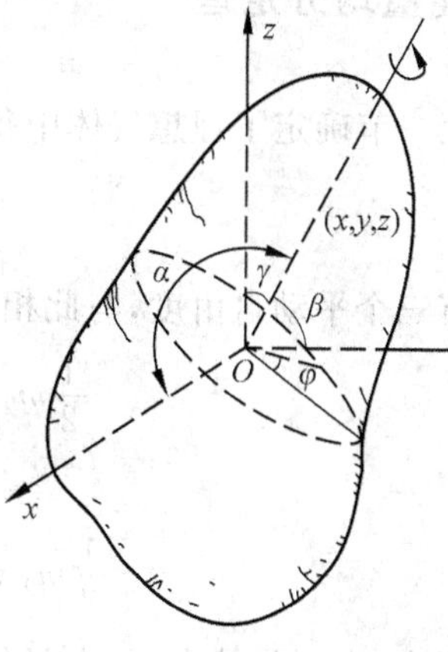

图 7-4　刚体自由度

现在按照上述概念来确定分子的自由度。一个气体分子的自由度是与分子的具体结构有关的。在热现象中，一般并不涉及原子内部的运动(原子核和电子的相对运动)。所以，仍可以把原子当作质点而把分子当作是由原子“质点”构成的。双原子分子、多原子分子及单原子分子之间的差别在于它们的分子结构各不相同，描述它们的空间位置所需独立坐标数也就不同。现在引用力学中自由度这一概念来讨论分子的自由度。气体分子的情况比较复杂，按分子的结构来说，分子可以是单原子的(如氦、氖、氢)，双原子的(如氢、氧、氯化氢)，三原子的(如水蒸气)或多原子的(如氨气)。如果分子内原子间的距离保持不变，则称此分子为刚性分子，否则称为非刚性分子。单原子分子可看作自由运动的质点，所以有三个(平动)自由度。在双原子分子中，如果原子间的相对位置保持不变，就可看成刚性分子。对于刚性双原子分子来说，需用三个独立坐标(x,y,z)来决定其质心的所在位置，需用两个独立坐标(α,β)来决定两个原子连线的方位；由于两个原子被看作是两个质点，以连线为轴的转动是不存在的。因此，刚性双原子分子共有五个自由度，其中三个平动自由度，两个转动自由度。对于三个或三个以上的原子组成的刚性分子，由于其各原子间的相互位置保持不变所以可把整个分子看作可自由运动的刚体。因此，共有六个自由度，其中三个是平动的，三个是转动的。

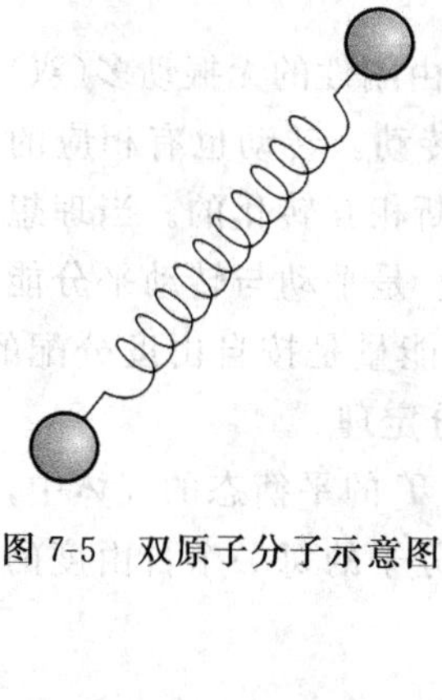
图 7-5　双原子分子示意图

但实际上双原子或多原子的气体分子一般不是完全刚性的，而是非刚性的。由于原子间的相互作用，原子间的距离要发生变化，双原子分子内将出现两个原子沿着连线方向的微小振动。因此，可以如图 7-5 所示，我们可用两个质点被一轻弹簧相连的模型来表示双原子分子。可见，由于分子内部的原子振动，还应有振动的自由度。对于一个非刚性的双原子分子，除了以上所说的刚性双原子分子所具有的三个平动自由度和两个转动自由度以外，还要有一个独立坐标决定两原子的相对位置，即增加一个振动自由度。所以，非刚性双原子分子共有六个自由度。对于由 n 个原子组成的非刚性多原子分子，一般最多可以有 $3n$ 个自由度，其中三个是平动的，三个是转动的，其余 $3n-6$ 个则是振动的。当分子的运动受到某种限制时，其自由度就会减少。这里我们只作一般介绍，不再详细讨论。

二、能量均分定理

上一节确定了理想气体中每一分子的热运动平均平动动能

$$\varepsilon_{\mathrm{k}} = \frac{1}{2}m_0\,\overline{v^2} = \frac{3}{2}kT$$

分子有三个平动自由度，与此相应，分子的平动动能可表示为

$$\frac{1}{2}m_0 v^2 = \frac{1}{2}m_0 v_x^2 + \frac{1}{2}m_0 v_y^2 + \frac{1}{2}m_0 v_z^2$$

或

$$\frac{1}{2}m_0\,\overline{v^2} = \frac{1}{2}m_0\,\overline{v_x^2} + \frac{1}{2}m_0\,\overline{v_y^2} + \frac{1}{2}m_0\,\overline{v_z^2}$$

前面指出，在平衡状态下，大量气体分子沿各个方向运动的机会均等，因而，根据理想气体平衡态的统计假设我们有

$$\overline{v_x^2} = \overline{v_y^2} = \overline{v_z^2} = \frac{1}{3}\overline{v^2}$$

这样，就可以得到一个重要的结果：气体分子沿 x,y,z 三个方向运动的平均平动动能完全相等，均为

$$\frac{1}{2}m_0\,\overline{v_x^2} = \frac{1}{2}m_0\,\overline{v_y^2} = \frac{1}{2}m_0\,\overline{v_z^2} = \frac{1}{2}kT$$

上式表明：平衡态下的分子运动，每一个平动自由度都均分 $\frac{1}{2}kT$ 的平均动能，这是分子热运动无序性的表现之一，即分子在平移时，对于大量分子平均说来，在能量分配上没有哪个方向特别占有优势。如果设想强迫气体中的大批分子沿某一方向运动，那一定是不平衡的，随着分子之间的频繁碰撞，动能就会在三个自由度间发生转移，最后达到统计上的均分，气体也就达到了平衡状态。

上述结论是对理想气体分子的平移运动来说的。如果气体是由刚性的无振动多（双）原子分子构成的，则分子的热运动除了分子的平动外，还有分子的转动。转动也有相应的能量。由于分子间频繁的碰撞，分子间的平动能量和转动能量是不断相互转化的。当理想气体达到平衡态时，其中的平动能量与转动能量之间有什么关系呢？是平动与转动平分能量吗？实验证明：理想气体达到平衡态时，其中的平动能量与转动能量是按自由度分配的。从而推广到转动等其他运动形式，就得到如下的能量按自由度均分定理。

能量按自由度均分定理（简称能量均分定理）——处于温度为 T 的平衡态的气体中，分子热运动动能平均分配到每一个分子的每一个自由度上，每一个分子的每一个自由度的平

均动能都是$\frac{1}{2}kT$。

这一普遍规律已由大量实验事实证明其正确性。由此可知，分子有 i 个自由度，其平均动能就有 i 份 $\frac{1}{2}kT$ 的能量。

分子平均总动能：

$$\bar{\varepsilon}_k = \frac{i}{2}kT \tag{7-11}$$

能量均分定理仅限于均分平均动能。如果气体分子不是刚性的，那么，除上述平动与转动自由度以外，还存在着振动自由度，对于振动能量，除动能外，还有由于原子间相对位置变化产生的势能。由于分子中的原子所进行的振动都是振幅非常小的微振动，可把它看作简谐振动。在一个周期内，简谐振动的平均动能与平均势能都相等，所以对于每一分子的每一振动自由度，其平均势能和平均动能均为$\frac{1}{2}kT$，故一个振动自由度均分 kT 的能量，而不是$\frac{1}{2}kT$。

若某种分子有 t 个平动自由度、r 个转动自由度、s 个振动自由度，则每一分子的总平均能量的

$$\bar{\varepsilon} = (t + r + 2s) \cdot \frac{1}{2}kT \tag{7-12}$$

值得指出的是：在普通物理中，我们所研究的气体一般不需要考虑分子内部的振动自由度。

能量均分定理是关于分子热运动动能的统计规律，是对大量分子统计平均所导的结果。对于个别分子来说，在任一瞬时它的各种形式动能和总动能完全可能与根据能量均分定理所确定的平均值有很大的差别，而且每一种形式动能也不见得按自由度均分。对大量分子整体来说，动能所以会按自由度均分是依靠分子的无规则碰撞实现的。在碰撞过程中，一个分子的能量可以传递给另一个分子，一种形式的能量可以转化为另一种形式的能量，而且能量还可以从一个自由度转移到另一个自由度。分配在某一种形式或某一个自由度上的能量多了，则在碰撞时能量由这种形式、这一自由度转到其他形式或其他自由度的几率就比较大。因此，在达到平衡状态时，能量就按自由度平均分配。外界供给气体的能量首先是通过器壁分子和气体分子的碰撞，然后通过气体分子间的相互碰撞分配到各个自由度上去的。

三、理想气体的内能

一般说来，气体分子除了具有上节所述各种形式的动能和分子内部原子间的振动势能以外，由于分子之间存在着相互作用的分子力，所以分子还具有与这种保守力相关的势能；我们把气体中所有分子的各种形式能量的总和称之为内能。气体的内能即是储存于气体内部的能量。它包括：分子无规则热运动动能，分子间的相互作用势能，分子、原子内的能量以及原子核内的能量等等。至于气体作整体运动的动能和气体在重力场中的势能属于机械能，不包括在内能之内。

理想气体内能：根据理想气体的微观模型，理想气体的分子间无相互作用，因此分子之间没有势能。又由于不考虑分子内部原子间的振动，因此其理想气体平衡态的内能只是所有分子平动动能和转动动能之和，即

$$E = N\bar{\varepsilon}_k = \frac{i}{2}NkT \tag{7-13}$$

理想气体：

1. 一个分子的能量为　　$\bar{\varepsilon}_k=\frac{i}{2}kT$

2. 1mol 气体分子的能量为

$$E_0 = \frac{i}{2}N_A kT = \frac{i}{2}RT \tag{7-14}$$

3. m 千克气体的内能为

$$E = \frac{m}{M_m}\frac{i}{2}RT = \frac{i}{2}\nu RT \tag{7-15}$$

对于一定量的理想气体，它的内能只是温度的函数，而且与热力学温度成正比。

单原子分子气体：　　$E=\frac{3}{2}\nu RT$

刚性双原子分子气体：　　$E=\frac{5}{2}\nu RT$

刚性多原子分子气体：　　$E=\frac{6}{2}\nu RT$

当温度变化 dT 时：　　$\mathrm{d}E=\frac{i}{2}\nu R\mathrm{d}T$

这说明，对于给定的系统来说（m、M_{mol}、i 都是确定的），理想气体平衡态的内能唯一地由温度来确定，也就是说理想气体平衡态的内能是温度的单值函数，由系统的状态参量就可以确定它的内能。系统内能是一个态函数，只要状态确定了，那么相应的内能也就确定了。按照理想气体物态方程 $pV=\nu RT$，内能公式还可以记作

$$E = \frac{i}{2}PV \tag{7-16}$$

如果状态发生变化，则系统的内能也将发生变化。对于理想气体系统来说，内能的变化为 $\Delta E=\nu\frac{i}{2}R\Delta T$，或记作 $\Delta E=\frac{i}{2}\Delta(PV)$，与状态变化所经历的具体过程无关。上述与内能有关的公式我们在后面有广泛的应用，希望大家熟练掌握。

【例题 7-4】 某种理想气体，在 $P=1\text{atm}$，$V=44.8\text{L}$ 时，内能 $E=6807\text{J}$，问它是单原子、双原子、多原子分子中的哪一种？

解：

$$E=\frac{m}{M_m}\frac{i}{2}RT=\frac{i}{2}PV$$

$$i=\frac{2E}{PV}=\frac{2\times6807}{1.1013\times10^5\times44.8\times10^{-3}}\approx3$$

所以是单原子分子。

强调：E 可用 PV 表示 $\left(E=\frac{m}{M_{mol}}\frac{i}{2}RT=\frac{i}{2}PV\right)$

【例题 7-5】 某刚性双原子理想气体，处于 0℃。试求：

(1) 分子平均平动动能；

(2) 分子平均转动动能；

(3) 分子平均动能；

(4) 分子平均能量；

(5) $\frac{1}{2}$mol 的该气体内能。

解：(1) $\bar{\varepsilon}_t=\frac{3}{2}kT=\frac{3}{2}\times1.38\times10^{-23}\times273=5.65\times10^{-21}$(J)

(2) $\bar{\varepsilon}_r=\frac{2}{2}kT=\frac{2}{2}\times1.38\times10^{-23}\times273=3.76\times10^{-21}$(J)

(3) $\bar{\varepsilon}_{平均动能}=\frac{5}{2}kT=\frac{5}{2}\times1.38\times10^{-23}\times273=9.41\times10^{-21}$(J)

(4) $\bar{\varepsilon}_{平均能量}=\bar{\varepsilon}_{平均动能}=9.41\times10^{-21}$(J)

(5) $E=\frac{m}{M_m}\frac{i}{2}RT=\frac{1}{2}\cdot\frac{5}{2}\times8.31\times273=2.84\times10^3$(J)

7.5 麦克斯韦速率分布律

气体分子热运动的特点是大量分子无规则运动及它们之间频繁地相互碰撞，分子以各种大小不同的速率向各个方向运动，在频繁的碰撞过程中，分子间不断交换动量和能量，使每一分子的速度不断变化。处于平衡态的气体，虽然每个分子在某一瞬时的速度大小、方向都在随机地变化着，但是大多数分子之间存在一定的统计规律，这种统计规律表现为平均说来气体分子的速率（指速度的大小）介于 v 到 $v+\mathrm{d}v$ 的概率（即速率分布函数）是不会改变的。

*一、分子速率的实验测定

要验证分子速率分布规律，需要高真空技术，所以直到 20 世纪 20 年代，才开始能对气体分子速率进行实验测定，最早测定分子速率的是 1920 年斯特恩(Stern)，1934 年我国物理学家曾测定铋蒸气分子的速率分布，实验结果与麦克斯韦速率分布律大致相符，下面介绍一个测定分子速率分布的实验。图 7-6 是一种用来产生分子射线并可观测射线分子速率分布的实验装置，全部装置放在高真空的容器里。图 7-6 中，A 是一个恒温箱，其中产生金属蒸气，蒸气分子从 A 上小孔射出，经狭缝 S 形成一束定向的细窄射线。B 和 C 是两个共轴圆盘组成的圆柱体，距离为 l，盘上各开一狭缝，两缝略微错开，成一小角 ϕ。P 是一个接收分子的检测器，用来检测分子射线的强度。当圆柱体以角速度 ω 转动时，圆盘每转一周，分子射线通过 B 的狭缝一次。由于分子的速度大小不同，分子自 B 到 C 所需的时间也不同，所以并非所有通过 B 盘的分子，都能通过 C 盘狭缝射到 P 上。设分子的速率为 v，自 B 到 C 所需的时间为 t，显然只有满足下面两个关系的分子，才通过 C 盘狭缝射到 P 上。

$$vt=l,\quad \omega t=\varphi,\quad v=\frac{\omega}{\varphi}l$$

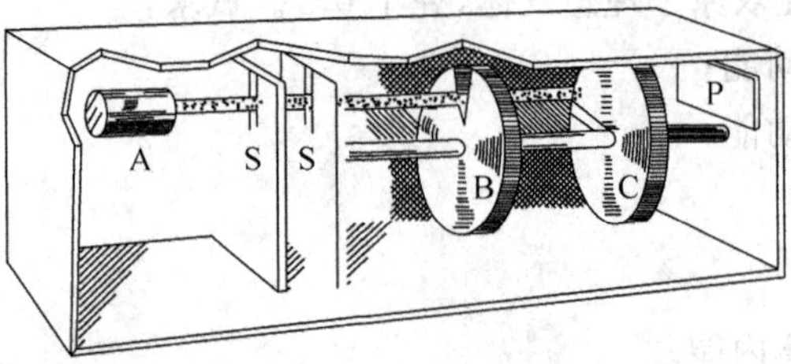

图 7-6　测定分子速率的实验装置示意图

当 ω, l, ϕ 一定时,只有速率满足上式的分子,才能通过 C 盘狭缝射到 P 上。这时 B 和 C 组成的圆柱体起着速率选择器的作用,改变 ω(或 l 及 ϕ),可使速度大小不同的分子通过。实际上,由于 B 和 C 的狭缝都有一定宽度,所以当角速度 ω 一定时,能射到 P 上的分子的速度大小并不严格相等,而是分布在一个区间 $v \sim v+\Delta v$ 内的。因此实验结果给出的是分布在不同速率间隔内分子数的相对比值。

实验时,令圆盘先后以不同的角速度 $\omega_1, \omega_2, \omega_3, \cdots$ 转动,用光度学的方法测量各次在胶片上沉积的金属层的厚度,从而可以比较具有不同速率分子的分子数的相对比值。

实验结果表明:分布在不同间隔内的分子数是不相同的,但在实验条件(如分子射线强度、温度等)不变的情况下,分子的各个间隔内分子数的相对比值是完全确定的。尽管个别分子的速度大小是偶然的,但就大量分子整体来说,其速度大小的分布却遵守着一定的统计规律。

二、速率分布函数

气体中单个分子的运动是极为复杂的,而气体的宏观性质是由大量分子运动的集体效果决定的,实际上不可能也不需要确切地了解每个分子在任一时刻的速度。要了解的重要信息只需是在总数为 N 的分子中,分子数按各种速度的分布情况,即具有各种速度的分子各有多少,它们在分子总数中占的比率各有多大。

按统计假设分子速率通过碰撞不断改变,不好说正处于哪个速率的分子数多少,但用某一速率区间内分子数占总分子数的比例为多少的概念比较合适,这就是分子按速率的分布。气体分子的速率在原则上可以连续地取值,从 0 到∞,而分子数是不连续的,研究分子数按速率的分布合理的方法是将速率分成一些小的区间,按这些区间来计算分子数。

设气体分子总数为 N,速率处在 v 到 $v+\mathrm{d}v$ 之间的分子数为 $\mathrm{d}N$,速率在 v 到 $v+\mathrm{d}v$ 之间的分子数占总分子数比率为$\dfrac{\mathrm{d}N}{N}$。

实验表明,$\dfrac{\mathrm{d}N}{N}$与 v 及 $\mathrm{d}v$ 有关,当 $\mathrm{d}v$ 很小时,可认为$\dfrac{\mathrm{d}N}{N}$与 $\mathrm{d}v$ 成正比,比例系数是 v 的函数,即

$$\frac{\mathrm{d}N}{N} = f(v)\mathrm{d}v \tag{7-17}$$

对于 N 个分子来说,$f(v)\mathrm{d}v$ 表示速率处在 v 到 $v+\mathrm{d}v$ 之间的分子数在总数中占的比

率。对于单个分子而言，由于其速率时刻在改变，它的速率有时可能处在 v 到 $v+\mathrm{d}v$ 的区间之内，有时也可能处在这个区间之外。因此 $f(v)\mathrm{d}v$ 仅表示分子速率处在 v 到 $v+\mathrm{d}v$ 之间可能性的一种预计，这种可能性的预计常称为概率。

$$f(v)=\frac{\mathrm{d}N}{N\mathrm{d}v} \tag{7-18}$$

$f(v)$就是分子速率分布函数。

$f(v)$的物理意义：在速率 v 附近，单位速率间隔内出现的分子数占总分子数的比率。

$$Nf(v)\mathrm{d}v=\mathrm{d}N$$

不难明白，$Nf(v)\mathrm{d}v$ 应表示速率处在 v 到 $v+\mathrm{d}v$ 之间的分子数。显然速率处在 v_1 到 v_2 这个有限速率间隔中的分子数可用下列积分计算：

$$\Delta N=\int_{v_1}^{v_2}Nf(v)\mathrm{d}v$$

速率处在 0 到∞的整个区域中的分子数当然等于分子总数 N，所以

$$N=\int_0^{\infty}Nf(v)\mathrm{d}v$$

根据速率分布函数定义，有

$$\int_0^{\infty}f(v)\mathrm{d}v=1 \tag{7-19}$$

此式为分子速率分布函数必须满足的归一化条件。

三、麦克斯韦速率分布律

气体中个别分子的速度具有怎样的数值和方向完全是偶然的，但就大量分子的整体来看，在一定的条件下，气体分子的速度分布也遵从一定的统计规律。这个规律也叫麦克斯韦速率分布律。麦克斯韦速率分布律就是给出了一定条件下的气体分子速率分布函数的具体形式。

在近代测定气体分子速率的实验获得成功之前，麦克斯韦和玻耳兹曼等人已从理论（概率论、统计力学等）上确定了气体分子按速率分布的统计规律，其结果如下。

在平衡态下，当气体分子间的相互作用可以忽略时，分布在任一速率区间 v 到 $v+\mathrm{d}v$ 的分子数占总分子数的比率为

$$\frac{\mathrm{d}N}{N}=4\pi\left(\frac{m_0}{2\pi kT}\right)^{\frac{3}{2}}\mathrm{e}^{-\frac{m_0v^2}{2kT}}v^2\mathrm{d}v \tag{7-20}$$

式中，m_0 是一个气体分子质量，k 为玻耳兹曼常数，T 是热力学温度。

$$f(v)=4\pi\left(\frac{m_0}{2\pi kT}\right)^{\frac{3}{2}}\mathrm{e}^{-\frac{m_0v^2}{2kT}}v^2 \tag{7-21}$$

式中，$f(v)$称为麦克斯韦速率分布函数。对于给定气体（m 一定），$f(v)$与温度有关。以速率 v 为横轴，以 $f(v)$ 为纵轴，画出的图线 $f(v)$-v 曲线就是麦克斯韦速率分布曲线，如图 7-7 所示。

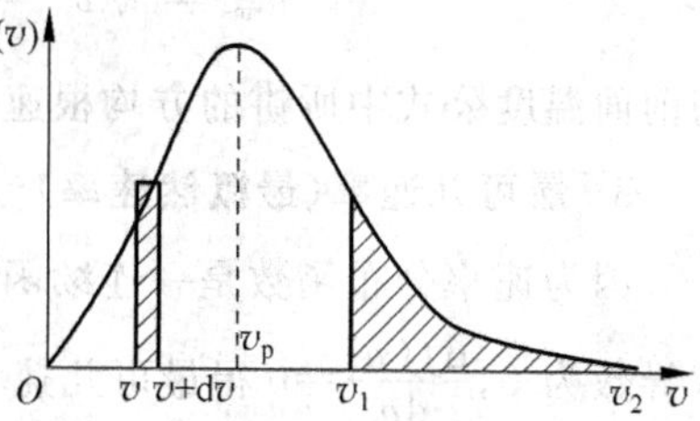

图 7-7　麦克斯韦速率分布曲线

图 7-7 中的曲线是根据式(7-21)画出的，它形象地描述出气体分子按速率分布的情况。左边打斜条狭长区域表示速率介于 $v \sim v+\mathrm{d}v$ 分子数与总分子数之比$\dfrac{\mathrm{d}N}{N}$，此即式(7-20)。而右边打斜条区域表示分子速率介于 $v_1 \sim v_2$ 内，曲线下的面积表示速率分布在由 $0 \to \infty$ 区间内的全部相对分子数总和，即 $0 \sim \infty$ 的分子数与总分子数的比率，显然其值为 1。

在 $0 \sim \infty$ 区间内，此比率为

$$\int_0^N \frac{\mathrm{d}N}{N} = \int_0^\infty f(v)\,\mathrm{d}v = 1$$

分子在整个速率区间内出现的概率为 1 。

四、理想气体分子的平均速率、均方根速率、最概然速率

分子速率的统计分布律对于研究许多与分子无规则运动有关的现象具有重要意义。应用麦克斯韦速率分布函数可以求出一些与分子无规则运动有关的物理量的统计平均值。作为例子，下面来利用麦克斯韦速率分布率确定气体分子的平均速率、方均根速率和最概然速率。

1. 平均速率

$$\bar{v} = \frac{\Delta N_1 v_1 + \Delta N_2 v_2 + \cdots + \Delta N_N v_N}{N} = \sum_{i=1}^{n} \frac{\Delta N_i v_i}{N}, \quad \bar{v} = \int_1^N \frac{v\mathrm{d}N}{N}$$

因为$\dfrac{\mathrm{d}N}{N} = f(v)\mathrm{d}v$，所以

$$\bar{v} = \int_0^\infty v f(v)\,\mathrm{d}v$$

$$\bar{v} = \int_0^\infty v f(v)\,\mathrm{d}v = \int_0^\infty 4\pi \left(\frac{m_0}{2\pi kT}\right)^{3/2} \mathrm{e}^{-\frac{m_0 v^2}{2kT}} v^3\,\mathrm{d}v$$

利用积分公式$\displaystyle\int_0^\infty x^n \mathrm{e}^{-ax}\mathrm{d}x = \frac{n!}{a^{n+1}}$得

$$\bar{v} = \sqrt{\frac{8kT}{\pi m_0}} = \sqrt{\frac{8RT}{\pi M_\mathrm{m}}} \approx 1.59\sqrt{\frac{RT}{M_\mathrm{m}}} \tag{7-22}$$

2. 方均根速率

$$\overline{v^2} = \frac{\sum\limits_{i=1}^{n} \Delta N_i v_i^2}{N} = \sum_{i=1}^{n} v_i^2 f(v_i)\,\mathrm{d}v = \int_0^\infty v^2 f(v)\,\mathrm{d}v$$

$$v_{\mathrm{rms}} = \sqrt{\overline{v^2}} = \sqrt{\frac{3kT}{m_0}} = \sqrt{\frac{3RT}{M_\mathrm{m}}} \approx 1.73\sqrt{\frac{RT}{M_\mathrm{m}}} \tag{7-23}$$

与前面温度公式中所讲的方均根速率相同。

3. 最可几速率(最概然速率)

因为速率分布函数是一连续函数，若要求极值可从极值条件，将 $f(v)$ 对 v 求导，令一次导数为 0，$\dfrac{\mathrm{d}f(v)}{\mathrm{d}v}=0$ 得最可几速率

$$v_\mathrm{p} = \sqrt{\frac{2kT}{m_0}} = \sqrt{\frac{2RT}{M_\mathrm{m}}} \approx 1.41\sqrt{\frac{RT}{M_\mathrm{m}}} \tag{7-24}$$

从上式可见 m_0 越小或 T 越大，v_p 越大。图 7-8(a)画出两条麦克斯韦速率公布曲线中。其最概然速率 $v_{p2}>v_{p1}$。

物理意义：若把整个速率范围划分为许多相等的小区间，则分布在 v_p 所在区间的分子数比率最大。

4. 三种速率之比

从上述三个式子很容易看出，三个特征速率都和$\sqrt{T}$成正比，都和 $\sqrt{M_m}$ 成反比，当气体的温度 T 和摩尔质量 M_m 相同时

$$v_p : \bar{v} : \sqrt{\overline{v^2}} = 1 : 1.128 : 1.224$$

它们三者之间相差不超过 23%，而以均方根速率为最大。在室温下，三个特征速率的数量级一般为每秒几百米。三个特征速率就不同的问题有各自的应用。举例来说，在讨论速率分布时，要用到最概然速率；在计算分子运动的平均自由程时，要用到平均速率；在计算分子的平均平动动能时，则要用到方均根速率。图 7-8(b)示意地表示了在麦克斯韦速率分布中的三种速率的相对大小。

从上述三个公式还可以看出：气体的温度越高，曲线的最概然速率 v_p(以及平均速率和方均根速率)越大，但由于曲线下的总面积始终为一，故速率分布曲线会随温度升高而变得比较平坦，所以曲线的峰值 $f(v_p)$会随温度升高反而降低。

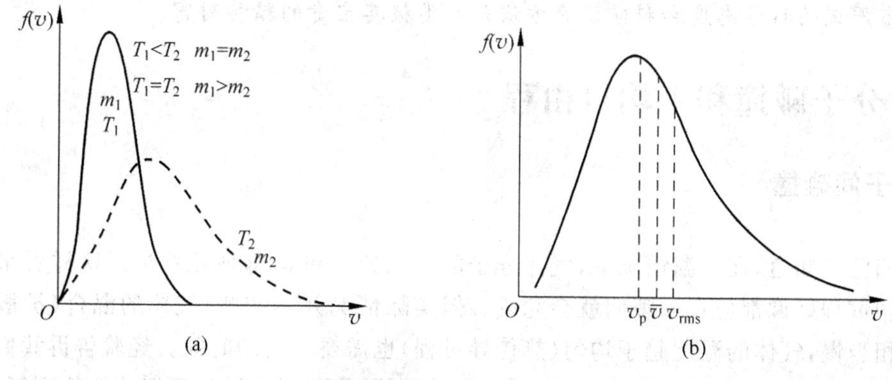

图 7-8　三种速率之比

(a) 不同温度的麦克斯韦速率分布曲线；(b) 某一温度下的分子速率分的三个统计值

【例题 7-6】 设气体分子速率服从麦克斯韦速率分布律，求气体分子速率与最概然速率之差不超过 1%的分子占全部分子的百分比。

$\left(\text{附：麦克斯韦速率分布律 } \frac{\Delta N}{N} = \frac{4}{\sqrt{\pi}}\left(\frac{m_0}{2kT}\right)^{3/2}\exp\left(-\frac{m_0 v^2}{2kT}\right)v^2\Delta v \cdot \exp\{a\} \text{ 即 } e^a\right)$

解：
$$\frac{\Delta N}{N} = \frac{4}{\sqrt{\pi}}\left(\frac{m_0}{2kT}\right)^{3/2}\exp\left(-\frac{m_0 v^2}{2kT}\right)v^2\Delta v = \frac{4}{\sqrt{\pi}}\left(\frac{v}{v_p}\right)^2\exp\left[-\left(\frac{v}{v_p}\right)^2\right]\frac{\Delta v}{v_p}$$

代入 $v=v_p$，与 v_p 相差不超过 1%的分子是速率在 $v_p-\frac{v_p}{100}$到 $v_p+\frac{v_p}{100}$区间的分子，故 $v=0.02v_p$，所以$\frac{\Delta N}{N}=1.66\%$。

延伸阅读——物理学家

麦克斯韦

詹姆斯·克拉克·麦克斯韦(James Clerk Maxwell,1831—1879),1831年11月13日生于苏格兰的爱丁堡,是继法拉第之后集电磁学大成的伟大科学家。麦克斯韦主要从事电磁理论、分子物理学、统计物理学、光学、力学、弹性理论方面的研究。尤其是他建立的电磁场理论,将电学、磁学、光学统一起来,是19世纪物理学发展的最光辉的成果,是科学史上最伟大的综合之一。麦克斯韦于1873年出版了科学名著《电磁理论》,系统、全面、完美地阐述了电磁场理论。这一理论成为经典物理学的重要支柱之一。在热力学与统计物理学方面麦克斯韦也作出了重要贡献,他是气体动理论的创始人之一。1859年他首次用统计规律得出麦克斯韦速度分布律,从而找到了由微观求统计平均值的更确切的途径。1866年他给出了分子按速度的分布函数的新推导方法,这种方法是以分析正向和反向碰撞为基础的。他引入了弛豫时间的概念,发展了一般形式的输运理论,并把它应用于扩散、热传导和气体内摩擦过程。1867年引入了"统计力学"这个术语。麦克斯韦是运用数学工具分析物理问题和精确地表述科学思想的大师,他非常重视实验,由他负责建立起来的卡文迪什实验室,在他和以后几位主任的领导下,发展成为举世闻名的学术中心之一。他善于从实验出发,经过敏锐的观察思考,应用娴熟的数学技巧,从缜密的分析和推理,大胆地提出有实验基础的假设,建立新的理论,再使理论及其预言的结论接受实验检验,逐渐完善,形成系统、完整的理论。麦克斯韦严谨的科学态度和科学研究方法是人类极其宝贵的精神财富。

7.6 分子碰撞和平均自由程

一、分子间碰撞

我们已经知道,在室温情况下,气体分子的平均速率可达每秒几百米。这样看来,气体中的一切过程好像都应在一瞬间就会完成。但实际情况并不如此,气体的混合(扩散过程)进行得相当慢,气体的温度趋于均匀(热传导过程)也需要一定的时间。经验告诉我们,如果在相距几米远的地方打开一瓶氨水,要经过几秒钟甚至更长的时间,我们才能嗅到氨水的气味,远比以分子热运动速率计算的时间要长得多。这一现象似乎与气体分子具有很大的平均速率有矛盾。但若经过进一步的分析即可发现,分子速率虽然很大,但由于气体内的分子非常之多,一个氨分子在前进过程中要与其他空气分子发生非常频繁的碰撞,每发生一次碰撞,氨分子速度的大小及方向都会改变,它所走的路径实际上是一系列曲折的轨迹,如图7-9所示,所以氨分子从一个地方运动到另一个地方要经过较长的时间才能达到。气体的扩散、热传导等过程进行得快慢都取决于分子间相互碰撞的程度。可见,研究分子间的碰撞,对于讨论气体内的运输过程具有重要的意义。

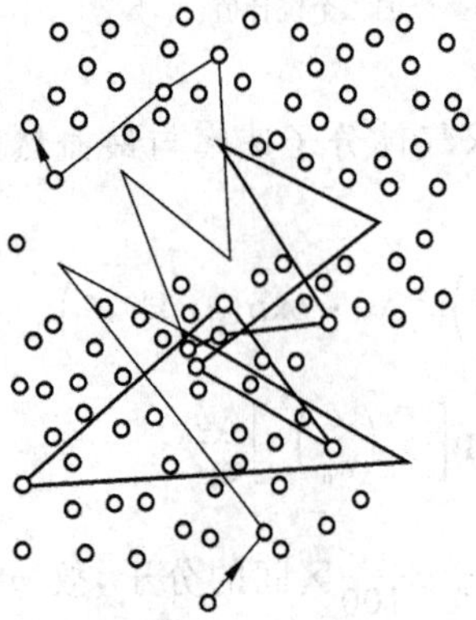

图7-9　气体分子的碰撞

所谓分子间的碰撞,并不像我们通常见到的宏观物体间接触碰撞那样。实际上,分子间的碰撞是在分子力作用下,分子间产生散射的结果。因为分子间的距离较近时分子力的性质是引力,但在分子间的距离接近到一定程度时,分子力的性质就表现为斥力了,而且这种斥力会随距离的接近而迅速增大。在这种强大的分子的斥力的作用下,迫使分子改变原来的运动方向,因而产生分子间的散射,这也就是我们通常所说的分子间的"碰撞"。

为了简便起见,我们可以把分子看作是具有一定体积的弹性球,而由于分子间相互作用所产生的散射,就可以看成弹性球间的弹性碰撞过程;把两分子质心间的最小距离的平均值,认为是弹性球的直径,称为分子的有效直径,显然它要略大于分子的真正直径。实验表明,分子的有效直径的数量级为 10^{-10} m,随气体的不同而略有差异。分子的有效直径随气体温度的增加略有减小,因为温度高时,平均来说,分子对心碰撞时的相对速率要增大,从而可以使它们的质心能够接近到更小的距离。

二、平均碰撞次数和平均自由程

为了描述分子热运动中分子间相互碰撞的频繁程度,我们引入平均碰撞频率和平均自由程这两个概念。由于气体分子的数目很大,以及分子运动的无规则性,每个分子在任意两次连续碰撞之间自由走过的直线路程(称为自由程)的长短和经过的时间显然是不相等的。在一秒钟内每个分子和其他分子发生碰撞的次数也是不相等的,具有偶然性。我们不可能也没有必要求出每个分子的自由程和每秒碰撞的次数,但可以求出分子在连续两次碰撞之间所通过的自由程的平均值,以及每个分子平均在单位时间内与其他分子相碰的次数。前者称为分子的平均自由程,用 $\bar{\lambda}$ 表示;后者称为分子平均碰撞频率(简称碰撞频率),用 $\bar{Z}$ 表示。这两个物理量对于研究气体的性质和规律是至关重要的。

平均碰撞频率 $\bar{Z}$ 和平均自由程 $\bar{\lambda}$ 存在着简单的关系。如果用 $\bar{v}$ 表示分子的平均速率,则在任意一段时间 t 内,分子所通过的路程为 $\bar{v}t$。而分子的碰撞次数,也就是整个路程被折成的段数为 $\bar{Z}t$,因此根据定义,平均自由程为

$$\bar{\lambda}=\frac{\bar{v}t}{\bar{Z}t}=\frac{\bar{v}}{\bar{Z}} \tag{7-25}$$

研究气体分子之间的碰撞时,我们更关心的是单位时间内一个分子平均碰撞了多少次,即分子间的平均碰撞频率。为使问题简化,讨论分子碰撞时,假设气体分子中只有一个分子 A 以平均相对速率 $\bar{u}$ 运动。其他分子不动。所有分子都是直径为 d 的刚性球,碰撞是完全弹性的。在分子 A 运动的过程中,显然只有那些质心落在圆柱体内的分子才会与 A 发生碰撞。而图中其他分子的质心在圆柱体外的,它们都不会与 A 相碰撞。因此,为了确定在一段时间内有多少个分子与 A 相碰,可以设想以 A 的中心的轴线,以分子的有效直径 d 为半径作一个曲折的圆柱体,如图 7-10 所示。这样,在分子 A 的运动过程中,凡是中心在图中圆柱体内的分子都会与 A 相撞,圆柱体的截面积 $\sigma=\pi d^2$ 叫做分子的碰撞截面。设分子数密度为 n。在时间 t 内,A 所走过的路程为 $\bar{u}t$,则

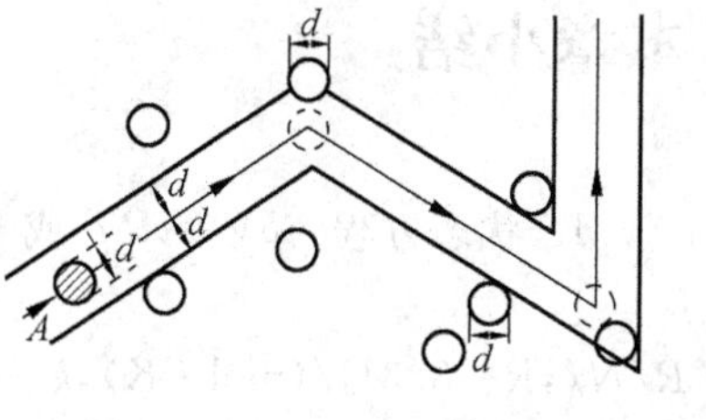

图 7-10 $\bar{Z}$ 及 $\bar{\lambda}$ 的计算

$$\bar{Z}=\frac{\pi d^2\ \bar{u}t\cdot n}{t}=\pi d^2\ \bar{u}\cdot n \tag{7-26}$$

上式的导出是认为其他分子不动,若考虑到其他分子的运动,对上式修正后应为(由麦克斯韦速率分布律可以证明$\bar{u}=\sqrt{2}\,\bar{v}$,$\bar{v}$为分子的平均速率)

$$\bar{Z}=\sqrt{2}\pi d^2\ \bar{v}n \tag{7-27}$$

代入式(7-25)中可得

$$\bar{\lambda}=\frac{1}{\sqrt{2}\pi d^2 n} \tag{7-28}$$

表示对于同种气体,$\bar{\lambda}$ 与 n 成反比,而与$\bar{v}$无关。

由 $p=nkT$ 又得

$$\bar{\lambda}=\frac{kT}{\sqrt{2}\pi d^2 P} \tag{7-29}$$

表示同种气体在温度一定时,$\bar{\lambda}$ 仅与压强成反比。

【例题 7-7】 下面答案中哪一个反映了理想气体分子在等压过程中的平均碰撞频率与热力学温度 T 的关系?( )

(A) 与 T 无关 (B) 与$\sqrt{T}$成正比 (C) 与$\sqrt{T}$成反比 (D) 与 T 成正比

解: $$\bar{Z}=\sqrt{2}\pi d^2\ \bar{v}n=\sqrt{2}\pi d^2\sqrt{\frac{8kT}{\pi m_0}}\cdot\frac{p}{kT}=\sqrt{2}\pi d^2\sqrt{\frac{8k}{\pi m_0}}\,p\,\frac{1}{k}\,\frac{1}{\sqrt{T}}$$

故(C)正确。

【例题 7-8】 某理想气体在 T_1,T_2 时的速率分布曲线如图 7-11 所示,若在 T_1,T_2 时的压强相等,则平均自由程关系为下面答案的哪一个?( )

(A) $\lambda_1>\lambda_2$ (B) $\lambda_1=\lambda_2$

(C) $\lambda_1<\lambda_2$ (D) 无法比较

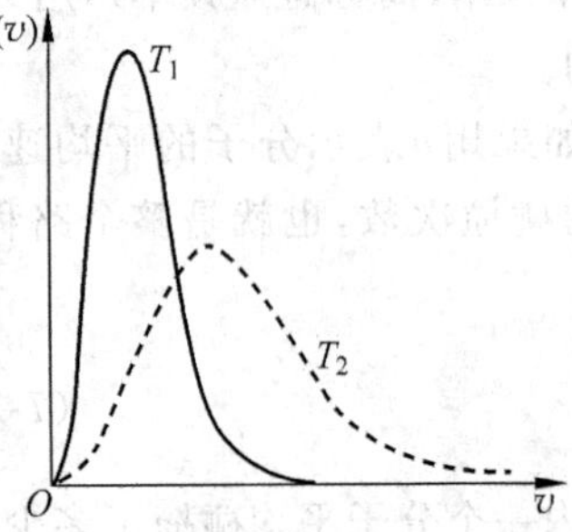

图 7-11 例题 7-8 图

解: $$\bar{\lambda}=\frac{1}{\sqrt{2}\pi d^2 n}=\frac{kT}{\sqrt{2}\pi d^2 p}$$

因为 $v_p=\sqrt{\dfrac{2kT}{m_0}}$,而 $v_{p_1}<v_{p_2}$,m_0 相同,所以 $T_2>T_1$,又 p_1,p_2 相等,所以

$$\bar{\lambda}_2>\bar{\lambda}_1$$

故选(C)。

本章小结

1. 状态方程:$pV=\nu RT$ 或 $p=nkT\left(摩尔数\ \nu=\dfrac{M}{M_{mol}}=\dfrac{N}{N_A}\right.$,分子数密度 $n=N/V$,$k=R/N_A$,$R=8.31\text{J/(mol}\cdot\text{K)}$,$\left.k=1.38\times10^{-23}\text{J/K}\right)$

2. 压强公式：$p=\frac{\overline{F}}{S}=\frac{\overline{I}}{\Delta t\cdot S}, p=\frac{2}{3}n\bar{\varepsilon}_t, \bar{\varepsilon}_t=\frac{1}{2}m\overline{v^2}$——分子的平均平动动能

3. 平均平动动能：$\bar{\varepsilon}_t=\frac{3}{2}kT$(此即温度公式，从压强公式和状态方程可以证明此式，要掌握)

4. 能量均分原理：在平衡态下，物质分子的每个自由度都具有相同的平均动能，其大小都为 $kT/2$

(1) 分子的平均动能：$\bar{\varepsilon}_k=\frac{i}{2}kT$，其中总自由度 $i=t+r$。单原子分子：$i=3$；双原子分子：$i=5$，(平动自由度 $t=3$，转动自由度 $r=2$)；多原子分子：$i=6$(平动自由度 $t=3$，转动自由度 $r=3$)

(2) νmol 理想气体的内能：$E=\frac{i}{2}\nu RT=\frac{i}{2}pV$

5. 速率分布函数 $f(v)$

(1) $f(v)\mathrm{d}v=\frac{\mathrm{d}N}{N}$表示速率取值在 $v\sim v+\mathrm{d}v$ 区间内的分子数 $\mathrm{d}N$ 占总分子数 N 的百分比，也称为概率

(2) 速率分布 $f(v)$-v 曲线：$f(v)$-v 曲线形状随分子质量及温度的不同而不同

(3) 归一化条件：$\int_0^\infty f(v)\mathrm{d}v=1$

(4) 最概然速率：$v_p=\sqrt{\frac{2kT}{m}}=\sqrt{\frac{2RT}{M_{mol}}}$，平均速率：$\bar{v}=\sqrt{\frac{8kT}{\pi m}}=\sqrt{\frac{8RT}{\pi M_{mol}}}$，方均根速率：$\sqrt{\overline{v^2}}=\sqrt{\frac{3kT}{m}}=\sqrt{\frac{3RT}{M_{mol}}}$；计算平均值的方法：$\bar{v}=\int_0^\infty vf(v)\mathrm{d}v$

6. 分子的平均碰撞频率：$\overline{Z}=\sqrt{2}\,\bar{v}\cdot\pi d^2\cdot n$，平均自由程：$\bar{\lambda}=\frac{\bar{v}}{\overline{Z}}=\frac{1}{\sqrt{2}\pi d^2 n}=\frac{kT}{\sqrt{2}\pi d^2 p}$

习题

一、选择题

1. 有一截面均匀的封闭圆筒，中间被一光滑的活塞分隔成两边，如果其中的一边装有0.1kg 某一温度的氢气，为了使活塞停留在圆筒的正中央，则另一边应装入同一温度的氧气的质量为(　　)。

(A) (1/16)kg　　(B) 0.8kg　　(C) 1.6kg　　(D) 3.2kg

2. 一定量的理想气体贮于某一容器中，温度为 T，气体分子的质量为 m。根据理想气体分子模型和统计假设，分子速度在 x 方向的分量的平均值(　　)。

(A) $\overline{v_x}=\sqrt{\frac{8kT}{\pi m}}$　　(B) $\overline{v_x}=\frac{1}{3}\sqrt{\frac{8kT}{\pi m}}$　　(C) $\overline{v_x}=\sqrt{\frac{8kT}{3\pi m}}$　　(D) $\overline{v_x}=0$

3. 一容器内盛有 1mol 氢气和 1mol 氦气，经混合后，温度为 127℃，该混合气体分子的平均速率为(　　)。

(A) $200\sqrt{\frac{10R}{\pi}}$　　(B) $400\sqrt{\frac{10R}{\pi}}$

(C) $200\sqrt{\frac{10R}{\pi}}+\sqrt{\frac{10R}{2\pi}}$　　(D) $400\left(\sqrt{\frac{10R}{\pi}}+\sqrt{\frac{10R}{2\pi}}\right)$

4. 按照麦克斯韦分子速率分布定律,具有最概然速率 v_p 的分子,其动能为(　　)。

(A) $\frac{3}{2}RT$　　(B) $\frac{3}{2}kT$　　(C) kT　　(D) $\frac{1}{2}RT$

5. 若室内生起炉子后温度从15℃升高到27℃,而室内气压不变,则此时室内的分子数减少了(　　)。

(A) 0.5%　　(B) 4%　　(C) 9%　　(D) 21%

6. 温度、压强相同的氦气和氧气,它们分子的平均动能 $\bar{\varepsilon}$ 和平均平动动能 $\bar{w}$ 的关系为(　　)。

(A) $\bar{\varepsilon}$ 和 $\bar{w}$ 都相等　　(B) $\bar{\varepsilon}$ 相等,而 $\bar{w}$ 不相等

(C) $\bar{w}$ 相等,而 $\bar{\varepsilon}$ 不相等　　(D) $\bar{\varepsilon}$ 和 $\bar{w}$ 都不相等

7. 在标准状态下,若氧气(视为刚性双原子分子的理想气体)和氦气的体积比 $V_1/V_2=1/2$,则其内能之比 E_1/E_2 为(　　)。

(A) 3/10　　(B) 1/2　　(C) 5/6　　(D) 5/3

8. 设图7-12所示的两条曲线分别表示在相同温度下氧气和氢气分子的速率分布曲线;令 $(v_p)_{O_2}$ 和 $(v_p)_{H_2}$ 分别表示氧气和氢气的最概然速率,则

(A) 图7-12中 a 表示氧气分子的速率分布曲线 $(v_p)_{O_2}/(v_p)_{H_2}=4$

(B) 图7-12中 a 表示氧气分子的速率分布曲线 $(v_p)_{O_2}/(v_p)_{H_2}=1/4$

(C) 图7-12中 b 表示氧气分子的速率分布曲线 $(v_p)_{O_2}/(v_p)_{H_2}=1/4$

(D) 图7-12中 b 表示氧气分子的速率分布曲线 $(v_p)_{O_2}/(v_p)_{H_2}=4$

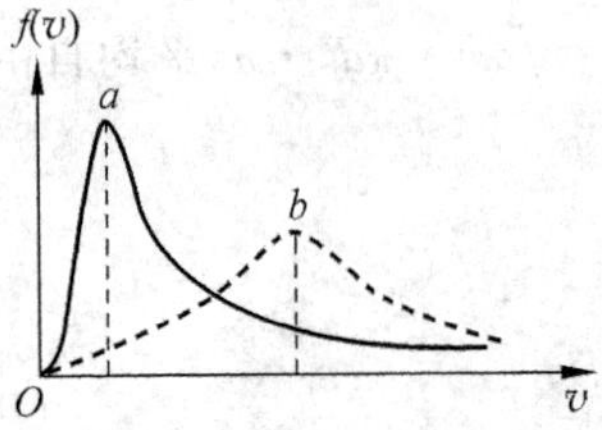

图7-12　习题8用图

9. 已知分子总数为 N,它们的速率分布函数为 $f(v)$,则速率分布在 $v_1\sim v_2$ 区间内的分子的平均速率为(　　)。

(A) $\int_{v_1}^{v_2} vf(v)\mathrm{d}v$　　(B) $\int_{v_1}^{v_2} vf(v)\mathrm{d}v\Big/\int_{v_1}^{v_2} f(v)\mathrm{d}v$

(C) $\int_{v_1}^{v_2} Nvf(v)\mathrm{d}v$　　(D) $\int_{v_1}^{v_2} vf(v)\mathrm{d}v/N$

10. 一固定容器内,储有一定量的理想气体,温度为 T,分子的平均碰撞次数为 $\overline{Z_1}$,若温度升高为 $2T$,则分子的平均碰撞次数 $\overline{Z_2}$ 为(　　)。

(A) $2\overline{Z_1}$　　(B) $\sqrt{2}\overline{Z_1}$　　(C) $\overline{Z_1}$　　(D) $\frac{1}{\sqrt{2}}\overline{Z_1}$

二、填空题

11. 一容器内储有某种气体，若已知气体的压强为 3×10^5Pa，温度为 27℃，密度为 0.24kg/m^3，则可确定此种气体是________气；并可求出此气体分子热运动的最概然速率为________ m/s。(普适气体常量 $R=8.31\text{J}\cdot\text{mol}^{-1}\cdot\text{K}^{-1}$)

12. A,B,C 三个容器中皆装有理想气体，它们的分子数密度之比为 $n_A:n_B:n_C=4:2:1$，而分子的平均平动动能之比为 $w_A:w_B:w_C=1:2:4$，则它们的压强之比 $p_A:p_B:p_C=$________。

13. 一氧气瓶的容积为 V，充入氧气的压强为 p_1，用了一段时间后压强降为 p_2，则瓶中剩下的氧气的内能与未用前氧气的内能之比为________。

14. 储有氢气的容器以某速度 v 作定向运动，假设该容器突然停止，气体的全部定向运动动能都变为气体分子热运动的动能，此时容器中气体的温度上升 0.7K，则容器作定向运动的速度 $v=$________ m/s，容器中气体分子的平均动能增加了________ J。(普适气体常量 $R=8.31\text{J}\cdot\text{mol}^{-1}\cdot\text{K}^{-1}$，玻耳兹曼常量 $k=1.38\times10^{-23}\text{J}\cdot\text{K}^{-1}$，氢气分子可视为刚性分子。)

15. 在平衡状态下，已知理想气体分子的麦克斯韦速率分布函数为 $f(v)$、分子质量为 m、最概然速率为 v_p，试说明下列各式的物理意义：

(1) $\int_{v_p}^{\infty} f(v)\mathrm{d}v$ 表示________________；

(2) $\int_0^{\infty} \frac{1}{2}mv^2 f(v)\mathrm{d}v$ 表示________________。

16. 在容积为 V 的容器内，同时盛有质量为 M_1 和质量为 M_2 的两种单原子分子的理想气体，已知此混合气体处于平衡状态时它们的内能相等，且均为 E。则混合气体压强 $p=$________；两种分子的平均速率之比 $\bar{v}_1/\bar{v}_2=$________。

17. 一容器内盛有密度为 ρ 的单原子理想气体，其压强为 p，此气体分子的方均根速率为________；单位体积内气体的内能是________。

18. 氮气在标准状态下的分子平均碰撞频率为 $5.42\times10^8\text{s}^{-1}$，分子平均自由程为 6×10^{-6}cm，若温度不变，气压降为 0.1atm，则分子的平均碰撞频率变为________；平均自由程变为________。

19. 氮气在标准状态下的分子平均碰撞频率为 $5.42\times10^8\text{s}^{-1}$，分子平均自由程为 6×10^{-6}cm，若温度不变，气压降为 0.1atm，则分子的平均碰撞频率变为________；平均自由程变为________。

20. 一定量的理想气体，先经过等体过程，使其温度升高一倍，再经过等温过程，使其体积膨胀为原来的两倍，则在终态时其扩散系数变为原来的________倍。

三、计算题

21. 黄绿光的波长是 5000Å(1Å$=10^{-10}$m)。理想气体在标准状态下，以黄绿光的波长为边长的立方体内有多少个分子？(玻耳兹曼常量 $k=1.38\times10^{-23}\text{J}\cdot\text{K}^{-1}$)

22. 已知某理想气体分子的方均根速率为 $400\text{m}\cdot\text{s}^{-1}$。当其压强为 1atm 时，求气体的密度。

23. 由 N 个分子组成的气体,其分子速率分布如图 7-13 所示。

(1) 试用 N 与 v_0 表示 a 的值;

(2) 试求速率在 $1.5v_0 \sim 2.0v_0$ 之间的分子数目;

(3) 试求分子的平均速率。

24. 试求温度为 127℃时,氢分子的平均速率、方均根速率和最概然速率。(普适气体常量 $R=8.31\text{J}\cdot\text{mol}^{-1}\cdot\text{K}^{-1}$)

25. 氦气分子的速率分布曲线如图 7-14 所示,试在图上画出同温度下氢气分子的速率分布曲线的大致情况,并求氢气分子在该温度时的最可几速率和方均根速率。

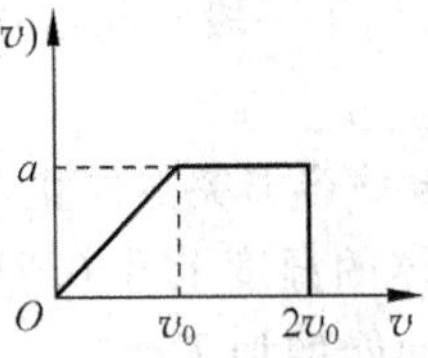

图 7-13　习题 23 用图

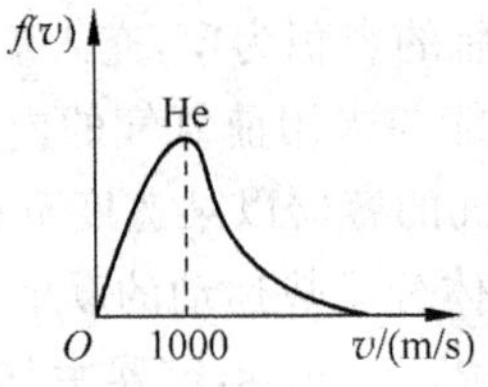

图 7-14　习题 25 用图

26. 一容积为 10cm^3 的电子管,当温度为 300K 时,用真空泵把管内空气抽成压强为 5×10^{-6}mmHg 的高真空,问此时管内有多少个空气分子?这些空气分子的平均平动动能的总和是多少?平均转动动能的总和是多少?平均动能的总和是多少?(760mmHg$=1.013\times10^5$Pa,空气分子可认为是刚性双原子分子)(玻耳兹曼常量 $k=1.38\times10^{-23}\text{J}\cdot\text{K}^{-1}$)

27. 容积为 20.0L(升)的瓶子以速率 $v=200\text{m}\cdot\text{s}^{-1}$匀速运动,瓶子中充有质量为 100g 的氦气。设瓶子突然停止,且气体的全部定向运动动能都变为气体分子热运动的动能,瓶子与外界没有热量交换,求热平衡后氦气的温度、压强、内能及氦气分子的平均动能各增加多少?(摩尔气体常量 $R=8.31\text{J}\cdot\text{mol}^{-1}\cdot\text{K}^{-1}$,玻耳兹曼常量 $k=1.38\times10^{-23}\text{J}\cdot\text{K}^{-1}$)

28. 一密封房间的体积为 $5\times3\times3\text{m}^3$,室温为 20℃,室内空气分子热运动的平均平动动能的总和是多少?如果气体的温度升高 1.0K,而体积不变,则气体的内能变化多少?气体分子的方均根速率增加多少?已知空气的密度 $\rho=1.29\text{kg/m}^3$,摩尔质量 $M_{\text{mol}}=29\times10^{-3}\text{kg/mol}$,且空气分子可认为是刚性双原子分子。(普适气体常量 $R=8.31\text{J}\cdot\text{mol}^{-1}\cdot\text{K}^{-1}$)

29. 有 $2\times10^{-3}\text{m}^3$ 刚性双原子分子理想气体,其内能为 6.75×10^2J。

(1) 试求气体的压强;

(2) 设分子总数为 5.4×10^{22}个,求分子的平均平动动能及气体的温度。

(玻耳兹曼常量 $k=1.38\times10^{-23}\text{J}\cdot\text{K}^{-1}$)

30. 储有 1mol 氧气、容积为 1m^3 的容器以 $v=10\text{m}\cdot\text{s}^{-1}$的速度运动。设容器突然停止,其中氧气的 80%的机械运动动能转化为气体分子热运动动能,问气体的温度及压强各升高了多少?(氧气分子视为刚性分子,普适气体常量 $R=8.31\text{J}\cdot\text{mol}^{-1}\cdot\text{K}^{-1}$)

31. 水蒸气分解为同温度 T 的氢气和氧气时,1mol 的水蒸气可分解成 1mol 氢气和 $\frac{1}{2}$mol 氧气。

$$H_2O \longrightarrow H_2 + \frac{1}{2}O_2$$

当不计振动自由度时，求此过程中内能的增量。

32. 容积 $V=1\text{m}^3$ 的容器内混有 $N_1=1.0\times10^{25}$ 个氢气分子和 $N_2=4.0\times10^{25}$ 个氧气分子，混合气体的温度为 400K，求：

(1) 气体分子的平动动能总和；

(2) 混合气体的压强。(普适气体常量 $R=8.31\text{J}\cdot\text{mol}^{-1}\cdot\text{K}^{-1}$)

33. 1kg 某种理想气体，分子平动动能总和是 1.86×10^6 J，已知每个分子的质量是 3.34×10^{-27}kg，试求气体的温度。

(玻耳兹曼常量 $k=1.38\times10^{-23}\text{J}\cdot\text{K}^{-1}$)

34. 一氧气瓶的容积为 V，充了气未使用时压强为 p_1，温度为 T_1；使用后瓶内氧气的质量减少为原来的一半，其压强降为 p_2，试求此时瓶内氧气的温度 T_2。及使用前后分子热运动平均速率之比 $\bar{v}_1/\bar{v}_2$。

35. 计算下列一组粒子的平均速率和方均根速率。

粒子数 N_i	2	4	6	8	2
速率 v_i/(m/s)	10.0	20.0	30.0	40.0	50.0

36. 计算在标准状态下氢气分子的平均自由程和平均碰撞频率。(氢分子的有效直径 $d=2\times10^{-10}$m，玻耳兹曼常量 $k=1.38\times10^{-23}\text{J}\cdot\text{K}^{-1}$，普适气体常量 $R=8.31\text{J}\cdot\text{mol}^{-1}\cdot\text{K}^{-1}$)

37. 某种理想气体在温度为 300K 时，分子平均碰撞频率为 $\bar{Z}_1=5.0\times10^9\ \text{s}^{-1}$。若保持压强不变，当温度升到 500K 时，求分子的平均碰撞频率 $\bar{Z}_2$。

38. 今测得温度为 $t_1=15$℃，压强为 $p_1=0.76$m 汞柱高时，氩分子和氖分子的平均自由程分别为：$\bar{\lambda}_{\text{Ar}}=6.7\times10^{-8}$m 和 $\bar{\lambda}_{\text{Ne}}=13.2\times10^{-8}$m，求：

(1) 氖分子和氩分子有效直径之比 $d_{\text{Ne}}/d_{\text{Ar}}$；

(2) 温度为 $t_2=20$℃，压强为 $p_2=0.15$m 汞柱高时，氩分子的平均自由程 $\bar{\lambda}'_{\text{Ar}}$。

这是一张夏日有空调的办公室照片。身处这样的办公室中，在紧张忙碌工作的同时也享受现代化带来的舒适。

空调器通电后，制冷系统内制冷剂的低压蒸气被压缩机吸入并压缩为高压蒸气后排至冷凝器。同时轴流风扇吸入的室外空气流经冷凝器，带走制冷剂放出的热量，使高压制冷剂蒸气凝结为高压液体。高压液体经过过滤器、节流机构后喷入蒸发器，并在相应的低压下蒸发，吸取周围的热量。同时贯流风扇使空气不断进入蒸发器的肋片间进行热交换，并将放热后变冷的空气送向室内。如此室内空气不断循环流动，达到降低温度的目的。

从物理学上来说，制冷空调的工作原理是一个热力学系统经历了一个逆循环，在此过程中外界对系统做功，并从低温热源吸热向高温热源放热的过程。

第 8 章

热力学基础

本章概要 热力学是研究物质热现象与热运动规律的一门学科，它的观点与采用的方法与物质分子动理论中的观点和方法很不相同。热力学是热学的宏观理论，它从对热现象的大量的直接观察和实验测量所总结出来的普适的基本定律出发，应用数学方法，通过逻辑推理及演绎，得出有关物质各种宏观性质之间的关系、宏观物理过程进行的方向和限度等结论。本章主要讨论热力学系统在状态变化过程中有关功、热和能量转化的规律。热力学还要讨论自发过程的特点。本章主要介绍了功、热量、热力学第一定律、热力学系统的内能、平衡过程、平衡过程中功、热量和内能增量的计算、热力学第一定律对理想气体等值过程(等容、等压、等温)的应用、理想气体的摩尔热容量、绝热过程、循环过程、热机循环和制冷机循环、宏观过程的方向性、可逆过程与不可逆过程、热力学第二定律、热力学第二定律的微观实质和统计意义、熵、熵增加原理。重点讨论分析了热力学第一定律和第二定律的应用、绝热过程与绝热方程、循环过程，热机效率、制冷系数计算。本章的难点是功、能、热的计算和热机效率计算。

8.1 热力学第一定律

一、热力学过程

在上一章中我们曾经讨论过热力学系统处在平衡状态时的性质——系统不受外界影响，状态参量都不随时间变化。现在研究热力学系统从一个平衡态到另一个平衡态的转变过程。

在热力学中，一般把所研究的物体或一组物体称为热力学系统，或简称系统。当热力学系统的状态随时间变化时，我们称系统经历了一个热力学过程。热力学过程是由一系列性质相近的状态相继发生而构成的。这个过程分为准静态过程和非准静态过程。在热力学中，我们需要从中抽象出一种过程，它既能基本上描述实际过程，又便于研究，这就是理想化的准静态过程。如果系统在始末两个平衡态之间所经历的中间状态可近似地当作平衡态，则此过程叫做准静态过程。否则，称为非准静态过程。此处所说的过程意味着系统状态的变化。设系统从某一个平衡态开始发生变化，状态的变化必然要打破原有的平衡，必须经过一定的时间系统的状态才能达到新的平衡，这段时间称为弛豫时间。如果过程进行得较快，弛豫时间相对较长，系统状态在还未来得及实现平衡之前，又继续了下一步的变化，在这种情况下系统必然要经历一系列非平衡的中间状态，这种过程称为非平衡过程。由于中间状态是一系列非平衡态，因此就不能用统一确定的状态参量来描述，这样整个非静态过程的描述是比较困难和复杂的，是当前物理学前沿课题之一。如果过程进行得非常缓慢，过程经历的时间远远大于弛豫时间，以至于过程的一系列的中间状态都无限接近于平衡态，因而过程的进行可以用系统的一组状态参量的变化来描述，这样的过程称为平衡过程(也叫做准静态过程)。即准静态过程是由一系列平衡态组成的过程。平衡过程显然是一种理想过程，它的优点在于描述和讨论都比较方便。在实际热力学过程中，只要弛豫时间远远小于状态变化的时间，那么这样的实际过程就可以近似看成是平衡过程，所以平衡过程依然有很强的实际意义。例如发动机中汽缸压缩气体的时间约为 10^{-2} s，汽缸中气体压强的弛豫时间约为 10^{-3} s，只有过程进行时间的 1/10，如果要求不是非常精确，在讨论气体做功时把发动机中气体压缩的过程作为平衡过程，依然是合理的。

热力学的研究是以准静态过程的研究为基础的，只有气体处于平衡态时，才能在 P-V 图上一点来代表其状态，当气体经历一准静态过程时，我们就可以用一条曲线来表示，这曲线称为过程曲线。如图 8-1 所示的曲线表示某一准静态过程，曲线上的每一点都对应一个平衡状态。为了说明实际热力学过程和平衡过程的区别，我们来考虑如图 8-2 所示的那样一个装置。这是一个带活塞的容器，里面贮有气体，气体系统与外界处于热平衡，温度为 T_0，气体状态用状态参量 P_0，T_0 表示。现将活塞快速下压，气体体积压缩，从而打破了原有的平衡态。当活塞停止运动后，经过充分长的时间后，系统将达到新的平衡态，用态参量 P_0，T_0 表示。很显然，在活塞快速下压的过程中，严格地说，气体内各处的温度和压强都是不均匀的。比如，靠近活塞的部分压强较大，而远离活塞的部分压强较小，也就是系统每一时刻都是处于非平衡状态。因此，活塞快速下压的过程是一种非静态过程。仍采用如图 8-2 所示的系统，初始平衡态是 P_0，T_0，增设活塞与器壁之间无摩擦的条件，控制外界压强，让活塞缓慢地压缩容器内的气体。每压缩一步，气体体积就相应地减少一个微小量，这种状态的变化时间长于相应的弛豫时间。那么就可以在压缩过程中，基本实现系统随时处于平衡态。所谓平衡过程就是这种无摩擦的缓慢进行的过程的理想极限。过程中每一中间状态，系统内部的压强都等于外部的压强。如果活塞与容器之间有摩擦存在时，虽然仍能实现平衡过程，但系统内部的压强显然不再与外界压强随时相等了。如不特别声明，这里讨论的都是无摩擦的平衡过程。

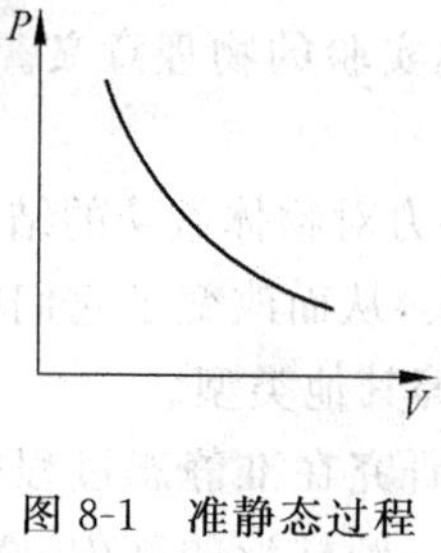

图 8-1　准静态过程

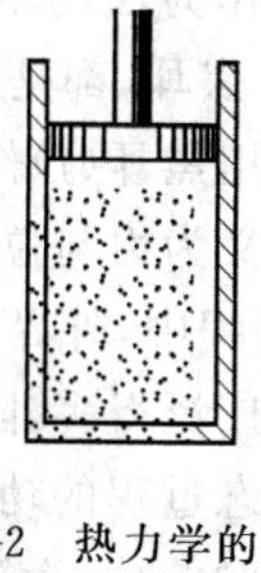

图 8-2　热力学的过程

要使一个热力学过程成为准静态过程或平衡过程，应该怎样办呢？例如，要使系统的温度由 T_1 升到 T_2 的过程是一个平衡过程，就必须采用温度极为相近的很多物体（例如装有大量水的很多水箱）作为中间热源。这些热源（如这里的水箱）的温度分别是 T_1、$T_1+\mathrm{d}T$、$T_1+2\mathrm{d}T$、…、$T_2-\mathrm{d}T$、T_2（图 8-3）。其中 $\mathrm{d}T$ 代表极为微小的温度差。我们把温度为 T_1 的系统与温度为 $T_1+\mathrm{d}T$ 的热源相接触，系统的温度也将升到 $T_1+\mathrm{d}T$ 而与热源建立热平衡。然后，再把系统移到温度为 $T_1+2\mathrm{d}T$ 的热源上，使系统的温度升到 $T_1+2\mathrm{d}T$，而与这一热源建立热平衡。依此类推，直到系统的温度升到 T_2 为止。由于所有热量的传递都是在系统和热源的温度相差极为微小的情形下进行的，所以，这个温度升高的过程无限接近于平衡过程。而且，这种过程的进行一定是无限缓慢的，它好像是平衡状态的不断延续。热力学的研究是以平衡过程的研究为基础的。把理想的平衡过程弄清楚了，将有助于对实际的非静态过程的探讨。

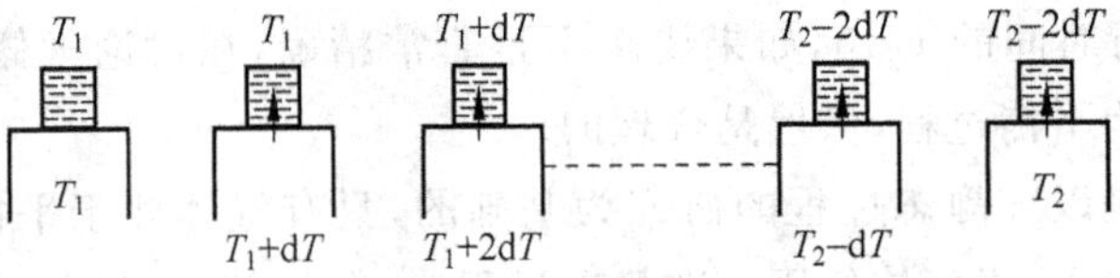

图 8-3　一系列有微小温度差的恒温热源

二、功　热量　内能

在热力学中，一般不考虑系统整体的机械运动。通过做功可以改变系统的状态，这方面的例子是很多的，通常说的摩擦生热就是一例。这里的“摩擦”，是指克服摩擦力做功，“生热”指的是使物体温度升高，也就是改变了物体的状态。摩擦升温（机械功）、电加热（电功）。在力学中还学过，外界对物体做功的结果会使物体的状态发生变化；在做功的过程中，外界与物体之间有能量的交换，从而改变了系统的机械能，力学中所研究的是物体间特殊类型的相互作用，物体与外界交换能量的结果，使物体的机械运动状态改变。这属于机械功情况。

热力学系统状态的变化总是通过外界做功或向系统传热来完成的。例如一杯水，用传递热量和搅拌做功都能使其升到同一温度。前者是通过热量传递来完成的，后者则是通过外界做功来完成的。两者方式虽然不同，但能导致相同的状态变化。由此可见，做功与传递热是等效的。传热过程中所传递的能量的多少（它等于微观功的总和）叫热量，通常以 Q 表示，过去习惯上以焦耳作为功的单位，以卡作为热量的单位。根据著名的焦耳热功当量实验，得出：1 卡＝4.186 焦耳，都是能量的量纲，由此可见此实验的物理意义。现在，在国际单位制中，功和热量都用焦耳（J）作单位。

在力学中，把功定义为力与位移这两个矢量的标积，外力对物体做功的结果会使物体的状态变化；在做功的过程中，外界与物体之间有能量的交换，从而改变了它们的机械能。在热力学中，功的概念要广泛得多，除机械功外，还有电磁功等其他类型。

在热力学中，准静态过程的功具有重要意义。下面先研究在准静态过程中，流体（气体或液体）体积发生变化时的功，为简单起见，设想流体盛在一圆柱形的筒内，圆筒装有活塞，可无摩擦地左右移动，如图 8-4 所示，汽缸中的气体在膨胀过程，为了使过程是一个平衡过程，外界必须提供受力物体让活塞无限缓慢地移动。

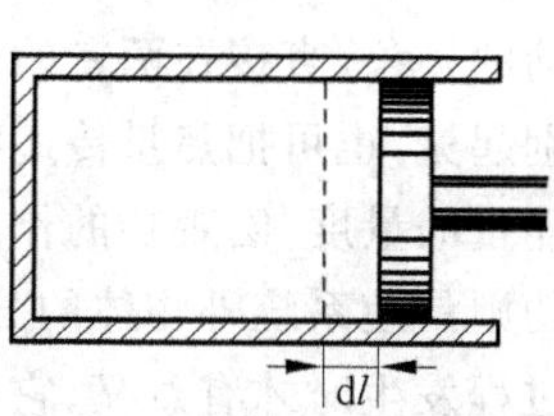

图 8-4　气体膨胀时所做的功

设活塞面积为 S，气体压强为 P，则当活塞向外移动 dl 距离时，气体推动活塞对外界所做的功为

$$\mathrm{d}A = F \cdot \mathrm{d}l = PS\mathrm{d}l = P\mathrm{d}V \tag{8-1}$$

式中，$\mathrm{d}V = S\mathrm{d}l$ 为气体膨胀时体积的微小增量。由上式可以看到，系统对外做功一定与气体体积变化有关，所以我们将平衡过程中系统所做功叫做体积功。式(8-1)是在无限小的可逆过程中，外界对气体所做元功的表达式，它是系统状态参量 P、V 的函数。

显然，$\mathrm{d}V>0$，即气体膨胀时系统对外界做正功；$\mathrm{d}V<0$，气体被压缩时系统对外界做负功，或外界对系统做正功。$\mathrm{d}A$ 就是图 8-5(a)中 V 到 $V+\mathrm{d}V$ 区间内曲线下的面积(图 8-4(a)中以斜线表示)。

如果系统的体积经过一个平衡过程由 V_1 变为 V_2，则该过程中，系统对外界做的功为

$$A = \int_{V_1}^{V_2} P\mathrm{d}V \tag{8-2}$$

上述结果虽然是从汽缸中活塞运动推导出来的，但对于任何形状的容器，系统在平衡过程中对外界所做的功，都可用上式计算。

体积功的几何意义：在 P-V 图上，积分式 $\int_{V_1}^{V_2} P\mathrm{d}V$ 表示 $V_1 \sim V_2$ 变化过程曲线下的面积，即体积功等于对应过程曲线下的面积，见图 8-5(b)。

根据上述几何解释，对一些特殊的过程体积功的计算可以不用积分，而直接由计算面积的大小得到。

必须强调指出，系统从状态 1 经平衡过程到达状态 2，可以沿着不同的过程曲线(如图 8-5(b)中的虚线)，也就是经历不同的平衡过程，所做的体积功(即过程曲线下的面积)也就不同。即体积功是一个过程量(与过程相关的物理量)。

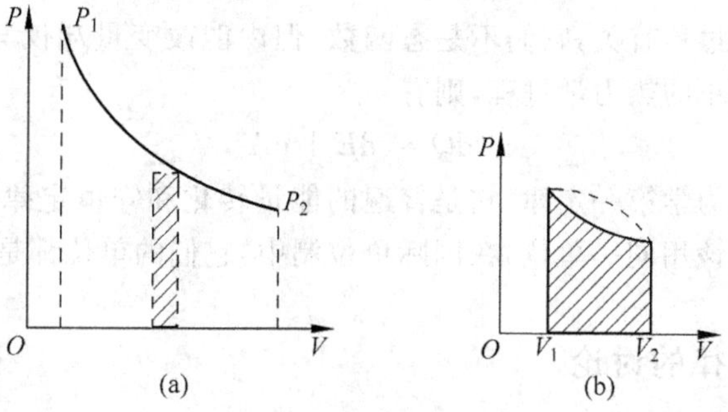

图 8-5　体积功的示功图

由此可见，做功是系统与外界相互作用的一种方式，也是两者的能量相互交换的一种方式。这种能量交换的方式是通过宏观的有规则运动(如机械运动等)来完成的。我们把机械功等统称为宏观功。传递热量和做功不同，这种交换能量的方式是通过分子的无规则运动来完成的。当外界物体(热源)与系统相接触时，不需借助于机械的方式，也不显示任何宏观

运动的迹象，直接在两者的分子无规则运动之间进行着能量的交换，这就是传递热量。为了区别起见，也可把热量传递叫做微观功。宏观功与微观功都是系统在状态变化时与外界交换能量的量度，宏观功的作用是把物体的有规则运动转换为系统内分子的无规则运动，而微观功则是使系统外物体的分子无规则运动与系统内分子的无规则运动互相转换，它们只有在过程发生时才有意义，它们的大小也与过程有关，因此，它们都是过程量。

实验证明，系统状态发生变化时，只要初、末状态给定，则不论所经历的过程有何不同，外界对系统所做的功和向系统所传递的热量的总和，总是恒定不变的。我们知道，对一系统做功将使系统的能量增加，又根据热功的等效性，可知对系统传递热量也将使系统的能量增加。由此看来，热力学系统在一定状态下，应具有一定的能量，叫做热的"内能"。上述实验事实表明：内能的改变量只取决于初末两个状态，而与所经历的过程无关，换句话说，内能是系统状态的单值函数。从气体动理论的观点来说，如不考虑分子内部结构，则系统的内能就是系统中所有的分子热运动的能量和分子与分子间相互作用的势能的总和。

三、热力学第一定律

通过能量交换方式改变系统热力学状态的方式有两种。一是做功，如活塞压缩汽缸内的气体使其温度升高；二是传热，如对容器中的气体加热，使之升温和升压。在一般情况下，当系统状态变化时，做功与传递热量往往是同时存在的。做功与传热的微观过程不同，但都能通过能量交换改变系统的状态，在这一点上二者是等效的。实验研究发现，功、热量和系统内能之间存在着确定的当量关系。当系统从一个状态变化到另一个状态，无论经历的是什么样的具体过程，过程中外界做功和吸入热量一旦确定，系统内能的变化也是一定的。根据普遍的能量守恒定律，传热过程中系统吸入热量 Q 应该等于系统对外界做的功 A 与系统能量的增量的总和。如果有一系统，外界对它传递的热量为 Q，系统从内能为 E_1 的初始平衡状态改变到内能为 E_2 的终末平衡状态，同时系统对外做功为 A，那么，不论过程如何，总有

$$Q=(E_2-E_1)+A \tag{8-3}$$

功和热量与所经历的过程有关，它们不是态函数，但内能改变量却仅与初末状态有关，而与过程无关。对于无限小的热力学过程，则有

$$\mathrm{d}Q=\mathrm{d}E+\mathrm{d}A \tag{8-4}$$

上面两个式子称为热力学第一定律，它是普遍的能量转化和守恒定律在热力学范围内的具体表达。式中各量应该用同一单位，在国际单位制中，它们的单位都是J。

四、热力学第一定律的讨论

1. 物理量符号规定。系统从外界吸入热量为正，系统向外界放出热量为负；系统的内能增加为正，系统的内能减少为负；系统对外界做功为正，外界对系统做功为负。

2. 热力学第一定律适用于任何系统的任何热力学过程。包括气、液、固态变化的平衡过程和非平衡过程，可见热力学第一定律具有极大的普遍性。热力学第一定律表明，从热机的角度来看，要让系统对外做功，要么从外界吸入热量，要么消耗系统自身的内能，或者二者

兼而有之。

3. 第一类永动机不可能制成。历史上,有人曾想设计制造一种热机,这是一种能使系统不断循环,不需要消耗任何的动力或燃料,却能源源不断地对外做功的所谓永动机,结果理所当然地失败了。这种违反热力学第一定律,也就是违反能量守恒定律的永动机,称为第一类永动机。因此,热力学第一定律的另一种表达是:第一类永动机是不可能制成的。

8.2 理想气体的等体过程和等压过程 摩尔热容

热力学第一定律是一条普遍的自然规律,应用很广泛。本节仅讨论理想气体在等容、等压过程中的应用。热力学第一定律常常用于计算系统在平衡过程中的热量及其摩尔热容。

一、热容量概念

热容是在温度差所发生的传热过程中,物体升高或降低单位温度时所吸收或放出的热量。若以 ΔQ 表示物体在升高温度为 ΔT 的某过程中吸收的热量,则物体在该过程中的热容 C 定义为

$$C = \lim_{\Delta T \to 0} \frac{\Delta Q}{\Delta T} = \frac{\partial Q}{\partial T} \tag{8-5}$$

为了计算向气体传递的热量,我们要用到摩尔热容的概念。每摩尔物体的热容称为摩尔热容 C_M,单位质量物体的热容称为比热容 c,则

$$C = \nu C_M, \quad C = mc \tag{8-6}$$

物体升高相同的温度所吸收的热量不仅与温度差及物体性质有关,也与具体过程有关。同一种气体在不同过程中,有不同的热容,最常用的是等体过程与等压过程中的两种热容。在等体过程中气体与外界没有功的交往,所吸收热量全部用来增加内能。在等压过程中吸收热量除用来增加内能外,还需使气体等压膨胀对外做功,所以定压热容比定体热容大(至少相等)。一般常以 C_V、C_P、$C_{V,M}$、$C_{P,M}$、c_V、c_P 分别表示物体的定体热容、定压热容、摩尔定体热容、摩尔定压热容及定体比热容、比定压热容。

根据热力学第一定律,以 $\mathrm{d}Q=\mathrm{d}E+\mathrm{d}A$,代入摩尔热容的定义,可得

$$C_M = \frac{\mathrm{d}E}{\nu \mathrm{d}T} + \frac{\mathrm{d}A}{\nu \mathrm{d}T} (\mathrm{J \cdot mol^{-1} \cdot K^{-1}})$$

其中第一项代表系统内能改变所需要的热量,第二项代表系统做功需要的热量。由于系统的内能是状态量,功是过程量,故上式等号右端第一项应与具体过程无关;第二项才反映具体过程的特征。例如,对于理想气体的平衡过程,由于理想气体的内能 $E=\frac{m}{M_{\mathrm{mol}}}\frac{i}{2}RT=\frac{i}{2}\nu RT$,故 $\mathrm{d}E=\frac{i}{2}\nu R\mathrm{d}T$;而 $\mathrm{d}A=P\mathrm{d}V$,代入上式有

$$C_M = \frac{i}{2}R + \frac{P\mathrm{d}V}{\nu \mathrm{d}T} \tag{8-7}$$

此式即为理想气体的摩尔热容的计算公式。在根据上式计算理想气体的摩尔热容时,第一

项是与具体过程无关的确定表达；第二项只要把反映具体过程特征的过程方程引入即可算出。有时，摩尔热容也可以通过热量表达式求解出来。

作为热力学第一定律的应用，我们来分析一下理想气体在一些简单的过程中的能量转化情况。

二、等体过程，定体摩尔热容

设一汽缸，活塞固定不动，有一系列温差微小的热源 $T_1, T_2, T_3, \cdots (T_1 < T_2 < T_3 < \cdots)$ 汽缸与它们依次接触，则使气体温度上升，P 也上升，但 V 为常数，这样的准静态过程，称为等容过程，等容过程（也叫等体过程）的状态参量为常量，过程方程 $V=C$ 或 $\frac{P}{T}=C$，过程曲线叫等容线，在 P-V 图中等容线是一些与 P 轴平行的直线，如图 8-6 所示。

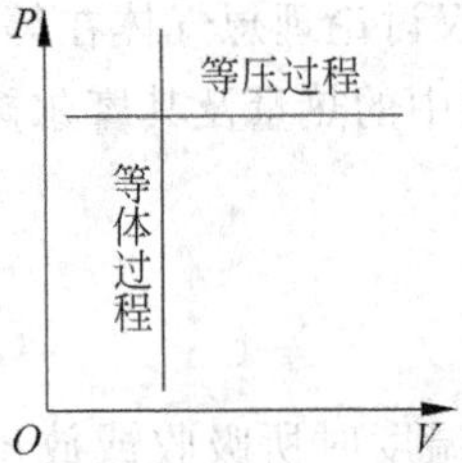

图 8-6　等容过程和等压过程

当系统的体积不变时 $dV=0$，系统对外界做的功为零 $dA=0$，它所吸的热量等于系统内能的增加。对于理想气体有

$$dQ_V = dE \tag{8-8a}$$

对一有限过程有

$$Q_V = E_2 - E_1$$

在等体过程中，系统从外界吸收的热量全部用于增加系统的内能，而系统没有对外做功。质量为 m 的气体在等体过程中，温度改变 dT 时所需要的热量就是

$$dQ_V = \frac{m}{M_{\text{mol}}} C_{V,M} dT \tag{8-8b}$$

而作为 $C_{V,M}$ 的定义式，可将上式改写成

$$C_{V,M} = \frac{dQ_V}{\nu dT} = \frac{dE}{\nu dT} = \frac{d}{dT}\left[\frac{i}{2}RT\right] = \frac{i}{2}R \quad (\text{理想气体})$$

$$C_{V,M} = \frac{i}{2}R \tag{8-9}$$

由于等容过程气体不做功，所以等容摩尔热容 $C_{V,M}$ 只包含气体内能变化所需要的热量。对于刚性分子模型，单原子分子 $i=3$，双原子分子 $i=5$，多原子分子 $i=6$，可得到

$$C_{V,M} = \begin{cases} \frac{3}{2}R & \text{单原子分子理想气体} \\ \frac{5}{2}R & \text{刚性双原子分子理想气体} \\ 3R & \text{刚性多原子分子理想气体} \end{cases}$$

热量

$$Q_V = \frac{m}{M_{\text{mol}}} C_{V,M} (T_2 - T_1) \tag{8-10}$$

式(8-9)可用来计算理想气体的内能变化。（强调无论什么过程都可以，下面等压过程要用此式。）对于 $\frac{m}{M_{\text{mol}}}$ mol 理想气体，有

$$E_2 - E_1 = \frac{m}{M_{mol}} C_{V,M} \int_{T_1}^{T_2} dT = \frac{m}{M_{mol}} C_{V,M}(T_2 - T_1) \tag{8-11}$$

由式(8-8a)和式(8-8b),即得

$$dE = \frac{m}{M_{mol}} C_{V,M} dT \tag{8-12}$$

应该注意,式(8-12)是计算过程中理想气体内能变化的通用式子,不仅仅适用于等体过程。前面已经指出,理想气体的内能只与温度有关,所以一定质量的理想气体在不同的状态变化过程中,如果温度的增量 dT 相同,那么气体所吸取的热量和所做的功虽然随过程的不同而异,但是气体内能的增量却相同,与所经历的过程无关。

三、等压过程,定压摩尔热容

设想汽缸活塞上的砝码保持不动,令汽缸与一系列温差微小的热源 $T_1, T_2, T_3, \cdots$ $(T_1 < T_2 < T_3 < \cdots)$依次接触,气体的温度会逐渐升高,又由于 $P=$常数(气体压强与外界恒定压强平衡),所以 V 也要逐渐增大。这样的准静态过程称为等压过程,

气体压强保持不变的过程叫等压过程。等压过程(也叫定压过程)的状态参量 P 为常量,过程方程为 $P=C$ 或$\frac{V}{T}=C$(C 为常量),过程曲线为等压线,如图 8-5 所示。

由热一律可得 $dQ_P = dE + p dV$

对一有限等压过程:

$$Q_P = E_2 - E_1 + \int_{V_1}^{V_2} P dV \tag{8-13}$$

而

$$E_2 - E_1 = \frac{m}{M_{mol}} C_{V,M}(T_2 - T_1)$$

$$A = \int_{V_1}^{V_2} P dV = P(V_2 - V_1) \tag{8-14a}$$

或写成

$$A = \frac{m}{M_{mol}} R(T_2 - T_1) \tag{8-14b}$$

故式(8-13)化为

$$Q_P = \frac{m}{M_{mol}} C_{V,M}(T_2 - T_1) + P(V_2 - V_1) \tag{8-15a}$$

将理想气体状态方程用于式(8-15a)可得

$$Q_P = \frac{m}{M_{mol}} C_{V,M}(T_2 - T_1) + \frac{m}{M_{mol}} R(T_2 - T_1) \tag{8-15b}$$

上式说明,在等压过程中,理想气体吸收热量,一部分用来增加内能。另一部分用来对外做功。因此,当温度升高相同值时,等压过程吸收热量大于等体过程吸收的热量。

定压摩尔热容:等压过程中,1mol 气体温度升高 1K 时所吸收热量

$$C_{P,M} = \frac{dQ_P}{dT} \quad (1\text{mol})$$

$$C_{P,M}=\frac{\mathrm{d}Q_P}{\mathrm{d}T}=\frac{\mathrm{d}E+P\mathrm{d}V}{\mathrm{d}T}=\frac{\mathrm{d}E}{\mathrm{d}T}+P\frac{\mathrm{d}V}{\mathrm{d}T}=C_{V,M}+R\frac{\mathrm{d}T}{\mathrm{d}T}=C_{V,M}+R$$

$$C_{P,M}=C_{V,M}+R \tag{8-16}$$

上式称为迈耶(Mayer)公式。

对于刚性分子模型，单原子分子 $i=3$，双原子分子 $i=5$，多原子分子 $i=6$，可得到

$$C_{P,M}=\begin{cases}\frac{5}{2}R & \text{单原子分子理想气体}\\ \frac{7}{2}R & \text{刚性双原子分子理想气体}\\ \frac{8}{2}R & \text{刚性多原子分子理想气体}\end{cases}$$

热量为

$$Q_P=\frac{m}{M_{\mathrm{mol}}}C_{P,M}(T_2-T_1)$$

而 $C_{V,M}=\frac{i}{2}R$，所以

$$C_{P,M}=\frac{i+2}{2}R \tag{8-17}$$

$$\gamma=\frac{C_{P,M}}{C_{V,M}}=\frac{i+2}{i} \tag{8-18}$$

是实际中常用的一个物理量。

说明：$Q_V=\frac{m}{M_{\mathrm{mol}}}C_{V,M}(T_2-T_1)$，$Q_P=\frac{m}{M_{\mathrm{mol}}}C_{P,M}(T_2-T_1)$不仅适用于理想气体，也适用于其他气体，只不过 $C_{V,M}$，$C_{P,M}$有所不同。

【例题 8-1】 1mol 单原子分子理想气体，由 0℃分别经等容和等压过程变为 100℃，试求各过程中吸收的热量。

解：(1) 等容：

$$Q_V=\frac{m}{M_{\mathrm{mol}}}C_{V,M}(T_2-T_1)=1\cdot\frac{i}{2}R(T_2-T_1)=\frac{3}{2}\times 8.31\times 100=1.25\times 10^3(\mathrm{J})$$

(2) 等压：

$$Q_P=\frac{m}{M_{\mathrm{mol}}}C_{P,M}(T_2-T_1)=1\cdot\frac{2+i}{2}R(T_2-T_1)=\frac{5}{2}\times 8.31\times 100=2.08\times 10^3(\mathrm{J})$$

已知 ΔT 时，用 $Q=\frac{m}{M_{\mathrm{mol}}}C_M\Delta T$ 计算比较方便。

【例题 8-2】 一汽缸中贮有氮气，质量为 1.25kg。在标准大气压下缓慢地加热，使温度升高 1K。试求气体膨胀时所做的功 A、气体内能的增量 ΔE 以及气体所吸收的热量 Q_P。（活塞的质量以及它与汽缸壁的摩擦均可略去。）

解：因过程是等压的，由式(8-14b)得

$$A=\frac{m}{M_{\mathrm{mol}}}R(T_2-T_1)=\frac{1.25}{0.028}\times 8.31\times 1=371(\mathrm{J})$$

因为 $i=5$，所以 $C_{V,M}=\frac{i}{2}R=20.8\mathrm{J/(mol\cdot K)}$

$$\Delta E=\frac{m}{M_{\mathrm{mol}}}C_{V,M}(T_2-T_1)=\frac{1.25}{0.028}\times 20.8\times 1=929(\mathrm{J})$$

所以，气体在这一过程中所吸收的热量为

$$Q_P=E_2-E_1+A=1300(\mathrm{J})$$

8.3 理想气体的等温过程和绝热过程及多方过程

一、等温过程

设想汽缸与一恒温热源热接触并达到热平衡，当活塞上的外界压力缓慢降低，缸内气体将推动活塞缓慢膨胀对外做功，气体内能随之缓慢减小，气体温度将微有下降，从而低于恒温热源，于是就有微量的热量传给气体，使气体又恢复到原温度。这一过程连续进行就形成准静态的等温膨胀过程(见图 8-7)。

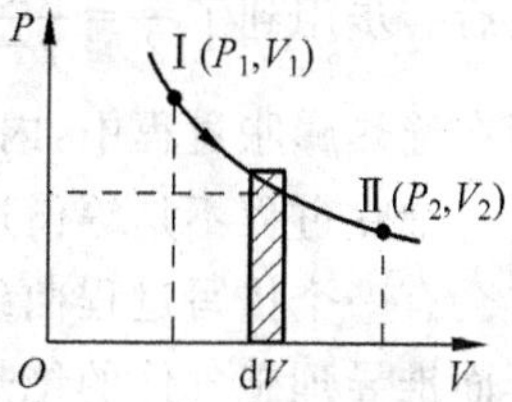

图 8-7 等温过程

因为 V 要增大且 $T=$常数，所以 P 要减小，这样的准静态过程即为等温过程。过程方程为 $T=CC$ 或 $PV=C$，过程曲线成为等温线。在等温过程中，内能不变。故 $\mathrm{d}E=0$，$\mathrm{d}Q_T=\mathrm{d}A=P\mathrm{d}V$。气体对外做功等于曲线下面的面积：

$$A=\int_{V_1}^{V_2}P\mathrm{d}V$$

而

$$PV=\frac{m}{M_{\mathrm{mol}}}RT$$

所以

$$A=\int_{V_1}^{V_2}P\mathrm{d}V=\int_{V_1}^{V_2}\frac{m}{M_{\mathrm{mol}}}\frac{RT}{V}\mathrm{d}V,\quad A=\frac{m}{M_{\mathrm{mol}}}RT\ln\frac{V_2}{V_1}\tag{8-19a}$$

因为 $P_1V_1=P_2V_2$，故上式又可写为

$$A=\frac{m}{M_{\mathrm{mol}}}RT\ln\frac{P_1}{P_2}\tag{8-19b}$$

由热一律可得

$$Q=A=\frac{m}{M_{\mathrm{mol}}}RT\ln\frac{V_2}{V_1}=\frac{m}{M_{\mathrm{mol}}}RT\ln\frac{P_1}{P_2}\tag{8-20}$$

即在等温过程中气体吸收的热量全部用来对外做功，气体内能不变。

二、绝热过程

所谓绝热过程是系统在与外界完全没有热量交换情况下发生的状态变化过程，当然这是一种理想过程。对于实际发生的过程，只要满足一定的条件，可以近似看成绝热过程，例如：用绝热性能良好的绝热材料将系统与外界分开，平常的热水瓶内进行的变化过程可近似看作绝热过程。或者让过程进行得非常快，以致系统来不及与外界进行明显的热交换等等。如气体迅速自由膨胀。系统由两室组成，中间用隔板隔开，开始气体全在左室，突然拉

开隔板,左室气体将迅速膨胀,由于过程进行得很快,来不及与外界交换热量,故近似为绝热过程。

绝热过程的特征是 $Q=0$, $dQ=0$(注意:是 $dQ=0$,不仅是 $Q=0$)

因而有 $A=-\Delta E$

即在绝热过程中,如果系统对外界做正功,就必须以消耗系统的内能为代价,即系统的内能减少;反之,如果系统对外界做负功(也叫做外界对系统做正功),则系统的内能就增加。按照内能增量的计算公式,$\Delta E=\frac{m}{M_{\mathrm{mol}}}C_{V,M}(T_2-T_1)$有

$$A=-\Delta E=\nu C_{V,M}(T_1-T_2)=\frac{i}{2}(P_1V_1-P_2V_2)=\frac{1}{\gamma-1}(P_1V_1-P_2V_2) \qquad (8\text{-}21)$$

最后一步用到了$\frac{i}{2}=\frac{1}{\gamma-1}$,式中 γ 是比热容比。绝热过程没有热量交换,摩尔热容为零。即在绝热膨胀过程中,内能的减少完全用来气体对外做功,气体与外界无能量交换。

绝热过程不是等值过程,系统的状态参量 P、V、T 在过程中均为变量,它和其他过程一样会有一个描写过程曲线的方程,这个方程叫做绝热方程。绝热过程的曲线叫做绝热线。下面推导理想气体的绝热方程。对于理想气体,将状态方程 $PV=\nu RT$ 全微分,有

$$P\mathrm{d}V+V\mathrm{d}P=\nu R\mathrm{d}T$$

对于平衡态绝热过程,由 $\mathrm{d}A=-\mathrm{d}E$ 和 $\mathrm{d}A=P\mathrm{d}V$ 以及 $\mathrm{d}E=\nu C_{V,M}\mathrm{d}T$,可得

$$P\mathrm{d}V=-\nu C_{V,M}\mathrm{d}T$$

将上面两式相除消去 $\mathrm{d}T$,得到

$$1+\frac{V\mathrm{d}P}{P\mathrm{d}V}=-\frac{R}{C_V}$$

或

$$\frac{V\mathrm{d}P}{P\mathrm{d}V}=-\frac{R}{C_V}-1=-\frac{C_V+R}{C_V}=-\frac{C_P}{C_V}=-\gamma$$

γ 为比热容比。把上式分离变量为

$$\frac{\mathrm{d}P}{P}=-\gamma\frac{\mathrm{d}V}{V}$$

两端积分

$$\int\frac{\mathrm{d}P}{P}=-\gamma\int\frac{\mathrm{d}V}{V}$$

得到

$$\ln P=-\gamma\ln V+c=-\ln V^{\gamma}+C$$

或 $\ln PV^{\gamma}=C$。C 为常量。

最后得到绝热方程

$$PV^{\gamma}=C \qquad (8\text{-}22a)$$

上式称为绝热过程的泊松方程。再使用物态方程 $PV=\nu RT$,上式可以替换成

$$TV^{\gamma-1}=C \qquad (8\text{-}22b)$$

$$P^{\gamma-1}T^{-\gamma}=C \qquad (8\text{-}22c)$$

上面三个式子统称为绝热方程。等号右方的常量的大小在三个式子中各不相同,与气体的质量及初始状态有关。我们可按实际情况,选用一个比较方便的来应用。

三、绝热线及等温线的讨论

当气体作绝热变化时，也可在 P-V 图上画出 P 与 V 的关系曲线，这叫绝热线。在图 8-8 中的实线表示绝热线，虚线则表示同一气体的等温线，两者有些相似，两曲线相交于一点。从图上看出，绝热线比等温线陡一些，这表明同一气体从同一初状态作同样的体积压缩时，压强的变化在绝热过程中比在等温过程中要大。这可作如下解释：

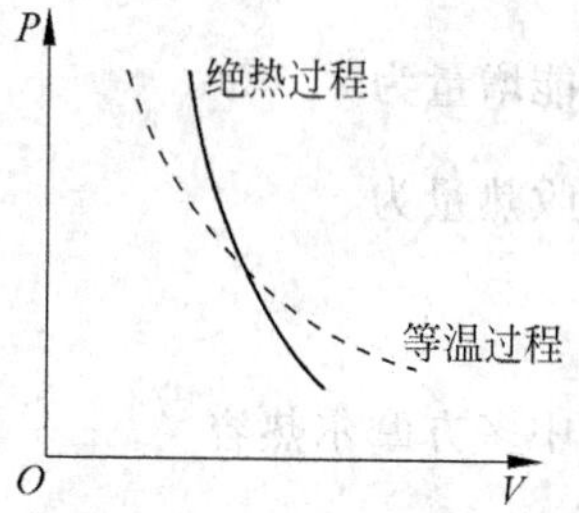

图 8-8　等温线与绝热线的比较

(1) 数学解释

等温：　$PV=C$

$\Rightarrow P\mathrm{d}V+V\mathrm{d}P=0$

即　$\left(\dfrac{\mathrm{d}P}{\mathrm{d}V}\right)_T=-\dfrac{P}{V}$（交点切线斜率）

绝热：　$PV^r=C_1$

$\Rightarrow rPV^{r-1}\mathrm{d}V+V^r\mathrm{d}P=0$

即　$\left(\dfrac{\mathrm{d}P}{\mathrm{d}V}\right)_Q=-r\dfrac{P}{V}$（交点切线斜率）

因为 $r=\dfrac{i+1}{i}>1$，所以 $\left|\left(\dfrac{\mathrm{d}P}{\mathrm{d}V}\right)_Q\right|>\left|\left(\dfrac{\mathrm{d}P}{\mathrm{d}V}\right)_T\right|$。

在两线的交点处，绝热线的斜率比等温线的斜率绝对值大。故绝热线要陡些。

(2) 物理解释

假设气体从交点开始体积增加 ΔV，由 $PV=C$ 及 $PV^\gamma=C_1$ 知，在此情况下，P 都减小（无论是等温过程还是绝热过程）。由 $P=\nu RT/V$ 知，气体等温膨胀时，引起 P 减小的只有 V 这个因素，气体绝热膨胀时，由于 $\Delta T<0$，所以引起 P 减小的因素除了 V 的增加外，还有 T 减小的因素，所以 ΔV 相同时，绝热过程中 P 下降得快。

*四、多方过程

气体的很多实际过程可能既不是等值过程，也不是绝热过程，特别在实际过程中很难做到严格的等温或严格的绝热。而是与它们有所偏离，称其为多方过程，对于理想气体来说，它的过程方程既不是 $PV=$常量，也不是 $PV^r=$常量。在热力学中，常用下述方程表示实际过程中气体压强和体积的关系：$PV^n=$常量。式中 n 是任意实数，称为多方指数，其值随过程而异，要由实验确定，也就是说，理想气体实际经历的过程要复杂一些。引入多方过程的概念后，前面所讨论的等值过程和绝热过程都可归纳为指数不同的多方过程。例如：

当 $n=r$ 时，$PV^r=C_1$ 为绝热过程。

当 $n=1$ 时，$PV=C_2$ 为等温过程。

当 $n=0$ 时，$P=C_3$ 为等压过程。

当 $n=\infty$ 时，$V=C_4$ 为等体过程。

多方过程在化学工业、热力工程等领域有着广泛的应用，理想气体从状态 $1(P_1,V_1)$ 经多方过程而变为状态 $2(P_2,V_2)$，这时，$P_1V_1^n=P_2V_2^n$。在这个过程中，气体所做的功为

$$A=\int_{V_1}^{V_2}P\mathrm{d}V=\int_{V_1}^{V_2}\frac{P_1V_1^n}{V^n}\mathrm{d}V=P_1V_1^n\int_{V_1}^{V_2}\frac{\mathrm{d}V}{V^n}$$

$$=P_1V_1^n\left(\frac{1}{1-n}V_2^{1-n}-\frac{1}{1-n}V_1^{1-n}\right)=\frac{P_1V_1-P_2V_2}{n-1} \tag{8-23}$$

内能增量为
$$\Delta E=\frac{m}{M_{\mathrm{mol}}}C_{V,M}(T_2-T_1)$$

吸收热量为

$$Q=\frac{m}{M_{\mathrm{mol}}}C_n(T_2-T_1) \tag{8-24}$$

其中多方摩尔热容

$$C_n=\left(\frac{n-r}{n-1}\right)C_{V,M} \tag{8-25}$$

【例题 8-3】 一定量的理想气体经绝热过程由状态 $(P_1,V_1)\to(P_2,V_2)$，求此过程中气体对外做的功。

解：方法 1

$$W=\int_{V_1}^{V_2}P\mathrm{d}V=\int_{V_1}^{V_2}\frac{C_1}{V^\gamma}\mathrm{d}V\quad(PV^\gamma=C_1)$$

$$=\frac{1}{1-r}\left(\frac{C_1}{V_2^{r-1}}-\frac{C_1}{V_1^{\gamma-1}}\right)$$

$$=\frac{1}{1-r}(P_2V_2-P_1V_1)$$

方法 2

$$W=-(E_2-E_1)=-\frac{m}{M_{\mathrm{mol}}}\frac{i}{2}R(T_2-T_1)=-\frac{i}{2}(P_2V_2-P_1V_1)$$

所以 $W=\frac{1}{1-r}(P_2V_2-P_1V_1)$。

8.4 循环过程 卡诺循环

根据热力学第一定律，物质系统可以从外界吸收热量，增加系统的内能，如果对外界做功，可使系统的内能减少。可见，热转化为功的过程通过物质系统来实现。实际工作中往往要求通过连续不断地将热转化为功，完成这种过程的装置叫热机，如内燃机、蒸汽机等。表面看来，等温膨胀最为有利，因为系统吸收的热量可以全部转化为功。但仅靠这种过程，不能制成，因为，必须使做功以后的物质经过另外的过程再回到原来的状态，使过程循环不断地进行。

一、循环过程

物质系统经过一系列的变化过程以后，又回到原来的状态，这整个变化过程叫循环过程。循环所包括的每个过程叫做分过程。这物质系统叫做工作物。在 P-V 图上，工作物的

循环过程用一个闭合的曲线来表示。由于工作物的内能是状态的单值函数,所以经历一个循环,回到初始状态时,内能没有改变。这是循环过程的重要特征。在实践中,往往要求利用工作物继续不断地把热转换为功,这种装置叫做热机。表面看来,理想气体的等温膨胀过程是最有利的,工作物吸取的热量可完全转化为功。但是,只靠单调的气体膨胀过程来做功的机器是不切实际的,因为汽缸的长度总是有限的,气体的膨胀过程就不可能无限制地进行下去。即使不切实际地把汽缸做得很长,最终当气体的压强减到与外界的压强相同时,也是不能继续做功的。十分明显,要连续不断地把热转化为功,只有利用上述的循环过程:使工作物从膨胀做功以后的状态,再回到初始状态,一次又一次地重复进行下去,并且必须使工作物在返回初始状态的过程中,外界压缩工作物所做的功少于工作物在膨胀时对外所做的功,这样才能得到工作物对外所做的净功。获得低温装置的制冷机也是利用工作物的循环过程来工作的,不过它的运行方向与热机中工作物的循环过程恰恰相反,循环过程的理论是热机和制冷机的基本理论。下面我们以卡诺循环为例,简要地说明热机和制冷机的基本原理。

二、卡诺循环

卡诺循环的研究,在热力学中是十分重要的。这种循环过程是 1824 年法国青年工程师卡诺(N. L. Carnot)对热机的最大可能效率问题进行理论研究时提出的,为热力学第二定律的确立起了奠基性的作用。

卡诺循环是在两个温度恒定的热源(一个高温热源,一个低温热源)之间工作的循环过程 。在整个循环中,工作物只和高温热源或低温热源交换能量,没有散热、漏气等因素存在。现在,我们来研究由平衡过程组成的卡诺循环。因为是平衡过程,所以在工作物与温度为 T_1 的高温热源接触的过程中,基本上没有温度差,即工作物与高温热源接触而吸热的过程是一个温度为 T_1 的等温膨胀过程。同样,与温度为 T_2 的低温热源接触而放热的过程是一个温度为 T_2 的等温压缩过程。因为工作物只与两个热源交换能量,所以,当工作物脱离两热源时所进行的过程,必然是绝热的平衡过程。因此,卡诺循环是由两个平衡的等温过程和两个平衡的绝热过程组成的。图 8-9(a)为理想气体卡诺循环的 P-V 图,曲线 ab 和 cd 表示温度为 T_1 和 T_2 的两条等温线,曲线 bc 和 da 是两条绝热线。我们先讨论以状态 a 为始点,沿闭合曲线 $abcda$ 所作的循环过程。在完成一个循环后,气体的内能回到原值不变,但气体与外界通过传递热量和做功而有能量的交换。

在 abc 的膨胀过程中,系统对外做功 A_1 的大小由 abc 曲线下的面积表示;而在 cda 的压缩过程中,外界对系统做功 A_2 的大小由 cda 曲线下的面积表示,在一次循环中系统对外界做的净功 $A(A=A_1-A_2)$应由闭合曲线所包围的面积表示。热量交换的情况是,系统在等温膨胀过程 ab 中,从高温热源吸收热量。$a \to b$ 吸热过程中

$$Q_1=\frac{m}{M_{\mathrm{mol}}}RT_1\ln\frac{V_2}{V_1}$$

系统在等温压缩过程 cd 中向低温热源放出热量,取绝对值,有:$c \to d$ 放热过程中

$$Q_2=\frac{m}{M_{\mathrm{mol}}}RT_2\ln\frac{V_3}{V_4}\ (\text{指绝对值})$$

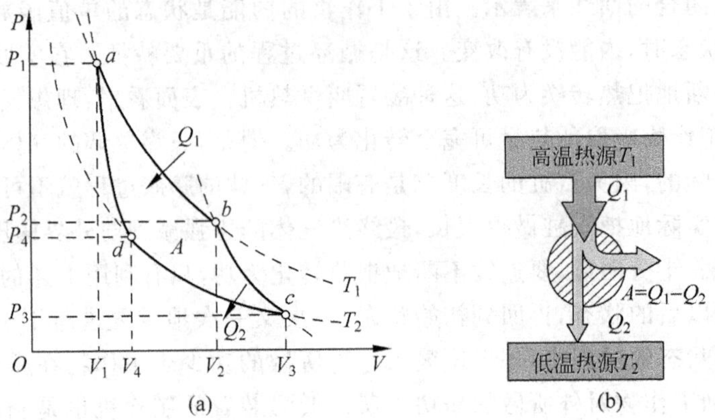

图 8-9　卡诺循环(热机)的 P-V 图及工作示意图

在 $b\to c$ 的绝热过程中有

$$T_1V_2^{\gamma-1}=T_2V_3^{\gamma-1}$$

$d\to a$ 绝热过程中

$$T_2V_4^{\gamma-1}=T_1V_1^{\gamma-1}$$

两式相比得

$$\frac{T_2V_3^{\gamma-1}}{T_2V_4^{\gamma-1}}=\frac{T_1V_2^{\gamma-1}}{T_1V_1^{\gamma-1}};\quad 即\quad \frac{V_3}{V_4}=\frac{V_2}{V_1}$$

根据热力学第一定律可知，在每一循环中高温热源传给气体的热量是 Q_1，其中一部分热量 Q_2 由气体传给低温热源，同时气体对外所做净功为 $A=Q_1-Q_2$，所以这个循环是热机循环，工作示意图如图 8-9(b)所示。利用这种循环可以把热不断地转变为功。热机把热转换为功的效率 η 由下式定义：

$$\eta=\frac{A}{Q_1}=\frac{Q_1-Q_2}{Q_1}=1-\frac{Q_2}{Q_1}\quad\left(即\ 1-\frac{Q_{放}}{Q_{吸}}\right) \tag{8-26}$$

$$\eta=1-\frac{Q_2}{Q_1}=1-\frac{T_2\ln\dfrac{V_3}{V_4}}{T_1\ln\dfrac{V_2}{V_1}}$$

因此卡诺热机效率为

$$\eta_C=1-\frac{T_2}{T_1} \tag{8-27}$$

从以上的讨论中可以看出：

(1) 要完成一次卡诺循环必须有高温和低温两个热源(有时分别叫做热源与冷源)。

(2) 卡诺循环的效率只与两个热源的温度有关，高温热源的温度越高，低温热源的温度越低，卡诺循环的效率越大，也就是说当两热源的温度差越大时效率越高，从工程技术上来讲，使 T_1 升高比较容易实现，从高温热源所吸取的热量 Q_1 的利用价值越大。

(3) 卡诺循环的效率总是小于 1 的(除非 $T_2=0\text{K}$)。热机的效率能不能达到 100%呢？如果不可能达到 100%，最大可能效率又是多少呢？有关这些问题的研究促成了热力学第二定律的建立。

现在，我们再讨论理想气体以状态 a 为始点，沿着与热机循环相反的方向按闭合曲线 $adcba$ 所作的循环过程(图 8-10(a))。显然，气体将从低温热源吸取热量 Q_2，又接收外界对气体所做的功 A，向高温热源传递热量 $Q_1=A+Q_2$。

由于循环从低温热源吸热，可导致低温热源(一个要使之降温的物体)的温度降得更低，这就是制冷机可以制冷的原理。要完成制冷机这个循环，必须以外界对气体所做的功为代价。制冷机的功效常用从低温热源中所吸取的热量 Q_2 和所消耗的外功 A 的比值来衡量，这一比值被叫做制冷系数，即

$$\omega=\frac{Q_2}{A}=\frac{Q_2}{Q_1-Q_2} \tag{8-28}$$

对卡诺制冷机来说

$$\omega_C=\frac{Q_2}{A}=\frac{T_2}{T_1-T_2} \tag{8-29}$$

上式告诉我们：T_2 越小，ω_C 也越小，亦即要从温度很低的低温热源中吸取热量，所消耗的外功也是很多的。

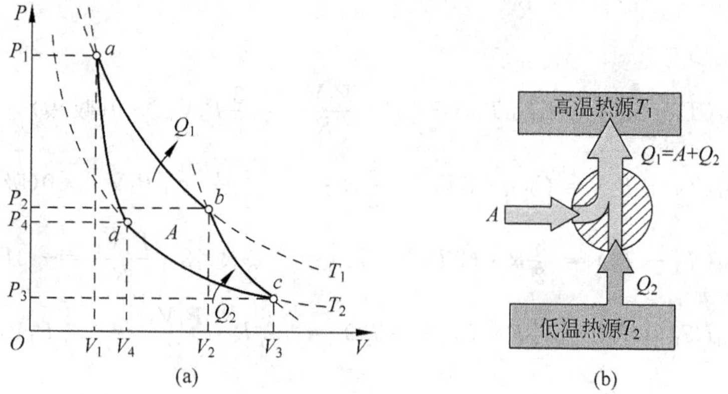

图 8-10　卡诺循环(制冷机)的 P-V 图及工作示意图

制冷机向高温热源所放出的热量($Q_1=Q_2+A$)也是可以利用的。从这个卡诺循环能降低低温热源的温度来说，它是个制冷机，而从它把热量从低温热源输送到高温热源来说，它又是个热泵。在近代工程上，热泵已获得了广泛的应用。

图 8-11 是压缩型制冷机示意图。它利用压缩机对氟利昂做功，使气体变热。这高度压缩的热气体在右方蛇形管中运行，因蛇形管被鼓风机吹风而带走热量，于是氟利昂在这个高压下略有冷却，它凝聚为液体。然后，这液体进入喷嘴系统。这个系统的作用和节流过程相似，氟利昂突然膨胀进入到低压区，焦耳-汤姆孙效应使之极度冷却。这个冷却气体运行到左方蛇形管中时，将从周围(冷区)吸取热量，从而稍许变暖，流回压缩机去。此处，我们看到，压缩机所做的功是用来把热从冷区运送到热区(右方蛇形管周围)的，排出的热比吸收的热多，所以起到制冷的作用，而对热区来说，由于不断地吸收热量，其温度将越

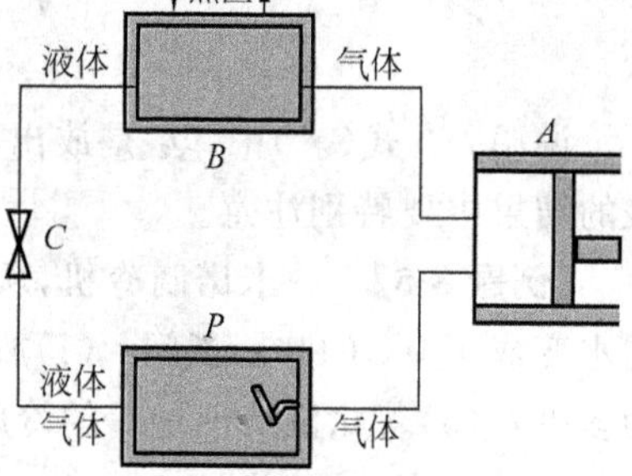

图 8-11　压缩型制冷机

来越高。

【例题 8-4】 一摩尔氦气经过如图 8-12 所示的循环，$P_2=2P_1$，$V_4=2V_1$。求气体在各个过程中吸收的热量和循环的效率。

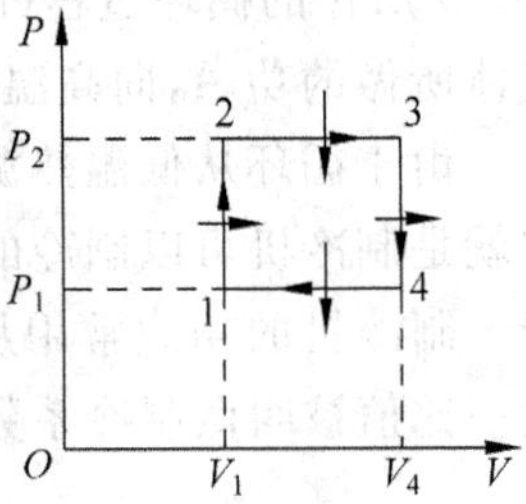

图 8-12　例题 8-4 用图

解：氦气是单原子分子理想气体。

$$C_{V,M}=\frac{3}{2}RT,\quad C_{P,M}=\frac{5}{2}RT$$

由 $PV=\dfrac{m}{M_{\mathrm{mol}}}RT$ 得

$$T_1=\frac{P_1V_1}{R}$$

$$T_2=\frac{P_2V_1}{R}=2T_1$$

$$T_3=\frac{P_2V_4}{R}=4T_1$$

$$T_4=\frac{P_1V_4}{R}=2T_1$$

所以

$$Q_{12}=C_{V,M}(T_2-T_1)=C_{V,M}T_1=\frac{3}{2}R\cdot\frac{P_1V_1}{R}=\frac{3}{2}P_1V_1>0(\text{吸热})$$

$$Q_{23}=C_{P,M}(T_3-T_2)=C_{P,M}\cdot 2T_1=\frac{5}{2}R\cdot 2\cdot\frac{P_1V_1}{R}=5P_1V_1>0(\text{吸热})$$

$$Q_{34}=C_{V,M}(T_4-T_3)=\frac{3}{2}R\cdot(2T_1-4T_1)=-\frac{3}{2}R\cdot 2\cdot\frac{P_1V_1}{R}=-3P_1V_1(\text{放热})$$

$$Q_{41}=C_{P,M}(T_1-T_4)=\frac{5}{2}R\cdot(T_1-2T_1)=-\frac{5}{2}R\cdot\frac{P_1V_1}{R}=-\frac{5}{2}P_1V_1(\text{放热})$$

$$\eta=1-\frac{Q_2}{Q_1}=1-\frac{\frac{5}{2}P_1V_1+3P_1V_1}{\frac{3}{2}P_1V_1+5P_1V_1}=1-\frac{11}{13}=\frac{2}{13}\approx 15\% \qquad (*)$$

效率 η 可由功出发求解：$\eta=\dfrac{W}{Q_1}$；其中为循环所围的面积。由图 8-12 知

$$W=P_1V_1$$

$$\eta=\frac{P_1V_1}{\frac{13}{2}P_1V_1}=\frac{2}{13}\approx 15\%$$

说明：在式（*）中，Q_2 是放出热量的绝对值，是大于 0 的。关于这点在运算由字母代表的结果中要特别注意。

【例题 8-5】 一卡诺制冷机，从 0℃的水中吸取热量，向 27℃的房间放热，假定 50kg 0℃的水变成了 0℃的冰。试问：(1)放于房间的热量为多少？(2)使制冷机运转所需的机械功为多少？(3)若此机从 −10℃的冷库中吸取相等的一份热量，要做多少机械功？冰的溶解热为 $3.35\times10^5\,\mathrm{J\cdot kg^{-1}}$。

解：
$$\omega_{\text{卡}}=\frac{T_2}{T_1-T_2}=\frac{273}{300-273}=10.1$$

而

$$\omega_{卡}=\frac{Q_2}{A}$$

$$Q_2=3.35\times10^5\times50=1.665\times10^7(\mathrm{J})$$

机械功为

$$A=\frac{Q_2}{\omega_{卡}}=\frac{1.665\times10^7}{10.1}=1.65\times10^6(\mathrm{J})$$

放于房间的热量为

$$Q_1=Q_2+A=1.83\times10^7(\mathrm{J})$$

若从-10℃的冷库中吸取相等的一份热量Q_2，此时所做的功为

$$A'=\frac{Q_2}{\omega'_{卡}},\quad \omega'_{卡}=\frac{T'_2}{T_1-T'_2}=\frac{263}{300-263}=7.11$$

$$A'=\frac{1.665\times10^7}{7.11}=2.34\times10^6(\mathrm{J})$$

$A'>A$，即从温度越低的低温热源中吸取热量，所需做的功越多。

卡诺定理：可逆机：$\eta=1-\frac{T_2}{T_1}$；不可逆机：$\eta\leqslant1-\frac{T_2}{T_1}$。

延伸阅读——技术应用

内 燃 机

内燃机是一种动力机械，它是使燃料在机器内部燃烧，并将其放出的热能直接转换为动力的热力发动机。广义上的内燃机不仅包括往复活塞式内燃机、旋转活塞式发动机和自由活塞式发动机，也包括旋转叶轮式的喷气式发动机，但通常所说的内燃机是指活塞式内燃机。

活塞在汽缸内往复运动时，从汽缸的一端运动到另一端的过程，叫做一个冲程。普通内燃机大多为四冲程内燃机。它分为吸气冲程、压缩冲程、做功冲程和排气冲程。常见的有四冲程汽油机和四冲程柴油机两种。活塞式内燃机以往复活塞式最为普遍。活塞式内燃机将燃料和空气混合，在其汽缸内燃烧，释放出的热能使汽缸内产生高温高压的燃气。燃气膨胀推动活塞做功，再通过曲柄连杆机构或其他机构将机械功输出，驱动从动机械工作。

8.5 热力学第二定律

要解决过程的进行方向问题，必须有一个独立于第一定律的新的自然定律。这就是热力学第二定律。热力学过程的一个重要特征是具有方向性。大量事实表明，在自然界中并非所有满足热力学第一定律的过程都能实现。有些过程能自动实现，有些过程则不能，特别是与自动实现的过程方向相反的逆过程是不能自动进行的。本节首先讨论在孤立系统中发生的过程。一般把在孤立系统中自动进行的过程称为自发过程，事实证明，自发过程具有确定的方向。

一、自发过程的方向性

如果孤立系统的初态是平衡态，当然不会发生什么过程。但若系统的初态是刚受到外

界影响而产生的非平衡态，那么，从系统被孤立的时刻起，它的状态总是从非平衡态向平衡态过渡。这种过程是自动进行的，也就是所谓自发过程。

例如，当气体被关在容器的左室中，右室为真空时，在抽去中间隔板的瞬间，气体处在一种非平衡态，此后气体会自动迅速膨胀，充满整个容器，最后气体在容器中达到均匀分布的平衡态。按能量守恒定律，无论是从初态的不平衡变化到平衡，还是从平衡再返回到不平衡，都是满足能量守恒定律的。然而，我们从未见到过已经充满整个容器的气体会自动收缩到容器的左室中去，让你去插上隔板。所以说，气体的上述自发过程是有方向的。

此外，还可以举出许多例子来说明孤立系统中发生的自发过程具有确定的方向。例如容器中气体各处的压强和温度从不均匀达到均匀，一滴墨水在一杯清水中不断扩散，溶质在液体中溶解，杂质原子在半导体材料中的扩散，被摩擦的机件温度升高，导体中电流产生热效应等等，这些过程都是自动进行的，都是自发过程，都有确定的进行方向。沿此方向的过程是自动发生的，而与此方向相反的过程则不能自动发生，除非在外界帮助下才能进行。因此，相反的过程是不自动的。

二、热力学第二定律

自然界中存在许许多多自发过程，它们彼此千差万别。那么，这些自发过程有什么共同规律呢？决定自发过程方向的重要因素是什么呢？这就是本节所要分析的问题。

我们发现，在大量的自发过程中起支配作用的是能量在传递和转换中所具有的方向性。这具体表现在两方面：

(1) 在孤立系统中存在的机械能（或电磁能）总是自动地转变为分子热运动能量；

(2) 在孤立系统中热量总是自动地从高温区域向低温区域传递。

通常将(1)简称为“功自动转换为热”，其含意是外界对系统做功，使系统的机械能（或电磁能）增加，而系统所得到的机械能（或电磁能）可以自动转变为分子热运动能量，并使系统温度升高，然后又向外界传热。从这里还可以看到，我们为什么在热力学中要把做功及传递热量这两种能量传递方式加以区别，就是因为热量传递具有只能自动从高温物体传向低温物体的方向性。

能量传递和转换中的上述方向性在历史上是从研究热机的实践中归纳出来的，并称为热力学第二定律。这个定律有两种表述法，分别称为开尔文表述和克劳修斯表述。两种表述都是用否定上述过程的逆过程来说明的。

开尔文表述（Kelvin，1851 年提出）：不可能从单一热源吸收热吸收热量，使它完全转变为功，而不引起其他变化。其意思是说，要把从某一热源吸收的热量全部转变为功，就一定会引起其他变化。例如可以利用汽缸中气体从单一热源吸热进行等温膨胀，使气体吸收的热量全部转变为功。但此时气体的体积已改变了，这就引起了其他变化。对于孤立系统，由于没有外界的帮助，所以就不可能发生热向功的转变。

对热机效率的讨论表明，即使理想气体的卡诺循环，其效率也不可能达到 100%，问题是这样提出的，为提高热机效率 $\eta=1-\dfrac{Q_2}{Q_1}$，途径之一是降低 Q_2，若使 $Q_2=0$，则吸收的热量全部用来对外做功，则 $\eta=100\%$。这并不违反热力学第一定律。这种热机称为第二类永动机。

开尔文表述否定了“热机效率能达到100%”的可能性。因为如果开尔文表述不成立，就能做成一个单源热机，即仅从单一热源吸热将其全部变为功，无须准备供其放热的低温热源。这当然是效率达到百分之百的热机。假如用这种机器从海洋中吸收热量来对外做功的话，只要海水的温度下降0.01K就能获得供全世界工厂使用数百年的能量！所以，与开尔文表述等价的另一表述是“不可能制成第二类永动机”。

克劳修斯表述(Clausius，1850年提出)：不可能把热量从低温物体传向高温物体，而不引起其他变化。其意思是说，要把热量从低温物体传向高温物体，就一定会引起其他变化。例如可用一制冷机将热量从低温物体传到高温物体，但这必须要由压缩机来做功，压缩机做的功就属于“其他变化”。在孤立系统中，没有外界做功，热量也就不可能从系统中的低温区域传向高温区域了。如果设想克劳修斯表述不成立，即在无任何外界做功的情况下，热量就能从低温物体传向高温物体。按此就能制成一种无功冷机，即无须消耗功就能制冷，其制冷系数当然成为无限大了。克劳修斯的表述否定了这种可能性。

三、两种表述的等效性

从表面上看，热力学第二定律的开尔文表述和克劳修斯表述是各自独立的，其实两者是统一的，是相互联系的。现用反证法说明如下：

假设开尔文叙述不成立，亦即允许存在一个单源热机 C 可以只从高温热源 T_1 取得热量 Q_1，并把它全部转变为功 A (图8-13(a))。这样我们再利用一个逆卡诺循环 D 接收 C 所做的功 $A(A=Q_1)$，使它从低温热源 T_2 取得热量 Q_2，输出热量 Q_1+Q_2 给高温热源。现在，把这两个循环总的看成一部复合制冷机(无功冷机)，其总的结果是，外界没有对它做功而它却把热量 Q_2 从低温热源传给了高温热源。这就说明，如果开尔文叙述不成立，则克劳修斯叙述也不成立。反之，也可以证明如果克劳修斯叙述不成立，则开尔文叙述也必然不成立。即如果克劳修斯表述不成立，可假设存在一无功冷机 E，将它同另一热机 F 组成复合机(图8-13(b))，就可以使复合机成为一单源热机，即开氏表述也不成立。

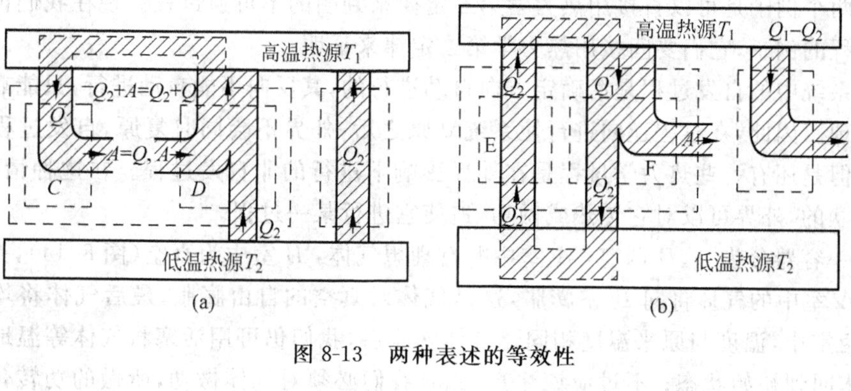

图8-13　两种表述的等效性

不仅如此，所有自发过程的方向性都可由热力学第二定律的两种表述之一加以说明。以理想气体向真空膨胀的过程为例，如果自发过程不是膨胀而是能自动收缩，则将此系统作为单一热源的热机，使它从热源吸热膨胀对外做动，然后自动收缩，再膨胀做功……这样下去就能使热自动地全部转化为功,而且不产生任何其他变化。这结果是违反开氏表述的。

说明:(1) 热力学第二定律的两种说法是等效的。若其中一说法成立,则另一说法也成立。则另一说法也成立。反之亦然。

(2) 热力学第二定律不是推导出来的。是从大量的实践当中总结出来的规律。因此不能直接验证其正确性。

8.6 可逆过程与不可逆过程 卡诺定理

一、可逆过程与不可逆过程

热力学第二定律不仅指出了在孤立系统中自发过程的方向,而且进一步指明在非孤立系统中实际发生的所有热力学过程都是不可逆的。为了进一步研究热力学过程方向性的问题,有必要介绍可逆过程与不可逆过程的概念。

设有一个过程,使物体从状态 A 变为状态 B。对它来说,如果存在另一个过程,它不仅使物体进行反向变化,从状态 B 恢复到状态 A,而且当物体恢复到状态 A 时,周围一切也都各自恢复原状,则从状态 A 进行到状态 B 的过程是个可逆过程。反之,如对于某一过程,不论经过怎样复杂曲折的方法都不能使物体和外界恢复到原来状态而不引起其他变化,则此过程就是不可逆过程。

如果单摆不受到空气阻力和其他摩擦力的作用,则当它离开某一位置后,经过一个周期又回到原来位置,且周围一切都没有变化,因此单摆的摆动是一可逆过程。由此可以看出,单纯的、无机械能耗散的机械运动过程是可逆过程。

现在我们分析热力学过程的性质。例如,通过摩擦,功变为热量的过程,根据热力学第二定律,热量不可能通过循环过程全部变为功,因此功通过摩擦转换为热量的过程就是一不可逆过程。又如热量直接从高温物体传向低温物体也是一不可逆过程。因为根据热力学第二定律,热量不能再自动地从低温物体传向高温物体。

以上两个例子是可以直接用热力学第二定律来判明的不可逆过程。现在我们再举两个不可逆过程的例子,它们要间接用热力学第二定律来证明。

孤立系统中的自发过程是沿确定方向自动进行的,其反向不能自动进行,只能靠外界的帮助来实现。因此,在过程逆向进行使系统复原之后,外界不会同时复原,自发过程是不可逆过程。但是还有一些热力学过程是在外界影响下进行的非自发过程。在这种情况下,系统不是孤立的,外界可以对它传热或做功,迫使它进行某一过程。

设有一容器分为 A、B 两室,A 室中贮有理想气体,B 室中为真空(图 8-14),如果将隔板抽开,A 室中的气体将向 B 室膨胀,这是气体对真空的自由膨胀,最后气体将均匀分布于 A、B 两室中,温度与原来温度相同。气体膨胀后,我们仍可用活塞将气体等温地压回 A 室,使气体回到初始状态;不过应该注意,此时我们必须对气体做功,所做的功转化为气体向外界传出的热量,根据热力学第二定律,我们无法通过循环过程再将这热量完全转化为功,所以气体对真空的自由膨胀过程是不可逆过程。

气体迅速膨胀的过程也是不可逆的。汽缸中气体迅速膨胀时,活塞附近气体的压强小于气体内部的压强。设气体内部的压强为 P,气体迅速膨胀一微小体积 ΔV。则气体所做的

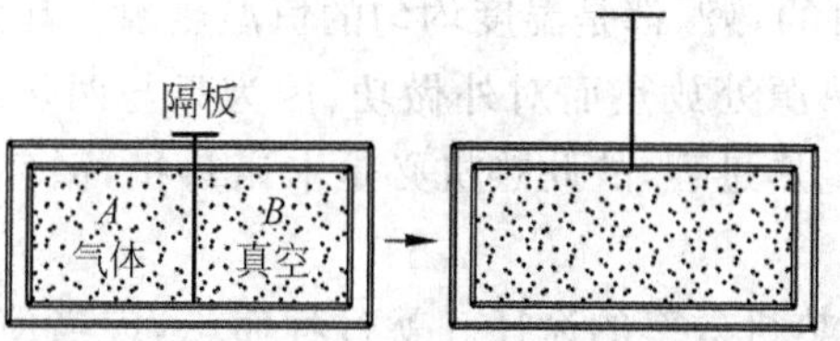

图 8-14　气体的自由膨胀

功 A_1 将小于 $P\Delta V$。然后，将气体压回原来体积，活塞附近气体的压强不能小于气体内部的压强，外界所做的功 A_2 不能小 $P\Delta V$。因此，迅速膨胀后，我们虽然可以将气体压缩，使它回到原来状态，但外界必须多做功 A_2-A_1；功将增加气体的内能，而后以热量形式放出。根据热力学第二定律，我们不能通过循环过程再将这部分热量全部变为功；所以气体迅速膨胀的过程也是不可逆过程。只有当气体膨胀非常缓慢，活塞附近的压强非常接近于气体内部的压强 P 时，气体膨胀一微小体积 ΔV 所做的功恰好等于 $P\Delta V$，那么我们才可能非常缓慢地对气体做功 $P\Delta V$，将气体压回原来的体积。所以，只有非常缓慢的亦即平衡的膨胀过程，才是可逆的膨胀过程。同理，我们也可以证明，只有非常缓慢的亦即平衡的压缩过程，才是可逆的压缩过程。

由上可知，在热力学中，过程的可逆与否和系统所经历的中间状态是否平衡密切相关，只有过程进行得无限的缓慢，没有由于摩擦等引起机械能的耗散，由一系列无限接近于平衡状态的中间状态所组成的平衡过程，才是可逆过程。当然，这在实际情况中是办不到的。我们可以实现的只是与可逆过程非常接近的过程，也就是说可逆过程只是实际过程在某种精确度上的极限情形。

实践中遇到的一切过程都是不可逆过程，或者说只是或多或少地接近可逆过程。研究可逆过程，也就是研究从实际情况中抽象出来的理想情况，可以基本上掌握实际过程的规律性，并可由此出发去进一步找寻实际过程的更精确的规律。

自然现象中的不可逆过程是多种多样的，各种不可逆过程之间存在着内在的联系。由热功转化的不可逆性证明气体自由膨胀的不可逆性，就是反映了这种内在联系。

二、卡诺定理

若循环是准静态无摩擦地进行，使正循环所产生的变化（指对外界产生的效果）被逆循环完全复原，则称此循环为可逆循环，而作可逆循环的热机和制冷机则称为可逆机。卡诺循环中每个过程都是平衡过程，是由两个等温和两个绝热的准静态过程构成，而且不计摩擦和漏热等损耗。所以，卡诺机属于可逆机。

卡诺在研究卡诺循环时曾提出了下列卡诺定理：

(1) 在相同的高温热源（温度设为 T_1）与相同的低温热源（温度设为 T_2）之间工作的一切可逆机（即卡诺机），其效率都相同，而与工作物质无关，都等于 $1-\dfrac{T_2}{T_1}$。

(2) 在同样高低温热源之间工作的一切不可逆机的效率，不可能高于（实际上是小于）可逆机，即 $\eta\leqslant 1-\dfrac{T_2}{T_1}$。

说明：首先，这是所讲的热源都是温度均匀的恒温热源。其次，若某一可逆机在某一确定热源处吸热，并在另一热源处放热而对外做功，因为只与两热源(T_1、T_2)相接触，中间无热量交换，故中间必定是绝热过程，故此热机必是卡诺热机，循环是由两条等温线和两条绝热线组成的卡诺循环。

卡诺定理指出了提高热机效率的途径。就过程而论，应当使实际的不可逆机尽量地接近可逆机。对高温热源和低温热源的温度来说，应该尽量地提高两热源的温度差，温度差越大则热量的可利用的价值也越大。但是在实际热机中，如蒸汽机等，低温热源的温度，就是用来冷却蒸汽的冷凝器的温度。想获得更低的低温热源温度，就必须用制冷机，而制冷机要消耗外功，因此用降低低温热源的温度来提高热机的效率是不经济的，所以要提高热机的效率应当从提高高温热源的温度着手。

三、卡诺定理的证明

(1) 在相同的高低温热源之间工作的一切可逆机，其效率都相同，而与工作物质无关，都等于 $1-\frac{T_2}{T_1}$。

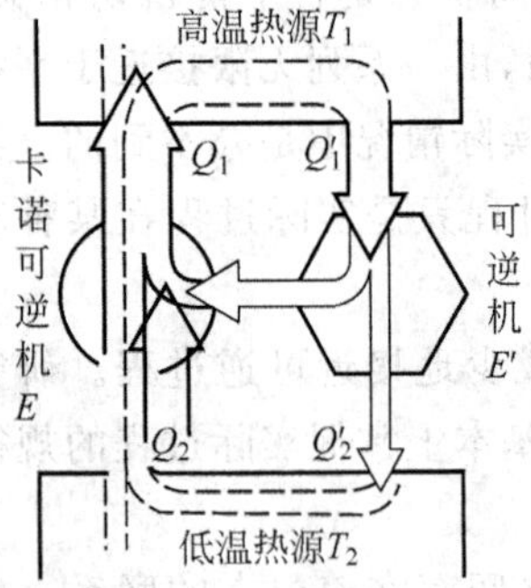

图 8-15　卡诺定理的证明

设有两热源：高温热源，温度为 T_1；低温热源，温度为 T_2，一卡诺理想可逆机 E 与另一可逆机 E'（不论用什么工作物)，在此两热源之间工作(图 8-15)，设法调节使两热机可做相等的功 A。现在使两机结合，由可逆机 E' 从高温热源吸取热量 Q_1'，向低温热源放出热量 $Q_2'=Q_1'-A$，它的效率为 $\eta'=\frac{A}{Q_1'}$，可逆机 E' 所做的功 A 恰好供给卡诺机 E，而使 E 逆向进行，从低温热源吸取热量 $Q_2=Q_1-A$，向高温热源放出热量 Q_1，卡诺机效率为 $\eta=\frac{A}{Q_1}$。我们试用反证法，先假设 $\eta'>\eta$，由 $\frac{A}{Q_1'}>\frac{A}{Q_1}$，可知 $Q_1'<Q_1$；由 $Q_1-Q_2=Q_1'-Q_2'$ 可知 $Q_2'<Q_2$。在两机一起运行时，可把它们看作一部复合机，结果成为外界没有对这复合机做功，而复合机却能将热量 $Q_2-Q_2'=Q_1-Q_1'$ 从低温热源送至高温热源，这就违反了热力学第二定律。所以 $\eta'>\eta$ 为不可能，即 $\eta\geqslant\eta'$。

反之，使卡诺机 E 正向运行，而使可逆机 E' 逆向运行，则又可证明，$\eta>\eta'$ 为不可能，即 $\eta\leqslant\eta'$。从上述两个结果中可知 $\eta'>\eta$ 和 $\eta>\eta'$ 均不可能，只有 $\eta=\eta'$ 成立，也就是说在相同的 T_1 和 T_2 两温度的高低温热源间工作的一切可逆机，其效率均等于 $1-\frac{T_2}{T_1}$。

(2) 在同样的高温热源和同样的低温热源之间工作的不可逆机，其效率不可能高于可逆机。

如果用一只不可逆机 E'' 来代替上面所说的 E'。按同样方法，我们可以证明 $\eta''>\eta$ 为不可能，即只有 $\eta\geqslant\eta''$。由于 E'' 是不可逆机，因此无法证明 $\eta\leqslant\eta''$。

所以结论是 $\eta\geqslant\eta''$，也就是说，在相同的 T_1 和 T_2 两温度的高低温热源间工作的不可逆机，它的效率不可能大于可逆机的效率。

延伸阅读——技术应用

真空及应用

真空是指压强远小于 101.325 千帕(kPa)(即 1 标准大气压)的稀薄气态空间。在这样的空间里，气体分子的平均自由程接近容器尺度。真空技术是建立低于大气压力的稀薄气态空间物理环境，以及在此环境中进行工艺制作、物理测量和科学试验等所需的技术。

在真空技术中除国际单位制的压强单位 Pa 外，常以托(Torr)作为真空度的单位。1 托等于 1 毫米高的汞柱所产生的压强，1Torr＝133.3224Pa。按气体压强大小的不同，通常把真空范围划分为：低真空 $10^5\sim10^2$ Pa，中真空 $10^2\sim10^{-1}$ Pa，高真空 $10^{-1}\sim10^{-5}$ Pa，超高真空 $10^{-5}\sim10^{-9}$ Pa，极高真空 10^{-9} Pa 以下。

真空技术在航空航天、核物理、微电子技术、表面物理等领域及机械、石油、食品、医疗卫生等行业都有广泛的应用。许多近代电子仪器如电子显微镜、加速器、质谱仪等都必须依靠高真空获得及测量，真空技术已成为基本的实验技术之一。

8.7 熵

热力学第二定律是关于热力学过程方向的规律，它指出了自发过程的方向，并且说明所有实际热力学过程都是不可逆过程。由此可见，在发生热力学过程的初态和终态之间存在重大性质上的差别。这种差别决定了过程进行的方向，这种性质如果用一个物理量来量度的话，那么这个物理量应是一个态函数，而且可从它的变化说明系统发生变化过程的方向性。前面曾由热力学第零定律规定了温度；按照热力学第一定律确定了内能；可以预期，根据热力学第二定律也可以找到一个新的态函数。

一、熵的引入

克劳修斯注意到，当可逆机完成一循环时，虽然工作物质从高温热源吸收的热量 Q_1 和向低温热源放出的热量 Q_2 是不相等的，但热量除以热源温度得出的商却是相同的。因为

$$\frac{Q_1-Q_2}{Q_1}=\frac{T_1-T_2}{T_1}$$

所以

$$\frac{Q_1}{T_1}-\frac{Q_2}{T_2}=0$$

若仍用代数量 Q（以系统吸热为正，放热为负）表示热量，则将 Q_1 和 Q_2 代入，可将上式变成

$$\frac{Q_1}{T_1}+\frac{Q_2}{T_2}=0$$

此式说明在卡诺循环中，量$\frac{Q}{T}$的总和等于零。（注意到 Q_1 和 Q_2 都表示气体在等温过程中所吸收的热量。）

现在让我们考虑一个可逆循环 $abcdefghija$，如图 8-16 所示，它由几个等温过程和绝

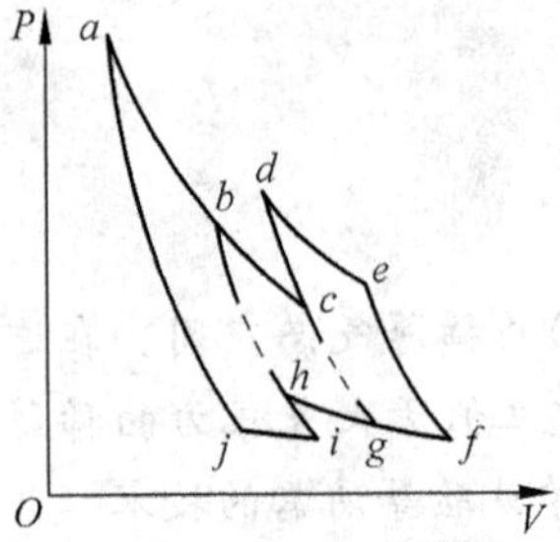

图 8-16 一个可逆循环，具有 $\sum \frac{Q}{T}=0$ 的特性

热过程组成。把绝热线 bh 和 cg 画出后，可以看出，这个循环过程相当于 3 个可逆卡诺循环 $abija$，$bcghb$，$defgd$。因此，对整个循环过程，量 $\frac{Q}{T}$ 的和就简单地等于 3 个卡诺循环的 $\frac{Q}{T}$ 的和，所以有

$$\sum \frac{Q}{T}=0$$

当系统作任意一个可逆循环时，可将这任意的循环看作是由许多微卡诺循环拼成，任意两个相邻的微卡诺循环的绝热线大部分因过程方向相反而抵消，留下的是一闭合的锯齿形曲线。当用无限多个微卡诺循环代替时，锯齿曲线就无限接近于原来的可逆循环(图 8-17)。因为对每个微卡诺循环应满足

$$\frac{dQ_1}{T_1}+\frac{dQ_2}{T_2}=0$$

于是，对整个可逆循环有

$$\oint \frac{dQ}{T}=0 \tag{8-30}$$

式中 $\oint$ 表示积分沿整个循环过程进行；dQ 表示在各无限短的过程中吸收的微小热量。

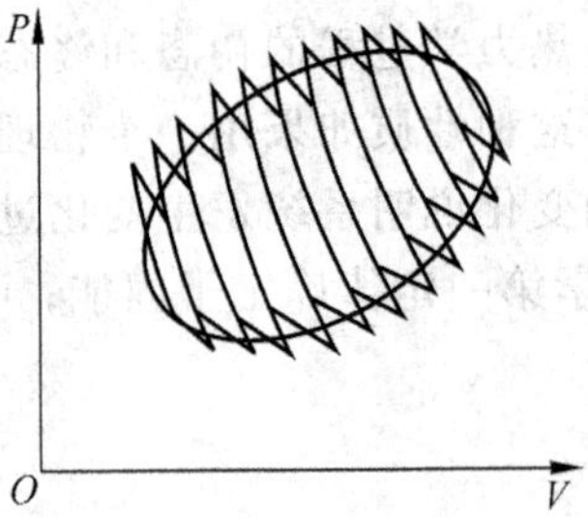

图 8-17 任一可逆循环，具有 $\oint \frac{dQ}{T}=0$ 的特性

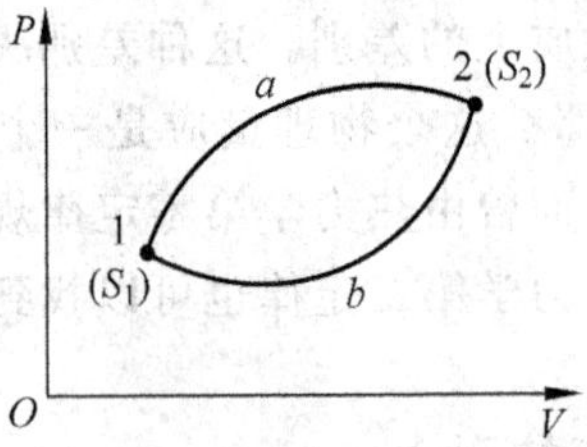

图 8-18 一个新的状态函数——熵的引入

设可逆循环的闭合路径为 1→a→2→b→1(见图 8-18)。将上式改写为

$$\oint \frac{dQ}{T}=\int_1^2 \frac{dQ}{T}+\int_2^1 \frac{dQ}{T}=0$$

因为过程是可逆的，应有

$$\int_2^1 \frac{dQ}{T}=-\int_1^2 \frac{dQ}{T}$$

再代入上式得

$$\int_1^2 \frac{dQ}{T}=\int_1^2 \frac{dQ}{T}$$

上式表明，系统从状态 1 变为状态 2，可用无限多种方法进行；在所有这些可逆过程中，系统可得到不同的热量，但在所有情况中，$\frac{dQ}{T}$ 的积分仅与始末状态有关，与经历的过程(积分路径)无关，由此 $\int \frac{dQ}{T}$ 定义出一个状态函数，克劳修斯称它为熵，并用 S 表示。如以 S_1 和

S_2 分别表示状态 1 和状态 2 时的熵，那么系统沿可逆过程从状态 1 变到状态 2 时熵的增量

$$S_2 - S_1 = \int_1^2 \frac{dQ}{T} \tag{8-31}$$

式中"$\int_1^2$"表示沿任一可逆过程的积分，显然式(8-31)只能求出熵差，在选定某状态为零熵值的情形下，才能定出其他状态熵的绝对数值，按 SI 单位制，熵的单位为 J/K。

对于无限小的可逆过程来说，应有微分关系

$$dS = \frac{dQ}{T} \tag{8-32}$$

由热力学第一定律

$$dQ = dE + dA$$

又因

$$dA = PdV$$

所以有

$$TdS = dE + PdV \tag{8-33}$$

上式是综合了热力学第一、第二定律的可逆过程的基本热力学关系式。

二、熵的计算式

式(8-31)是熵差的计算式，在计算中需要明确下列几点：

(1) 熵是系统状态的单值函数；

(2) 在可逆过程中可用公式 $S_2 - S_1 = \int_{1\text{可逆}}^2 \frac{dQ}{T}$ 来计算两态间的熵差(常称熵变)；

(3) 大系统的熵变等于各子系统的熵变之和。下面举例说明如何计算系统的熵变。

【例题 8-6】 理想气体向真空膨胀绝热过程中，设初态为(P_1, V_1, T_1)，末态为(P_2, V_2, T_2)，求其熵变。

解：因为是自由膨胀，$A=0$，故 $\Delta E=0$，$T_1=T_2$。

这个过程是不可逆过程，但可在 1、2 两个状态间设想一可逆过程来计算熵度。则可用气体等温膨胀的可逆过程来连接这两个状态，即设想理想气体与一温度为 T 的恒温热源相接触，维持理想气体的温度 T 比热源温度小一无穷小量，这样，理想气体从热源吸热是可逆的，则

$$S_2 - S_1 = \int_1^2 \frac{dQ}{T} = \int_1^2 \frac{PdV}{T} = \nu R \int_{V_1}^{V_2} \frac{dV}{V} = \nu R \ln \frac{V_2}{V_1} > 0$$

熵增加了(因为是不可逆过程)。

【例题 8-7】 1kg 0℃的冰融化成 0℃的水，求其熵变。(已知冰的熔解热为 3.35×10^5 J/mg)

解：冰的融化是不可逆过程，但我们可以设想一可逆过程连接这两个状态，设想有一恒温热源，其温度比 0℃大一无穷小量，使冰水系统与此热源接触，不断从热源吸热使冰逐渐融化，由于温差无穷小，过程进行的无限缓慢，过程的每一步系统都近似处于平衡态，这样的过程是可逆的。

$$S_2 - S_1 = \int_1^2 \frac{dQ}{T} = \frac{Q}{T} = \frac{1 \times 3.35 \times 10^5}{273} = 1220(\text{J/K}) > 0$$

即冰的熵增加了。

【例题 8-8】 求理想气体的态函数熵

解：$dS = \frac{dQ}{T} = \frac{PdV + dE}{T} = \frac{PdV + C_V dT}{T} = C_V \frac{dT}{T} + \nu R \frac{dV}{V}$

对上式积分有

$$S - S_0^1 = C_V \ln \frac{T}{T_0} + \nu R \ln \frac{V}{V_0}$$

S_0^1 表示在状态(T_0, V_0, P_0)时的熵。

若令 $S_0 = S_0^1 - C_V \ln T_0 - \nu R \ln V_0$，则上式可写为

$$S = C_V \ln T - \nu R \ln V + S_0$$

【例题 8-9】 一容器被铜片分成两部分，一部分是 80℃的水，另一部分是 20℃的水，经过一段时间后，从热的一边向冷的一边传递了 4186J 的热量，问熵变是多少？假定水足够多，传递热量后温度没有明显变化。

解：

80℃$-dT$：可逆，$\Delta S_1 = \int \frac{dQ}{T_1} = \frac{Q}{T_1}$

20℃$+dT$：可逆，$\Delta S_2 = \int \frac{dQ}{T_2} = \frac{Q}{T_2}$

$$\Delta S = \Delta S_1 + \Delta S_2 = \frac{-Q}{T_1} + \frac{Q}{T_2} = Q\frac{T_1 - T_2}{T_1 T_2} = 4186 \times \frac{60}{353 \times 293} = 2.4(\text{J/K})$$

【例题 8-10】 水的定压比热为 $c_P = 1.0\text{cal} \cdot \text{g}^{-1} \cdot \text{K}^{-1}$，在定压下将 1g 水从 273.15K 加热到 373.15K，求其熵变。

解：

$$\Delta S = \int_{T_1}^{T_2} \frac{Mc_P dT}{T} = Mc_P \ln \frac{T_2}{T_1} = 0.314(\text{cal} \cdot \text{K}^{-1})$$

延伸阅读——物理学家

克劳修斯

克劳修斯(Rudolph Julius Emmanuel Clausius，1822—1888)，德国物理学家。早年在柏林大学和哈雷大学学习。曾任波恩大学等校物理学教授。1865 年被选为法国科学院院士，1868 年被选为英国皇家学会会长。他的主要贡献在气体动理论和热力学方面。1850 年克劳修斯从“热是运动”的观点出发，对热机的工作过程进行了新的研究。发表了《论热的动力以及由此推出的关于热学本身的诸定律》的论文。论文首先从焦耳确立的热功当量出发，将热力学过程遵守的能量守恒定律归结为热力学第一定律，指出在热机做功的过程中一部分热量被消耗了，另一部分热量从热物体传到了冷物体。在文中他总结了克拉普龙对卡诺循环的研究，提出了著名的热力学第二定律的克劳修斯表述：热量不能自动地从低温物体传向高温物体。这与开尔文陈述的热力学第二定律“不可制成一种循环动作的热机，只从一个热源吸取热量，使之完全变为有用的功，而其他物体不发生任何变化”是等价的，它们是热

力学的重要理论基础。1854 年克劳修斯又最先提出了熵的概念，使热力学第二定律得以定量描述，进一步发展了热力学理论，成为热力学的奠基人之一。

8.8　熵增加原理　热力学第二定律的统计意义

一、熵增加原理

引入态函数熵的目的是建立热力学第二定律的数学表达式，以便能方便地判别过程是可逆还是不可逆的。从式(8-32)可知，可逆的绝热过程是个等熵过程，系统的熵是不变的。自由膨胀过程也是个绝热过程，但它是个不可逆的绝热过程，具有明显的单方向性。这时，系统的熵不是不变而是增加了。

大量实验事实表明，一切不可逆绝热过程中的熵总是增加的。而可逆绝热过程中的熵是不变的。把这两种情况合并在一起就得到一个利用熵来判别过程是可逆还是不可逆的判据——熵增加原理。它的表述为：**热力学系统从一平衡态绝热地到达一个平衡态的过程中，它的熵永不减少。若过程是可逆的，则熵不变；若过程是不可逆的，则熵增加**。根据熵增加原理可知，不可逆绝热过程总是向熵增加的方向变化，可逆绝热过程总是沿等熵线变化。

因此，应用熵的概念，可以把热力学第二定律表示为：孤立系统内部发生的过程，总是朝着熵增加的方向进行的。这个结论称为熵增加原理，可以表示成

$$\Delta S \geqslant 0 \tag{8-34}$$

式中大于号对应于不可逆过程，等号对应于可逆过程。熵增加原理可以认为是热力学第二定律的数学表达。

同时，大家也应该注意到熵增加原理只是表明了孤立系统的熵永不减少，对于开放系统而言，熵是可以增加或减少的。比如，水蒸气放热冷却凝结成水的过程，熵就是减少的，水再结成冰，熵继续减少。显然冰的分子排列整齐，混乱程度最小，熵也是最小的。反之，冰溶解再蒸发成水蒸气的过程就是一个熵增加的过程。

一个热孤立系中的熵永不减少，在孤立系内部自发进行的涉及与热相联系的过程必然向熵增加的方向变化。由于孤立系不受外界任何影响，系统最终将达到平衡态，故在平衡态时的熵取极大值。可以证明，熵增加原理与热力学第二定律的开尔文表述或克劳修斯表述等效，也就是说，熵增加原理就是热力学第二定律。从熵增加原理可看出，对于一个绝热的不可逆过程，其按相反次序重复的过程不可能发生，因为这种情况下的熵将变小。

二、热力学第二定律的统计意义

前面曾经指出，对于大量分子组成的系统，由于分子不停息地运动和碰撞，系统的微观态是瞬息变化着的。在给定的宏观条件下，系统存在大量彼此不同的微观态，而且即使在同一宏观态下，仍可以有许许多多的微观态。统计理论认为所有的微观态都是以相同机会出现的。因此，那些包含微观态数目多的宏观态出现的概率就大，包含微观态数目少的宏观态出现的概率就小，通常将一个宏观态所包含的微观态数目称为该宏观态的热力学概率。统

计分析表明,平衡态所包含的微观态数目大大超过非平衡态,所以在不受外界影响时,系统总是处在平衡态上。如果系统受到外界影响,使它处于非平衡态上,则过了一定时间后,系统就能自动过渡到平衡态。下面以气体的自由膨胀为例予以说明。

为简单起见,设贮气的容器被分隔为体积相等的 A、B 两室。A 室充有气体,B 室为真空。现在讨论抽去隔板后气体分子的运动状态。如果仅考察分子在 A、B 两室中的分布,可以用分子数在 A、B 两室的分配表示系统的宏观态,用哪几个分子在哪个室的具体情况表示系统的微观态。表 8-1 中具体分析了气体只有 4 个分子的简单情况。

表 8-1 a、b、c、d 四个分子在 A、B 两室中的分布

宏观态		微观态		微观态数目 Q
A 室	B 室	A 室	B 室	
4	0	a b c d	0	1
3	1	a b c b c d d a b a c d	d a c b	4
2	2	a b a c a d b c b d c d	c d b d b c a d a c a b	6
1	3	a b c d	b c d c a d b d a a b c	4
0	4	0	a b c d	1

在表 8-1 中,根本没有分析分子的速度情况,分子的位置分布也仅以 A、B 两室来作区别,这样来分析宏观态和微观态当然是很粗糙的。但从表 8-1 中已可以看出,一个宏观态通常总包含许多不同的微观态,而且分子作均匀分布(在 A、B 两室的分子数差不多相等)的宏观态所包含的微观态数目最多。表 8-1 还表明随着分子总数的增加,分子作均匀分布的宏观态所包含的微观态数会急剧地增多,它们在微观态总数中占的比例也急速地增大。当分子数达到 10^{23} 的实际量级时,这个比例几乎达到百分之百。

由表 8-1 可见,如果系统所有微观态出现机会是均等的话,那么,包含微观态数目多的宏观态出现的概率就大。在气体容器中的隔板抽去之后,气体分子在整个容器中作均匀分布的概率比所有气体分子仍留在 A 室中的概率要大得多$\left(\text{全部分子留在 A 室中的概率只有}\frac{1}{2^n},n\text{ 为分子数目}\right)$。所以,初始气体在宏观上的表现为向真空膨胀,以后一直保持均匀分布的状态,而从来不会发生所有分子向 A 室自动集中的现象,因为发生这种情况的概率是如此之小,以致成为事实上不可能出现的事情。

如果不是考虑气体分子位置的空间分布，而是考察分子的速度。例如对于一个孤立系统，其分子动能在各处大致均等的宏观态所包含的微观态数大大超过其他的情况。因此，在宏观上热量就自动从高温部分传向低温部分，并过渡到整个系统温度统一的宏观态。又如在孤立系统中，分子完全无规则分布的宏观态与分子同向排列时的宏观态相比，所包含的微观态数目上要大得多。所以，大量分子的有规则运动总是向着无规则运动过渡，其结果在宏观上就表现为功向热的自动转变。

综上所述，可以得出结论：**在孤立系统中发生的自发过程总是从包含微观态数目少的宏观态向包含微观态数目多的宏观态转变，或者说，从热力学概率小的宏观态向热力学概率大的宏观态过渡**。这就是热力学第二定律的统计意义。

三、玻耳兹曼关系

当孤立系统从包含微观态数目少的宏观态向包含微观态数目多的宏观态过渡时，系统就从不平衡态向平衡态发展，系统的熵也随之增大到极大值。由此推知熵 S 与宏观态所包含的微观态数目 W 之间存在本质的联系。由于系统的微观态总数等于各个子系统微观态数目的积，而系统的熵却为各子系统熵的和。因此，熵值应与系统微观态数目的对数成正比。历史上玻耳兹曼首先引入了熵的统计表述：

$$S = k\ln W\text{—— 玻耳兹曼关系}$$

式中 k 即为玻耳兹曼常数(后人为纪念玻耳兹曼，将这个公式刻在了玻耳兹曼的墓碑上)。这个公式极明白地揭示了熵的统计意义。

本章小结

1. 热力学第一定律：$Q=A+\Delta E=A+(E_2-E_1)$，其中 Q、A 与过程有关，是过程量；E 是状态量，ΔE 与过程无关

2. A、Q、ΔE 的计算

(1) 气体对外做功：$A=\int_{V_1}^{V_2}P\mathrm{d}V$

(2) 内能的变化：$\Delta E=\frac{i}{2}\nu R\Delta T=\frac{i}{2}\nu R(T_2-T_1)$

(3) 热量：$Q_m=\nu C_m\Delta T=\nu C_m(T_2-T_1)$，$C_m$ 表示该过程的摩尔热容量

等容摩尔热容：$C_V=\frac{i}{2}R$，等压摩尔热容：$C_P=\frac{i+2}{2}R$

C_V 与 C_P 之间的关系：$C_P=C_V+R$，摩尔热容比：$\gamma=\frac{C_P}{C_V}=\frac{i+2}{i}=1+\frac{2}{i}$

3. 等值过程和绝热过程 A、Q、ΔE 的计算

(1) 等温过程：T=常量 $\Rightarrow PV$=常量；$\Delta E=0, Q=A=\int_{V_1}^{V_2}P\mathrm{d}V=\int_{V_1}^{V_2}\frac{\nu RT}{V}\mathrm{d}V=\nu RT\ln\frac{V_2}{V_1}$

(2) 等容过程：V=常量 $\Rightarrow \frac{T}{P}$=常量；$A=0, Q=\Delta E=\frac{i}{2}\nu R\Delta T$

(3) 等压过程：$P=$常量 $\Rightarrow \dfrac{\nu RT}{V}=$常量；$A=P(V_2-V_1)=\nu R(T_2-T_1)$

$$\Delta E=\frac{i}{2}\nu R\Delta T=\frac{i}{2}A,\quad Q=A+\Delta E=\nu C_P\Delta T=\frac{i+2}{2}A$$

(4) 绝热过程：$PV^\gamma=$常量，$TV^{\gamma-1}=$常量，$P^{\gamma-1}T^{-\gamma}=$常量，$Q=0$

$$A=-\Delta E=-\frac{i}{2}\nu R\Delta T=\frac{1}{\gamma-1}(P_1V_1-P_2V_2)$$

4. 绝热自由膨胀：$Q=0,A=0,\Delta E=0,\Delta T=0,P_1V_1=P_2V_2$；不可逆过程，熵变 $\Delta S>0$

5. 循环过程：$\Delta E=0\Rightarrow A=|Q_1|-|Q_2|$

(1) 热机循环（正循环，顺时针）：$A>0$，净吸热。$A=Q_1-|Q_2|$

热机效率：$\eta=\dfrac{A}{Q_1}=1-\dfrac{|Q_2|}{Q_1}$

(2) 制冷循环（逆循环，逆时针）：$A<0$，净放热

制冷系数：$\omega=\dfrac{Q_2}{|A|}=\dfrac{Q_2}{|Q_1|-Q_2}$

(3) 卡诺循环：两个等温（高温 T_1，低温 T_2）和两个绝热过程构成的循环

$$\frac{|Q_2|}{|Q_1|}=\frac{T_2}{T_1},\quad \eta=1-\frac{T_2}{T_1},\quad \omega=\frac{T_2}{T_1-T_2}$$

6. 基本概念：不可逆过程、可逆过程、熵的物理意义、熵增加原理

习题

一、选择题

1. 如图 8-19 所示，一定量理想气体从体积 V_1 膨胀到体积 V_2，分别经历的过程是：$A\to B$ 等压过程，$A\to C$ 等温过程；$A\to D$ 绝热过程，其中吸热量最多的过程（　　）。

(A) 是 $A\to B$

(B) 是 $A\to C$

(C) 是 $A\to D$

(D) 既是 $A\to B$ 也是 $A\to C$，两过程吸热一样多

2. 如图 8-20 所示，一绝热密闭的容器，用隔板分成相等的两部分，左边盛有一定量的理想气体，压强为 P_0，右边为真空. 今将隔板抽去，气体自由膨胀，当气体达到平衡时，气体的压强是（　　）。$(\gamma=C_P/C_V)$

(A) P_0　　(B) $P_0/2$　　(C) $2^\gamma P_0$　　(D) $P_0/2^\gamma$

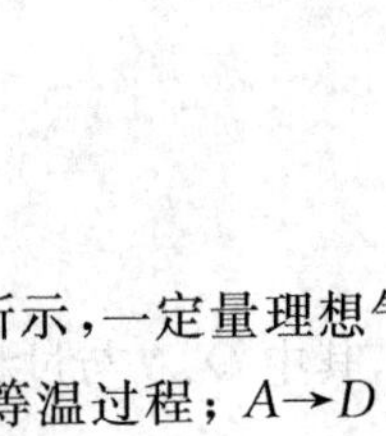

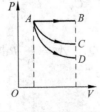

图 8-19　习题 1 用图

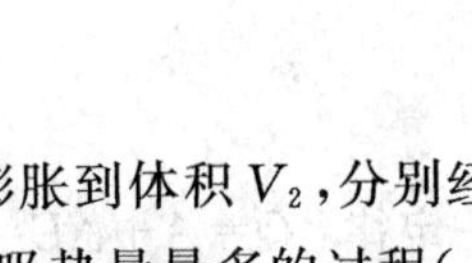

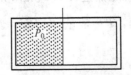

图 8-20　习题 2 用图

3. 质量一定的理想气体，从相同状态出发，分别经历等温过程、等压过程和绝热过程，使其体积增加一倍。那么气体温度的改变(绝对值)在(　　)。

(A) 绝热过程中最大，等压过程中最小

(B) 绝热过程中最大，等温过程中最小

(C) 等压过程中最大，绝热过程中最小

(D) 等压过程中最大，等温过程中最小

4. 一定量的理想气体，分别经历如图 8-21(a)所示的 abc 过程(图中虚线 ac 为等温线)，和图 8-21(b)所示的 def 过程(图中虚线 df 为绝热线)。判断这两种过程是吸热还是放热(　　)。

(A) abc 过程吸热，def 过程放热

(B) abc 过程放热，def 过程吸热

(C) abc 过程和 def 过程都吸热

(D) abc 过程和 def 过程都放热

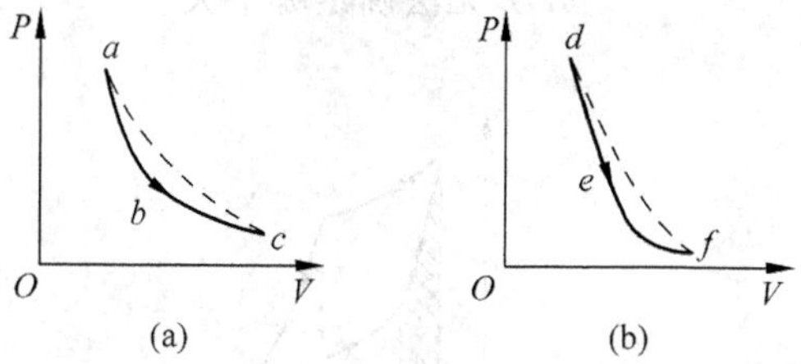

图 8-21　习题 4 用图

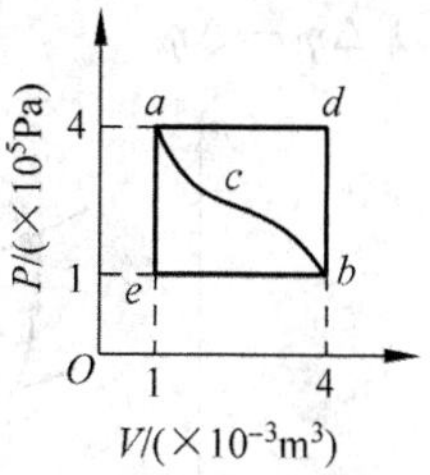

图 8-22　习题 5 用图

5. 如图 8-22 一定量的理想气体经历 acb 过程时吸热 500J。则经历 $acbda$ 过程时，吸热为(　　)。

(A) -1200J　　(B) -700J　　(C) -400J　　(D) 700J

6. 对于室温下的双原子分子理想气体，在等压膨胀的情况下，系统对外所做的功与从外界吸收的热量之比 W/Q 等于(　　)。

(A) 2/3　　(B) 1/2　　(C) 2/5　　(D) 2/7

7. 有两个相同的容器，容积固定不变，一个盛有氨气，另一个盛有氢气(看成刚性分子的理想气体)，它们的压强和温度都相等，现将 5J 的热量传给氢气，使氢气温度升高，如果使氨气也升高同样的温度，则应向氨气传递热量是(　　)。

(A) 6J　　(B) 5J　　(C) 3J　　(D) 2J

8. 一定量的某种理想气体起始温度为 T，体积为 V，该气体在下面循环过程中经过三个平衡过程：(1)绝热膨胀到体积为 $2V$，(2)等体变化使温度恢复为 T，(3)等温压缩到原来体积 V，则此整个循环过程中(　　)。

(A) 气体向外界放热　　(B) 气体对外界做正功

(C) 气体内能增加　　(D) 气体内能减少

9. 如果卡诺热机的循环曲线所包围的面积从图 8-23 中的 $abcda$ 增大为 $ab'c'da$，那么循环 $abcda$ 与 $ab'c'da$ 所做的净功和热机效率变化情况是(　　)。

(A) 净功增大,效率提高

(B) 净功增大,效率降低

(C) 净功和效率都不变

(D) 净功增大,效率不变

10. 设高温热源的热力学温度是低温热源的热力学温度的 n 倍,则理想气体在一次卡诺循环中,传给低温热源的热量是从高温热源吸取热量的(　　)。

(A) n 倍　　(B) $n-1$ 倍

(C) $\frac{1}{n}$倍　　(D) $\frac{n+1}{n}$倍

11. 用下列两种方法

(1) 使高温热源的温度 T_1 升高 ΔT;

(2) 使低温热源的温度 T_2 降低同样的值 ΔT,分别可使卡诺循环的效率升高 $\Delta\eta_1$ 和 $\Delta\eta_2$,两者相比(　　)。

(A) $\Delta\eta_1>\Delta\eta_2$　　(B) $\Delta\eta_1<\Delta\eta_2$

(C) $\Delta\eta_1=\Delta\eta_2$　　(D) 无法确定哪个大

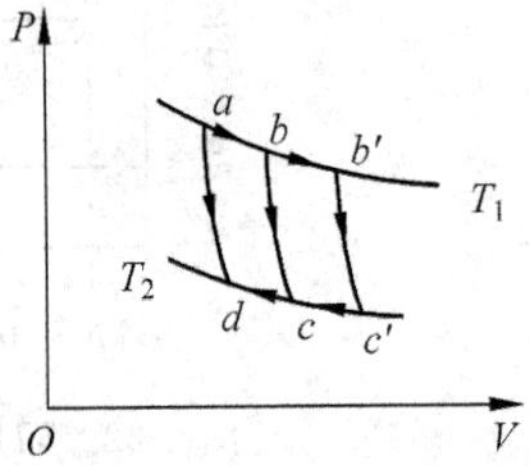

图 8-23　习题 9 用图

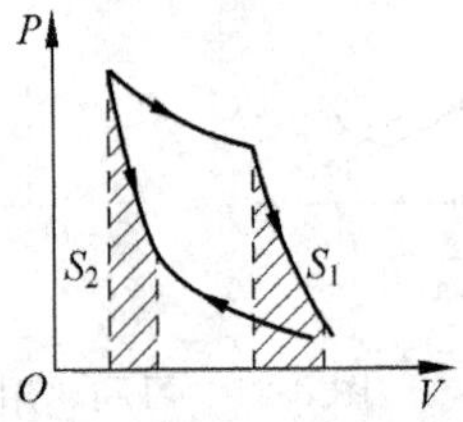

图 8-24　习题 12 用图

12. 理想气体卡诺循环过程的两条绝热线下的面积大小(图 8-24 中阴影部分)分别为 S_1 和 S_2,则二者的大小关系是(　　)。

(A) $S_1>S_2$　　(B) $S_1=S_2$

(C) $S_1<S_2$　　(D) 无法确定

13. 一定量的气体作绝热自由膨胀,设其内能增量为 ΔE,熵增量为 ΔS,则应有(　　)。

(A) $\Delta E<0,\Delta S=0$　　(B) $\Delta E<0,\Delta S>0$

(C) $\Delta E=0,\Delta S>0$　　(D) $\Delta E=0,\Delta S=0$

二、填空题

14. 如图 8-25 所示,已知图中两部分的面积分别为 S_1 和 S_2,那么

(1) 如果气体的膨胀过程为 a—1—b,则气体对外做功 $W=$________;

(2) 如果气体进行 a—2—b—1—a 的循环过程,则它对外做功 $W=$________。

15. 图 8-26 为一理想气体几种状态变化过程的 V-P 图,其中 MT 为等温线,MQ 为绝热线,在 AM、BM、CM 三种准静态过程中:

(1) 温度降低的是________过程;

(2) 气体放热的是________过程。

16. 一定量理想气体,从 A 状态 $(2P_1,V_1)$经历如图 8-27 所示的直线过程变到 B 状态

$(2P_1, V_2)$，则 AB 过程中系统做功 $W=$________；内能改变 $\Delta E=$________。

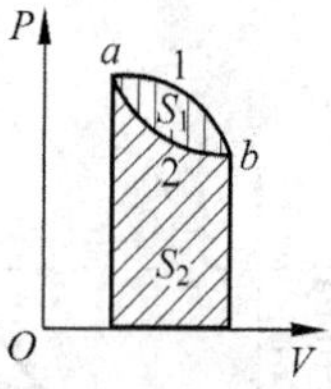

图 8-25　习题 14 用图

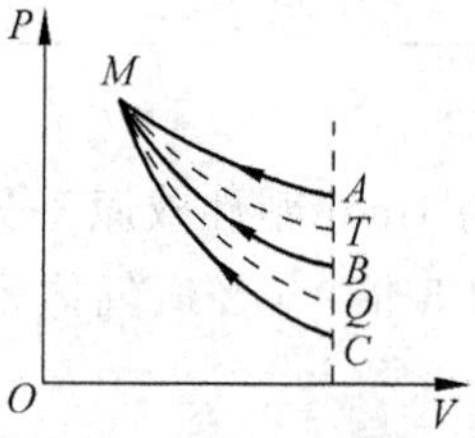

图 8-26　习题 15 用图

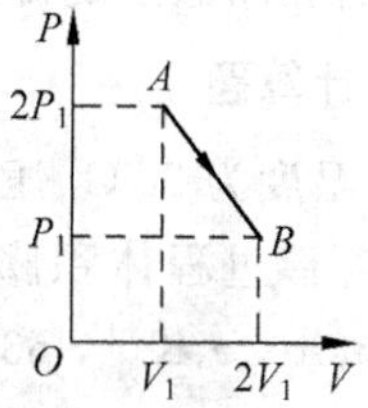

图 8-27　习题 16 用图

17. 一定量的某种理想气体在等压过程中对外做功为 200J。若此种气体为单原子分子气体，则该过程中需吸热________J；若为双原子分子气体，则需吸热________J。

18. 有 1mol 刚性双原子分子理想气体，在等压膨胀过程中对外做功 W，则其温度变化 $\Delta T=$________；从外界吸取的热量 $Q_P=$________。

19. 有 1mol 刚性双原子分子理想气体，在等压膨胀过程中对外做功 W，则其温度变化 $\Delta T=$________；从外界吸取的热量 $Q_P=$________。

20. 一理想卡诺热机在温度为 300K 和 400K 的两个热源之间工作。

(1) 若把高温热源温度提高 100K，则其效率可提高为原来的________倍；

(2) 若把低温热源温度降低 100K，则其逆循环的制冷系数将降低为原来的________倍。

21. 可逆卡诺热机可以逆向运转。逆向循环时，从低温热源吸热，向高温热源放热，而且吸的热量和放出的热量等于它正循环时向低温热源放出的热量和从高温热源吸收的热量。设高温热源的温度为 $T_1=450\text{K}$，低温热源的温度为 $T_2=300\text{K}$，卡诺热机逆向循环时从低温热源吸热 $Q_2=400\text{J}$，则该卡诺热机逆向循环一次外界必须做功 $W=$________。

22. 如图 8-28 所示，温度为 T_0，$2T_0$，$3T_0$ 的三条等温线与两条绝热线围成三个卡诺循环：(1) $abcda$，(2) $dcefd$，(3) $abefa$，其效率分别为 η_1________，η_2________，η_3________。

23. 如图 8-29 所示，绝热过程 AB、CD，等温过程 DEA 和任意过程 BEC，组成一循环过程。若图中 ECD 所包围的面积为 70J，EAB 所包围的面积为 30J，DEA 过程中系统放热 100J，则

(1) 整个循环过程（$ABCDEA$）系统对外做功为________________。

(2) BEC 过程中系统从外界吸热为________。

24. 有 ν 摩尔理想气体，作如图 8-30 所示的循环过程 $acba$，其中 acb 为半圆弧，b—a 为等压线，$P_c=2P_a$。令气体进行 a—b 的等压过程时吸热 Q_{ab}，则在此循环过程中气体净吸热量 Q________Q_{ab}。（填 $>$，$<$ 或 $=$）

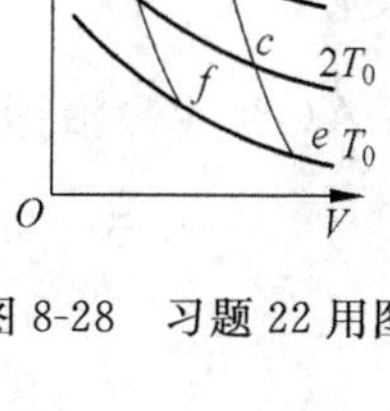

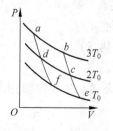

图 8-28　习题 22 用图

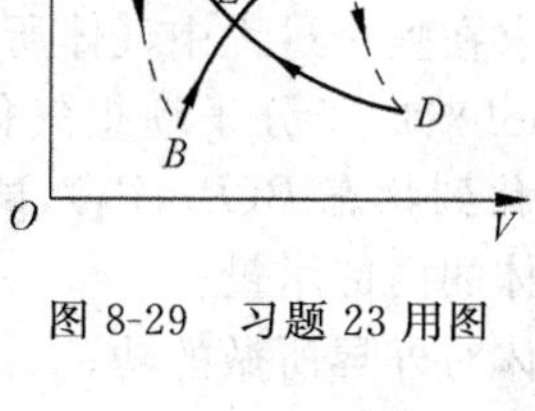

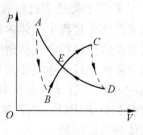

图 8-29　习题 23 用图

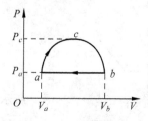

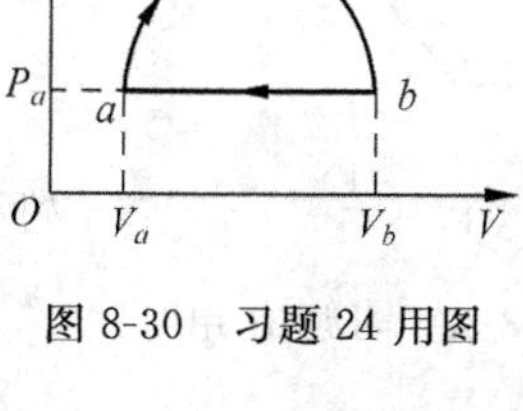

图 8-30　习题 24 用图

25. 给定的理想气体(比热容比已知),从标准状态(P_0,V_0,T_0)开始,作绝热膨胀,体积增大到三倍,膨胀后的温度$T=$________,压强 $P=$________。

三、计算题

26. 温度为25℃、压强为1atm的1mol刚性双原子分子理想气体,经等温过程体积膨胀至原来的3倍。(普适气体常量 $R=8.31\text{J}\cdot\text{mol}^{-1}\cdot\text{K}^{-1}$,$\ln3=1.0986$)

(1) 计算这个过程中气体对外所做的功;

(2) 假若气体经绝热过程体积膨胀为原来的3倍,那么气体对外做的功又是多少?

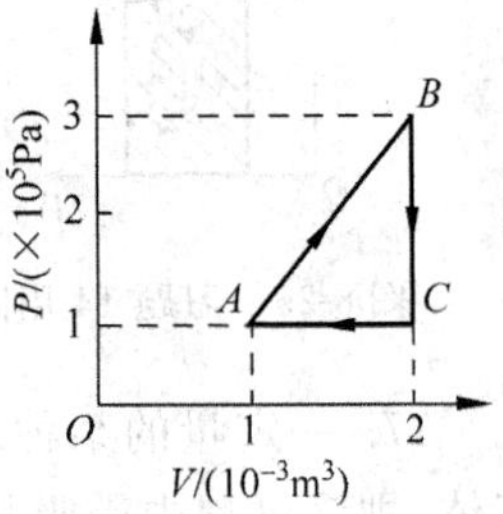

图8-31 习题27用图

27. 一定量的单原子分子理想气体,从初态 A 出发,沿图8-31所示直线过程变到另一状态 B,又经过等容、等压两过程回到状态 A。

(1) 求 $A\to B$,$B\to C$,$C\to A$ 各过程中系统对外所做的功 W、内能的增量 ΔE 以及所吸收的热量 Q;

(2) 整个循环过程中系统对外所做的总功以及从外界吸收的总热量(过程吸热的代数和)。

28. 0.02kg的氦气(视为理想气体),温度由17℃升为27℃。若在升温过程中,(1)体积保持不变;(2)压强保持不变;(3)不与外界交换热量,试分别求出气体内能的改变、吸收的热量、外界对气体所做的功。

(普适气体常量 $R=8.31\text{J}\cdot\text{mol}^{-1}\cdot\text{K}^{-1}$)

29. 汽缸内有2mol氦气,初始温度为27℃,体积为20L,先将氦气等压膨胀,直至体积加倍,然后绝热膨胀,直至回复初温为止。把氦气视为理想气体。

(1) 在 P-V 图上大致画出气体的状态变化过程;

(2) 在这过程中氦气吸热多少?

(3) 氦气的内能变化多少?

(4) 氦气所做的总功是多少?

(普适气体常量 $R=8.31\text{J}\cdot\text{mol}^{-1}\cdot\text{K}^{-1}$)

30. 一定量的某单原子分子理想气体装在封闭的汽缸里。此汽缸有可活动的活塞(活塞与汽缸壁之间无摩擦且无漏气)。已知气体的初压强 $P_1=1\text{atm}$,体积 $V_1=1\text{L}$,现将该气体在等压下加热直到体积为原来的两倍,然后在等体积下加热直到压强为原来的2倍,最后作绝热膨胀,直到温度下降到初温为止。($1\text{atm}=1.013\times10^5\text{Pa}$)

(1) 在 P-V 图上将整个过程表示出来;

(2) 试求在整个过程中气体内能的改变;

(3) 试求在整个过程中气体所吸收的热量;

(4) 试求在整个过程中气体所做的功。

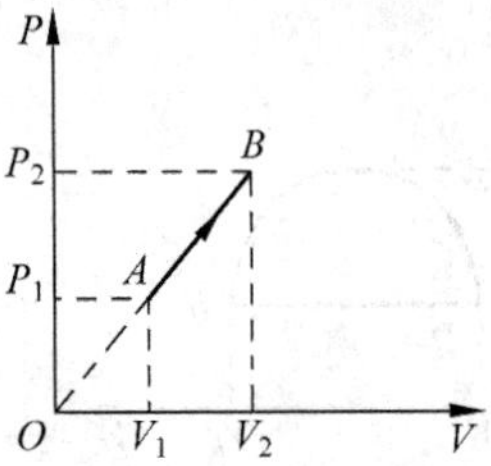

图8-32 习题31用图

31. 1mol双原子分子理想气体从状态 $A(P_1,V_1)$ 沿图8-32所示直线变化到状态 $B(P_2,V_2)$,试求:

(1) 气体的内能增量;

(2) 气体对外界所做的功;

(3) 气体吸收的热量；

(4) 此过程的摩尔热容。

(摩尔热容 $C=\Delta Q/\Delta T$，其中 ΔQ 表示 1mol 物质在过程中升高温度 ΔT 时所吸收的热量。)

32. 如果一定量的理想气体，其体积和压强依照 $V=a/\sqrt{P}$ 的规律变化，其中 a 为已知常量. 试求：

(1) 气体从体积 V_1 膨胀到 V_2 所做的功；

(2) 气体体积为 V_1 时的温度 T_1 与体积为 V_2 时的温度 T_2 之比。

33. 汽缸内密封有刚性双原子分子理想气体，若经历绝热膨胀后气体的压强减少了一半，求状态变化后的内能 E_2 与变化前气体的内能 E_1 之比。

34. 如图 8-33 所示，器壁与活塞均绝热的容器中间被一隔板等分为两部分，其中左边贮有 1mol 处于标准状态的氦气(可视为理想气体)，另一边为真空。现先把隔板拉开，待气体平衡后，再缓慢向左推动活塞，把气体压缩到原来的体积。求氦气的温度改变多少？

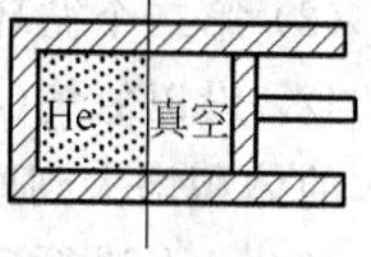

图 8-33　习题 34 用图

35. 一定量的理想气体在标准状态下体积为 $1.0\times10^{-2}\,\text{m}^3$，求下列过程中气体吸收的热量。已知 $1\text{atm}=1.013\times10^5\,\text{Pa}$，并设气体的 $C_V=5R/2$。

(1) 等温膨胀到体积为 $2.0\times10^{-2}\,\text{m}^3$；

(2) 先等体冷却，再等压膨胀到(1)中所到达的终态。

36. 试计算由 2mol 氩和 3mol 氮(均视为刚性分子的理想气体)组成的混合气体的比热容比 $\gamma=C_P/C_V$ 的值。

37. ν mol 的某种理想气体，开始时处于压强为 P_1，体积为 V_1 的状态。经等压膨胀过程，体积变为 V_2。然后经绝热膨胀过程，体积变为 V_3。最后经等温压缩过程回到始态。已知 V_1 和 V_2，求此循环的效率。

38. 如图 8-34 所示，$abcda$ 为 1mol 单原子分子理想气体的循环过程，求：

(1) 气体循环一次，在吸热过程中从外界共吸收的热量；

(2) 气体循环一次对外做的净功；

(3) 证明：在 a、b、c、d 四态，气体的温度有 $T_aT_c=T_bT_d$。

39. 一定量的理想气体经历如图 8-35 所示的循环过程，$A\to B$ 和 $C\to D$ 是等压过程，$B\to C$ 和 $D\to A$ 是绝热过程。已知：$T_C=300\text{K}$，$T_B=400\text{K}$。试求此循环的效率。(提示：循环效率的定义式 $\eta=1-Q_2/Q_1$，Q_1 为循环中气体吸收的热量，Q_2 为循环中气体放出的热量)

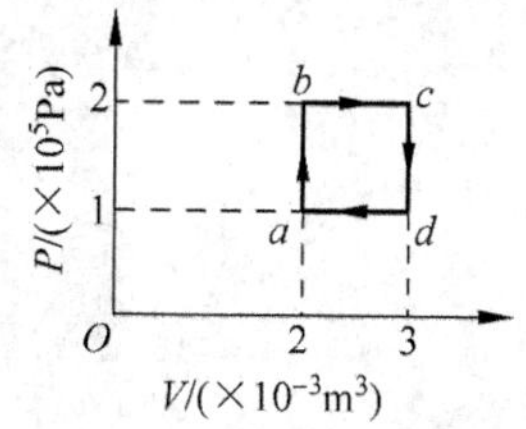

图 8-34　习题 38 用图

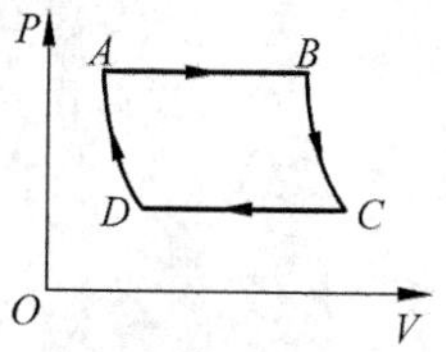

图 8-35　习题 39 用图

40. 比热容比 $\gamma=1.40$ 的理想气体进行如图 8-36 所示的循环。已知状态 A 的温度为 300K。求:

(1) 状态 B、C 的温度;

(2) 每一过程中气体所吸收的净热量。

(普适气体常量 $R=8.31\mathrm{J\cdot mol^{-1}\cdot K^{-1}}$)

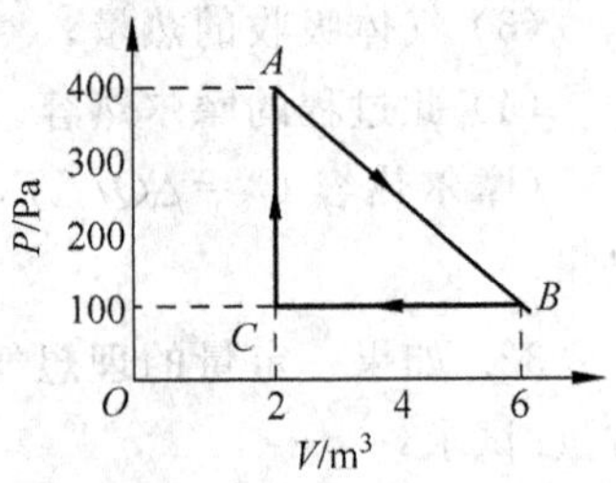

图 8-36 习题 40 用图

41. 一卡诺热机(可逆),当高温热源的温度为 127℃、低温热源温度为 27℃时,其每次循环对外做净功 8000J。今维持低温热源的温度不变,提高高温热源温度,使其每次循环对外做净功 10000J。若两个卡诺循环都在相同的两条绝热线之间工作,试求:

(1) 第二个循环的热机效率;

(2) 第二个循环的高温热源的温度。

42. 设以氮气(视为刚性分子理想气体)为工作物质进行卡诺循环,在绝热膨胀过程中气体的体积增大到原来的两倍,求循环的效率。

43. 一卡诺循环的热机,高温热源温度是 400K。每一循环从此热源吸进 100J 热量并向一低温热源放出 80J 热量。求:

(1) 低温热源温度;

(2) 该循环的热机效率。

成语“怒发冲冠”本指愤怒得头发直竖，顶着帽子，形容极端愤怒。

人们利用静电具有沿尖端放电和同性相斥的特性，制造了怒发冲冠静电魔球，让人们体验在静电斥力的作用下“怒发冲冠”的奇妙科学现象。

当人用手触摸静电发生器，使人体带静电，由于头发表面具有微弱的导电性，且人体的头发相当于许多尖端，聚集的电荷也最多，又因为积累的是同种电荷互相排斥，随着静电压上升到数十万伏，因此头发就散开并竖起，呈现“怒发冲冠”的景象，效果特别明显和震撼。同时参与者站在绝缘台上，始终处于等电位状态，所以不会发生触电伤害。

第9章

静 电 场

本章概要 相对于观察者静止的电荷所激发的电场称为静电场。本章我们首先介绍了电荷的基本性质和电荷守恒定律，接着研究真空中静电场的基本特性，根据静电场的基本定律：库仑定律，从电场对电荷有力的作用，电荷在电场中移动时电场力对电荷做功两个方面，引入描述电场的两个重要的物理量：电场强度和电势，讨论了它们的叠加原理和求解方法，并介绍了两者之间的积分形式和微分形式的关系；介绍了反映静电场基本性质的两条基本定理：高斯定理和场强环流定理以及它们的应用。

电学是研究电磁现象及其基本规律的一门学科。在日常生活、工农业生产以及医疗、生物学等各个领域中，电学规律得到了广泛的应用。电的广泛应用是和电所具有的各种特性分不开的。第一，电能较容易转变为机械能、光能、化学能等其他形式的能量，所以利用电作为能源最为简便；第二，大功率的电能便于远距离传输，而且能量的损耗较少；第三，电磁信号可以电磁波的形式在空中传播，能够在极短的时间内把信号传送到遥远的地方，因而便于远距离控制和自动控制，使工业自动化成为可能。电学对现代生产技术的发展起着十分重要的作用，也是人类深入研究物质结构、发展近代科学理论必不可少的基础理论之一。

9.1 电荷守恒定律 库仑定律

一、电荷及其量子化

人们对于电的认识，最初来自于“摩擦起电”现象和自然界的雷电现象，人们把物体经摩擦后能吸引羽毛、纸片等轻物体的状态称为带电。任何两个物体摩擦，都可以起电。18世纪中期，美国科学家本杰明·富兰克林经过分析和研究，认为有两种性质不同的电，一种是负电荷，用“－”号表示，例如电子带的就是负电荷；另一种是正电荷.以“＋”号表示，例如质子带的就是正电荷，并认识到电荷之间存在相互作用力，同种电荷相斥，异种电荷相吸。物体因摩擦而带的电，不是正电就是负电。富兰克林提出：与用丝绸摩擦过的玻璃棒所带的电相同的，叫做正电；与用毛皮摩擦过的橡胶棒带的电相同的，叫做负电。

物体所带电荷的量值叫做电量，在国际单位制中，电量的单位是库仑(C)。

实验证明，在自然界中，电荷总是以一个基本单元的整数倍出现的。电荷量的这种只能取分立的、不连续量的性质，称为**电荷的量子化**。电荷的基本单元就是一个电子所带电量的绝对值。1913年密立根设计了有名的油滴实验，首先直接测定了此基元电荷的量值。

$$e=1.602\times10^{-19}\mathrm{C}$$

e是最小的电荷单元，所有带电体或其他微观粒子的电量都是电子电量的整数倍，即$Q=ne$。

现在已经知道了许多基本粒子都带有正的或负的基元电荷。微观粒子所带的基元电荷数常叫做它们各自的电荷数。近代物理从理论上预言基本粒子由若干种夸克或反夸克组成，每一个夸克或反夸克可能带有$\pm e/3$或$\pm 2e/3$的电量。然而至今单独存在的夸克尚未在实验中发现。即使发现了夸克，也不过是将基元电荷的大小缩小到目前的1/3，电荷的量子化仍然成立。

尽管电荷具有量子性，在讨论电磁现象的宏观规律时，所涉及的电荷常常是基元电荷的许多倍。在这种情况下，我们将只从平均效果上考虑，认为带电体所带电荷的电量是连续的，电荷连续分布在带电体上，而忽略电荷的量子性所引起的微观起伏。尽管如此，在阐明某些宏观现象的微观本质时，还是要从电荷的量子性出发。

二、电荷守恒定律

摩擦起电只是一种现象。近代科学告诉我们：任何物体都是由原子构成的，而原子由带正电的原子核和带负电的电子所组成，电子绕着原子核运动。在通常情况下，原子核带的正电荷数跟核外电子带的负电荷数相等，原子不显电性，所以整个宏观物体是电中性的，即正负电荷电量的代数和为零。原子核里正电荷数量很难改变，而核外电子由于离原子核很远，特别是最外层的电子，受原子核引力作用很小，有可能摆脱原子核的束缚，转移到另一物体上，从而使核外电子带的负电荷数目改变。当物体失去电子时，它的电子带的负电荷总数比原子核的正电荷少，就显示出带正电；相反，本来是中性的物体，当得到电子时，它就显示出带负电。

但若把一些电子从一个物体移到另一个物体上，则前者带正电，后者带负电，不过这两个物体的正负电荷的代数和仍为零。相反，如果让两个带有等量异号电荷的导体互相接触，则带负电的导体上的多余电子将移到带正电的导体上去，从而使两个导体对外部不显电性。在这个过程中，正负电荷的代数和始终不变，即总是为零。大量实验表明：**在孤立系统内，不论发生什么过程，该系统电量的代数和总保持不变。这就是电荷守恒定律**。电荷守恒定律是物理学中基本定律之一。

大量实验表明，一切带电体的电量不因其运动而改变，即电荷具有相对论性不变性。

三、库仑定律

物体带电后的主要特征是带电体之间存在着相互作用的电性力，库仑定律是描述点电荷之间相互作用的基本规律。所谓点电荷，是指这样的带电体，它本身的几何线度比起它到其他带电体的距离小得多，它是带电体的理想模型。点电荷是一个相对的概念，带电体的线度比问题所涉及的距离小多少时，它才能被当作点电荷？这要依问题所要求的精度而定，当在宏观意义上谈论电子、质子等带电粒子时，完全可以把它们视为点电荷。

1785 年法国科学家库仑利用扭秤对静止电荷的相互作用进行定量研究后，得出如下定律：**在真空中，两个静止点电荷之间的相互作用力与这两个电荷电量的乘积成正比，而与这两个点电荷之间的距离 r 的平方成反比，力的方向沿两点电荷的连线，同号电荷相斥，异号电荷相吸，这就是真空中的库仑定律**。可用矢量式表示如下：

$$\boldsymbol{F}_{21} = k\frac{q_1 q_2}{r^2}\boldsymbol{r}_0 \tag{9-1}$$

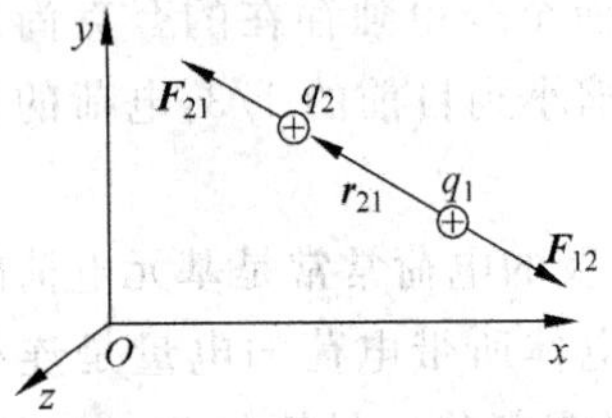

图 9-1　库仑定律

式中 $\boldsymbol{F}_{21}$ 为 q_1 对 q_2 的作用力，$\boldsymbol{r}_0$ 是从电荷 q_1 指向电荷 q_2 的单位矢量(图 9-1)，k 是比例系数。它的数值和单位决定于式中各量所采用的单位。在国际单位制中。电量的单位是库仑(C)，距离的单位是米(m)。力的单位为牛顿(N)，这时 k 的数值和单位为

$$k = 8.98755 \times 10^9\,\mathrm{N \cdot m^2 \cdot C^{-2}}$$

当 q_1 与 q_2 同号时，即 $q_1 \cdot q_2 > 0$，表示 $\boldsymbol{F}_{21}$ 与 $\boldsymbol{r}_0$ 方向相同，也就是同号电荷相互排斥；当 q_1 与 q_2 异号时，即 $q_1 \cdot q_2 < 0$，表示 $\boldsymbol{F}_{21}$ 与 $\boldsymbol{r}_0$ 方向相反，也就是异号电荷相吸。

为简化由库仑定律导出的一些重要公式，通常令 $k = \frac{1}{4\pi\varepsilon_0}$ 式中 ε_0 叫真空介电系数，或真空中的电容率

$$\varepsilon_0 = \frac{1}{4\pi k} = 8.8542 \times 10^{-12}\,\mathrm{C^2 \cdot N^{-1} \cdot m^{-2}}$$

这样真空中库仑定律又可表示为

$$\boldsymbol{F}_{21} = \frac{1}{4\pi\varepsilon_0}\frac{q_1 q_2}{r^2}\boldsymbol{r}_0 \tag{9-2}$$

在库仑定律表达式中引入“4π”因子的做法，称为单位制的有理化。这样做的结果虽然使库仑定律的形式变得复杂了点，却使以后经常用到的电磁学规律的表达式中不出现“4π”因子而变得简单。

库仑定律只适用于两个点电荷的相互作用，但在许多情况下，常涉及两个以上点电荷的相互作用。实验指出，作用在其中某一点电荷上的静电力等于其他点电荷分别单独存在时，作用在该电荷上的静电力的矢量和。这一结论说明静电力服从力的叠加原理。库仑定律只适用于描述真空中两个静止点电荷之间的相互作用。当两个点电荷相对于观察者运动时，若仍用库仑定律表示它们之间的相互作用，则须对结果进行修正，如果运动速度远小于光速，修正量很小。可以证明，对库仑定律的适用条件可以放宽到只要施力电荷静止即可，受力电荷可以运动。库仑定律是关于一种基本力的定律，是直接由宏观实验总结出来的，是静电场理论的基础。后面将以库仑定律中力与距离平方成反比为基础导出其他重要的电场方程。它的正确性不断经历着实验的考验。尽管库仑定律是从宏观带电体的实验结果中总结出来的，但是近代的实验表明，距离小至10^{-15} m 时，库仑定律仍然成立。

【例题 9-1】　在氢原子中，电子与质子的距离约为 5.3×10^{-11} m，求它们之间的静电作用力和万有引力，并比较这两种力的大小。

解：静电力的大小为 $F_e = \frac{1}{4\pi\varepsilon_0}\frac{e^2}{r^2} = 9\times10^9\,\frac{1.6\times10^{-19}}{5.3\times10^{-11}} = 8.2\times10^{-8}\,(\mathrm{N})$

由于电子的质量 $m=9.11\times10^{-31}$ kg，质子的质量 $M=1.67\times10^{-27}$ kg，所以它们之间的万有引力的大小为

$$f_m = G\frac{mM}{r^2} = \frac{6.67\times10^{-11}\times9.11\times10^{-31}\times1.67\times10^{-27}}{(5.3\times10^{-11})^2} = 3.6\times10^{-47}\,(\mathrm{N})$$

静电力和万有引力的比值为

$$\frac{F_e}{f_m} = \frac{8.2\times10^{-8}}{3.6\times10^{-47}} = 2.3\times10^{39}$$

亦即静电力要比万有引力大得多，所以在原子中，作用在电子上的力主要是静电力，而万有引力完全可以忽略不计。

延伸阅读——物理学家

库　仑

库仑(Charlse-Augustin de Coulomb，1736—1806)，法国工程师、物理学家。1736 年6 月 14 日生于法国昂古莱姆。早年就读于美西也尔工程学校。离开学校后，进入皇家军事工程队当工程师。法国大革命时期，库仑辞去一切职务，到布卢瓦致力于科学研究。法皇执政统治期间，回到巴黎成为新建的研究院的成员。1773 年发表有关材料强度的论文，所提出的计算物体上应力和应变分布情况的方法沿用到现在，是结构工程的理论基础。1777 年开始研究静电和磁力问题。当时法国科学院悬赏征求改良航海指南针中的磁针问题。库仑认为磁针支架在轴上，必然会带来摩擦，提出用细头发丝或丝线悬挂磁针。研究中发现线扭转时的扭力和针转过的角度成比例关系，从而可利用这种装置测出静电力和磁力的大小，这导致他发明扭秤。1779 年对摩擦力进行分析，提出有关润滑剂的科学理论。还设计出水下作业法，类似现代的沉箱。1785—1789 年，用扭秤测量静电力和磁力，导出著名的库仑定律。

9.2　电场强度

一、电场

库仑定律只说明两个点电荷相互作用力的大小和方向是怎样确定的，并没有说明它们之间的作用是怎样进行的。关于这一问题，历史上曾有两种不同的观点。一种是超距作用的观点，它认为一个电荷所受到的作用力是由另一个电荷直接作用的结果，这种作用既不需要中间物质，也不需要传递时间，而是从一个电荷即时地到达另一个电荷。另一种是近距作用的观点，它认为在带电体周围空间存在着一种特殊的物质，称为电场，而带电体所受到的电力(即电场力)是由电场给予的，这种作用方式可表示如下：

$$\text{电荷} \rightleftharpoons \text{电场} \rightleftharpoons \text{电荷}$$

近代物理学证明后一种观点是正确的。

理论和实验还证明，电磁波能够脱离电荷和电流而独立存在；和原子、分子组成的实物一样，电磁场也具有动量、能量和质量。这说明电磁场具有物质性，场也是物质的一种形态。

相对于观察者静止的带电体周围所存在的场，称为静电场，静电场的对外表现主要有：

(1) 引入电场中的任何带电体都将受到电场的作用力;

(2) 当带电体在电场中移动时,电场所作用的力将对带电体做功,这表示电场具有能量。

我们将从力和功这两个方面,分别引出描述电场性质的两个重要物理量——电场强度和电势。

二、电场强度

为了了解电场的性质,可将带正电的试验电荷 q_0 放入电场中,通过观察 q_0 在电场中各点的受力情况,即可了解电场的空间分布规律。为此,要求试验电荷所带的电量必须很小,以至它的引入不会对所研究的电场有明显的影响;同时试验电荷的线度必须充分小,即可以把它看作是点电荷,这样才可以用来研究空间各点的电场性质。实验指出,把试验电荷 q_0 放在电场中不同点时,在一般情况下,q_0 所受力的大小和方向是逐点不同的,但在电场中某给定点处改变试验电荷 q_0 的量值,发现 q_0 所受力的方向不变,而力的大小改变了。当 q_0 取各种不同量值时,所受力的大小与相应的 q_0 值之比 F/q_0 却具有确定的量值,由此可见,比值 F/q_0 只与试验电荷 q_0 所在点的电场性质有关,而与试验电荷 q_0 的量值无关,因此可以用比值 F/q_0 来描述电场。我们定义:试验电荷 q_0 在某场点处所受电场力 F 与 q_0 的比值,为该点的电场强度,简称为场强,场强是矢量,用 $\boldsymbol{E}$ 表示,即

$$\boldsymbol{E}=\frac{\boldsymbol{F}}{q_0} \tag{9-3}$$

如果取上式 $q_0=1\mathrm{C}$,即得 $\boldsymbol{E}=\boldsymbol{F}$,即电场中某点的电场强度在量值上等于单位正电荷在该点所受到的电场力的大小,电场强度的方向就是正电荷在该点所受到的电场力的方向。

电场强度 $\boldsymbol{E}$ 的单位由 q_0 和 $\boldsymbol{F}$ 的单位而定,在国际单位制中,场强 $\boldsymbol{E}$ 的单位为牛顿·库仑$^{-1}$($\mathrm{N\cdot C^{-1}}$),也可写成伏特·米($\mathrm{V\cdot m}$)。

根据式(9-3),如果我们知道某点的场强,则放在该点处的点电荷 q 所受到的电场力应为

$$\boldsymbol{F}=q\boldsymbol{E} \tag{9-4}$$

从式(9-4)可看出,当 $q>0$ 时,$\boldsymbol{E}$ 和 $\boldsymbol{F}$ 同号,即电场力 $\boldsymbol{F}$ 与场强 $\boldsymbol{E}$ 方向相同,当 $q<0$ 时,$\boldsymbol{F}$ 和 $\boldsymbol{E}$ 异号,即电场力 $\boldsymbol{F}$ 与 $\boldsymbol{E}$ 方向相反。

三、场强的计算

如果已知场源电荷的分布,那么根据场强的定义式(9-3)及叠加原理,原则上就可算出电场中各点的场强。下面说明计算电场强度的方法。

(1) 点电荷电场的场强

设在真空中有一个点电荷 q,在其周围的电场中,距离 q 为 r 的 P 点处,放一试验电荷 q_0,按库仑定律,q_0 所受的力为

$$\boldsymbol{F}=\frac{1}{4\pi\varepsilon_0}\frac{qq_0}{r^2}\boldsymbol{r}_0$$

式中 e_r 是从点电荷 q 指向 P 点的单位矢量，根据定义，P 点的场强是

$$\boldsymbol{E}=\frac{\boldsymbol{F}}{q_0}=\frac{1}{4\pi\varepsilon_0}\frac{q}{r^2}\boldsymbol{r}_0 \tag{9-5}$$

上式表明在点电荷的电场中，任一点的场强 $\boldsymbol{E}$ 的大小与电荷 q 成正比，与点电荷到 P 点的距离平方成反比。如果 q 为正电荷，场强 $\boldsymbol{E}$ 的方向与 $\boldsymbol{F}$ 的方向一致，即背离 q；如果 q 为负电荷，场强 $\boldsymbol{E}$ 的方向与 $\boldsymbol{F}$ 的方向相反，即指向 q，如图 9-2 所示。

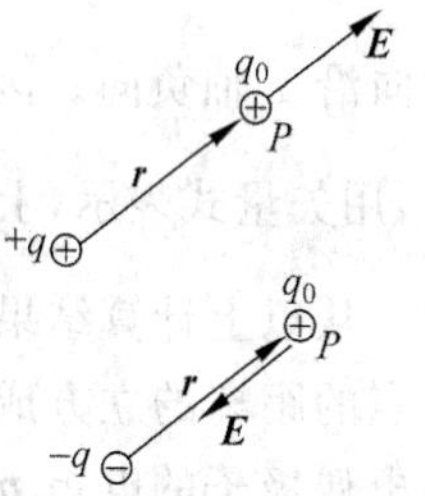

图 9-2　点电荷的场强

(2) 场强叠加原理和点电荷系电场的场强

假设真空中的电场是由点电荷系 $q_1,q_2,\cdots,q_n$ 共同激发的，这些电荷组成一个电荷系。如果我们要了解空间 P 点的电场，可在 P 点处放置一试验电荷 q_0，根据力的叠加原理，q_0 所受到的电场力 $\boldsymbol{F}$ 等于各个点电荷对 q_0 作用力 $\boldsymbol{F}_1,\boldsymbol{F}_2,\cdots,\boldsymbol{F}_n$ 的矢量和，即

$$\boldsymbol{F}=\boldsymbol{F}_1+\boldsymbol{F}_2+\cdots+\boldsymbol{F}_n=\sum\boldsymbol{F}_i=\sum_{i=1}^{n}\frac{1}{4\pi\varepsilon_0}\frac{q_0q_i}{r_i^2}\boldsymbol{r}_{0i}$$

式中 r_i 为点电荷 q_i 到 P 点的距离，$\boldsymbol{r}_{0i}$ 为由点电荷 q_i 指向 P 点的单位矢量，则 P 点的场强为

$$\boldsymbol{E}=\frac{\boldsymbol{F}}{q_0}=\sum_{i=1}^{n}\frac{1}{4\pi\varepsilon_0}\frac{q_i}{r_i^2}\boldsymbol{r}_{0i}=\sum_{i=1}^{n}\boldsymbol{E}_i$$

即

$$\boldsymbol{E}=\boldsymbol{E}_1+\boldsymbol{E}_2+\cdots+\boldsymbol{E}_n \tag{9-6}$$

上式说明在点电荷系所形成的电场中，某点的场强等于各点电荷单独存在时在该点的场强的矢量和。这一结论称为场强叠加原理。

【例题 9-2】 两个等量异号点电荷 $-q$ 和 $+q$ 相距 l，若两点电荷连线的中点 O 到观察点的距离 r 远大于 l 时，则这对电荷称为电偶极子。从电偶极子的 $-q$ 到 $+q$ 的矢径为 $\boldsymbol{l}$，电量 q 与矢径 $\boldsymbol{l}$ 的乘积定义为电偶极子的电矩，用 $\boldsymbol{p}_e$ 表示，即 $\boldsymbol{p}_e=q\boldsymbol{l}$。试求电偶极子的中垂线上任一点的场强。

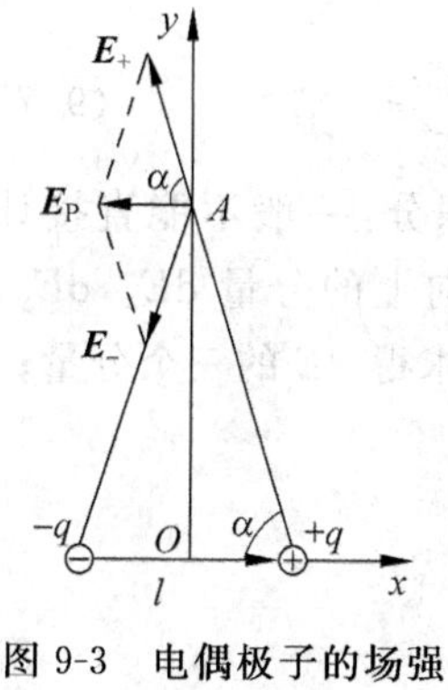

图 9-3　电偶极子的场强

解：以 O 为原点，取坐标系如图 9-3 所示，设 A 点与 O 点的距离为 r，根据式(9-5)，$+q$ 和 $-q$ 在 A 点的场强 $\boldsymbol{E}_+$ 和 $\boldsymbol{E}_-$ 的大小分别为

$$E_+=\frac{1}{4\pi\varepsilon_0}\frac{q}{r^2+\left(\frac{l}{2}\right)^2}$$

$$E_-=\frac{1}{4\pi\varepsilon_0}\frac{q}{r^2+\left(\frac{l}{2}\right)^2}$$

方向如图 9-3 所示。根据场强叠加原理，有

$$E_x=E_+\cos\alpha+E_-\cos\alpha=\frac{1}{4\pi\varepsilon_0}\frac{q}{r^2+\left(\frac{l}{2}\right)^2}\frac{l}{\sqrt{r^2+\left(\frac{l}{2}\right)^2}}$$

$$E_y=(E_+)_y+(E_-)_y=0$$

$$E_A=\frac{1}{4\pi\varepsilon_0}\cdot\frac{ql}{[r^2+(l/2)^2]^{3/2}}$$

由于 $r \gg l$，可取 $\left[r^2+\left(\frac{l}{2}\right)^2\right]^{\frac{3}{2}} \approx r^3$ 代入上式，故 A 点场强大小为

$$E_A=\frac{1}{4\pi\varepsilon_0}\frac{ql}{r^3}=\frac{1}{4\pi\varepsilon_0}\frac{p_e}{r^3}$$

方向沿 x 轴负向。因为电矩 $\boldsymbol{p}_e$ 与 $\boldsymbol{l}$ 方向一致，而场强 $\boldsymbol{E}$ 与 $\boldsymbol{l}$ 方向相反，所以 $\boldsymbol{E}$ 和 $\boldsymbol{p}_e$ 方向相反，用矢量式表示，上式变成 $\boldsymbol{E}_A=-\frac{1}{4\pi\varepsilon_0}\frac{\boldsymbol{p}_e}{r^3}$。

从以上计算结果可知，电偶极子产生场强 $\boldsymbol{E}$ 的大小与电矩 $\boldsymbol{p}_e$ 成正比，与电偶极子到观察点的距离的立方成反比。另外，电偶极子在外电场中，可证明它所受到的电场力、力矩都与电偶极子的电矩 $\boldsymbol{p}_e$ 成正比。因此，电矩矢量 $\boldsymbol{p}_e$ 是电偶极子的一个重要特征量。

【训练】 自行推导，电偶极子轴线的延长线上任一点的场强。

(3) 电荷连续分布带电体的电场场强

在实际问题中所遇到的电场，常由电荷连续分布的带电体形成。从微观结构来看，任何带电体所带的电荷都由大量过剩的电子(或质子)所组成，因而实际上带电体上的电荷分布是不连续的。但从宏观角度出发，可以把电荷看作连续分布在带电体上。要计算任意带电体附近所产生的场强，不能把带电体看作点电荷，但任何带电体均可划分为无限多个电荷元 dq，可以把电荷元 dq 看作是点电荷，整个带电体产生的场强，就可看作无限多个电荷元产生的场强的矢量和。因此计算带电体的场强时，首先要在带电体上取电荷元 dq；其次，求电荷元 dq 在某给定点产生的场强 $d\boldsymbol{E}$，按点电荷的场强公式可写成

$$d\boldsymbol{E}=\frac{1}{4\pi\varepsilon_0}\frac{dq}{r^2}\boldsymbol{r}_0$$

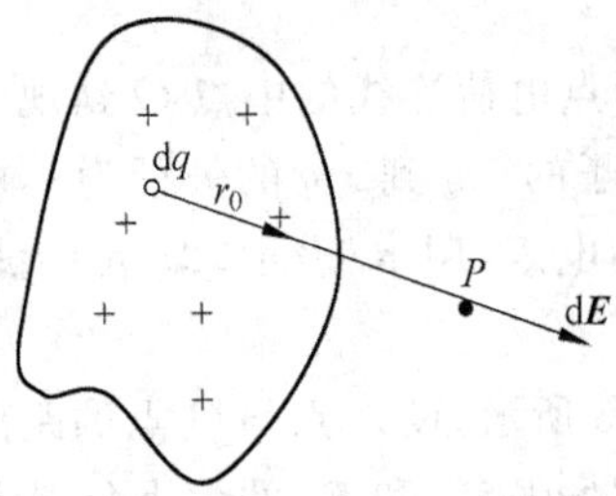

图 9-4　带电体的电场强度

式中 $\boldsymbol{r}_0$ 是从 dq 所在点指向给定点的单位矢量，r 是电荷元 dq 到给定点的距离，如图 9-4 所示。

最后，求整个带电体在给定点产生的场强，利用场强叠加原理，得

$$\boldsymbol{E}=\int d\boldsymbol{E}=\int\frac{1}{4\pi\varepsilon_0}\frac{dq}{r^2}\boldsymbol{r}_0 \tag{9-7}$$

必须强调指出，式(9-7)是一个矢量积分，一般不能直接计算，可先将 $d\boldsymbol{E}$ 在 x、y、z 三坐标轴方向上的分量 dE_x，dE_y，dE_z 写出，然后分别对它们进行积分，求得 $d\boldsymbol{E}$ 的三个分量；

$$E_x=\int dE_x,\quad E_y=\int dE_y,\quad E_z=\int dE_z$$

最后再由这三个分量确定场强 $\boldsymbol{E}$ 的大小和方向。

$$\boldsymbol{E}=E_x\boldsymbol{i}+E_y\boldsymbol{j}+E_z\boldsymbol{k} \tag{9-8}$$

一般认为，电荷在带电体上的分布是不均匀的，为了能在带电体上取电荷元 dq，我们引入电荷密度的概念。如果电荷分布在整个体积内，这种分布称为体分布。在带电体内任取一点，作一包含该点的体积元 dV，设该体积中的电荷密度为 ρ，则该体积元电荷量 $dq=\rho dV$；同样地，我们在处理电荷分布在极薄的表面层的问题时，可以把带电薄层抽象为“带电面”，则可设该带电薄层的电荷面密度为 σ，则某面积元电荷量 $dq=\sigma dS$；若电荷分布在细长的线上，则设该带电细长线所带的电荷为电荷线密度为 λ，则某线元电荷量 $dq=\lambda dl$，ρ 的单位是

C/m³，σ 的单位为 C/m²，λ 的单位为 C/m，在电荷分布稳定的情况下，ρ，σ 和 λ 都可能是空间坐标的函数。

应该指出，宏观上看无限小的带电元 dV，dS 和 dl 在微观上仍包含大量的基元带电粒子。引进了连续分布电荷的概念，再应用电场强度叠加原理，就可以计算任意带电体所激发的电场强度。

【例题 9-3】 真空中有一均匀带电直棒，长为 L，总电量为 q，线外有一点 P，离开直线的垂直距离为 a，P 点和直线两端的连线与 x 轴之间的夹角分别为 θ_1 和 θ_2，如图 9-5 所示。求 P 点的场强。

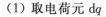

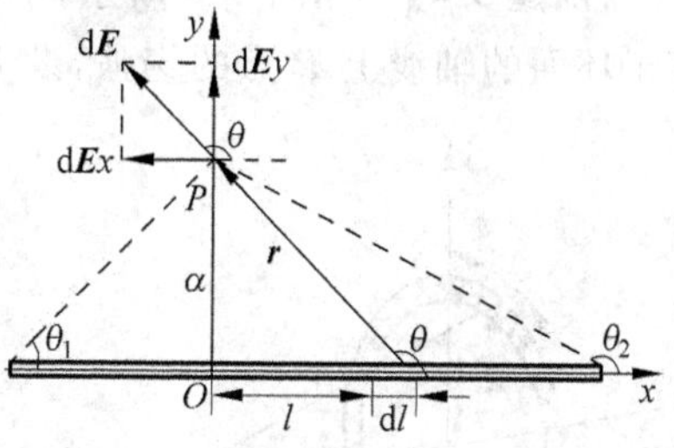

图 9-5　均匀带电直棒外一点的电场

解：这里，产生电场的电荷是连续分布的，求场强时，一般按下列步骤进行：

（1）取电荷元 dq

在带电直线上任取一线段元 dl，dl 上的电量为 dq，$\mathrm{d}q=\frac{q}{l}\mathrm{d}l=\lambda\mathrm{d}l$，$\lambda=\frac{q}{l}$为直线上每单位长度所带的电量，称 λ 为电荷线密度。

（2）求电荷元 dq 在 P 点产生的场强 d$\boldsymbol{E}$。d$\boldsymbol{E}$ 的大小为 $\mathrm{d}E=\frac{\mathrm{d}q}{4\pi\varepsilon_0 r^2}=\frac{\lambda\mathrm{d}l}{4\pi\varepsilon_0 r^2}$。$r$ 为电荷元 dq 到 P 点的距离，方向如图，这里必须注意要选取方位适当的坐标系 xOy，以便求出 d$\boldsymbol{E}$ 沿 x 轴和 y 轴的分量：$\mathrm{d}E_x=\mathrm{d}E\cos\theta$，$\mathrm{d}E_y=\mathrm{d}E\sin\theta$。

（3）求带电直线在 P 点的场强

$$E_x=\int\mathrm{d}E_x=\int\mathrm{d}E\cos\theta=\int\frac{\lambda\cos\theta}{4\pi\varepsilon_0 r^2}\mathrm{d}l$$

$$E_y=\int\mathrm{d}E_y=\int\mathrm{d}E\sin\theta=\int\frac{\lambda\sin\theta}{4\pi\varepsilon_0 r^2}\mathrm{d}l$$

式中 θ 为 d$\boldsymbol{E}$ 与 x 轴之间的夹角。对不同的 dq，r，θ，l 都为变量，积分时要统一变量，由图的几何关系可知：

$$l=a\tan\left(\theta-\frac{\pi}{2}\right)=-a\cot\theta,\quad \mathrm{d}l=a\mathrm{cse}^2\theta\mathrm{d}\theta$$

$$r^2=a^2+l^2=a^2\mathrm{cse}^2\theta$$

代入上式得

$$E_x=\int_{\theta_1}^{\theta_2}\frac{\lambda}{4\pi\varepsilon_0}\frac{\cos\theta}{a^2\mathrm{cse}^2\theta}a\,\mathrm{cse}^2\theta\mathrm{d}\theta=\frac{\lambda}{4\pi\varepsilon_0 a}(\sin\theta_2-\sin\theta_1)$$

$$E_y=\int_{\theta_1}^{\theta_2}\frac{\lambda}{4\pi\varepsilon_0}\frac{\sin\theta}{a^2\mathrm{cse}^2\theta}a\,\mathrm{cse}^2\theta\mathrm{d}\theta=\frac{\lambda}{4\pi\varepsilon_0 a}(\cos\theta_1-\cos\theta_2)$$

可见 P 点处的场强 $\boldsymbol{E}$ 的大小与该点离带电直线的距离 a 成反比，$\boldsymbol{E}$ 的大小和方向由下式确定：

$$E=\sqrt{E_x^2+E_y^2}$$

$$\alpha=\arctan\frac{E_y}{E_x}$$

式中 α 是 $\boldsymbol{E}$ 矢量与 x 轴的夹角。

讨论：如果电荷线密度保持不变，而均匀带电直线是无限长的，亦即 $\theta_1=0,\theta_2=\pi$，则

$$E_x = 0, \quad E = E_y = \frac{\lambda}{2\pi\varepsilon_0 a}$$

可见 P 点处的场强 $\boldsymbol{E}$ 的大小与该点离带电直线的距离 a 成反比，$\boldsymbol{E}$ 的方向垂直于带电直线。

【例题 9-4】 如图 9-6 所示，半径为 R 的均匀带电圆环的电量为 q，试求通过环心且垂直于环面的轴线上 P 点的场强，设 P 点到环心的距离为 x。

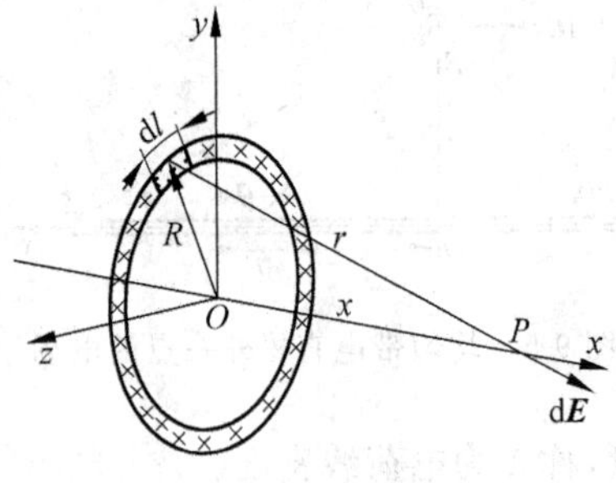

图 9-6 均匀带电圆环

解：(1) 取电荷元 dq。在圆环上取线段元 dl，它带的电荷为 $dq=\frac{q}{2\pi R}dl=\lambda dl$。

(2) 求电荷元 dq 在 P 点的场强 $d\boldsymbol{E}$。

$$dE = \frac{dq}{4\pi\varepsilon_0 r^2} = \frac{\lambda dl}{4\pi\varepsilon_0 r^2}$$

方向如图 9-6。由于对称性各电荷元的场强在垂直于 x 轴的方向上的分量互相抵消，而沿 x 轴的分量相互增强，可见，P 点的场强 $\boldsymbol{E}$ 沿 x 方向，由图可见，$\boldsymbol{E}$ 沿 x 轴的分量为

$$dE_x = dE\cos\theta$$

(3) 求带电圆环在 P 点的场强

$$E = E_x = \int dE_x = \int dE\cos\theta = \int \frac{\lambda dl}{4\pi\varepsilon_0 r^2}\frac{x}{r} = \int \frac{\lambda x}{4\pi\varepsilon_0 (R^2+x^2)^{3/2}}dl$$

考虑到对于圆环上的不同线段元，R，x 不变，所以积分结果为

$$E = \frac{\lambda x}{4\pi\varepsilon_0 (R^2+x^2)^{3/2}}\int_0^{2\pi R} dl = \frac{qx}{4\pi\varepsilon_0 (R^2+x^2)^{3/2}}$$

方向沿 x 轴正方向。

讨论：当 $x\gg R$ 时，则 $(R^2+x^2)^{3/2}\approx x^3$，这时有 $E\approx\frac{q}{4\pi\varepsilon_0 x^2}$。这说明当圆环的线度远小于它中心到场点的距离（自身限度）时，可以把带电圆环作为电荷 q 集中在环心的点电荷来处理。

思考：在圆环的圆心处的电场强度为多少？

延伸阅读——科学发现

伏特电堆

伏特在青年时期就开始了电学实验，他读了许多书，对相关理论有明确的了解，并应用他的理论制造各种有独创性的仪器，如起电盘、静电计。伏特在四十五岁生日后不久，读到了伽伐尼关于"动物电"的文章，着手研究这一现象。伏特注意到，如果两种相互接触的不同金属放在舌上，就会引起一种特殊的感觉，他假定，两种不同的金属，例如铜和锌接触时会得到不同的电势，并测量了这种电势差。伏特对这个问题进行了更深入的研究，提出了著名的"伏特序列"：导电体可以分为两大类，第一类是金属，它们接触时会产生电势差；第二类是液体（在现代语言中称为电解质），如果回路中同时存在两类导体，就能够产生电流。伏特最后得到了一种思想，他把一些第一种导体和第二种导体连接得使每一个接触点上产生的电

势差可以相加。他把这种装置称为“电堆”,因为它是由浸在酸溶液中的锌板、铜板和布片重复许多层而构成的。1800 年 3 月 20 日他宣布了这项发明,引起极大轰动。这是第一个可以产生稳定、持续电流的装置,为电学研究开创了新局面。阿拉果在 1831 年写的一篇文章中谈到了对它的一些赞美:“……这种由不同金属中间用一些液体隔开而构成的电堆,就它所产的奇异效果而言,乃是人类发明的最神奇的仪器。”

9.3 静电场的高斯定理

一、电场线

为形象地反映电场中场强的分布情况,常采用图示法,即在电场中画出一系列有指向的曲线,使曲线上每点的切线方向与该点场强方向一致,这些曲线就叫电场线或 $\boldsymbol{E}$ 线。

为了使电场线不仅表示电场中场强的方向而且能表示场强的大小,对电场线的疏密程度作如下规定:在电场中某点,取一个与场强 $\boldsymbol{E}$ 垂直的面积元 $\mathrm{d}S_{\perp}$,使通过它的电场线条数 $\mathrm{d}\Phi_{\mathrm{e}}$ 满足

$$E=\frac{\mathrm{d}\Phi_{\mathrm{e}}}{\mathrm{d}S_{\perp}} \tag{9-9}$$

即规定:在电场中任一点,通过垂直于场强 $\boldsymbol{E}$ 的单位面积的电场线数等于该点场强的量值 E,这样,场强大的地方,电场线就密;场强小的地方,电场线就疏。

不同的带电体,周围的电场不一样,因而电场线的分布也不相同。图 9-7 给出几种典型电场的电场线分布图形。由图可以看出,带等值异号电荷的,两平行板中间部分的电场线是一些疏密均匀并与板面垂直的平行直线,这表明这个区域中的场强 $\boldsymbol{E}$ 处处相等,这种电场叫匀强电场。在板的边缘处,电场线的分布较复杂,所以在板边缘附近的电场不是匀强电场。

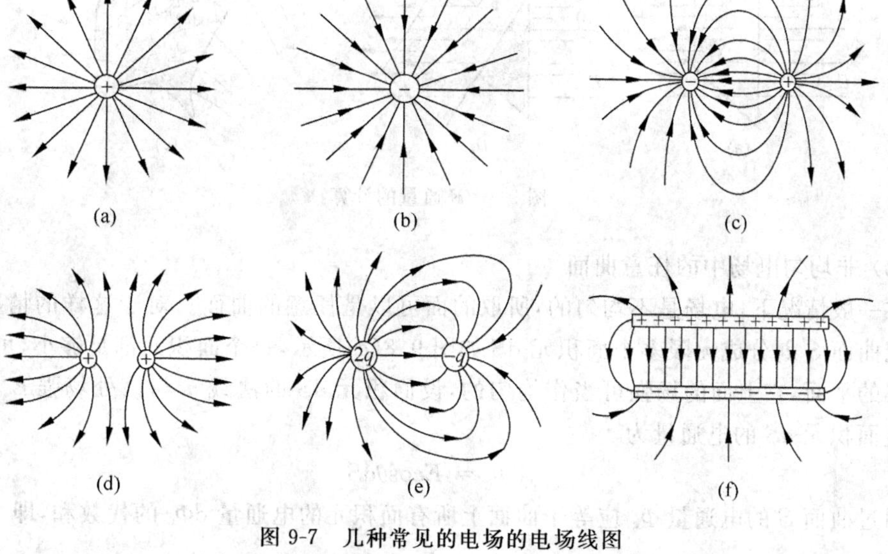

图 9-7 几种常见的电场的电场线图

(a) 正电荷;(b) 负电荷;(c) 两个等值异号电荷;(d) 两个等值同号电荷;(e) 电荷 $+2q$ 与电荷 $-q$;(f) 正负带的平行板

按电场线的定义和静电场的性质,静电场的电场线有如下特点:

(1) 电场线总是起始于正电荷,终止于负电荷,不形成闭合曲线,在没有电荷的地方电场线不中断。

(2) 任何两条电场线都不能相交,这是因为电场中每一点的场强只有一个确定的方向。

还须指出,电场线仅是描述电场分布的一种人为方法,而不是静电场中真有这样的场线存在。另外,电场线一般不是引入电场中的点电荷的运动轨迹。

二、电通量

通过电场中某一个面的电场线数叫作通过这个面的电通量,用由 Φ_e 表示,下面我们分几种情况来说明计算电通量的方法。

(1) 均匀电场中,平面与场强垂直 $\boldsymbol{E}$

在场强为 $\boldsymbol{E}$ 的匀强电场中,与场强 $\boldsymbol{E}$ 垂直的平面面积为 $S_\perp$,如图 9-8(a)所示,根据电场线的规定,通过与场强垂直的单位面积上的电力线数等于场强的大小,这样,通过 $S_\perp$ 面的电通量为

$$\Phi_e = ES_\perp \tag{9-10}$$

(2) 均匀电场中,平面法线与场强夹角为 θ

由图 9-8(b)可见,平面法线与场强夹角为 θ,那么通过平面 S 的电通量等于通过它在垂直于 $\boldsymbol{E}$ 的平面上的投影 $S_\perp$ 面的电通量,所以通过平面 S 的电通量为

$$\Phi_e = ES_\perp = ES\cos\theta \tag{9-11}$$

平面正法线 $\boldsymbol{n}$ 的方向与电场强度 $\boldsymbol{E}$ 的方向之间的夹角 θ 可以是锐角,也可以是钝角。当 θ 为锐角时,$\cos\theta>0$,Φ_e 为正值;当 θ 为钝角时,$\cos\theta<0$,Φ_e 为负值;当 $\theta=\pi/2$ 时,Φ_e 为零。

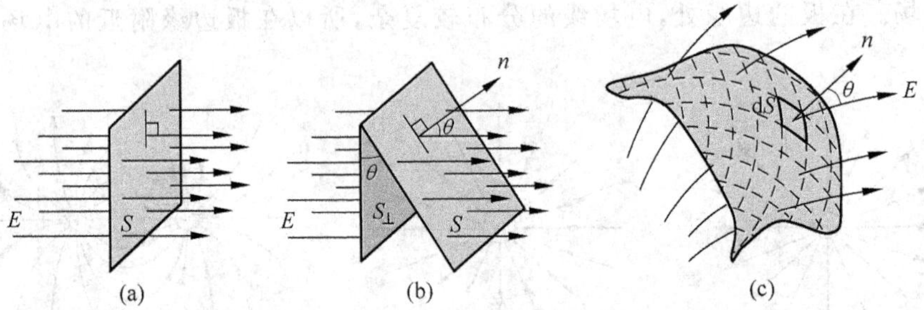

图 9-8 **E** 通量的计算

(3) 非均匀电场中的任意曲面

在一般情况下,电场是不均匀的,所取的面可以是任意的曲面。对于这样的情况,我们要先把曲面 S 划分成无限多个面积元 $\mathrm{d}S$ 如图 9-8(c)所示,每个面积元都足够小,可看成为无限小的平面,它上面的场强可当作均匀的,设面积元 $\mathrm{d}S$ 的法线 $\boldsymbol{n}$ 与该处场强 $\boldsymbol{E}$ 成 θ 角,则通过面积元 $\mathrm{d}S$ 的电通量为

$$\mathrm{d}\Phi_e = E\cos\theta\mathrm{d}S$$

通过曲面 S 的电通量 Φ_e 应等于曲面上所有面积元的电通量 $\mathrm{d}\Phi_e$ 的代数和,即

$$\Phi_e = \iint_S d\Phi_e = \iint_S E\cos\theta dS$$

式中“$\iint_S$”表示对整个曲面 S 进行积分。若引入面积元矢量 $d\boldsymbol{S}$（大小等于 dS，而方向是 dS 的正法线方向），由矢量的标积定义可知 $E\cos\theta dS$ 为矢量 $\boldsymbol{E}$ 和 $d\boldsymbol{S}$ 的标积，即有 $E\cos\theta d\boldsymbol{S} = \boldsymbol{E}\cdot d\boldsymbol{S}$，那么上面两积分式可改写成

$$\Phi_e = \iint_S E\cos\theta dS = \iint_S \boldsymbol{E}\cdot dS \tag{9-12}$$

（4）非均匀电场中的闭合曲面

若所取的曲面是闭合的，则通过闭合曲面的电通量为

$$\Phi_e = \oint\!\!\oint_S E\cos\theta dS = \oint\!\!\oint_S \boldsymbol{E}\cdot dS \tag{9-13}$$

式中“$\oint\!\!\oint_S$”表示对整个闭合曲面进行积分，通常规定面积元 dS 的法线方指向闭合曲面外侧为正方向，这时通过闭合曲面上各面积元的电通量可正可负，电场线从曲面外穿进曲面内，电通量为负；电场线从曲面内穿出到曲面外，电通量为正；电场线与曲面相切，电通量为零。

对于复杂的闭合曲面，要计算电通量是很困难的，下面将看到通过任意闭合曲面的电通量与场源电荷间存在着一个颇为简单而普遍的规律——高斯定理。

三、高斯定理

在了解了电通量的概念后，下面进一步讨论通过闭合曲面的电通量和场源电荷之间的关系，从而得出表征静电场性质的一个基本定理：高斯定理。

首先我们讨论只有一个点电荷所激发的电场情况。我们以点电荷 q 为球心，以任意半径 r 作一球面，计算通过该球面的电通量。

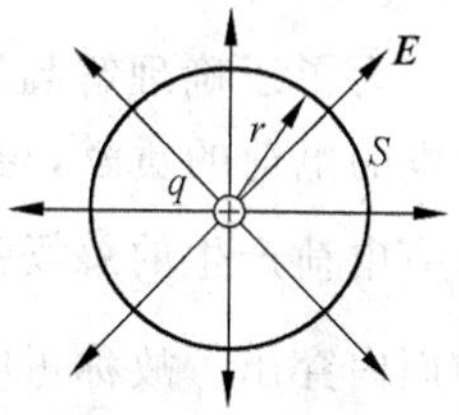

图 9-9 点电荷的电场

由于点电荷 q 的电场具有球对称性：球面上任一点场强 $\boldsymbol{E}$ 的量值都是 $E=\dfrac{q}{4\pi\varepsilon_0 r^2}$，场强的方向都沿矢径方向，且处处于球面正交，如图 9-9 所示。根据式(9-16)可求得通过球面的电通量为

$$\Phi_e = \oint\!\!\oint_S \boldsymbol{E}\cdot d\boldsymbol{S} = \oint\!\!\oint_S E\cos\theta dS = \oint\!\!\oint_S \frac{q}{4\pi\varepsilon_0 r^2} dS = \frac{q}{4\pi\varepsilon_0 r^2}\oint\!\!\oint_S dS$$

$$= \frac{q}{4\pi\varepsilon_0 r^2}4\pi r^2 = \frac{q}{\varepsilon_0}$$

结果表明：点电荷 q 在球心时，通过任意球面的电通量都等于 q/ε_0，而与球面半径 r 的大小无关。也就是说，如果以点电荷为球心作几个不同半径的同心球面 S，通过这些球面的电通量都等于 q/ε_0，既没有增加也没有减少，说明从点电荷 q 发出的电场线连续地延伸到无限远处。即使球面的形状发生了畸变或者点电荷不在球的中心，如图 9-10(a)所示，那么通过畸变了的球面的电通量以及点电荷不在球的中心的电通量仍然等于 q/ε_0。

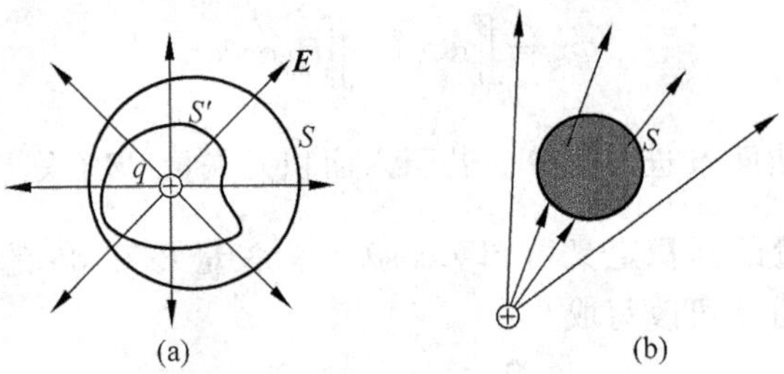

图 9-10　说明高斯定理用图

进一步，如果点电荷 q 在闭合曲面 S 外，在 S 面内没有其他电荷，如图 9-10(b)所示，由于电场线的连续性，有几条电场线穿入闭合曲面，必有几条电场线从闭合曲面内穿出，所以当点电荷 q 在闭合曲面外时，它通过该闭合面的电通量的代数和为零。应当注意，当点电荷位于闭合曲面外时，穿过闭合面的电通量虽然为零，但闭合面上各点处的场强 $\boldsymbol{E}$ 并不为零。

再进一步，若闭合面 S 内有点电荷 $q_1,q_2,\cdots,q_n$，闭合面 S 外有点电荷 $q_{n+1},q_{n+2},\cdots,q_m$。在闭合面 S 内的点电荷通过闭合面的电通量分别为 $\Phi_1=\frac{q_1}{\varepsilon_0},\Phi_2=\frac{q_2}{\varepsilon_0},\cdots,\Phi_3=\frac{q_3}{\varepsilon_0}$，在闭合面 S 外的电荷通过闭合面的电通量为零，通过 S 面的总电通量等于各个电荷单独存在时电通量的代数和。即

$$\Phi_e=\oiint_S \boldsymbol{E}\cdot \mathrm{d}\boldsymbol{S}=\frac{q_1}{\varepsilon_0}+\frac{q_2}{\varepsilon_0}+\cdots+\frac{q_n}{\varepsilon_0}=\frac{1}{\varepsilon_0}\sum_{i=1}^{n}q_i$$

综合以上的讨论，不难得出结论，在真空中，通过任一闭合曲面的电通量，等于该面所包围的所有电荷的代数和除以 ε_0。一般写为

$$\oiint_S \boldsymbol{E}\cdot \mathrm{d}\boldsymbol{S}=\frac{1}{\varepsilon_0}\sum_{i=1}^{n}q_i \tag{9-14}$$

为了正确理解高斯定理，有必要指出：高斯定理表明，通过闭合面的电通量，仅是它所包围的电荷的贡献，与闭合面外的电荷无关。然而，闭合面上各点的场强 $\boldsymbol{E}$ 是闭合面内、外所有电荷产生的总场强。从高斯定理还可以看出，当 $\sum q_i>0$ 时，$\Phi_e>0$ 表示有电力线从闭合面内穿出。故称正电荷为静电场的源头。$\sum q_i<0$ 时，$\Phi_e<0$，表示有电力线穿入闭合面内终止，故称负电荷为静电场尾闾。因此高斯定理表明了电场线起始于正电荷，终止于负电荷。亦即静电场是有源场。

最后必须指出，库仑定律只适用于静电场，而高斯定理将电场强度的通量和某一区域内的电荷联系在一起，它不但适用于静止电荷和静电场，也适用于运动电荷和迅速变化的电场，比库仑定律更具有广泛意义。

高斯定理不仅反映了静电场的性质，对于具有对称性的电场，用高斯定理计算场强，可以避免复杂的积分运算。

四、高斯定理的应用

高斯定理是一个普遍定理，但要用它直接计算电场强度，只限于电荷分布具有某种对称性，即利用高斯定理求电场的前提条件是：如果在某个带电体的电场中，可以找到一个闭合

面 S,该面上的电场强度 $\boldsymbol{E}$ 大小处处相等,$\boldsymbol{E}$ 的方向与面的方向也处处相同(如果某个面上的电场强度 $\boldsymbol{E}$ 的大小有变化,则 $\boldsymbol{E}$ 的方向与该面的方向必须处处垂直),这样利用高斯定理求电场强度 $\boldsymbol{E}$ 的问题,就转化为求闭合面面积,以及求闭合面所包围的电荷代数和的问题,即

$$\oint\!\!\!\oint_S \boldsymbol{E}\cdot \mathrm{d}\boldsymbol{S} = E\oint\!\!\!\oint_S \mathrm{d}S = \frac{1}{\varepsilon_0}\sum_{i=1} q_i \quad \Rightarrow \quad E = \frac{\dfrac{1}{\varepsilon_0}\sum\limits_{i=1} q_i}{\oint\!\!\!\oint_S \mathrm{d}S}$$

下面介绍应用高斯定理计算几种简单而又具有对称性的电场的方法。

(1) 均匀带电球体的电场

设有一均匀带电球体,半径为 R,总带电量为 q,如图 9-11 所示,现在计算带电球体内、外任一点的场强。

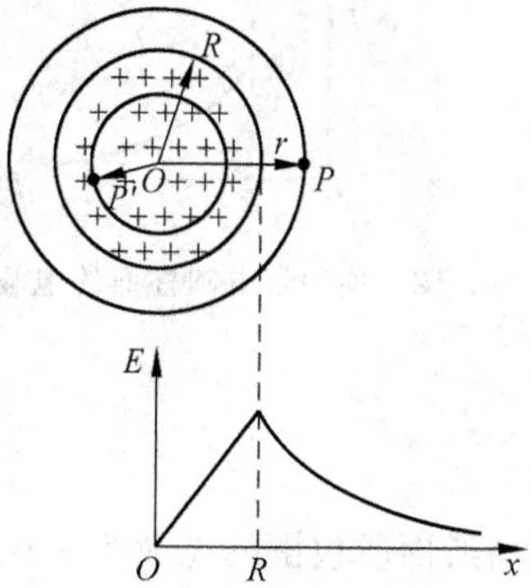

图 9-11　均匀带电球体的电场

由于电荷均匀分布在球体上,这个带电体系具有球对称性,因而电场分布也应具有球对称性,这就是说,在任何与带电球体同心的球面上各点场强的大小均相等,场强的方向为径向。

为确定均匀带电球体外任一点 P 的场强。根据电场的特点,过 P 点作一个同心球面 $\boldsymbol{S}$ 为高斯面,球面半径为 r,此球面上场强的大小处处都和 P 点的场强 $\boldsymbol{E}$ 相同,而 $\cos\theta$ 处处等于 1,通过高斯面 $\boldsymbol{S}$ 的电通量为

$$\Phi_{\mathrm{e}} = \oint\!\!\!\oint_S \boldsymbol{E}\cdot \mathrm{d}\boldsymbol{S} = \oint\!\!\!\oint_S E\cos\theta \mathrm{d}S = E\oint\!\!\!\oint_S \mathrm{d}S = E4\pi r^2$$

高斯面 $\boldsymbol{S}$ 所包围的电荷为 $\sum q_i = q$

按高斯定理,有 $4\pi r^2 E = \dfrac{q}{\varepsilon_0}$

所以

$$E = \frac{q}{4\pi\varepsilon_0 r^2} \quad (r > R)$$

由此可见,均匀带电球体外的场强与将电荷全部集中于球心的点电荷所产生的场强一样。

为确定均匀带电球体内任一点 P' 的场强 $\boldsymbol{E}$,过 P' 点作一个同心球面 $\boldsymbol{S}'$,半径为 $\boldsymbol{S}'$,与上同理由于对称性,高斯面 $\boldsymbol{S}'$ 上各点场强 $\boldsymbol{E}$ 的值处处相等,且 $\cos\theta$ 处处等于 1 通过高斯面 $\boldsymbol{S}'$ 的电通量为

$$\Phi_{\mathrm{e}} = \oint\!\!\!\oint_{S'} \boldsymbol{E}\cdot \mathrm{d}\boldsymbol{S} = \oint\!\!\!\oint_{S'} E\cos\theta \mathrm{d}S = E\oint\!\!\!\oint_{S'} \mathrm{d}S = E4\pi r^2$$

而高斯面 $\boldsymbol{S}'$ 所包围的电荷 $q' = \rho\dfrac{4}{3}\pi r^3$,而电荷的体密度 $\rho = \dfrac{q}{\dfrac{4}{3}\pi R^3}$,按高斯定理,有 $4\pi r^2 E = \dfrac{q'}{\varepsilon_0}$,故

$$E = \frac{q'}{4\pi\varepsilon_0 r^2} = \frac{q}{4\pi\varepsilon_0 r^2}\left(\frac{r}{R}\right)^3 \quad (r < R)$$

根据上述结果，可画出场强随距离的变化曲线——E-r 曲线（图 9-11）。从 E-r 曲线中可看出场强值在球面处（电荷所在处）是连续的。

【训练】 自行推导均匀带电球面内外的场强。

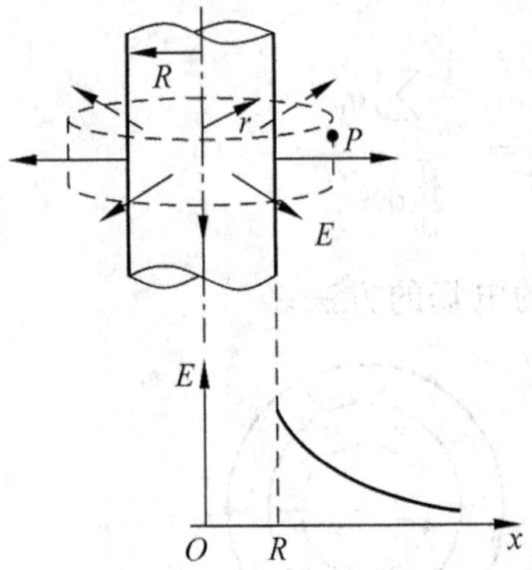

图 9-12　均匀带电圆柱面的电场

(2) 无限长均匀带电圆柱面的电场

设有无限长均匀带电圆柱面，半径为 R，电荷面密度为 σ（设 σ 为正），由于电荷分布的轴对称性，可以确定，在靠近圆柱面中部，带电圆柱面产生的电场也具有轴对称性，即离开圆柱面轴线等距离的各点的场强大小相等，方向都垂直于圆柱面向外，如图 9-12 所示。

为了确定无限长圆柱面外任一点 P 处的场强，过 P 点作一封闭圆柱面作为高斯面，柱面高为 l，底面半径为 r，轴线与无限长圆柱面的轴线重合。由于封闭圆柱面的侧面上各点场强 $\boldsymbol{E}$ 的大小相等，方向处处与侧面正交，所以通过侧面的电通量是 $2\pi rlE$；通过两底面的电通量为零。通过整个高斯面的电通量为

$$\Phi_e = \oint\!\!\!\oint_S \boldsymbol{E} \cdot d\boldsymbol{S} = 2\pi rlE$$

而高斯面所包围的电荷为 $\sigma \cdot 2\pi Rl$，按高斯定理有

$$2\pi rlE = \sigma 2\pi Rl/\varepsilon_0$$

由此得出 $E=\dfrac{R\sigma}{\varepsilon_0 r}$。

如果令 $\lambda=2\pi R\sigma$ 为圆柱面每单位长度的电量，则上式可化为

$$E = \frac{\lambda}{2\pi\varepsilon_0 r}$$

由此可见，**无限长均匀带电圆柱面外的场强，与将所带电荷全部集中在轴上的均匀带电直线所产生的场强一样。**

不难证明，带电圆柱面内部的场强等于零，各点的场强 $\boldsymbol{E}$ 随到带电圆柱面轴线的距离 r 的变化关系，如图 9-12 所示。

【训练】 自行推导均匀带电圆柱体内外的场强。

(3) 无限大均匀带电平面的电场

设有无限大均匀带电平面，电荷面密度为 σ，求场强分布。

由对称性可知，在靠近平面中部而距离平面不远的区域内，电场是均匀的，场强的方向垂直于平面，如图 9-13 所示。根据电场分布的特点，应取一个柱体的表面作为高斯面，其轴线与带电平面垂直，两底与带电面平行，底面面积都等于 ΔS，并对带电平面对称。显然，由于场强和侧面的法线垂直，所以通过侧面的电通量为零。由图可见，场强与两个底面的法线平行，所以通过两个底面的电通量均为 $E\Delta S$，通过整个高斯面的电通量为

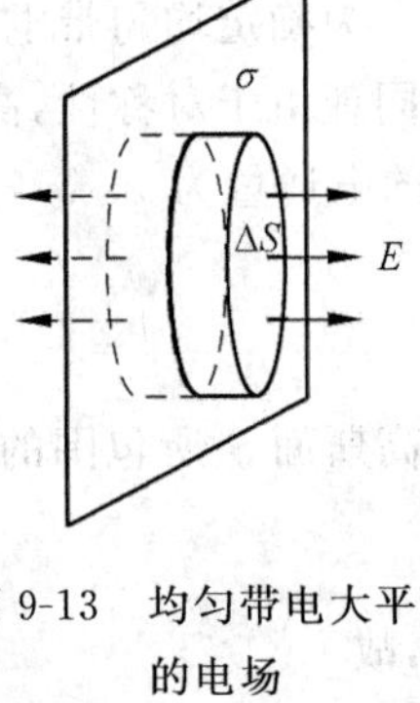

图 9-13　均匀带电大平面的电场

$$\Phi_e = \oint\!\!\!\oint_S \boldsymbol{E} \cdot d\boldsymbol{S} = 2E\Delta S$$

高斯面所包围的电荷为 $\sigma\Delta S$，按高斯定理，有

$$2E\Delta S = \frac{\sigma\Delta S}{\varepsilon_0}$$

所以

$$E = \frac{\sigma}{2\varepsilon_0}$$

可见，在无限大均匀带电平面的电场中，各点的场强与离开平面的距离无关。

由以上几个例子可以看出，应用高斯定理求场强时，应注意：

(1) 必须分析电场的分布特点，判断是否具有对称性。

(2) 根据电场的对称性，选取合适的闭合面。如使场强都垂直于这个闭合面的全部或一部分，而且大小处处相等；或者使场强与该面的一部分平行，因而通过这部分面积的电通量为零。这样才能使 $\oint\!\!\oint_S \boldsymbol{E}\cdot \mathrm{d}\boldsymbol{S}$ 中的 $\boldsymbol{E}$ 从积分号中提出来，便于求出场强。

延伸阅读——物理方法

补　偿　法

补偿法是我们分析和处理物理问题的一种较常用的方法。在物理学中，有些问题因为某些物理量分布的不对称，不是一个完整的标准模型而使问题复杂化，直接应用某些公式或定理求解时遇到困难，而"补偿法"可将一些相关物理量不对称分布的问题巧妙地转化为在一定条件下的对称问题，成为一个完整的标准模型，避开了繁琐的数学运算而容易解决，从而使复杂问题得以简化，并且物理意义也清晰明了。比如说留有一条细缝的带电圆环，要求解其在圆心处激发的电场强度，对圆环来讲细缝是其缺陷，求解比较复杂。如果假设将圆环缺口细缝补上，且补缺部分的电荷线密度与原环体相同，则该带电圆环成为一个完整的标准模型，其在圆心处激发的电场强度为零；当然事实上细缝处并无电荷，我们可以认为它是正负电荷中和的结果，即把留有一条细缝的带电圆环看成是一个完整的带电圆环和带异号电荷的细缝两者组成的，而带电细缝则可以看成是点电荷，这样求解就非常方便了。补偿法较广泛地应用于电磁学中，如在均匀带电球中非球心处挖去了一个小球的带电体，在无限长圆柱形导体中非轴心处挖去了一个无限长小圆柱形的载流体等等都可以用补偿法求解。在普通物理实验中，也有用补偿法测电源电动势的例子征。

9.4　静电场的环路定理

我们曾经从电荷在电场中受到电场力这一事实出发，研究了静电场的性质。现在再从电荷在电场中移动时电场力所作的功来研究静电场的性质。

一、静电场力所做的功

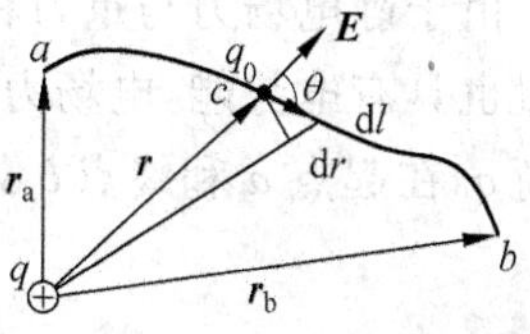

图 9-14　电场力做功与路径无关

在点电荷 q 所产生的电场中，试验电荷 q_0 从 a 点经任一路径 acb 到达 b 点，如图 9-14 所示，计算电场力所做的功。

在路径中任一点 c 处，试验电荷 q_0 受电场力

$$\boldsymbol{F} = q_0 \boldsymbol{E}$$

若电荷 q_0 发生位移 $\mathrm{d}\boldsymbol{l}$，则电场力所做的元功为

$$\mathrm{d}A = \boldsymbol{F} \cdot \mathrm{d}\boldsymbol{l} = q_0 \boldsymbol{E} \cdot \mathrm{d}\boldsymbol{l} \tag{9-15}$$

当试验电荷从 a 点沿任一路径到达 b 点时，电场力的功为

$$A = \int_a^b \mathrm{d}A = q_0 \int_a^b \boldsymbol{E} \cdot \mathrm{d}\boldsymbol{l} = q_0 \int_a^b E\cos\theta \mathrm{d}l$$

式中 θ 是场强 $\boldsymbol{E}$ 和 $\mathrm{d}\boldsymbol{l}$ 之间的夹角，由图 9-14 可知 $\cos\theta \mathrm{d}l = \mathrm{d}r$，且 $E = \dfrac{q}{4\pi\varepsilon_0 r^2}$，代入上式得

$$A_{ab} = \int_a^b \frac{qq_0}{4\pi\varepsilon_0} \frac{\mathrm{d}r}{r^2} = \frac{qq_0}{4\pi\varepsilon_0}\left(\frac{1}{r_a} - \frac{1}{r_b}\right) \tag{9-16}$$

式中，r_a 和 r_b 分别表示从点电荷 q 到路径的起点和终点的距离，由此可见，在点电荷的电场中，试验电荷 q_0 沿任意路径移动时，电场力的功只与试验电荷的起点和终点位置以及它的电量 q_0 有关，而与做功的路径无关。

上述结论，对任何静电场都适用，因为任何静电场都可看作是点电荷系中各点电荷电场的叠加，试验电荷在电场中移动时，电场力对 q_0 所做的功就等于各个点电荷的电场力所做功的代数和。由于每个点电荷的电场力所做的功都与路径无关，所以相应的代数和也与路径无关。

二、静电场的环路定理

在静电场中将试验电荷 q_0 从 a 点绕任一闭合回路再回到 a 点，由式(9-16)可知，电场力做的功为零，即

$$\oint q_0 \boldsymbol{E} \cdot \mathrm{d}\boldsymbol{l} = 0$$

因为 q_0 不等于零，所以

$$\oint \boldsymbol{E} \cdot \mathrm{d}\boldsymbol{l} = 0 \tag{9-17}$$

$\oint \boldsymbol{E} \cdot \mathrm{d}\boldsymbol{l}$ 是静电场强 $\boldsymbol{E}$ 沿闭合路径的线积分，叫做场强 $\boldsymbol{E}$ 的环流。式(9-17)指出：**静电场中场强 $\boldsymbol{E}$ 的环流恒等于零**，称为静电场的环路定理。静电场的环路定理反映了静电场的一个重要性质，即静电场力做功与路径无关，说明静电场力和重力相似，也是保守力，所以静电场是保守场。由于有这种特性，我们才能引入电势能的概念。

三、电势能

由于静电场力与重力相似，是保守力，因此我们仿照重力势能，认为电荷在电场中任一位置也具有电势能，电场力所做的功就是电势能改变的量度，设以 W_a 和 W_b 分别表示试验电荷 q_0 在起点 a 和终点 b 处的电势能，则

$$W_a - W_b = A_{ab} = q_0 \int_a^b \boldsymbol{E} \cdot \mathrm{d}\boldsymbol{l} \tag{9-18}$$

上式只说明了 a，b 两点的电势能的变化量，而不能确定 q_0 在电场中某点的电势能，因为电势

能和重力势能一样，是一个相对量，只有选定了零势能点（参考点）的位置，才能确定 q_0 在电场中某一点的电势能。电势能零点的选择是任意的。当电荷分布在有限空间时，通常选择 q_0 在无限远处的电势能为零，亦即令式(9-21)中的 $b\to\infty$，$W_\infty=0$，则

$$W_a = W_a - W_\infty = A_{a\infty} = q_0 \int_a^\infty \boldsymbol{E} \cdot \mathrm{d}\boldsymbol{l} \tag{9-19}$$

表明当选定无限远处的电势能为零时，电荷 q_0 在电场中某点 a 处的电势能 W_a 在量值上等于将 q_0 从 a 点移到无限远处电场力所做的功 $A_{a\infty}$。电场力所做的功有正有负，所以电势能也有正有负。与重力势能相似，电势能也是属于一定系统的。式(9-19)表示的电势能是试验电荷 q_0 与电场之间相互作用的能量。电势能是属于试验电荷 q_0 和电场这个系统的。

四、电势 电势差

由式(9-19)可知，电荷 q_0 在电场中某点 a 的电势能与 q_0 的大小成正比。而比值 $\dfrac{W_a}{q_0}$ 却与 q_0 无关，它只决定于电场的性质以及电场中给定点 a 的位置。所以可以用它来描述电场。我们定义：电荷 q_0 在电场中某点 a 的电势能 W_a 跟它的电量的比值叫做该点的电势（电位）用 U_a 表示，即

$$U_a = \frac{W_a}{q_0} \tag{9-20}$$

当 $q_0=+1$ 时，$U_a=W_a$，即电场中某点的电势在量值上等于单位正电荷放在该点时的电势能。与电势能一样，电势也是相对量，它与零电势位置的选择有关，若电荷分布在有限空间内，通常选取无限远处作为电势的零点，即 $U_\infty=0$。由式(9-19)、式(9-20)可得

$$U_a = \int_a^\infty \boldsymbol{E} \cdot \mathrm{d}\boldsymbol{l} \tag{9-21}$$

当选定无限远处的电势为零时，电场中某点的电势在量值上等于单位正电荷从该点经过任意路径移到无限远处时电场力做的功。电势是标量，其值可正可负。在国际单位制中，电势的单位是焦耳/库仑，叫伏特(V)。

在静电场中，任意两点 a 和 b 的电势之差称为电势差，也叫电压。用公式表示为

$$U_a - U_b = \int_a^\infty \boldsymbol{E} \cdot \mathrm{d}\boldsymbol{l} - \int_b^\infty \boldsymbol{E} \cdot \mathrm{d}l = \int_a^b \boldsymbol{E} \cdot \mathrm{d}\boldsymbol{l} \tag{9-22}$$

在电场中 a、b 两点的电势差，**在量值上等于单位正电荷从 a 点经过任意路径到达 b 点时电场力所做的功**。如果已知 a、b 两点间的电势差，可以很容易决定电荷 q_0 从 a 点移到 b 点时，静电场力所做的功。根据式(9-20)，有

$$A_{ab} = W_a - W_b = q_0(U_a - U_b) \tag{9-23}$$

在实际应用中，需要用到的是两点间的电势差，而不是某一点的电势，所以常取地球的电势为量度电势的起点，即取地球的电势为零。

五、电势的计算

已知电荷分布，求电势的方法有两种：一种是若已经知道了电场强度 $\boldsymbol{E}$ 的分布函数，根

据式(9-21)可求得电势分布,或由式(9-22)求得电场中某两点的电势差;另一种方法是根据电势的叠加原理求出任意电荷分布的电势。下面就两种方法分别进行介绍。

(1) 由电场分布求电势

设点电荷 q 位于坐标系的原点,它所激发的电场强度

$$\boldsymbol{E}=\frac{1}{4\pi\varepsilon_0}\frac{q}{r^2}\boldsymbol{r}_0$$

根据式(9-21)可得

$$U=\int_r^{\infty}\boldsymbol{E}\cdot\mathrm{d}\boldsymbol{l}=\frac{q}{4\pi\varepsilon_0}\int_r^{\infty}\frac{1}{r^2}\mathrm{d}r=\frac{q}{4\pi\varepsilon_0 r} \tag{9-24}$$

由此可见,如果点电荷 q 为正,场中各点的电势为正,离电荷 q 越远,电势越小,到无限远处电势为零,这是电势的最小值。若点电荷 q 为负,场中各点的电势为负,离电荷 q 越远,电势越高,到无限远处电势为零,这是电势的最大值。

【例题 9-5】 有一半径为 R 的均匀带电球面,带电量为 q,求球面内、外的电势分布。

解:设 P 点至球心 O 的距离为 r,根据均匀带电球面的场强

$$E=\begin{cases}0 & (r<R)\\ \dfrac{q}{4\pi\varepsilon_0 r^2} & (r>R)\end{cases}$$

由式(9-20),得 P 点电势为

$$U_P=\int_P^{\infty}\boldsymbol{E}\cdot\mathrm{d}\boldsymbol{l}$$

若 P 点在球面外,这时 $r>R$,由于 P 点场强方向为矢径 $\boldsymbol{r}$ 的方向,又由于电场力做功与路径无关,因此可选择积分路径沿 $\boldsymbol{r}$ 的方向。

$$U_P=\int_P^{\infty}\boldsymbol{E}\cdot\mathrm{d}\boldsymbol{l}=\int_r^{\infty}E\mathrm{d}r=\int_r^{\infty}\frac{q}{4\pi\varepsilon_0}\frac{\mathrm{d}r}{r^2}=\frac{q}{4\pi\varepsilon_0 r}\quad(r>R)$$

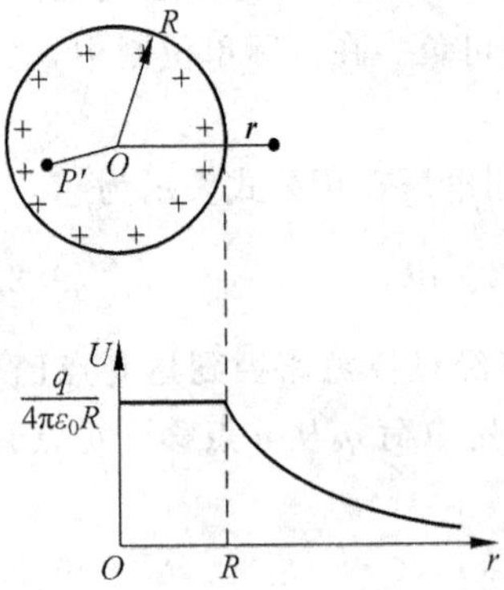

图 9-15 均匀带电球面的电势

当 P 点在球面上,有 $U_P=\dfrac{q}{4\pi\varepsilon_0 R}$。

当 P 点在球面内,$r<R$ 由于球面内的场强为零,所以积分分两段进行,即

$$\begin{aligned}U_P&=\int_P^{\infty}\boldsymbol{E}\cdot\mathrm{d}\boldsymbol{l}=\int_r^{R}\boldsymbol{E}\cdot\mathrm{d}\boldsymbol{l}+\int_R^{\infty}\boldsymbol{E}\cdot\mathrm{d}\boldsymbol{l}\\&=\int_r^{R}0\mathrm{d}r+\int_R^{\infty}\frac{q}{4\pi\varepsilon_0}\frac{\mathrm{d}r}{r^2}\\&=\frac{q}{4\pi\varepsilon_0 R}\quad(r>R)\end{aligned}$$

由此可见,均匀带电球面外任一点的电势等于球面上的电荷集中于球心的点电荷在该点的电势,而球面内任一点的电势等于球面上的电势(图 9-15 所示)。

(2) 由电荷分布求电势

在点电荷系 $q_1,q_2,\cdots,q_n$ 的电场中,由场强叠加原理及电势的定义式(9-20)立刻可得到电场中任一点的电势

$$U_P=\int_P^{\infty}\boldsymbol{E}\cdot \mathrm{d}\boldsymbol{l}=\int_P^{\infty}(\boldsymbol{E}_1+\boldsymbol{E}_2+\cdots+\boldsymbol{E}_n)\cdot \mathrm{d}\boldsymbol{l}$$
$$=\int_P^{\infty}\boldsymbol{E}_1\cdot \mathrm{d}\boldsymbol{l}+\int_P^{\infty}\boldsymbol{E}_2\cdot \mathrm{d}\boldsymbol{l}+\cdots+\int_P^{\infty}\boldsymbol{E}_n\cdot \mathrm{d}\boldsymbol{l}$$
$$=\frac{q}{4\pi\varepsilon_0 r_1}+\frac{q}{4\pi\varepsilon_0 r_2}+\cdots+\frac{q}{4\pi\varepsilon_0 r_n}=\frac{1}{4\pi\varepsilon_0}\sum_{i=1}^{n}\frac{q_i}{r_i} \tag{9-25}$$

式中 r_i 为点电荷 q_i 到 P 点的距离。由此可见，**在点电荷系的电场中某点的电势等于每一个点电荷单独在该点产生的电势的代数和**。这就是静电场的电势叠加原理。

【例题 9-6】 电偶极子的电势分布。

解：设电偶极子如图 9-16 放置，由电势叠加原理可知，电偶极子的电场中任意一点的电势为

$$U_P=\frac{q}{4\pi\varepsilon_0 r_+}-\frac{q}{4\pi\varepsilon_0 r_-}$$

式中与分别为 $+q$ 和 $-q$ 到 P 点的距离，由图 9-16 可知

$$r_+\approx r-\frac{l}{2}\cos\theta,\quad r_-\approx r+\frac{l}{2}\cos\theta$$

因此

$$U_P=\frac{q}{4\pi\varepsilon_0}\left(\frac{1}{r-\frac{l}{2}\cos\theta}-\frac{1}{r+\frac{l}{2}\cos\theta}\right)$$
$$=\frac{q}{4\pi\varepsilon_0}\frac{l\cos\theta}{r^2-\left(\frac{l}{2}\cos\theta\right)^2}$$

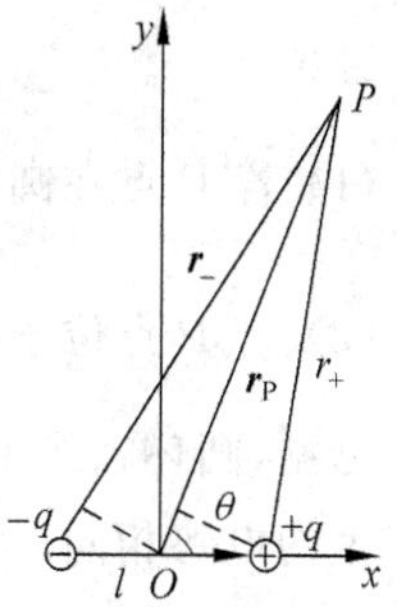

图 9-16　例题 9-6 用图

由于 $r\gg l$，所以 P 点的电势可写为

$$U_P=\frac{ql\cos\theta}{4\pi\varepsilon_0 r^2}=\frac{\boldsymbol{p}\cdot\boldsymbol{r}}{4\pi\varepsilon_0 r^3}$$

如果带电体上的电荷是连续分布的，可把带电体分成无限多个电荷元 $\mathrm{d}q$，每个点电荷 $\mathrm{d}q$ 在电场中给定点产生的电势为

$$\mathrm{d}U=\frac{1}{4\pi\varepsilon_0}\frac{\mathrm{d}q}{r}$$

式中，r 是电荷元 $\mathrm{d}q$ 到给定点的距离，根据电势叠加原理，整个带电体在给定点产生的电势

$$U=\int \mathrm{d}U=\int\frac{1}{4\pi\varepsilon_0}\frac{\mathrm{d}q}{r} \tag{9-26}$$

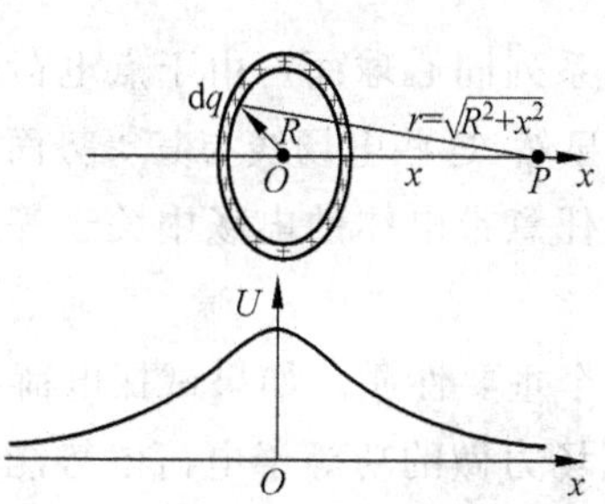

图 9-17　例题 9-7 用图

由于电势是标量，所以这里的积分是标量积分，它比计算场强的矢量积分要简便得多。

【例题 9-7】 求均匀带电圆环轴线上一点的电势。圆环半径为 R，带电量为 q，如图 9-17 所示。

解：设 P 点至圆环中心 O 的距离为 x，这里电荷是连续分布的。须用式(9-25)计算电势。一般按下列步骤进行。

(1) 取电荷元 $\mathrm{d}q$，在圆环上取一长度为 $\mathrm{d}l$ 的线

元，它所带的电量为

$$dq = \lambda dl = \frac{q}{2\pi R}dl \quad (\lambda \text{ 是电荷线密度})$$

（2）求电荷元 dq 在 P 点产生的电势

$$dU = \frac{dq}{4\pi\varepsilon_0 r}$$

r 为线元 dl 至 P 点的距离，$r=\sqrt{x^2+R^2}$。

（3）计算整个带电圆环在 P 点的电势

$$U = \int_0^U dU = \int_0^q \frac{dq}{4\pi\varepsilon_0 r}$$

对不同的电荷元，r 保持不变，积分结果为

$$U = \frac{1}{4\pi\varepsilon_0 r}\int_0^q dq = \frac{q}{4\pi\varepsilon_0 r} = \frac{q}{4\pi\varepsilon_0 (R^2+x^2)^{1/2}}$$

讨论：

（1）若 P 点在圆环中心处，即 $x=0$ 时，则 $U=\dfrac{q}{4\pi\varepsilon_0 R}$；

（2）若 P 点位于轴线上离圆环中心相当远处，即 $x\gg R$ 时，则 $U=\dfrac{q}{4\pi\varepsilon_0 x}$。

可见，圆环轴线上足够远处某点的电势，与把电量 q 看作集中在环心的一个点电荷在该点产生的电势相同。

六、等势面

前面曾用电力线描绘了电场中各点场强的分布情况，从而对电场有比较形象直观的认识。同样，也可以用绘图的方法来描绘电场中电势的分布情况。

一般来说，静电场中的电势是逐点变化的，但电场中有许多电势值相同的点，在静电场中把这些电势相同的点连起来形成的曲面（或平面）叫做等势面，下面我们从最简单的点电荷电场来研究等势面的性质。

在点电荷 q 所产生的电场中，与电荷 q 相距为 r 的各点的电势为

$$U = \frac{q}{4\pi\varepsilon_0 r}$$

由此可见，点电荷电场中的等势面是以点电荷为中心的一系列同心球面。由于点电荷电场中的电场线是由正电荷发出或会聚于负电荷的径向直线，显然，这些电场线与其等势面是正交的，并指向电势减小的方向。进一步讨论还可以得到在任意带电体的电场中关于等势面的两个重要性质。

电荷沿等势面移动，电场力不做功。这是等势面的一个重要性质。如果试探电荷 q_0 在电场中作位移 dl，对应于此位移的电势增量为 dU，因为电场力做的功等于电荷电势能的减少，即

$$dA = -q_0 dU$$

如果位移 $d\boldsymbol{l}$ 沿等势面，那么，$dU=0$，所以电场力不做功。

在任何带电体产生的电场中，等势面总是与电场线正交的。这是等势面的另一个重要性质。当试探电荷 q_0 在电场强度为 $\boldsymbol{E}$ 的电场中沿等势面作位移 $d\boldsymbol{l}$，电场力做的功可以表示为

$$dA=q_0\boldsymbol{E}\cdot d\boldsymbol{l}=q_0 E dl\cos\theta$$

式中 θ 是位移 $d\boldsymbol{l}$ 与该处电场强度 $\boldsymbol{E}$ 之间的夹角。前面已经证明，电荷沿等势面移动时电场力不做功，$dA=0$，因为 q_0，$\boldsymbol{E}$，$d\boldsymbol{l}$ 均不为零，必定有 $\cos\theta=0$，$\theta=\pi/2$。即 $\boldsymbol{E}$ 与 $d\boldsymbol{l}$ 垂直。因为 $d\boldsymbol{l}$ 是处于等势面上的微小位移，所以 $\boldsymbol{E}$ 必定与该处的等势面垂直。

图 9-18 是两种常见电场的等势面和电场线。图中可以看出，场强越大的区域等势面越密，场强越小的区域等势面越疏，可见等势面的分布反映了电场的强弱。

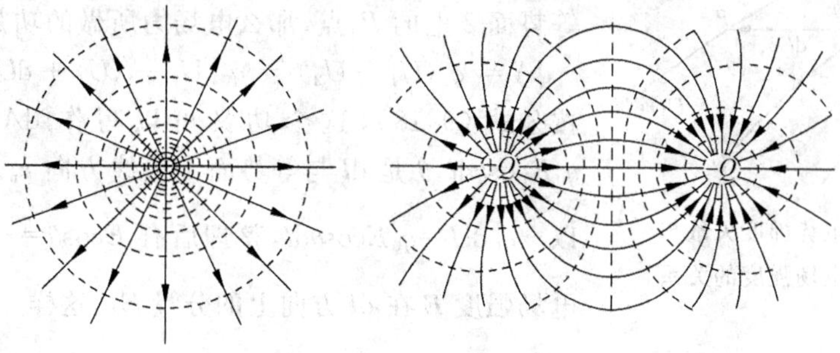

(a)　　　　(b)

图 9-18　两种电场的等势面和电场线图

(a) 正点电荷；(b) 正负电荷对

等势面是研究电场的一种极为有用的方法，许多实际的电场（如示波管内的加速和聚焦电场），其电势分布往往不能表述成函数的形式，但可用实验的方法测出电场内等势面的分布，并根据等势面画出电力线，从而了解各处电场的强弱和方向。

延伸阅读——拓展应用

粒子加速器

粒子加速器是用人工方法产生高速带电粒子的装置。是探索原子核和粒子的性质、内部结构和相互作用的重要工具。自卢瑟福 1919 年用天然放射性元素放射出来的 α 射线轰击氮原子首次实现了元素的人工转变以后，物理学家就认识到要想认识原子核，必须用高速粒子来变革原子核。因此几十年来人们研制和建造了多种粒子加速器，性能也不断提高。粒子加速器按其作用原理不同可分为静电加速器、直线加速器、回旋加速器、电子感应加速器、同步回旋加速器、对撞机等。应用粒子加速器发现了绝大部分新的超铀元素和合成的上千种新的人工放射性核素，并系统深入地研究原子核的基本结构及其变化规律，促使原子核物理学迅速发展成熟起来，建立粒子物理学。几十年来，加速器的应用已远远超出原子核物理和粒子物理领域，在工农业生产、医疗卫生、科学技术等方面也都有重要而广泛的实际应用。在生活中，电视和 X 光设施等都应用了小型的粒子加速器。

9.5 电场强度与电势的关系

电势与电场强度是静电学中两个非常重要的概念，它们都是用来描述电场中各点性质的物理量，电场强度从电荷受力的角度描述电场，电势从电场力做功的角度描述电场。由于力和功是互相联系的，所以电场强度与电势差也是互相联系的。式(9-24)表明了两者之间的积分形式关系，即已知了电场强度分布可以通过空间积分来求得电势。下面我们将着重研究它们之间的微分关系。

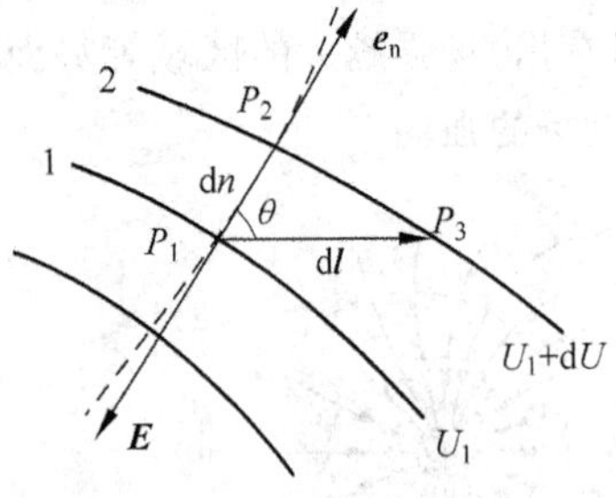

图 9-19 电势梯度矢量与电场强度的关系

设在静电场中取两个靠得很近的等势面 1 和 2 (图 9-19)，它们的电势分别为 U_1 和 $U_1+\mathrm{d}U$，并设 $\mathrm{d}U>0$。假定一个正的试探电荷 q_0 从等势面 1 上的 P_1 点经 $\mathrm{d}l$ 到达等势面 2 上的 P_3 点，那么电场力所做的功是

$$\mathrm{d}A = q_0(U_1-U_2) = q_0[U_1-(U_1+\mathrm{d}U)] = -q_0\mathrm{d}U$$

按公式(9-18)，这个功又可以写作 $\mathrm{d}A = q_0\boldsymbol{E}\cdot\mathrm{d}\boldsymbol{l} = q_0E\cos\theta\mathrm{d}l$，$\theta$ 是 $\mathrm{d}\boldsymbol{l}$ 与等势面 1 法线方向 $\boldsymbol{e}_n$ 之间的夹角，所以 $-q_0\mathrm{d}U=q_0E\cos\theta\mathrm{d}l$，整理后有 $E\cos\theta=-\dfrac{\mathrm{d}U}{\mathrm{d}l}$，左边正是电场强度 $\boldsymbol{E}$ 在 $\mathrm{d}\boldsymbol{l}$ 方向上的分量 E_1，这样

$$E_1 = -\frac{\mathrm{d}U}{\mathrm{d}l} \tag{9-27}$$

它表明电场强度在任一方向上的分量等于该方向电势的变化率的负值。将上式应用于等势面 1 上 P_1 点法线方向，即由 P_1 点(电势 U_1)经 $\mathrm{d}n$ 变化到 P_2 点(电势 $U_1+\mathrm{d}U$)，有

$$E_n = -\frac{\mathrm{d}U}{\mathrm{d}n} \tag{9-28}$$

由于 $\mathrm{d}n$ 总是小于 $\mathrm{d}l$ 的，所以 E_n 为 P_1 点最大的电势空间变化率。于是把沿法线方向 $\boldsymbol{e}_n$ 的这个电势变化率定义为 P_1 点处的电势梯度矢量，通常记作 grad U("grad"是英语梯度一词"gradient"的缩写，grad U 读作做"U 的梯度")，且 grad $U=\dfrac{\mathrm{d}U}{\mathrm{d}n}\boldsymbol{e}_n$。即电场中某点的电势梯度矢量，在方向上与电势在该点处空间变化率为最大的方向相同，在量值上等于该方向上的电势空间变化率。

如前所述，电场线的方向，亦即电场强度的方向，恒垂直于等势面，而且指向电势降落的方向。所以式(9-28)中的 E_n 即为 P_1 点的电场强度 $\boldsymbol{E}$ 的值，它的方向与 $\boldsymbol{e}_n$ 的方向相反(如图 9-19 所示)，这样

$$\boldsymbol{E} = -\frac{\mathrm{d}U}{\mathrm{d}n}\boldsymbol{e}_n = -\mathrm{grad}\,U$$

上式说明静电场中各点的电场强度等于该点电势梯度的负值。电势梯度的单位是 V/m，所以电场强度也常用这一单位。

在直角坐标系中，电势是空间坐标的函数 $U(x,y,z)$，电势梯度 grad U 可写成

$$\mathrm{grad}\,U = \frac{\partial U}{\partial x}\boldsymbol{i} + \frac{\partial U}{\partial y}\boldsymbol{j} + \frac{\partial U}{\partial z}\boldsymbol{k}$$

把式(9-27)应用于它的三个坐标方向，就可得到电场强度 $\boldsymbol{E}$ 沿这三个方向的分量分别为

$$E_x=-\frac{\partial U}{\partial x},\quad E_y=-\frac{\partial U}{\partial y},\quad E_z=-\frac{\partial U}{\partial z}$$

因此，在直角坐标系中电场强度 $\boldsymbol{E}$ 可写成

$$\boldsymbol{E}=E_x\boldsymbol{i}+E_y\boldsymbol{j}+E_z\boldsymbol{k}=-\left(\frac{\partial U}{\partial x}\boldsymbol{i}+\frac{\partial U}{\partial y}\boldsymbol{j}+\frac{\partial U}{\partial z}\boldsymbol{k}\right)\tag{9-29}$$

式中的 $\frac{\partial U}{\partial x},\frac{\partial U}{\partial y},\frac{\partial U}{\partial z}$ 分别是电势梯度在 x 轴、y 轴、z 轴三个方向的分量。

电势梯度是矢量，它表示电势的空间变化率。电势梯度的方向沿等势面的法线方向，且指向电势增加的一方，在这个方向电势增加得最快；电势梯度的大小表示电势在这个方向上的最大空间变化率。而电场强度的方向(当然亦与等势面垂直)是电势降落最快的方向；电场强度的大小表示电势沿这个方向的最大空间减少率。因此电场强度等于电势梯度的负值，其负号表示电场强度的方向与电势梯度的方向相反，即指向电势降低的方向。电场强度和电势梯度之间的关系式，在实际应用中很重要。因为电势是标量，一般说来标量计算比较简便，在求得电势分布后，只需进行空间导数运算便可算出电场强度的各个分量，这样就可以避免较复杂运算。下面我们用几个例题来说明如何由电势分布来计算电场强度。

【例题 9-8】 试由电偶极子的电势分布求电偶极子的电场强度。

解：由例题 9-6 的结果已知，电偶极子电场中任一点的电势为 $U_P=\frac{p\cos\theta}{4\pi\varepsilon_0 r^2}$，如图 9-20 所示，在直角坐标系中可知 $r^2=x^2+y^2$，$\cos\theta=\frac{x}{r}=\frac{x}{(x^2+y^2)^{1/2}}$，所以 $U_P=\frac{p}{4\pi\varepsilon_0}\frac{x}{(x^2+y^2)^{3/2}}$，电势 U 是 x 与 y 的函数。

按式(9-27)可求得

$$E_x=-\frac{\partial U}{\partial x}=\frac{p(2x^2-y^2)}{4\pi\varepsilon_0\,(x^2+y^2)^{5/2}}$$

$$E_y=-\frac{\partial U}{\partial y}=\frac{3pxy}{4\pi\varepsilon_0\,(x^2+y^2)^{5/2}}$$

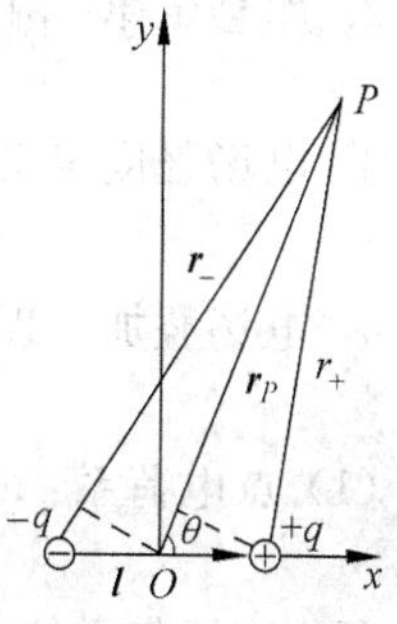

图 9-20 例题 9-8 用图

于是，当点 P 在 Ox 轴上($y=0$)，得

$$E_x=\frac{2p}{4\pi\varepsilon_0 x^3},\quad E_y=0$$

当点 P 在 Oy 轴上($x=0$)，得

$$E_x=-\frac{p}{4\pi\varepsilon_0 y^3},\quad E_y=0$$

所得结果仍与例题 9-2 中应用点电荷电场强度公式所求得的结果一样。

【例题 9-9】 将半径为 R_2 的圆盘，在盘心处挖去半径为 R_1 的小孔，并使盘均匀带电。试用通过电势梯度求电场强度的方法，计算这个中空带电圆盘轴线上任一点 P 处的电场强度(图 9-21)。

解：先求出中空带电圆盘轴线上的电势。设圆盘上的电荷密度为 σ，轴线上任一点 P 离中空圆盘中心的距离为 x，在圆盘上取半径为 r 宽为 $\mathrm{d}r$ 的圆环，环上所带电荷量为 $\mathrm{d}q=\sigma 2\pi r\mathrm{d}r$。

应用例题 9-7 的结果，该圆环在 P 点的电势为

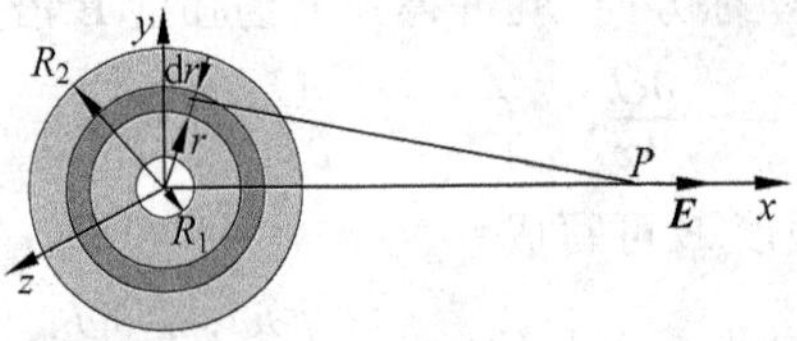

图 9-21　中空带电圆盘轴线上的电势和电场强度

$$dU_P = \frac{dq}{4\pi\varepsilon_0 (x^2 + r^2)^{1/2}}$$

整个中空带电圆盘在 P 点的电势等于许多半径不等的带电小圆环在 P 点的电势之和，所以

$$U_P = \int_{R_1}^{R_2} dU_P = \int_{R_1}^{R_2} \frac{\sigma r\,dr}{2\varepsilon_0 (x^2 + r^2)^{1/2}} = \frac{\sigma}{2\varepsilon_0}\left(\sqrt{x^2 + R_2^2} - \sqrt{x^2 + R_1^2}\right)$$

由于电荷相对 Ox 轴对称分布，电势仅为 x 的函数，所以 $E_y = E_z = 0$，这样 Ox 轴上任一点的电势强度方向必沿 Ox 轴，其值为

$$E = E_x = -\frac{\partial U}{\partial x} = \frac{\sigma}{2\varepsilon_0}\left(\frac{x}{\sqrt{x^2 + R_1^2}} - \frac{x}{\sqrt{x^2 + R_2^2}}\right)$$

本章小结

1. 电荷守恒定律：在一个与外界没有电荷交换的系统内，任一时刻在系统中存在的正负电荷的代数和始终保持不变

2. 库仑定律：两个静止点电荷之间的相互作用力 $\boldsymbol{F} = \frac{1}{4\pi\varepsilon_0}\frac{q_1 q_2}{r^2}\boldsymbol{r}_0$

3. 电场强度定义：$\boldsymbol{E} = \frac{\boldsymbol{F}}{q_0}$

4. 电场叠加原理：$\boldsymbol{E} = \sum_{i=1}^{n} \boldsymbol{E}_i$

(1) 点电荷系：$\boldsymbol{E} = \sum_{i=1}^{n} \frac{1}{4\pi\varepsilon_0}\frac{q_i}{r_i^2}\boldsymbol{r}_{0i}$

(2) 连续带电体：$\boldsymbol{E} = \int d\boldsymbol{E} = \int \frac{1}{4\pi\varepsilon_0}\frac{dq}{r^2}\boldsymbol{r}_0$

5. 电通量：$\Phi_e = \iint_S E\cos\theta dS = \iint_S \boldsymbol{E} \cdot d\boldsymbol{S}$

6. 静电场的高斯定理：$\oint_S \boldsymbol{E} \cdot d\boldsymbol{S} = \frac{1}{\varepsilon_0}\sum_{i=1}^{n} q_i$

7. 静电场的环路定理：$\int_a^{\infty} \boldsymbol{E} \cdot d\boldsymbol{l} = 0$

8. 电势能：$W_a = q_0 \int_a^{\infty} \boldsymbol{E} \cdot d\boldsymbol{l}$

9. 电势定义：$U_a = \frac{W_a}{q_0} = \int_a^{\infty} \boldsymbol{E} \cdot d\boldsymbol{l}$

10. 电势叠加原理：$U=\sum_{i=1}^{n}U_i$

(1) 点电荷系：$U=\dfrac{1}{4\pi\varepsilon_0}\sum_{i=1}^{n}\dfrac{q_i}{r_i}$

(2) 连续带电体：$U=\int \mathrm{d}U=\int \dfrac{1}{4\pi\varepsilon_0}\dfrac{\mathrm{d}q}{r}$

11. 电势差(也叫电压)：$U_a-U_b=\int_a^b \boldsymbol{E}\cdot \mathrm{d}\boldsymbol{l}$

12. 静电场力所做的功：$A_{ab}=W_a-W_b=q_0(U_a-U_b)$

13. 电势梯度：$\boldsymbol{E}=-\dfrac{\mathrm{d}U}{\mathrm{d}n}\boldsymbol{e}_{\mathrm{n}}=-\mathrm{grad}\,U=-\left(\dfrac{\partial U}{\partial x}\boldsymbol{i}+\dfrac{\partial U}{\partial y}\boldsymbol{j}+\dfrac{\partial U}{\partial z}\boldsymbol{k}\right)$

习题

一、选择题

1. 图中 9-22 所示为一沿 x 轴放置的“无限长”分段均匀带电直线，电荷线密度分别为 $+(x<0)$ 和 $-(x>0)$，则 Oxy 坐标平面上点 $(0,a)$ 处的场强 $\boldsymbol{E}$ 为(　　)。

(A) 0　　(B) $\dfrac{\lambda}{2\pi\varepsilon_0 a}\boldsymbol{i}$　　(C) $\dfrac{\lambda}{4\pi\varepsilon_0 a}\boldsymbol{i}$　　(D) $\dfrac{\lambda}{4\pi\varepsilon_0 a}(\boldsymbol{i}+\boldsymbol{j})$

2. 如图 9-23 所示，一个电荷为 q 的点电荷位于立方体的角 A 上，则通过侧面 $abcd$ 的电场强度通量等于(　　)。

(A) $\dfrac{q}{6\varepsilon_0}$　　(B) $\dfrac{q}{12\varepsilon_0}$　　(C) $\dfrac{q}{24\varepsilon_0}$　　(D) $\dfrac{q}{48\varepsilon_0}$

3. 如图 9-24 所示，在点电荷 $+q$ 的电场中，若取图中 P 点处为电势零点，则 M 点的电势为(　　)。

(A) $\dfrac{q}{4\pi\varepsilon_0 a}$　　(B) $\dfrac{q}{8\pi\varepsilon_0 a}$　　(C) $\dfrac{-q}{4\pi\varepsilon_0 a}$　　(D) $\dfrac{-q}{8\pi\varepsilon_0 a}$

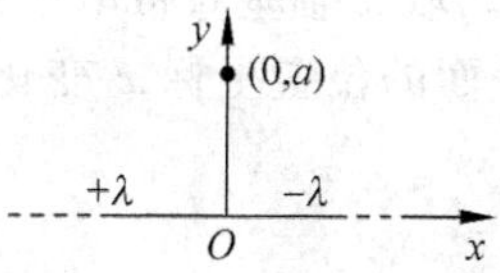

图 9-22　习题 1 用图

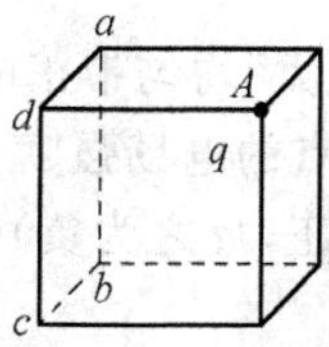

图 9-23　习题 2 用图

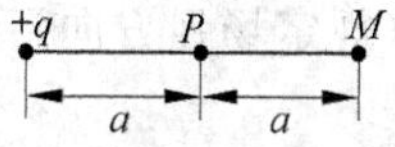

图 9-24　习题 3 用图

4. 如图 9-25 所示，两个同心的均匀带电球面，内球面半径为 R_1、带电荷 Q_1，外球面半径为 R_2、带有电荷 Q_2。设无穷远处为电势零点，则在内球面之内、距离球心为 r 处的 P 点的电势 U 为(　　)。

(A) $\dfrac{Q_1+Q_2}{4\pi\varepsilon_0 r}$　　(B) $\dfrac{Q_1}{4\pi\varepsilon_0 R_1}+\dfrac{Q_2}{4\pi\varepsilon_0 R_2}$

(C) 0　　(D) $\dfrac{Q_1}{4\pi\varepsilon_0 R_1}$

5. 如图 9-26 所示，边长为 a 的等边三角形的三个顶点上，分别放置着三个正的点电荷

$q,2q,3q$。若将另一正点电荷 Q 从无穷远处移到三角形的中心 O 处，外力所做的功为（　　）。

(A) $\dfrac{\sqrt{3}qQ}{2\pi\varepsilon_0 a}$　　(B) $\dfrac{\sqrt{3}qQ}{\pi\varepsilon_0 a}$　　(C) $\dfrac{3\sqrt{3}qQ}{2\pi\varepsilon_0 a}$　　(D) $\dfrac{2\sqrt{3}qQ}{\pi\varepsilon_0 a}$

6. 如图 9-27 所示，在真空中半径分别为 R 和 $2R$ 的两个同心球面，其上分别均匀地带有电荷 $+q$ 和 $-3q$。今将一电荷为 $+Q$ 的带电粒子从内球面处由静止释放，则该粒子到达外球面时的动能为（　　）。

(A) $\dfrac{Qq}{4\pi\varepsilon_0 R}$　　(B) $\dfrac{Qq}{2\pi\varepsilon_0 R}$　　(C) $\dfrac{Qq}{8\pi\varepsilon_0 R}$　　(D) $\dfrac{3Qq}{8\pi\varepsilon_0 R}$

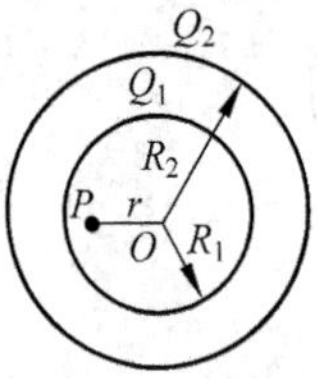

图 9-25　习题 4 用图

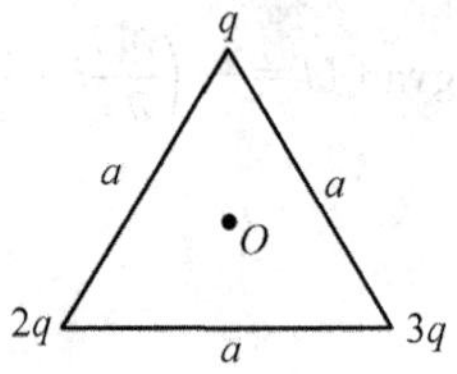

图 9-26　习题 5 用图

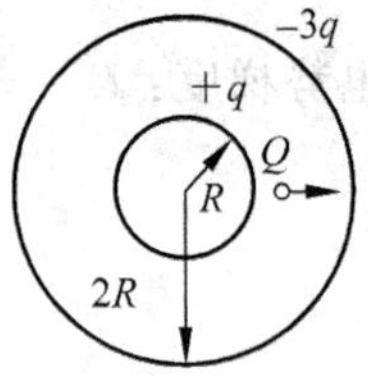

图 9-27　习题 6 用图

7. 如图 9-28 所示，半径为 R 的“无限长”均匀带电圆柱体的静电场中各点的电场强度的大小 E 与距轴线的距离 r 的关系曲线为（　　）。

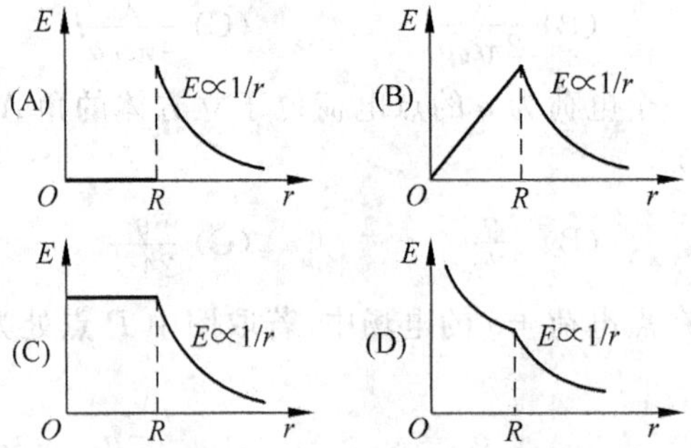

图 9-28　习题 7 用图

8. 如图 9-29 所示，设有一“无限大”均匀带正电荷的平面。取 x 轴垂直带电平面，坐标原点在带电平面上，则其周围空间各点的电场强度 $\boldsymbol{E}$ 随距离平面的位置坐标 x 变化的关系曲线为（规定场强方向沿 x 轴正向为正、反之为负）（　　）。

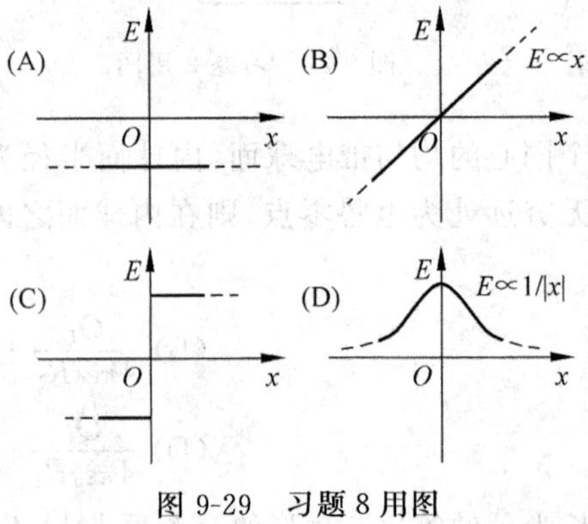

图 9-29　习题 8 用图

9. 如图 9-30 所示，在坐标$(a,0)$处放置一点电荷$+q$，在坐标$(-a,0)$处放置另一点电荷$-q$，P点是y轴上的一点，坐标为$(0,y)$。当$y \gg a$时，该点场强的大小为（　　）。

(A) $\dfrac{q}{4\pi\varepsilon_0 y^2}$　　(B) $\dfrac{q}{2\pi\varepsilon_0 y^2}$

(C) $\dfrac{qa}{2\pi\varepsilon_0 y^3}$　　(D) $\dfrac{qa}{4\pi\varepsilon_0 y^3}$

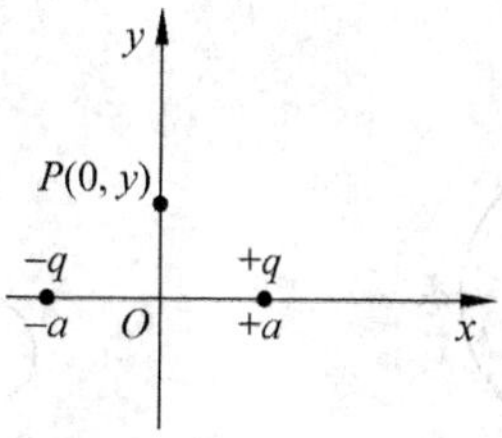

图 9-30　习题 9 用图

二、填空题

10. 在点电荷$+q$和$-q$的静电场中，有如图 9-31 所示的三个闭合面S_1，S_2，S_3，则通过这些闭合面的电场强度通量分别是：$\Phi_1=$________，$\Phi_2=$________，$\Phi_3=$________。

11. 一半径为R的带有一缺口的细圆环，缺口长度为d $(d \ll R)$，环上均匀带有正电，电荷为q，如图 9-32 所示。则圆心O处的场强大小$E=$________，场强方向为________。

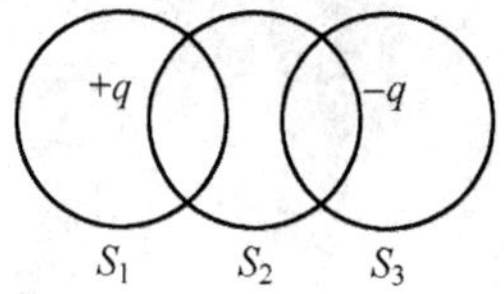

图 9-31　习题 10 用图

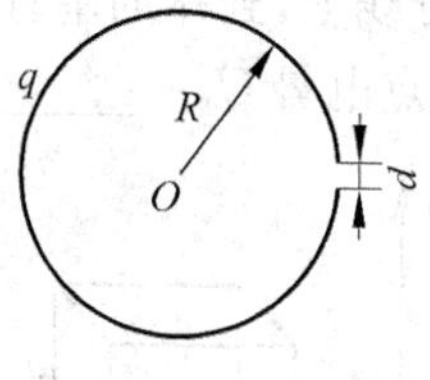

图 9-32　习题 11 用图

12. 一均匀静电场，电场强度$\boldsymbol{E}=(400\boldsymbol{i}+600\boldsymbol{j})\,\mathrm{V\cdot m^{-1}}$，则点$a(3,2)$和点$b(1,0)$之间的电势差$U_{ab}=$________（点的坐标$x$，$y$以米计）。

13. 真空中有一半径为R的半圆细环，均匀带电Q，如图 9-33 所示。设无穷远处为电势零点，则圆心O点处的电势$U=$________，若将一带电量为q的点电荷从无穷远处移到圆心O点，则电场力做功$A=$________。

14. 如图 9-34 所示，真空中两个正点电荷Q，相距$2R$。若以其中一点电荷所在处O点为中心，以R为半径作高斯球面S，则通过该球面的电场强度通量=________；若以r_0表示高斯面外法线方向的单位矢量，则高斯面上a，b两点的电场强度分别为________和________。

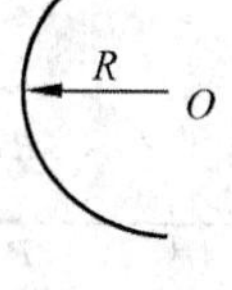

图 9-33　习题 13 用图

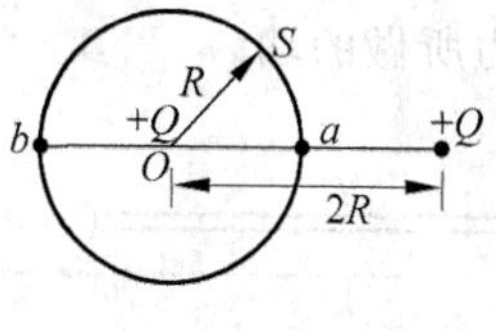

图 9-34　习题 14 用图

15. 已知某区域的电势表达式为 $U = A\ln(x^2 + y^2)$，式中 A 为常量。该区域的场强的三个分量为：$E_x =$ ________，$E_y =$ ________，$E_z =$ ________。

16. 有三个点电荷 q_1，q_2 和 q_3，分别静止于圆周上的三个点，如图 9-35 所示。设无穷远处为电势零点，则该电荷系统的相互作用电势能 $W =$ ________。

17. 如图 9-36 所示，一半径为 R 的均匀带电细圆环，带有电荷 Q，水平放置。在圆环轴线的上方离圆心 R 处，有一质量为 m、带电荷为 q 的小球。当小球从静止下落到圆心位置时，它的速度为 $v =$ ________。

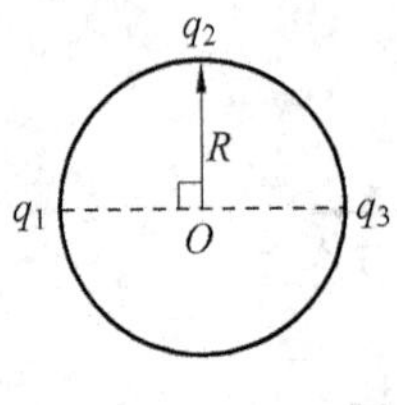

图 9-35　习题 16 用图

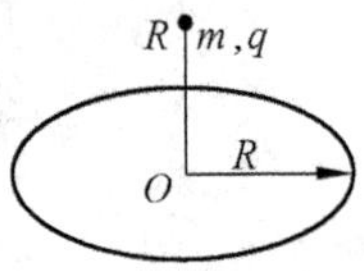

图 9-36　习题 17 用图

18. 真空中一立方体形的高斯面，边长 $a = 0.1\text{m}$，位于图 9-37 中所示位置。已知空间的场强分布为：$E_x = bx$，$E_y = 0$，$E_z = 0$。常量 $b = 1000\text{N}/(\text{C}\cdot\text{m})$。试求通过该高斯面的电通量。

19. AC 为一根长为 $2l$ 的带电细棒，左半部均匀带有负电荷，右半部均匀带有正电荷。电荷线密度分别为 $-\lambda$ 和 $+\lambda$，如图 9-38 所示。O 点在棒的延长线上，距 A 端的距离为 l。P 点在棒的垂直平分线上，到棒的垂直距离为 l。以棒的中点 B 为电势的零点。则 O 点电势 $U_o =$ ________，P 点电势 $U_p =$ ________。

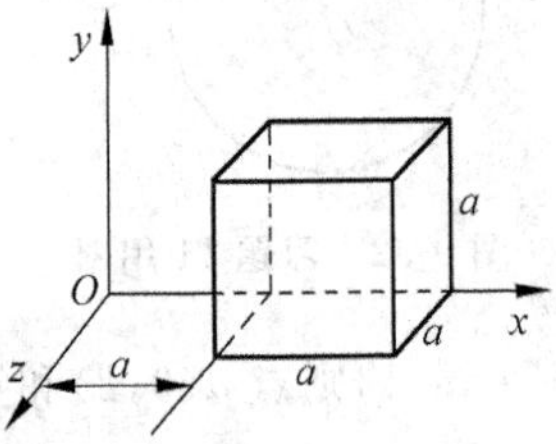

图 9-37　习题 18 用图

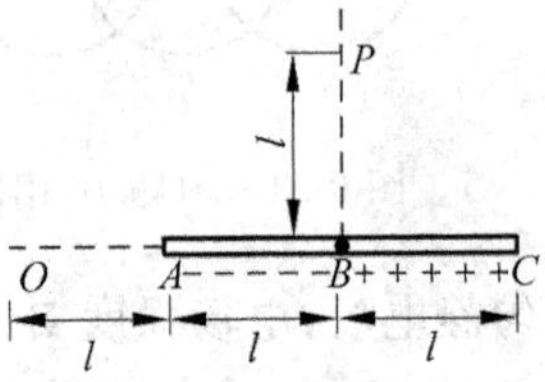

图 9-38　习题 19 用图

三、计算题

20. 如图 9-39 所示，真空中一长为 L 的均匀带电细直杆，总电荷为 q，试求在直杆延长线上距杆的一端距离为 a 的 P 点的电场强度。

21. 如图 9-40 所示，在电矩为 $\boldsymbol{p}$ 的电偶极子的电场中，将一电荷为 q 的点电荷从 A 点沿半径为 R 的圆弧（圆心与电偶极子中心重合，$R \gg$ 电偶极子正负电荷之间距离）移到 B 点，求此过程中电场力所做的功。

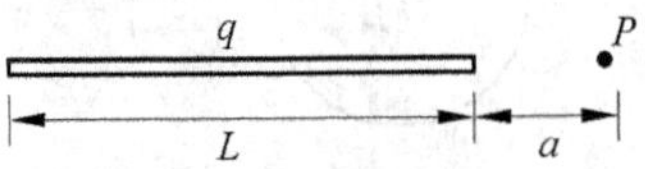

图 9-39　习题 20 用图

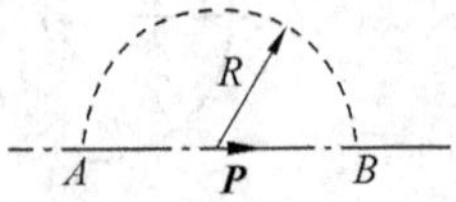

图 9-40　习题 21 用图

22. 图 9-41 所示为一个均匀带电的球层，其电荷体密度为 ρ，球层内表面半径为 R_1，外表面半径为 R_2。设无穷远处为电势零点，求空腔内任一点的电势。

23. 图 9-42 所示为一沿 x 轴放置的长度为 l 的不均匀带电细棒，其电荷线密度为 $\lambda=\lambda_0(x-a)$，λ_0 为一常量。取无穷远处为电势零点，求坐标原点 O 处的电势。

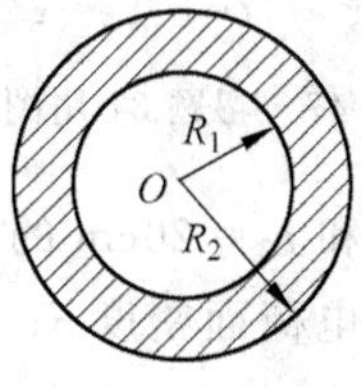

图 9-41　习题 22 用图

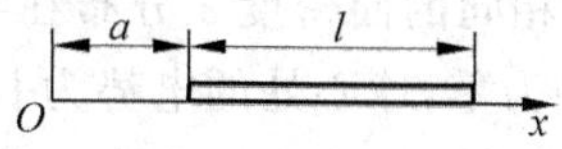

图 9-42　习题 23 用图

24. 两个带等量异号电荷的均匀带电同心球面，半径分别为 $R_1=0.03\text{m}$ 和 $R_2=0.10\text{m}$。已知两者的电势差为 450V，求内球面上所带的电荷。

25. 一真空二极管，其主要构件是一个半径 $R_1=5\times10^{-4}\text{m}$ 的圆柱形阴极 A 和一个套在阴极外的半径 $R_2=4.5\times10^{-3}\text{m}$ 的同轴圆筒形阳极 B，如图 9-43 所示。阳极电势比阴极高 300V，忽略边缘效应。求电子刚从阴极射出时所受的电场力(基本电荷 $e=1.6\times10^{-19}\text{C}$)。

26. 真空中有一高 $h=20\text{cm}$、底面半径 $R=10\text{cm}$ 的圆锥体。在其顶点与底面中心连线的中点上置 $q=10^{-6}\text{C}$ 的点电荷，如图 9-44 所示。求通过该圆锥体侧面的电场强度通量。

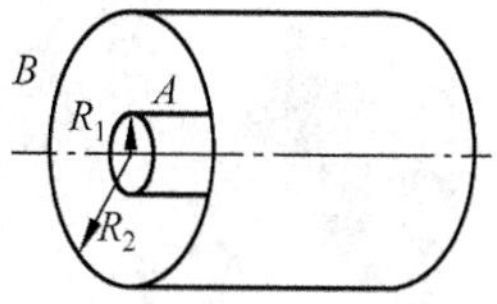

图 9-43　习题 25 用图

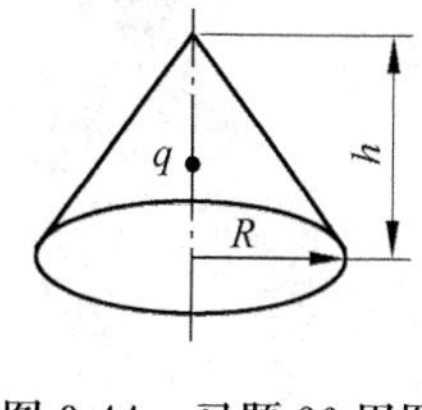

图 9-44　习题 26 用图

27. 将一"无限长"带电细线弯成如图 9-45 所示的形状，设电荷均匀分布，电荷线密度为 λ，四分之一圆弧 AB 的半径为 R，试求圆心 O 点的场强。

28. 在一个平面上各点的电势满足下式：$U=\dfrac{ax}{(x^2+y^2)}+\dfrac{b}{(x^2+y^2)^{\frac{1}{2}}}$，$x$ 和 y 为该点的直角坐标，a 和 b 为常数。求任一点电场强度的 E_x 和 E_y。

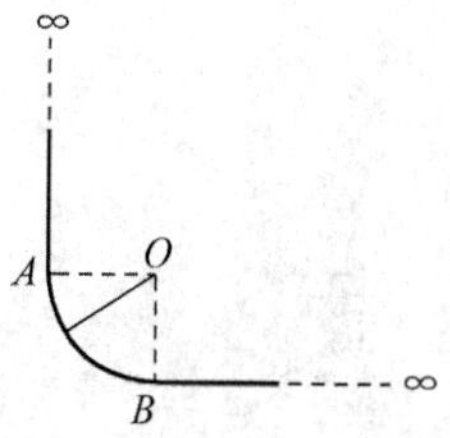

图 9-45　习题 27 用图

29. 真空中一半径为 R 的均匀带电球面，总电量 $Q(Q>0)$，今在球面上挖去非常小块面积 ΔS(连同电荷)，且假设不影响原来的电荷分布，则挖去 ΔS 后球心处电场强度的大小为多少？方向如何？

30. 如图 9-46 所示，半径为 R 的均匀带电球面，带有电荷 q。沿某一半径方向上有一均匀带电细线，电荷线密度为 λ，长度为 l，细线左端离球心距离为 r_0。设球和线上的电荷分布不受相互作用影响，试求细线所受球面电荷的电场力和细线在该电场中的电势能(设无穷远处的电势为零)。

31. 带电细线弯成半径为 R 的半圆形，电荷线密度为 $\lambda=\lambda_0\sin\phi$，式中 λ_0 为一常数，ϕ 为

半径 R 与 x 轴所成的夹角，如图 9-47 所示。试求环心 O 处的电场强度。

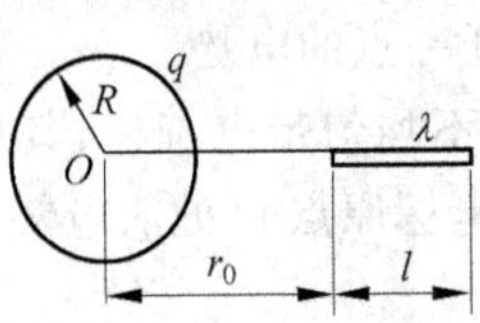

图 9-46　习题 30 用图

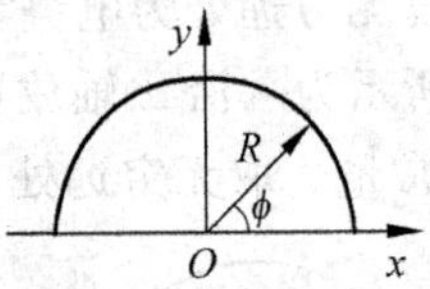

图 9-47　习题 31 用图

32. 电荷以相同的面密度 σ 分布在半径为 $r_1=10\text{cm}$ 和 $r_2=20\text{cm}$ 的两个同心球面上。设无限远处电势为零，球心处的电势为 $U_0=300\text{V}$。(1)求电荷面密度 σ；(2)若要使球心处的电势也为零，外球面上应放掉多少电荷？

这是一张办公室静电复印机的照片。静电复印是利用静电感应原理获得复制件的方法。利用静电感应使带静电的光敏材料表面在曝光时，按影像使局部电荷随光线强弱发生相应的变化而存留静电潜影，经一定的干法显影、影像转印和定影而得到复制件。具有简便、迅速、清晰、可扩印和缩印等优点。

随着经济的增长和科学技术的发展，复印机已越来越普及，现代电子技术的广泛应用给人们带来了许多方便，大大地提高了工作效率。要想复印一份试卷、一份文件，几分钟就完事了。大大减轻了手工劳动，且又节省了时间。这都要归功于静电复印机。

归根到底这一切都离不开物理学中的静电感应。

第10章

静电场中的导体和电介质

本章概要 在研究真空中的静电场的基础上，我们将进一步讨论静电场中的导体和电介质的性质，以及它们对电场的影响。首先讨论处在静电子衡状态的导体的电荷分布规律，以及导体电势和导体内外的电场的分布；接着研究几种特殊结构电容器的电容，电容器的串联和并联；探讨了电介质的极化现象以及对电场的影响，推导了有介质时的高斯定理；最后研究了电容器以及电场的能量等。

10.1 静电场中的导体

一、导体的静电平衡

导体放在外电场中，会受到电场的影响，同时，它们也反过来会影响周围的电场。这种相互影响的规律实际上是静电场的一般规律在导体存在时的特殊应用。

金属由许多晶粒组成，每个晶粒内的原子作有序排列而构成晶格点阵。当组成晶体时，每个原子中最外层的价电子都不再属于某个原子，而成为所有原子共有并在晶体中作共有化运动的自由电子群，使留在点阵上的原子成为带正电的离子，所以，金属导体在电结构方面的重要特征是具有大量的自由电子。当导体不带电、也不受外电场的作用时，金属导体中大量的自由电子和晶格点阵的正电荷相互中和，整个导体或其中任一部分都是呈电中性的。这时，在导体中正负电荷均匀分布，除了微观热运动外，没有宏观电荷运动。当把一个不带电的导体放入静电场中，在最初非常短暂的时间内(约 10^{-6}s 的数量级)，导体内会有电场存在。这个电场将驱使导体内的自由电子相对于晶格点阵作宏观定向运动，从而引起导体中正负电荷的重新分布，结果使导体的一端带正电荷，另一端带负电荷。导体表面所带的这种电荷称作感应电荷。这个现象就是大家熟知的静电感应。

静电感应改变了导体内的电荷分布并削弱导体内的电场强度，最终使导体内的电场强度等于零。这时，导体中任意一个电子所受到的静电力也为零，电子就不可能继续其宏观定向运动，电荷重新分布的过程也随之结束，我们把导体中没有电荷作任何宏观定向运动的状态称为静电平衡状态。因此静电平衡的必要条件就是导体内的任一点的电场强度都等于零。

根据导体静电平衡的条件，可直接得出以下的推论。

(1) 导体是等势体，其表面是等势面。

这是因为在导体内任一点的电场强度 $E=0$，根据 $E=-\mathrm{grad}\,U=0$，即导体内各点电势的空间变化率都等于零，这就是说导体内各点的电势都相等。

(2) 导体内的任一点的电场强度都等于零，导体表面的电场强度垂直于导体表面。

既然在静电平衡时导体表面是等势面，从电场线与等势面的关系出发，可知导体表面的电场强度必与它的表面垂直，如图 10-1 所示。

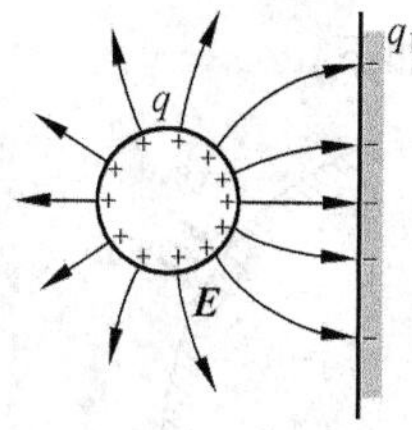

图 10-1　导体表面的电场强度垂直于导体的表面

二、静电平衡状态下导体上电荷的分布

导体处于静电平衡状态时，既然没有电荷作定向运动，那么导体上的电荷就有确定的宏观分布。具体的分布情况，可根据静电平衡条件来确定。如果带电导体为实心导体，设想在导体的内部任取一闭合曲面 S，如图 10-2(a)。由于导体内部的场强处处为零，通过该闭合曲面的电通量必为零，由高斯定理可知，此闭合曲面内的净电荷也必为零。由于此闭合曲面是任意取的，所以得到如下结论：**在静电平衡时，导体所带电荷只能分布在导体的外表面**。

如果带电导体内部有空腔存在，而在空腔内没有其他带电体，应用高斯定理，同样可以证明，静电平衡时，不仅导体内部没有净电荷，空腔的内表面也没有净电荷，电荷只能分布在导体外表面上，如图 10-2(b)。空腔内的场强处处为零，整个空腔内的电势和导体壳的电势相等。

当导体空腔内有带电体时，这时由于静电感应，在导体静电平衡时，可以证明导体空腔的内表面所带的电荷与空腔内带电体电荷的代数和为零，如图 10-2(c)，而导体的外表面所带电荷由电荷守恒定律决定。空腔内的场强不再为零，但导体壳内的场强依然处处为零，导体壳依然为等势体。

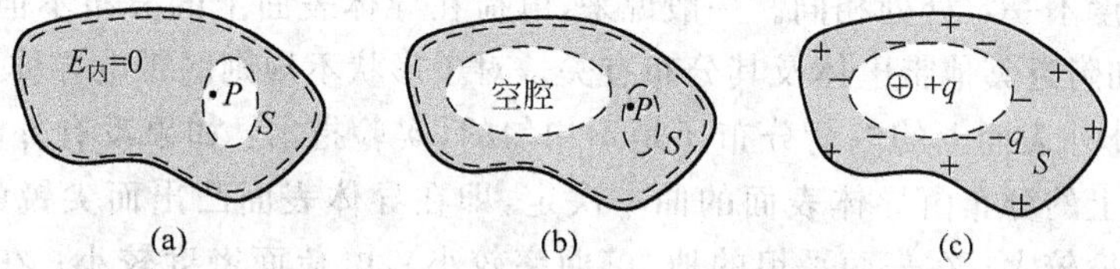

图 10-2　导体在静电平衡时电荷只能分布在导体的表面

三、导体表面的场强与电荷面密度的关系

在静电平衡时，导体表面的场强与该处导体表面垂直。那么场强的大小与什么有关呢？由电力线的性质，可定性知道导体表面电荷密度大的地方，电力线也越密，也就是场强越强。可以证明导体表面的场强 E 和该点电荷面密度 σ 成正比，即

$$E=\frac{\sigma}{\varepsilon_0} \tag{10-1}$$

证明如下。

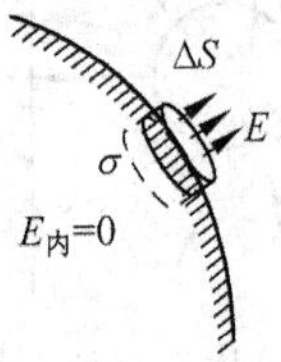

图 10-3 导体表面电荷与电场强度关系

图 10-3 表示一个放大的导体表面,设在某一面积元 ΔS 上,导体的电荷面密度为 σ,今作一个包围 ΔS 的柱形闭合曲面,使柱的轴线与导体表面正交,而它的上下两个端面紧靠导体表面且与面积元 ΔS 平行。下端面处于导体内部,场强处处为零,所以通过它的电通量为零;在侧面上,场强不是为零就是与侧面平行,所以通过侧面的电通量也为零,上端面在导体表面之外,设该处场强为 $\boldsymbol{E}$,通过上端面的电通量为 $E\Delta S$。这样,通过这柱形闭合曲面的总电通量就等于通过柱体上端面的电通量,而闭合曲面内所包围的电量为 $\sigma\Delta S$。根据高斯定理有

$$\oint\!\!\!\oint_S \boldsymbol{E}\cdot \mathrm{d}\boldsymbol{S}=E\Delta S=\frac{\sigma\Delta S}{\varepsilon_0}$$

于是在导体外、靠近表面处的场强大小为

$$E=\frac{\sigma}{\varepsilon_0}$$

上式表明带电导体表面附近的电场强度与该表面的电荷密度成正比,电场强度方向垂直于表面,这一结论对于孤立导体(孤立导体是指远离其他物体的导体,因而其他物体对它的影响可以忽略不计)或处在外电场中的任意导体都普遍适用。但在理解式(10-1)时必须注意,导体表面附近的电场强度 $\boldsymbol{E}$ 不单是由该表面处的电荷所激发的合电场强度,外界的影响已在 s 中体现出来。例如,一个半径为 R 的孤立导体球,带有电荷量 q,则在紧靠球外侧某点处的电场强度的大小为 $E=q/4\pi\varepsilon_0 R^2=\sigma/\varepsilon_0$,显然,$E$ 是整个球面上的电荷所激发的。如果在这导体球邻近再放置一个电荷量为 q_1 的平板(如图 10-1 所示),这时该点的电场强度就由 q、q_1 以及 q_1 在球面上的感应电荷共同激发,在该点的电场强度(设为 $\boldsymbol{E}'$)和靠近它的球面上的电荷面密度(设为 σ')都有了变化,尽管如此,它们仍满足 $E'=\sigma'/\varepsilon_0$ 的关系。

最后,我们来简单讨论一下电荷在导体表面上分布的规律,导体表面虽是一个等势面,但其电荷面密度不一定处处相同。一般说来,电荷在导体表面上的分布不但和导体自身的形状有关,还和附近其他带电体及其分布有关。对于形状不规则的带电导体,即使没有外电场影响,在导体外表面上的电荷分布还是不均匀的,实验指出:如果没有外电场的影响,电荷在导体表面上的分布由导体表面的曲率决定,即在导体表面凸出而尖锐的地方(曲率较大),电荷面密度较大;在表面平坦的地方(曲率较小),电荷面密度较小;在表面凹进去的地方(曲率为负),电荷面密度更小。只有孤立球形导体,因其各部分的曲率相同,球面上的电荷分布才是均匀的。

【例题 10-1】 有两个半径分别为 R 和 r 的球形导体($R>r$),相距很远,用一根很长的细导线连接起来(图 10-4),使这个导体组带电,电势为 U,求两球表面电荷面密度与曲率的关系。

解:两个导体所组成的整体可看成是一个孤立导体系。由于这两个球相距很远,使每个球面上的电荷分布在另一球处所激发的电场可以忽略不计。细线的作用是使两球保持等电势,而细线上少量的电荷在两球处所激发的电场影响也可以忽略。因此,每个球又可近似

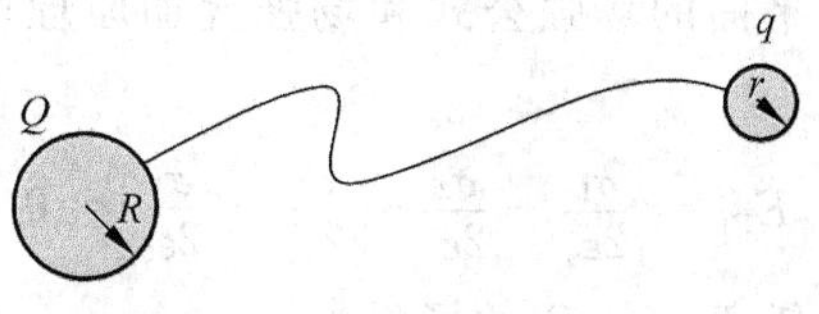

图 10-4　论证带电体上的电荷密度与曲率关系

地看作为孤立导体，两球表面上的电荷分布各自都是均匀的。设大球所带电荷量为 Q，小球所带电荷量为 q，在静电平衡时它们有相等的电势值，为

$$U=\frac{Q}{4\pi\varepsilon_0 R}=\frac{q}{4\pi\varepsilon_0 r}$$

得

$$\frac{Q}{R}=\frac{q}{r}$$

可见大球所带电荷量 Q 比小球所带电荷量 q 多。因为两球的电荷面密度分别为

$$\sigma_R=\frac{Q}{4\pi R^2},\quad \sigma_r=\frac{q}{4\pi r^2}$$

所以

$$\frac{\sigma_R}{\sigma_r}=\frac{Qr^2}{qR^2}=\frac{r}{R} \tag{10-2}$$

可见电荷面密度与曲率半径成反比，即曲率半径愈小(或曲率愈大)，电荷面密度愈大。当两球相距不远时，两球所带电荷的相互影响不能忽略，这时每个球都不能看作是孤立导体，两球表面上的电荷分布也不再均匀。于是，同一球面上各处的曲率虽相等，而电荷面密度却不再相同。因此，电荷面密度与曲率半径成反比仅对孤立导体成立。

这样在导体表面曲率半径越小的地方，电荷面密度越大，在导体外，靠近该处表面的场强也越强，因此在导体的尖端附近的场强特别强。对于带电较多的导体，在它的尖端附近，场强可以大到使周围的空气发生电离而引起放电的程度，这就是**尖端放电现象**。

避雷针就是应用尖端放电的原理，防止雷击对建筑物的破坏，避雷针尖的一端伸至建筑物的上空，另一端通过较粗的导线与埋在地下的金属板相连。由于避雷针尖端处的场强特别大，因而容易产生尖端放电，在没有雷击之前，经过避雷针缓缓而持续地放电，及时地中和掉雷雨云中的大量电荷，从而防止了雷击对建筑物的破坏，从这个意义上说，避雷针实际上是一个放电针。要使避雷针起作用，必须保证避雷针有足够的高度和良好的接地，一个接地通路损坏的避雷针，将更易使建筑物遭受雷击的破坏。在高压电器设备中，为了防止因尖端放电而引起的危险和电能的消耗，应采用表面光滑的较粗的导线；高压设备中的电极也要做成光滑的球状。

【例题 10-2】 两平行等大的导体板，面积 S 的线度远远大于板的厚度和两板间的距离，两板分别带有电荷 Q_1、Q_2 如图 10-5 所示。求两板各表面的电荷分布。

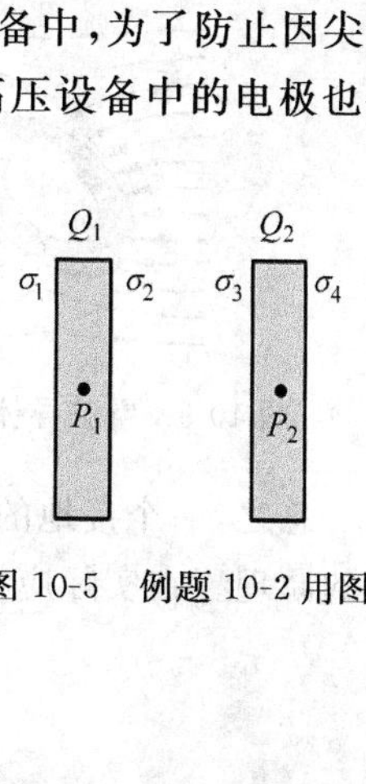

图 10-5　例题 10-2 用图

解：设两导体板四个表面的面电荷密度分别为 $\sigma_1,\sigma_2,\sigma_3,\sigma_4$，如图 10-5 所示。依题意，可视为四个无限大的均匀带电平面。选取水平向右为正方向，根据导体静电平衡时，导体内的场强处处为零

的条件及无限大的均匀带电平面的场强公式和场强叠加原理可得左边导体板内任意一点P_1点的场强为

$$E_{P1}=\frac{\sigma_1}{2\varepsilon_0}-\frac{\sigma_2}{2\varepsilon_0}-\frac{\sigma_3}{2\varepsilon_0}-\frac{\sigma_4}{2\varepsilon_0}=0$$

同理可得右边导体板内任意一点P_2的场强为

$$E_{P2}=\frac{\sigma_1}{2\varepsilon_0}+\frac{\sigma_2}{2\varepsilon_0}+\frac{\sigma_3}{2\varepsilon_0}-\frac{\sigma_4}{2\varepsilon_0}=0$$

根据电荷守恒定律可得

$$\sigma_1 S+\sigma_2 S=Q_1$$

$$\sigma_3 S+\sigma_4 S=Q_2$$

解得

$$\sigma_1=\sigma_4=\frac{Q_1+Q_2}{2S}$$

$$\sigma_2=-\sigma_3=\frac{Q_1-Q_2}{2S}$$

由此结果可知：两板相对两面总是带等量异号电荷,相背两面总是带等量同号电荷。

四、静电屏蔽

前面已指出,把导体放到电场中,将产生静电感应现象,在静电平衡时,感应电荷分布在导体的外表面,导体内部的场强处处为零,整个导体是等势体,但电势值与外电场的分布有关。如果将任意形状的空心导体置于静电场中。如图10-6所示,达到静电平衡时,由于导体内表面无净电荷,空腔空间电场为零,所以电力线将垂直地终止于导体的外表面,而不能穿过导体进入空腔,从而放在导体空腔内的物体,将不受外电场的影响,这种作用称为**静电屏蔽**。

利用静电屏蔽,也可使空心导体内任何带电体的电场不对外界产生影响,参看图10-7(a),把带电体放在原来是电中性的金属壳内,由于静电感应,在金属壳的内表面将感应出等量异号电荷,而金属壳的外表面将感应出等量同号电荷。这时金属壳外表面的电荷的电场就会对外界产生影响。如果把金属壳接地,如图10-7(b)所示,则外表面的感应电荷因接地被中和,相应的电场随之消失。这样,金属壳内带电体的电场对壳外不再产生任何影响了。

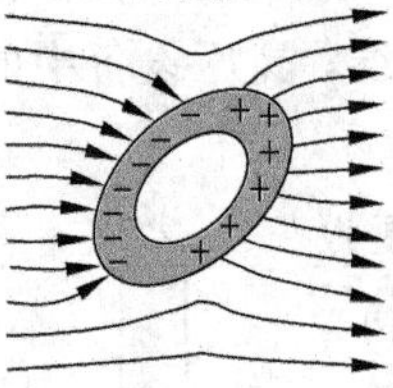

图10-6 空腔导体屏蔽外电场

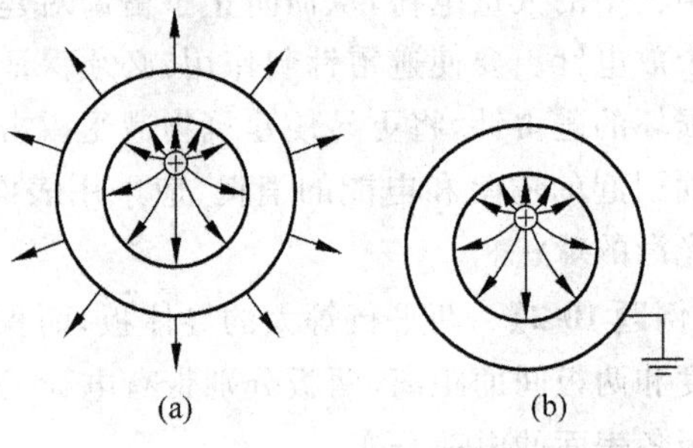

图10-7 接地空腔导体屏蔽内电场

总之,一个接地的空腔导体可以隔离空腔导体内、外静电场的相互影响,这就是静电屏蔽的原理。在实际应用中,常用编织紧密的金属网来代替金属壳体。静电屏蔽应用很广泛,例如高压电气设备周围的金属栅网、电子仪器上的屏蔽罩等。

【例题 10-3】 一半径为 R_1 的导体小球，放在内外半径分别为 R_2 与 R_3 的导体球壳内。球壳与小球同心，设小球与球壳分别带有电荷 q 与 Q，试求：

(1) 小球的电势 U_1，球壳内表面及外表面的电势 U_2 与 U_3；

(2) 小球与球壳的电势差；

(3) 若球壳接地，再求电势差。

解：(1) 根据导体静电感应现象可知，当小球表面有电荷 q 均匀分布时，该电荷 q 将在球壳内表面感应出 $-q$ 的电量，在外表面出现 $+q$ 的电量，又根据导体电荷分布的性质，球壳所带电量只能分布于球壳的外表面，所以球壳内表面均匀分布的电量为 $-q$，外表面均匀分布的电量为 $q+Q$，如图 10-8 所示。

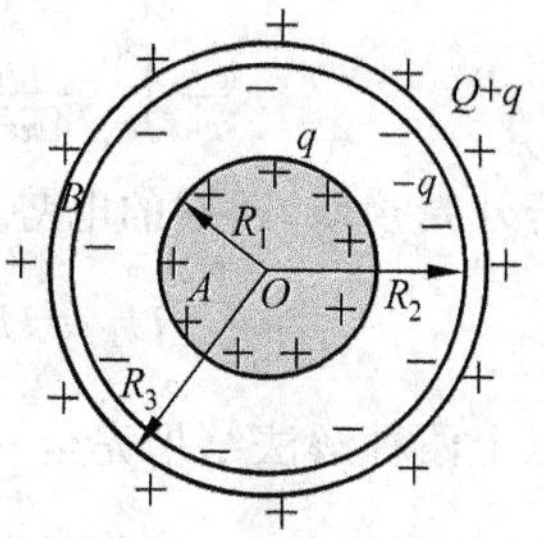

图 10-8 例题 10-3 用图

解法一：由电荷分布求电势。

小球电势

$$U_1=\frac{1}{4\pi\varepsilon_0}\left(\frac{q}{R_1}-\frac{q}{R_2}+\frac{q+Q}{R_3}\right)$$

球壳电势：

内表面

$$U_2=\frac{1}{4\pi\varepsilon_0}\left(\frac{q}{R_2}-\frac{q}{R_2}+\frac{q+Q}{R_3}\right)=\frac{1}{4\pi\varepsilon_0}\frac{q+Q}{R_3}$$

外表面

$$U_3=\frac{1}{4\pi\varepsilon_0}\left(\frac{q}{R_3}-\frac{q}{R_3}+\frac{q+Q}{R_3}\right)=\frac{1}{4\pi\varepsilon_0}\frac{q+Q}{R_3}$$

从这个结果可以看出，球壳内外表面电势是相等的。

(2) 两球电势差为

$$U_1-U_2=\frac{1}{4\pi\varepsilon_0}\left(\frac{q}{R_1}-\frac{q}{R_2}\right)$$

(3) 若外球接地，则球壳外表面上的电荷消失，两球的电势分别为

$$U_1=\frac{1}{4\pi\varepsilon_0}\left(\frac{q}{R_1}-\frac{q}{R_2}\right)$$

$$U_2=U_3=0$$

两球电势差为 $U_1-U_2=\frac{1}{4\pi\varepsilon_0}\left(\frac{q}{R_1}-\frac{q}{R_2}\right)$

由上面的结果可以看出，不论外球壳接地与否，两球体的电势差保持不变。

解法二：由电场的分布求电势，必须先计算出各点的场强，由于所讨论的问题是具有球对称的电场，因此可用高斯定理分别求出各区域的场强表示式。结果如下：

$$E=\begin{cases}E_1=0 & (r<R_1)\\ E_2=\dfrac{1}{4\pi\varepsilon_0}\dfrac{q}{r^2} & (R_1<r<R_2)\\ E_3=0 & (R_2<r<R_3)\\ E_4=\dfrac{Q+q}{4\pi\varepsilon_0 r^2} & (r>R_3)\end{cases}$$

如以无限远处的电势为零，则各区域的电势分别为

$$U_3=\int_{R_3}^{\infty}\boldsymbol{E}\cdot\mathrm{d}\boldsymbol{l}=\int_{R_3}^{\infty}\frac{Q+q}{4\pi\varepsilon_0 r^2}\mathrm{d}r=\frac{Q+q}{4\pi\varepsilon_0 R_3}$$

$$U_2=\int_{R_2}^{\infty}\boldsymbol{E}\cdot\mathrm{d}\boldsymbol{l}=\int_{R_2}^{R_3}\boldsymbol{E}_3\cdot\mathrm{d}\boldsymbol{l}+\int_{R_3}^{\infty}\boldsymbol{E}_4\cdot\mathrm{d}\boldsymbol{l}=\int_{R_3}^{\infty}\frac{Q+q}{4\pi\varepsilon_0 r^2}\mathrm{d}r=\frac{Q+q}{4\pi\varepsilon_0 R_3}$$

$$U_1=\int_{R_1}^{\infty}\boldsymbol{E}\cdot\mathrm{d}\boldsymbol{l}=\int_{R_1}^{R_2}\boldsymbol{E}_2\cdot\mathrm{d}\boldsymbol{l}+\int_{R_2}^{R_3}\boldsymbol{E}_3\cdot\mathrm{d}\boldsymbol{l}+\int_{R_3}^{\infty}\boldsymbol{E}_4\cdot\mathrm{d}\boldsymbol{l}$$

$$=\int_{R_1}^{R_2}\frac{q}{4\pi\varepsilon_0 r^2}\mathrm{d}r+\int_{R_3}^{\infty}\frac{Q+q}{4\pi\varepsilon_0 r^2}\mathrm{d}r=\frac{q}{4\pi\varepsilon_0}\left(\frac{1}{R_1}-\frac{1}{R_2}\right)+\frac{Q+q}{4\pi\varepsilon_0 R_3}$$

若外壳接地，两球的电势差为

$$U_1-U_2=\int_{R_1}^{R_2}\boldsymbol{E}\cdot\mathrm{d}\boldsymbol{l}=\int_{R_1}^{R_2}\frac{q}{4\pi\varepsilon_0 r^2}\mathrm{d}r=\frac{q}{4\pi\varepsilon_0}\left(\frac{1}{R_1}-\frac{1}{R_2}\right)$$

以上两种解法结果完全一致。

延伸阅读——拓展应用

避　雷　针

现代避雷针是美国科学家富兰克林发明的。富兰克林认为闪电是一种放电现象。为了证明这一点，他在 1752 年 7 月的一个雷雨天，冒着被雷击的危险，将一个系着长金属导线的风筝放飞进雷雨云中，在金属线末端拴了一串铜钥匙。当雷电发生时，富兰克林手接近钥匙，钥匙上迸出一串电火花，手上还有麻木感。幸亏这次传下来的闪电比较弱，富兰克林没有受伤。在成功地进行了捕捉雷电的风筝实验之后，富兰克林在研究闪电与人工摩擦产生的电的一致性时，他就从两者的类比中作出过这样的推测：既然人工产生的电能被尖端吸收，那么闪电也能被尖端吸收。他由此设想，若能在高物上安置一种尖端装置，就有可能把雷电引入地下。富兰克林设计了一种装置：把一根数米长的细铁棒固定在高大建筑物的顶端，在铁棒与建筑物之间用绝缘体隔开。然后用一根导线与铁棒底端连接。再将导线引入地下。富兰克林把这种装置称为避雷针。经过试用，果然能起避雷的作用。避雷针的发明是早期电学研究中的第一个有重大应用价值的技术成果。避雷针在最初发明与推广应用时，教会曾把它视为不祥之物，说是装上了富兰克林的这种东西，不但不能避雷，反而会引起上帝的震怒而遭到雷击。但是，在费城等地，拒绝安置避雷针的一些高大教堂在大雷雨中相继遭受雷击。而比教堂更高的建筑物由于已装上避雷针，在大雷雨中却安然无恙。由于避雷针已在费城等地初显神威，它立即传到北美各地，随后又传入欧洲。避雷针传入英国后，英国人也曾广泛采用了富兰克林的尖头避雷针。但美国独立战争爆发后，富兰克林的尖头避雷针在英国人眼中似乎成了将要诞生的美国的象征。据说英国当时的国王乔治二世出于反对美国革命的盛怒，曾下令把英国全部建筑物上的避雷针的尖头统统换成圆头，以示与作为美国象征的尖头避雷针势不两立，这真是避雷针应用史上一件有趣的事情。避雷针传入法国后，法国皇家科学院院长诺雷等人开始反对使用避雷针，后来又认为圆头避雷针比富兰克林的尖头避雷针好。但法国人仍然选用富兰克林的尖头避雷针。据说当时的法国人把富兰克林看作是苏格拉底的化身。富兰克林成了人们崇拜的偶像。

10.2　电容器的电容

一、弧立导体的电容

所谓弧立导体，就是在这导体附近没有其他导体和带电体。

带电量为 q 的弧立导体，在静电平衡时是一个等势体，并有确定的电势 U，电荷 q 在导体表面各处的分布将是唯一的。如果导体所带电量从 q 增为 kq 时，导体表面各处的电荷面密度也分别增为原来的 k 倍，由电势叠加原理，可断定在静电平衡时导体的电势必增至 kU。由此可见，导体所带电量 q 与相应的电势 U 的比值，是一个与导体所带电量无关的物理量，我们就用这个比值定义弧立导体的电容。用 C 表示，即

$$C=\frac{q}{U} \tag{10-3}$$

弧立导体的电容是一恒量，它与该导体的尺寸和形状有关，而与该导体的材料性质无关。弧立导体的电容在量值上等于该导体具有单位电势时所带电量。

对于弧立球形导体.它的电容为

$$C=\frac{q}{U}=\frac{q}{q/4\pi\varepsilon_0 R}=4\pi\varepsilon_0 R \tag{10-4}$$

上式表明球形导体的电容与半径 R 成正比。

在国际单位制中，电容的单位为法拉(F)，1F=1C/1V，在实用中法拉这个单位太大，常用微法(μF)皮法(pF)等较小的单位。

二、电容器及其电容

当导体的周围有其他导体存在时，则这导体的电势 U 不仅与它自己所带的电量 q 有关，还取决于其他导体的位置和形状。这是由于电荷 q 使邻近导体的表面产生感应电荷，它们将影响着空间的电势分布和每个导体的电势，在这种情况下，我们不可能再用一个恒量 $C=\frac{q}{U}$ 来反映 U 和 q 之间的依赖关系了，要想消除其他导体的影响，可采用静电屏蔽原理，用一个封闭的导体壳 B 将导体 A 包围起来，如图 10-9 所示，这样就可以使由导体 A 和导体壳 B 构成的一种导体组合的电势差不再受导体壳 B 外的导体 C 的影响而维持稳定。电容器就是这样的导体组合。实际上，对其他导体的屏蔽并不需像图 10-9 那样严格，通常所用的电容器由两块非常靠近的金属板和夹于中间的电介质所构成，电容器带电时，常使两极板带上等量异号电荷，电容器的电容定义为：电容器一个极板所带电量 q(指绝对值)和两极板的电势差 U_A-U_B 之比，即

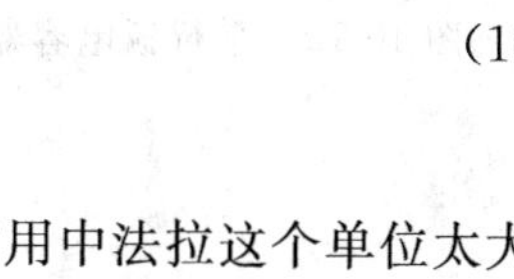

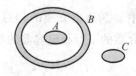

图 10-9　导体 A 与导体壳 B 组成一个电容器

$$C=\frac{q}{U_A-U_B} \tag{10-5}$$

上式表明电容器的电容在量值上等于两极板具有单位电势差时极板的带电量。式中的 q 为

任一导体极板上的电荷量的绝对值。

弧立导体实际上仍可认为是电容器，但另一导体在无限远处，且电势为零。这样式(10-5)就简化为式(10-3)。

三、电容器电容的计算

下面根据电容器电容的定义式(10-5)计算常见的电容器的电容。计算方法如下：先假设极板带电量 q，再求两极板的电势差 U_A-U_B，然后按 $C=\dfrac{q}{U_A-U_B}$ 算出电容。

(1) 平行板电容器

平行板电容器由大小相同的两平行板组成，每块板面积为 S，两板内表面之间的距离为 d，并设板面的线度远大于两板内表面之间的距离，如图 10-10 所示。

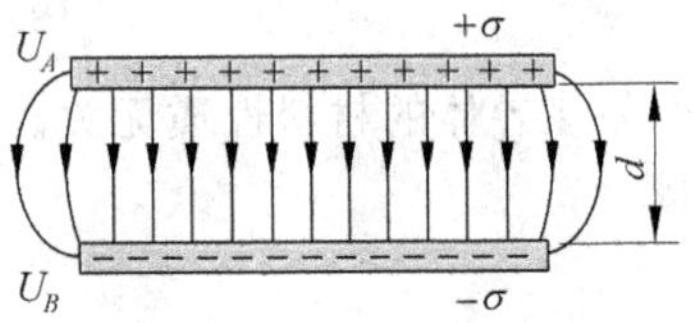

图 10-10 平行板电容器

设 A 板带 $+q$，负板带 $-q$，每板电荷面密度的绝对值为 $\sigma=\dfrac{q}{S}$，由于板面线度远大于两板之间的距离，所以除边缘部分外，两板间的电场可认为是均匀的，场强为

$$E=\frac{\sigma}{\varepsilon_0}=\frac{q}{\varepsilon_0 S}$$

两板之间的电势差为

$$U_A-U_B=\int_A^B \boldsymbol{E}\cdot \mathrm{d}\boldsymbol{l}=E\cdot d=\frac{qd}{\varepsilon_0 S}$$

由电容的定义，得平行板电容器的电容为

$$C=\frac{q}{U_A-U_B}=\frac{\varepsilon_0 S}{d} \tag{10-6}$$

由式(10-6)可知，电容器的电容是一个只与电容器结构形状有关的常量，与电容器是否带电无关。只要使两极板之间的距离足够小，并加大两极板的面积，就可获得较大的电容，但是缩小电容器两极板的距离毕竟有一定限度，而加大两极板的面积，又势必增大电容器的体积。因此，为了制成电容量大、体积小的电容器，通常是在两极板间夹一层电介质。实验指出，不论什么形状的电容器，如果两极板间真空时的电容为 C_0，则两极板间充满某种电介质后的电容 C 就增为 C_0 的 ε_r 倍，即

$$C=C_0\varepsilon_r \tag{10-7}$$

式中 ε_r 为该电介质的相对介电系数。于是充满电介质的平行板电容器的电容为

$$C=\frac{\varepsilon_r\varepsilon_0 S}{d} \quad 或 \quad C=\frac{\varepsilon S}{d} \tag{10-8}$$

(2) 圆柱形电容器

圆柱形电容器是由两个半径分别为 R_A 和 R_B 的同轴圆柱面组成，圆柱面的长度为 l，且 $l\gg R_B$，如图 10-11 所示，因为 $l\gg R_B$，所以可把两圆柱面间的电场看成是无限长圆柱面的电场。设

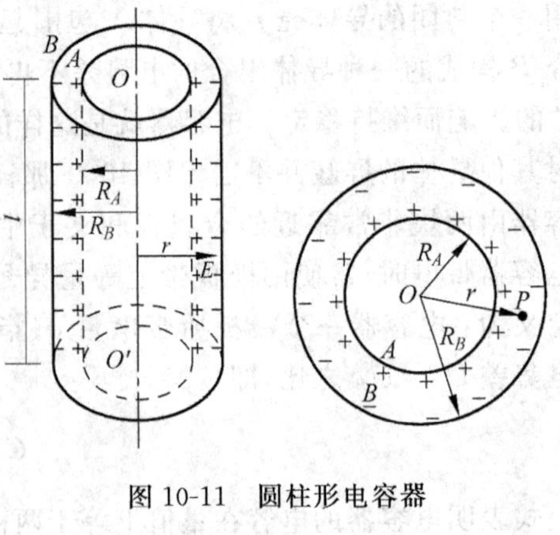

图 10-11 圆柱形电容器

内、外极板分别带有电量$+q$、$-q$，则单位长度上的电量，即电荷线密度为

$$\lambda=\frac{q}{l}$$

应用式(9-14)，两圆柱面间的场强大小为

$$E=\frac{\lambda}{2\pi\varepsilon_0 r}=\frac{q}{2\pi\varepsilon_0 rl}$$

场强方向垂直于圆柱轴线 两圆柱面的电势差为

$$U_A-U_B=\int_A^B \boldsymbol{E}\cdot \mathrm{d}\boldsymbol{l}=\int_{R_A}^{R_B}\frac{q}{2\pi\varepsilon_0 l}\frac{\mathrm{d}r}{r}=\frac{q}{2\pi\varepsilon_0 l}\ln\frac{R_B}{R_A}$$

根据式(10-5)，得圆柱形电容器的电容为

$$C=\frac{q}{U_A-U_B}=\frac{2\pi\varepsilon_0 l}{\ln\dfrac{R_B}{R_A}} \tag{10-9}$$

从上面的讨论再一次看到，电容器的电容是一个只与电容器结构形状有关的常量，与电容器是否带电无关。并且充满电介质的圆柱形电容器的电容为

$$C=\frac{2\pi\varepsilon_r\varepsilon_0 l}{\ln\dfrac{R_B}{R_A}}=\frac{2\pi\varepsilon l}{\ln\dfrac{R_B}{R_A}} \tag{10-10}$$

(3) 球形电容器

球形电容器是由两个同心球壳组成的，设球壳的半径分别为R_A和R_B，两球壳之间充满介电系数为ε的电介质(图 10-12)。

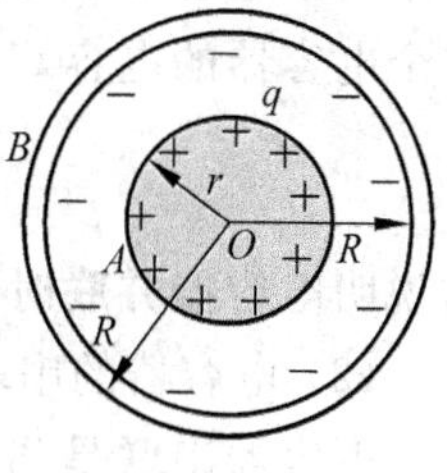

图 10-12 球形电容器

设内球带电荷$+q$，电荷均匀地分布在内球壳的表面上，同时在外球壳的内表面上的电荷$-q$也是均匀分布的，至于外球壳外表面是否带电以及外球壳外是否有其他带电体是无关紧要的，因为这不影响球壳间的电场分布，两球壳之间的电场，具有球对称性。由于电介质充满整个电场时的场强正是真空中在同一点场强E_0的$\dfrac{1}{\varepsilon_r}$，所以

$$E=\frac{q}{4\pi\varepsilon_0\varepsilon_r r^2}=\frac{q}{4\pi\varepsilon r^2}$$

两球壳间的电势差为

$$U_A-U_B=\int_A^B \boldsymbol{E}\cdot \mathrm{d}\boldsymbol{l}=\int_{R_A}^{R_B}\frac{q}{4\pi\varepsilon r^2}\mathrm{d}r$$

$$=\frac{q}{4\pi\varepsilon}\left(\frac{1}{R_A}-\frac{1}{R_B}\right)$$

球形电容器的电容为

$$C=\frac{q}{U_A-U_B}=\frac{q}{\dfrac{q}{4\pi\varepsilon}\left(\dfrac{1}{R_A}-\dfrac{1}{R_B}\right)}=\frac{4\pi\varepsilon R_A R_B}{R_B-R_A} \tag{10-11}$$

如果$R_B\gg R_A$，这时式(10-11)的分母中可略去R_A，得

$$C=\frac{4\pi\varepsilon R_A R_B}{R_B}=4\pi\varepsilon R_A$$

即半径为 R_A 的弧立导体球在电介质中的电容。

电容器的种类繁多，外形也各不相同，但它们的基本结构是一致的，电容器是储存电荷和电能的容器，是电路中广泛应用的基本元件。

四、电容器的并联和串联

电容器的性能规格中有两个主要指标，一是它的电容量，一是它的耐压能力。使用电容器时，两极板所加的电压不能超过所规定的耐压值，否则电容器就有被击穿的危险。在实际工作中，当遇到单独一个电容器不能满足要求时，可以把几个电容器并联或串联起来使用。

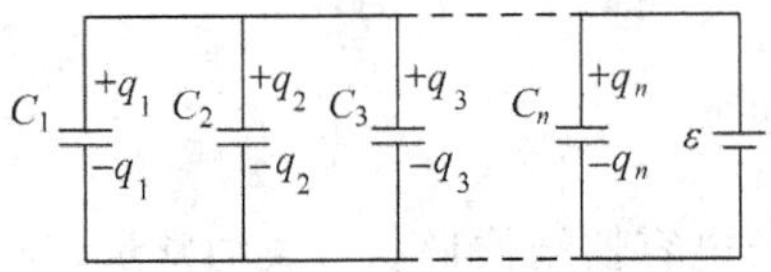

图 10-13 电容器的并联

(1) 电容器的并联

电容器并联的接法是将每个电容器的一端联接在一起，另一端也联接在一起。如图 10-13 所示，接上电源后，每个电容器两极板的电势差都相等，而每个电容器带的电量却不同，它们分别为

$$q_1 = C_1U,\quad q_2 = C_2U,\quad \cdots,\quad q_n = C_nU$$

n 个电容器上的总电量为

$$q = q_1 + q_2 + \cdots + q_n = (C_1 + C_2 + \cdots + C_n)U$$

若用一个电容器来等效地代替这 n 个电容器，使它的电势差为 U 时，所带电量也为 q，那么这个电容器的电容 C 为

$$C = \frac{q}{U} = C_1 + C_2 + \cdots + C_n \qquad (10\text{-}12)$$

这说明**电容器并联时，总电容等于各电容器电容之和**。并联后总电容增加了。

(2) 电容器的串联

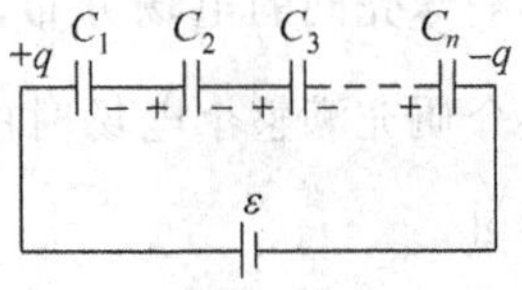

图 10-14 电容器的串联

电容器串联是指 n 个电容器的极板首尾相接联成一串，如图 10-14 所示。这种联接叫作串联。设加在串联电容器组上的电势差为 U，两端的极板分别带有 $+q$ 和 $-q$ 的电荷，由于静电感应，使每个电容器的两极板上均带有等量异号的电荷。每个电容器的电势差为

$$U_1 = \frac{q}{C_1},\quad U_2 = \frac{q}{C_2},\quad \cdots,\quad U_n = \frac{q}{C_n}$$

整个串联电容器组两端的电势差为

$$U = U_1 + U_2 + \cdots + U_n = q\left(\frac{1}{C_1} + \frac{1}{C_2} + \cdots + \frac{1}{C_n}\right)$$

如果用一个电容为 C 的电容器来等效地代替串联电容器组，使它两端的电势差为 U 时，它所带的电量也为 q，那么，这个电容器的电容 C 为

$$C = \frac{q}{U} = \frac{q}{q\left(\dfrac{1}{C_1} + \dfrac{1}{C_2} + \cdots + \dfrac{1}{C_n}\right)}$$

由此得出

$$\frac{1}{C}=\left(\frac{1}{C_1}+\frac{1}{C_2}+\cdots+\frac{1}{C_n}\right) \tag{10-13}$$

这说明**电容器串联时，总电容的倒数等于各电容器电容的倒数之和**。

如果 n 个电容器的电容都相等，即 $C_1=C_2=\cdots=C_n$，串联后的总电容为 $C=\frac{C_1}{n}$，总电容变小了，但每个电容器两极板间的电势差为单独时的 $\frac{1}{n}$，大大减轻被击穿的危险。

以上是电容器的两种基本联接方法，在实际上，还有混合联接法，即并联和串联一起应用。

【例题 10-4】 有三个相同的电容器 C_1、C_2、C_3，电容均为 $3\mu F$，相互联接，如图 10-15 所示，今在两端加上电压 $U_A-U_D=450V$，求：(1)C_1 上的电量；(2)C_3 两端的电势差。

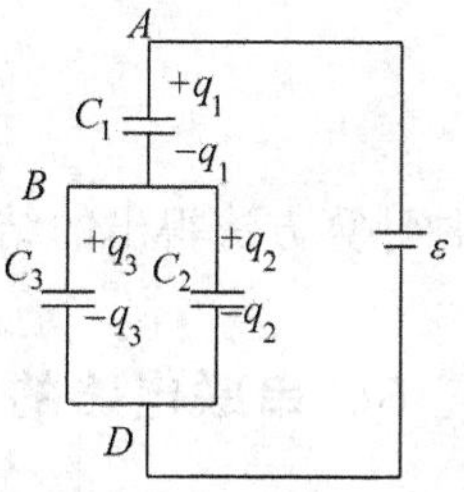

图 10-15　例题 10-4 用图

解：(1) 设 C 为这一组合的总电容，q_1 为 C_1 上的电量，也就是这一组合所储蓄的电量

$$q_1=C(U_A-U_D)$$

$$C=\frac{C_1\times 2C_1}{C_1+2C_1}=\frac{2}{3}C_1$$

所以

$$q_1=\frac{2}{3}C_1(U_A-U_D)=\frac{2}{3}\times 3\times 10^{-6}\times 450=9\times 10^{-4}(\text{C})$$

(2) 设 q_2 和 q_3 分别为 C_2 和 C_3 上所带电量，则

$$U_B-U_D=\frac{q_2}{C_1}=\frac{q_3}{C_1}$$

因为 $q_1=q_2+q_3$，而由上式又有 $q_2=q_3=\frac{q_1}{2}$，于是得

$$U_B-U_D=\frac{1}{2}\frac{q_1}{C_1}=\frac{1}{2}\frac{9\times 10^{-4}}{3\times 10^{-6}}=150(\text{V})$$

【例题 10-5】 一平行板电容器，极板面积为 S，两极板之间距离为 d，现将一厚度为 $t(t<d)$、相对介电系数为 ε_r 的介质放入此电容器中，如图 10-16 所示。试求其电容。

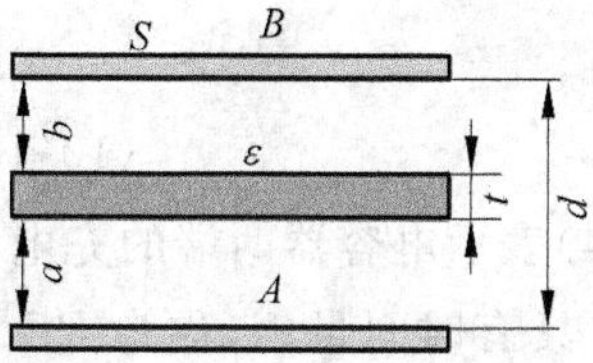

图 10-16　例题 10-5 用图

解：解法一：可以把它看成三个平行板电容器的串联。设介质的两个界面离 A、B 两极板的距离分别为 a 和 b。三个电容器的电容分别为 C_1、C_2、C_3。则 $C_1=\frac{\varepsilon_0 S}{a}$；$C_2=\frac{\varepsilon_0\varepsilon_r S}{t}$；$C_3=\frac{\varepsilon_0 S}{b}$。串联后总电容的倒数为

$$\frac{1}{C}=\frac{1}{C_1}+\frac{1}{C_2}+\frac{1}{C_3}=\frac{a}{\varepsilon_0 S}+\frac{t}{\varepsilon_0\varepsilon_r S}+\frac{b}{\varepsilon_0 S}=\frac{d-t}{\varepsilon_0 S}+\frac{t}{\varepsilon_0\varepsilon_r S}=\frac{1}{\varepsilon_0 S}\left[(d-t)+\frac{t}{\varepsilon_r}\right]$$

总电容为

$$C=\frac{\varepsilon_0 S}{(d-t)+\frac{t}{\varepsilon_r}}$$

解法二：设极板电量为 q，没有介质的那部分空间的场强 E_0 为

$$E_0=\frac{q}{\varepsilon_0 S}$$

介质中的场强 E 为

$$E=\frac{E_0}{\varepsilon_r}=\frac{q}{\varepsilon_0\varepsilon_r S}$$

$$U_A-U_B=E_0(d-t)+Et=E_0\left[(d-t)+\frac{t}{\varepsilon_r}\right]=\frac{q}{\varepsilon_0 S}\left[(d-t)+\frac{t}{\varepsilon_r}\right]$$

电容器的电容为

$$C=\frac{q}{U_A-U_B}=\frac{\varepsilon_0 S}{(d-t)+\dfrac{t}{\varepsilon_r}}$$

两种计算方法得出的结果是一致的。

五、RC 串联电路的充放电过程

电容器的充放电过程是各种电子线路中常见的现象。在由电阻 R 及电容 C 组成的直流串联电路中，暂态过程即是电容器的充放电过程（图 10-17），当开关 K 打向位置 1 时，电源对电容器 C 充电，直到其两端电压等于电源电动势 ε。这个暂态变化的具体数学描述为 $q=CU_c$，而 $i=\mathrm{d}q/\mathrm{d}t$，由欧姆定律得

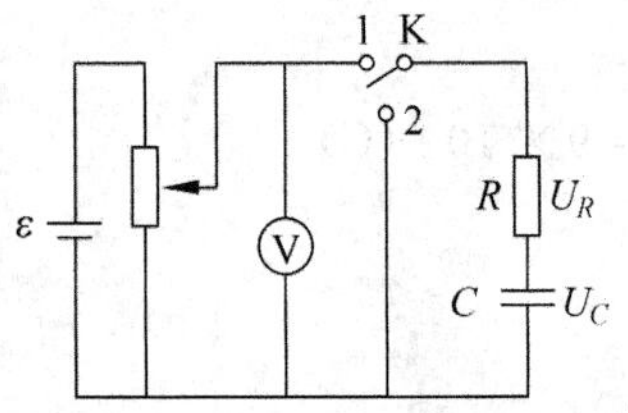

图 10-17　RC 串联电路

$$U_C+iR=\varepsilon$$

分离变量得

$$\frac{\mathrm{d}q}{C\varepsilon-q}=\frac{1}{RC}\mathrm{d}t$$

考虑到初始条件 $t=0$ 时，$q=0$，解方程有

$$\int_0^q\frac{\mathrm{d}q}{C\varepsilon-q}=\frac{1}{RC}\int_0^t\mathrm{d}t$$

得到方程的解

$$q=C\varepsilon(1-\mathrm{e}^{-\frac{1}{RC}t})=q_0(1-\mathrm{e}^{-\frac{1}{RC}t})\qquad(10\text{-}14)$$

式中 $q_0=C\varepsilon$ 为稳态时电容器极板最终充得的电荷量。式(10-14)表示电容器两端的充电电量是按指数增长的一条曲线，如图 10-18(a)所示。式中 $RC=\tau$ 具有时间量纲，称为 RC 电路的时间常数，是表征暂态过程进行得快慢的一个重要的物理量，由电量 q 上升到 $0.63q_0$ 所对应的时间即为 τ。当 $t=3\tau$ 时，充电电量已达到稳定值的 95%，当 $t=5\tau$ 时，充电电量已达到稳定值的 99%，所以可以认为在经过了 $3\tau\sim5\tau$ 后，充电电荷量已达到最大值，充电过程已基本结束。

当把开关 K 从位置 1 打向位置 2 时，电容 C 通过电阻 R 放电，放电过程的数学描述为

$$U_C+iR=0$$

将 $i=C\dfrac{\mathrm{d}U_C}{\mathrm{d}t}$，代入上式分离变量得

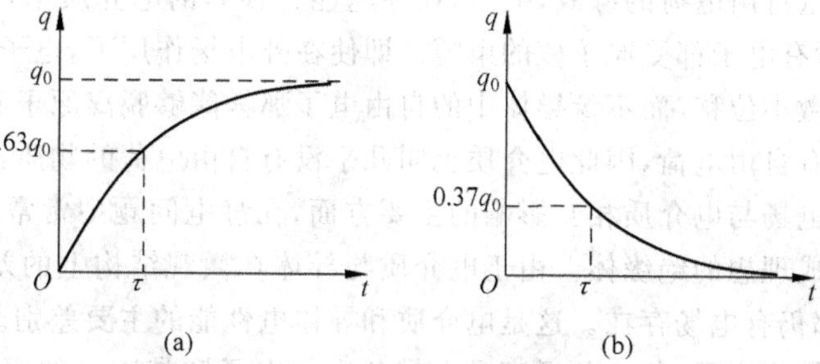

图 10-18　*RC* 电路的充放电曲线
(a) 电容器充电过程；(b) 电容器放电过程

$$\frac{\mathrm{d}q}{q}=-\frac{1}{RC}\mathrm{d}t$$

由初始条件 $t=0$ 时，$q=q_0$，解方程有

$$\int_{q_0}^{q}\frac{\mathrm{d}q}{q}=-\frac{1}{RC}\int_{0}^{t}\mathrm{d}t$$

解得

$$q=q_0\mathrm{e}^{-\frac{1}{RC}t}\tag{10-15}$$

表示电容器两端的放电电量按指数规律衰减到零，时间常数 $RC=\tau$ 也表示放电电量衰减了 63%，即此曲线衰减到 $0.37q_0$ 所对应的时间。同样在经过了 $3\tau\sim5\tau$ 后，可以认为放电过程已基本结束。放电曲线如图 10-18(b)所示。

延伸阅读——科学发现

莱　顿　瓶

1746 年 4 月春光明媚的一天，在巴黎圣母院前，法国人诺莱特邀请了路易十五的皇室成员临场观看莱顿瓶的表演。他让七百名修道士手拉手地围成一个半圆圈，然后，让排头的修道士用手握住莱顿瓶，让排尾的握瓶的引线，一瞬间，七百名修道士，因受电击几乎同时跳起来，在场的人无不为之目瞪口呆，诺莱特以令人信服的证据向人们展示了电的巨大威力。1746 年，荷兰莱顿大学的教授马森布罗克在做电学实验时，无意中把一个带了电的钉子掉进玻璃瓶里，他以为要不了多久，铁钉上所带的电就会很容易跑掉的，过了一会，他想把钉子取出来，可当他一只手拿起桌上的瓶子，另一只手刚碰到钉子时，突然感到有一种电击式的振动。经过多次的反复实验，他非常高兴地得到一个结论：把带电的物体放在玻璃瓶子里，电就不会跑掉，是干燥的玻璃瓶把静电“储存”了起来。因为这个最早的储存电的容器，是马森布罗克在莱顿城发明的，后来大家就把它叫做“莱顿瓶”。六年后，富兰克林用风筝将“天电”引了下来，把天电收集到莱顿瓶中，从而弄明白了“天电”和“地电”原来是一回事。

10.3　介质中的静电场

一、电介质的极化

上节讨论了静电场中导体的一些特性，在静电平衡条件下，导体内部的场强处处为零，这是导体中有大量自由电荷的缘故，但是，在导电能力很差的电介质中，原子核和电子之间的引力相当大，所有电子都受原子核的束缚。即使在外电场作用下，电子一般也只能在原子内相对原子核作微小位移，而不像导体中的自由电子那样能够脱离原子而作宏观运动，所以电介质中几乎没有自由电荷，因此电介质也叫几乎没有自由电荷的物质，所以它的导电能力很差。为了突出电场与电介质相互影响的主要方面，在静电问题中常常忽略电介质的微弱导电性而把它看成理想的绝缘体。由于电介质与导体在微观结构上的差别，在静电平衡条件下，电介质内部仍有电场存在。这是电介质和导体电性能的主要差别。

从物质的电结构来看，每个分子都是由带负电的电子和带正电的原子核组成。一般地说，正、负电荷在分子中都不是集中于一点的，但在离开分子的距离比分子线度大得多的地方，分子中全部负电荷对于这些地方的影响将和一个单独的负电荷等效，这个等效负电荷的位置称为这个分子的负电荷中心。同样，每个分子的正电荷也有一个正电荷中心，电介质可分成两类，在一类电介质中，外电场不存在时，分子中的负电荷对称地分布在正电荷的周围，正负电荷的中心重合在一起，这种电介质称为**无极分子电介质**。在另一类电介质中，分子中的负电荷相对正电荷的分布不对称，所以在外电场不存在时，分子的正负电荷的中心也不重合，这种电介质称为**有极分子电介质**。

氯化氢（HCl）、水（H_2O）、氨（NH_3）等都是有极分子，设从有极分子的负电荷中心到正电荷中心的矢径为 $\boldsymbol{l}$，分子中全部正（或负）电荷的电量为 q，则每个有极分子可等效为电矩 $\boldsymbol{p}=q\boldsymbol{l}$ 的电偶极子，在没有外电场时，由于分子的热运动，电介质中各分子的电矩的方向是无序的，虽然每个有极分子的电矩不为零，但是对于电介质的一个宏观体积元来说，它们的矢量和 $\left(\sum \boldsymbol{p}\right)$ 为零，即没有外电场时有极分子电介质呈电中性。

氢（H_2）、氦（He）、氮（N_2）、甲烷（CH_4）等分子都是无极分子，由于这种分子在没有外电场时，正、负电荷中心重合而每个分子的电矩 $\boldsymbol{p}_{分}$ 为零，所以在没有外电场时，无极分子电介质也呈电中性。

当无极分子电介质在外电场中时，在电场力的作用下，分子中的正、负电荷中心将发生相对位移而形成一个电偶极子，它的电矩 $\boldsymbol{p}_{分}$ 的方向与该点场强的方向相同。因此，相邻的偶极子间正负电荷互相靠近，因而对于均匀电介质来说，其内部各处仍是电中性的；但在和外电场垂直的电介质的表面上将出现正负电荷这种电荷叫**束缚电荷**或**极化电荷**。在外电场的作用下电介质出现极化电荷的现象叫作**介质的电极化现象**。无极分子电介质是通过正、负电荷中心发生相对位移而产生极化现象的。因而这一极化现象叫作**位移极化**。外电场越强，每个分子的正负电荷中心的距离越大，分子电矩也越大，在宏观上，电介质表面出现的束缚电荷也越多，电极化的程度也越高，如图 10-19 所示。

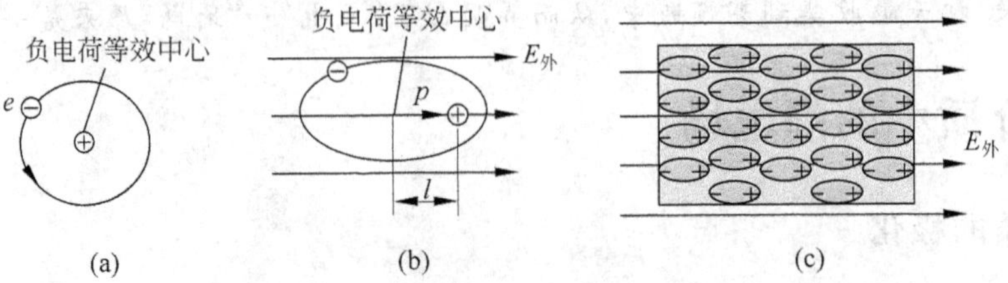

图 10-19　无极分子位移极化示意图

由有极分子组成的电介质，每个分子都等效成具有一定电矩 $\boldsymbol{p}_{分}$ 的电偶极子，它在外电场中受力矩作用，使分子电矩有转向外电场方向的趋势，如图 10-20 所示。由于分子热运动，这种转向也仅是部分的，而只是沿电场方向的取向略占优势。外电场越强，分子偶极子的排列越整齐，在宏观上，电介质表面出现的束缚电荷越多，电极化的程度越高，有极分子的极化在于等效电偶极子转向外电场方向，所以这种极化叫做**转向极化**。一般说来，有极分子在转向极化的同时还存在着位移极化。

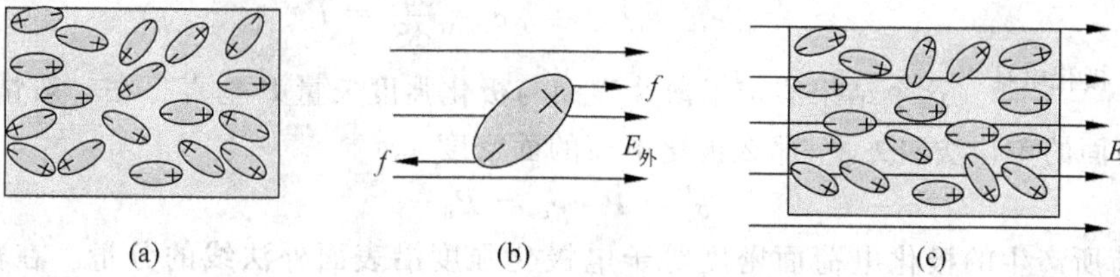

图 10-20　有极分子转向极化示意图

由此可见，所谓电极化过程，就是使分子偶极子有一定取向并增大其电矩的过程。

二、极化强度矢量

电介质放入电场后，电介质中的原子或分子要受到外电场的作用而发生位移极化或取向极化，尽管两类电介质极化的过程不同，但极化的效果是一样的，结果是出现了极化电荷，已极化了的电介质等效于大量电偶极子的集合，各电偶极子的电矩大体沿外电场排列。那么，电介质被极化的程度不仅与每个分子电矩的大小有关，而且还依赖于各分子电矩按外电场方向排列的整齐程度。为描述电介质的极化程度，将介质内单位体积中分子电矩 $\boldsymbol{p}_{分}$ 的矢量和，定义为**极化强度矢量 $\boldsymbol{P}$**，简称为**极化强度**。即

$$\boldsymbol{P}=\frac{\sum \boldsymbol{p}_{分}}{\Delta V} \tag{10-16}$$

式中 $\sum \boldsymbol{p}_{分}$ 就是体积元 ΔV 内所有分子电矩的矢量和，ΔV 则是一个物理无限小量。对于未被极化的电介质，无论是由有极分子还是无极分子组成，$\boldsymbol{P}\equiv 0$。对于无极分子组成的介质，$\boldsymbol{p}_{分}=0$；对于有极分子，虽然 $\boldsymbol{p}_{分}\neq 0$，但总体上 $\sum \boldsymbol{p}_{分}=0$。

极化强度 $\boldsymbol{P}$ 是一个量度电介质极化状态的宏观量，它反映的是介质极化后的某种宏观性质。在国际单位制中，电极化强度的单位是 $\mathrm{C/m^2}$。

当介质被极化后，一方面会在介质的某些部位出现束缚电荷(极化电荷)；另一方面在它体内出现未能抵消的电偶极矩，这一点是通过极化强度 $\boldsymbol{P}$ 来描述的。因此，极化电荷与极化强度是密切相关的。对于均匀的电介质，极化电荷分布于一定的表面上。

若介质是均匀的，则其分子密度在介质内部处处相等，极化也是均匀的。作为一种理想情况，假定分子电矩完全沿外电场方向排列。为方便仅以位移极化为模型(实际上应以取向极化为模型，但取向极化从宏观统计平均来看 $\boldsymbol{p}_{分}=0$，和位移极化所得图像和结论是等效的)。设想介质被极化后，每个分子的正、负电荷中心被拉开一个相对位移 $\boldsymbol{l}$，用 q 表示每个分子的正电荷数量，则每个分子都具有电矩 $\boldsymbol{p}_{分}=q\boldsymbol{l}$。设单位体积内有 n_0 个分子，则按照定

义，极化强度 $\boldsymbol{P}=n_0\boldsymbol{p}_{分}=n_0q\boldsymbol{l}$。如图 10-21 所示，在极化了的介质内部任取一个厚为 l，底表面积为 $\mathrm{d}S$ 的薄片柱体。则该柱体内的电偶极子数为 $n_0\mathrm{d}V=n_0l\mathrm{d}S$，该薄片柱体的底表面 $\mathrm{d}S$ 上的极化电荷总量为

$$\mathrm{d}q'=q(n_0\mathrm{d}V)=n_0ql\mathrm{d}S=\boldsymbol{P}\cdot\mathrm{d}\boldsymbol{S}$$

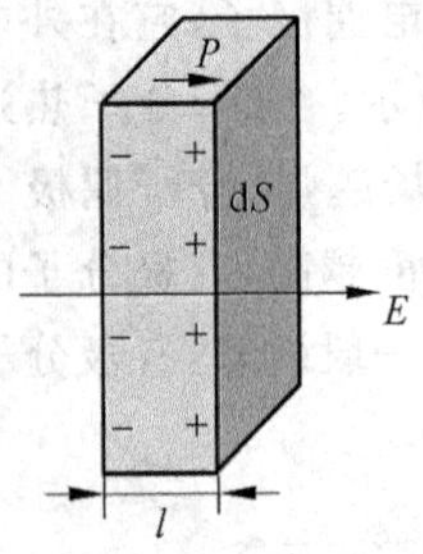

图 10-21　极化电荷

这也是由于极化而分布于 $\mathrm{d}S$ 表面的极化电荷 $\mathrm{d}q'$。因此，极化电荷的面密度大小为

$$\sigma'=\frac{\mathrm{d}q'}{\mathrm{d}S}=P \tag{10-17}$$

这个结果假定了薄片表面与极化强度矢量 $\boldsymbol{P}$ 垂直。在一般情况下，设 $\boldsymbol{e}_\mathrm{n}$ 为薄片表面的单位法向矢量，那么极化电荷的面密度

$$\sigma'=\boldsymbol{P}\cdot\boldsymbol{e}_\mathrm{n}=P_\mathrm{n} \tag{10-18}$$

即极化电荷所产生的极化电荷面密度等于电极化强度沿表面外法线的分量。在薄片的侧面，由于极化强度矢量 $\boldsymbol{P}$ 的方向与侧面法线垂直，所以侧面上的极化电荷的面密度为零。

若在极化了的电介质内部取一任意闭合曲面 S，设 $\boldsymbol{e}_\mathrm{n}$ 为其单位外法向矢量，则极化强度矢量 $\boldsymbol{P}$ 通过该面 S 的通量 $\oiint_S \boldsymbol{P}\cdot\mathrm{d}\boldsymbol{S}$ 应等于因极化而穿出此面的束缚(极化)电荷总量。根据电荷守恒定律，这等于 S 面内净余的极化电荷 $\sum\limits_{S内}q'$ 的负值，即

$$\oiint_S \boldsymbol{P}\cdot\mathrm{d}\boldsymbol{S}=-\sum_{S内}q' \tag{10-19}$$

此式表达了极化强度矢量 $\boldsymbol{P}$ 与极化强度分布的一个普遍关系。它表明：**极化强度矢量 $\boldsymbol{P}$ 闭合面 $\boldsymbol{S}$ 的通量等于 $\boldsymbol{S}$ 所围的介质内部的极化电荷的负值**。

三、电介质中的场强

电介质在外场源所产生的电场作用下发生极化，极化介质将产生附加电场，它也会影响电介质的极化，而且还可能改变外场源的分布，从而又影响介质的极化。这就是说，介质的极化原因和极化所产生的效果存在着反馈联系。当极化达到稳定状态后，介质中便有确定的场强 $\boldsymbol{E}$ 和极化强度 $\boldsymbol{P}$。从极化强度的定义可以看出，极化强度与介质的性质(如分子电矩的大小、各分子电矩有序化的难易程度、分子密度等)有关。另外，分子固有电矩的转向或分子感应电矩的产生，显然都与电介质中的场强有关。极化强度 $\boldsymbol{P}$ 和介质中的场强 $\boldsymbol{E}$ 存在着一定的联系。这种关系只能通过实验来确立。实验表明，对于大部分各向同性的电介质而言，当场强不太强时，极化强度 $\boldsymbol{P}$ 与介质中的场强 $\boldsymbol{E}$ 成正比，方向也相同，即

$$\boldsymbol{P}=\chi_\mathrm{e}\varepsilon_0\boldsymbol{E} \tag{10-20}$$

式中的 χ_e 称为介质的**电极化率**。对于不同的电介质，电极化率 χ_e 是不同的，它反映了介质极化的难易程度。对于均匀的各向同性的介质，极化率是与位置无关的常数；对于非均匀介质，极化率是与位置有关的，即 $\chi_\mathrm{e}=\chi(x,y,z)$，气体和大部分液体，以及许多非晶体和某些晶体，都是各向同性的介质。

在电场中的电介质要被极化，极化了的电介质出现束缚电荷，束缚电荷也要产生电场，这个附加电场对原来的电场要产生影响，为了研究介质中的场强，现举一特例说明：

如图 10-22 所示，设两“无限大”极板上的自由电荷密度为$\pm\sigma_0$，激发电场强度为$\boldsymbol{E}_0$的恒定的匀强电场，电场强度的大小为$E=\sigma/\varepsilon_0$。在垂直于$\boldsymbol{E}_0$的方向插入一块“无限大”平板状的均匀电介质，构成一平行板电容器。介质极化后，在“无限大”板的两侧面出现的束缚电荷，面密度为$-\sigma'$、$+\sigma'$，即形成带等量异号电荷的平行平面，于是介质内附加电场的场强大小为$E'=\sigma'/\varepsilon_0$，方向与$\boldsymbol{E}_0$相反，介质外的附加场强$\boldsymbol{E}'=0$，根据叠加原理，介质内部的场强$\boldsymbol{E}=\boldsymbol{E}_0+\boldsymbol{E}'$，由于附加场强$\boldsymbol{E}'$，总是比$\boldsymbol{E}_0$小并反向，故介质中的场强大小应为

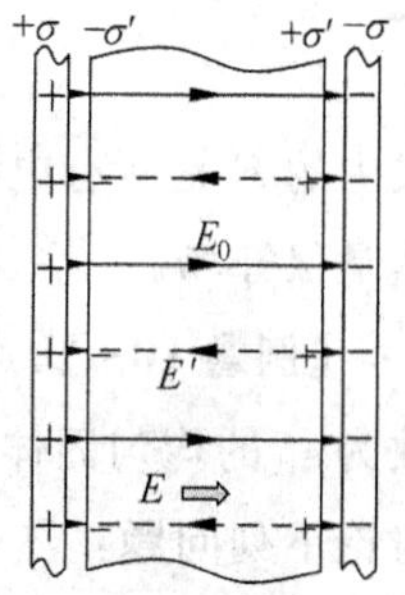

图 10-22　电介质中的场强

$$E=E_0-E'=\frac{\sigma}{\varepsilon_0}-\frac{\sigma'}{\varepsilon_0}$$

而自由电荷所激发的电场强度的大小表明，外电场$\boldsymbol{E}_0$在介质中只是被削弱了，而不像金属导体中全部被抵消了。考虑到极化电荷面密度$\sigma'=P$以及方程$\boldsymbol{P}=\chi_e\varepsilon_0\boldsymbol{E}$，极板间电介质中的合电场强度$\boldsymbol{E}$的大小又可写成

$$E=\frac{\sigma}{\varepsilon_0}-\frac{\sigma'}{\varepsilon_0}=E_0-\frac{P}{\varepsilon_0}=E_0-\chi_e E$$

所以

$$E=\frac{E_0}{1+\chi_e} \tag{10-21}$$

说明在均匀电介质充满整个电场的情况下，电介质内部的电场强度$\boldsymbol{E}$被削弱为外电场强度$\boldsymbol{E}_0$的$1/(1+\chi_e)$，此时，两极板的电势差为

$$U=Ed=\frac{E_0 d}{1+\chi_e}=\frac{\sigma_0 d}{\varepsilon_0(1+\chi_e)}$$

设极板的面积为S，则极板上的电荷量为$q=\sigma S$，按电容器的电容的定义，此充满介质的电容器的电容为

$$C=\frac{q}{U}=\frac{\sigma_0 S\varepsilon_0(1+\chi_e)}{\sigma_0 d}=(1+\chi_e)C_0$$

即此电容为两极板间为真空时电容C_0的$1+\chi_e$倍，这就解释了电容器中充满电介质后其电容增大的实验事实。令

$$\varepsilon=\varepsilon_r\varepsilon_0=(1+\chi_e)\varepsilon_0 \tag{10-22}$$

称ε为电介质的电容率或介电常数，与真空中的介电常数有相同的单位，ε_r为相对介电常数，无单位，各种电介质的相对介质系数ε_r各不相同，除真空的ε_r规定为 1 外，各种电介质的ε_r都大于 1。电极化率、电容率和相对电容率都是表征电介质性质的物理量，三者中知道任何一个即可求得其他两个。

实验指出：在均匀的电介质充满整个电场等一些特殊情况下，电介质内某点的场强$\boldsymbol{E}$是电介质不存在时在该点的场强E_0的$\dfrac{1}{\varepsilon_r}$倍，这一结论并不是普遍成立的，但电介质内部的电场强度通常都被削弱，这个现象却是普遍成立的。

最后还必须指出，无论是自由电荷还是极化电荷，从激发电场的角度看，它们所激发的静电场的特性是一样的。所以有电介质存在时，电场强度的环路定理仍然成立，即

$$\oint \boldsymbol{E} \cdot d\boldsymbol{l} = 0$$

式中的 $\boldsymbol{E}$ 是所有电荷（自由电荷和极化电荷）所激发的静电场中各点的合电场强度，即它仍然是保守场。

【例题 10-6】 半径为 a 的金属球带有电量 q_0，球外紧贴有一层厚度为 b 的相对介电常数为 ε_{r1} 的均匀固体介质，固体介质外部又充满无限多的相对介电常数为 ε_{r2} 的气体介质。试讨论下列问题：

(1) 空间各点的电位移矢量 $\boldsymbol{D}$；

(2) 空间各点的电场强度 $\boldsymbol{E}$；

(3) 空间各点的极化强度 $\boldsymbol{P}$；

(4) 空间各点的电势。

解：(1) 由自由电荷 q_0 的球对称性，根据 $\oint_S \boldsymbol{D} \cdot d\boldsymbol{S} = \sum_{S内} q_0$，可求得空间各点的电位移矢量如下。

在金属球内　$\boldsymbol{D}_i = 0$

在固体介质内　$\boldsymbol{D}_1 = \dfrac{q_0}{4\pi r^2}\boldsymbol{r}_0 \quad (a<r<b)$

在气体介质内　$\boldsymbol{D}_2 = \dfrac{q_0}{4\pi r^2}\boldsymbol{r}_0 \quad (r>b)$

由上所得结果来看，在金属球与固体介质的交界面上电位移矢量发生突变；但在两种介质的交界面上，即 $r=b$ 处，不仅 $D_{1n}=D_{2n}$，而且 $\boldsymbol{D}_1=\boldsymbol{D}_2$，即电位移矢量在两介质界面上连续，并不发生折射。

(2) 由公式 $\boldsymbol{D}=\varepsilon_0\varepsilon_r\boldsymbol{E}$ 可得空间各点的场强如下。

金属球内　$\boldsymbol{E}_i = 0$

固体介质内　$\boldsymbol{E}_1 = \dfrac{q_0}{4\pi\varepsilon_0\varepsilon_{r1}r^2}\boldsymbol{r}_0 \quad (a<r<b)$

气体介质内　$\boldsymbol{E}_2 = \dfrac{q_0}{4\pi\varepsilon_0\varepsilon_{r2}r^2}\boldsymbol{r}_0 \quad (r>b)$

这一问题中，$\boldsymbol{E}=\dfrac{1}{\varepsilon_r}\boldsymbol{E}_0$ 仍然成立。但从所得结果来看，在 $r=a$、$r=b$ 的两个界面处，场强的法向分量不连续，这就是因为自由电荷和极化电荷都是 $\boldsymbol{E}$ 的源头。

(3) 由方程 $\boldsymbol{P}=\varepsilon_0\chi_e\boldsymbol{E}=\varepsilon_0(\varepsilon_r-1)\boldsymbol{E}$ 可得空间各点的极化强度为

固体介质内　$\boldsymbol{P}_1 = \dfrac{\varepsilon_{r1}-1}{4\pi\varepsilon_{r1}}\dfrac{q_0}{r^2}\boldsymbol{r}_0 \quad (a<r<b)$

气体介质内　$\boldsymbol{P}_2 = \dfrac{\varepsilon_{r2}-1}{4\pi\varepsilon_{r2}}\dfrac{q_0}{r^2}\boldsymbol{r}_0 \quad (r>b)$

由所得结果可以看出，在 $r=a$、$r=b$ 处，极化强度的法向分量不连续，发生突变，故在此两界面上将出现极化电荷。

(4) 由公式 $U=\int_P^\infty \boldsymbol{E}\cdot \mathrm{d}\boldsymbol{l}=\int_r^\infty E\mathrm{d}r$ 可得空间各电势为

金属球

$$U=\int_a^b E_1\mathrm{d}r+\int_b^\infty E_2\mathrm{d}r=\frac{q_0}{4\pi\varepsilon_0}\left[\frac{1}{\varepsilon_{r1}a}+\left(\frac{1}{\varepsilon_{r2}}-\frac{1}{\varepsilon_{r1}}\right)\frac{1}{b}\right]$$

固体介质内

$$U_1=\int_r^\infty E\mathrm{d}r=\int_r^b E_1\mathrm{d}r+\int_b^\infty E_2\mathrm{d}r=\frac{q_0}{4\pi\varepsilon_0}\left[\frac{1}{\varepsilon_{r1}r}+\left(\frac{1}{\varepsilon_{r2}}-\frac{1}{\varepsilon_{r2}}\right)\frac{1}{b}\right]$$

气体介质内

$$U_2=\int_r^\infty E\mathrm{d}r=\int_r^\infty E_2\mathrm{d}r=\frac{q_0}{4\pi\varepsilon_0}\frac{1}{\varepsilon_{r2}r}$$

由所得结果可以看出，在 $r=a$、$r=b$ 处，有 $U_0=U_1$、$U_1=U_2$，即空间各点的电势是连续的。

延伸阅读——物理方法

镜 像 法

镜像法是一种间接求解边值问题的方法，其基本原理是：用假想点电荷来等效地代替导体边界上的面电荷分布，然后用空间电荷和等效电荷叠加给出空间电场、电势分布，其目的就是要凑出若干个点电荷代替在分界面的感应电荷，描述源所在空间的电势或电场分布，从而将求解实际的边值问题转换为求解无界空间的问题。而等效电荷与原电荷对于导体板又恰巧成镜像对称关系，故该方法常常称为镜像法。如在一接地的无限大平面导体前有一点电荷 q，此空间的电场分布和导体表面的电荷分布问题需要考虑边界条件，直接求解比较困难。而从有电荷区域看来，平面导体好像一平面“镜子”，点电荷 q 会在其中成一个“虚像”$-q$，区域空间的电场分布与点电荷 q 和它的“虚像”等效电荷 $-q$ 在无界空间叠加而成的电场分布完全相同。镜像法的理论依据实质上是唯一性定理。因为有电荷区域的电场分布唯一地由其边界(导体位置)上的电势的分布所决定，而点电荷 q 和它的“虚像”等效电荷 $-q$ 在该位置上的电势与导体的电势一样都为零，所以解也相同。镜像法是一种很有用的方法。镜像电荷的确定应遵循以下两条原则：①所有的镜像电荷必须位于所求的场域以外的空间中；②镜像电荷的个数位置及电荷量的大小由满足场域边界上的边界条件来确定。

10.4 有介质时的高斯定理

一、有介质时的高斯定理

我们知道，真空中的高斯定理为

$$\oiint_S \boldsymbol{E}\cdot\mathrm{d}\boldsymbol{S}=\frac{\sum q_i}{\varepsilon_0}$$

在有电介质存在时，高斯定理仍然成立。在电介质存在的电场中任意作一闭合曲面 S，它所包围的电荷除自由电荷 $\sum q_i$ 外，还存在束缚电荷 $\sum q'_i$，由高斯定理，得

$$\oiint_S \boldsymbol{E} \cdot \mathrm{d}\boldsymbol{S} = \frac{1}{\varepsilon_0}\left(\sum q_i + \sum q_i'\right) \tag{10-23}$$

式中 $\boldsymbol{E}$ 为总场强。也就是说，如果要用式(10-23)来求解电场强度 $\boldsymbol{E}$，除需要知道自由电荷外，还需要知道束缚电荷，而介质中的束缚电荷难于测定，束缚电荷本身也是待求的量，这种相互关系给求解问题带来了困难。为了解决这个问题，故须设法将束缚电荷消去，利用

$$\oiint_S \boldsymbol{P} \cdot \mathrm{d}\boldsymbol{S} = -\sum_{S内} q'$$

消去式(10-23)中的束缚电荷 $\sum q'_i$ 得

$$\oiint_S (\varepsilon_0 \boldsymbol{E} + \boldsymbol{P}) \cdot \mathrm{d}\boldsymbol{S} = \sum q_i$$

此式表明了有电介质存在时的总场强 $\boldsymbol{E}$ 与自由电荷 $\sum q_i$ 的关系，虽然在这个式子里，束缚电荷并没有出现，但电介质对电场的影响，已经通过电极化强度 $\boldsymbol{P}$ 反映了。为了研究方便，通常引入一个辅助矢量 $\boldsymbol{D}$，定义为

$$\boldsymbol{D} = \varepsilon_0 \boldsymbol{E} + \boldsymbol{P} \tag{10-24}$$

并把它叫做电位移矢量，它的方向与场强 $\boldsymbol{E}$ 相同，单位是库仑・米$^{-2}$（C・m^{-2}），于是式(10-25)可表示为

$$\oiint_S \boldsymbol{D} \cdot \mathrm{d}\boldsymbol{S} = \sum q_i \tag{10-25}$$

式中 $\oiint_S \boldsymbol{D} \cdot \mathrm{d}\boldsymbol{S}$ 叫做电位移通量，式(10-25)表示在**任何电场中，通过任意一个封闭曲面的电位移通量等于该面所包围的自由电荷的代数和**。这叫做有介质时的高斯定理。它是有电介质时的电场的普遍规律，是静电场的基本规律之一。

式(10-25)比式(10-23)优越的地方在于其中不包含束缚电荷，对于各向同性的介质，有 $\boldsymbol{P}=\chi_e\varepsilon_0\boldsymbol{E}$，代入式(10-24)得

$$\boldsymbol{D} = (1+\chi_e)\varepsilon_0 \boldsymbol{E} = \varepsilon_r\varepsilon_0 \boldsymbol{E} = \varepsilon \boldsymbol{E} \tag{10-26}$$

上式说明了电位移矢量 $\boldsymbol{D}$ 与电场强度 $\boldsymbol{E}$ 的简单关系，它和有介质时的高斯定理式(10-25)一起显示出引入电位移的好处，在不知道极化电荷分布的情况下我们计算出有介质时的电场。电位移矢量 $\boldsymbol{D}$ 没有明显的物理意义，它是描述电场的一个辅助物理量，引入 $\boldsymbol{D}$ 矢量的根本目的，在于利用式(10-25)顺利地求出介质中的场强。因为自由电荷分布具有对称性，利用式(10-25)求 $\boldsymbol{D}$ 是十分方便的，而且由实验可以测得 ε_r，从而利用式(10-26)可以容易得出场强 $\boldsymbol{E}$ 的分布来。

为了使电位移矢量 $\boldsymbol{D}$ 的描述形象化，我们仿照电场线方法，在有电介质的静电场中作电位移线，使线上每一点的切线方向和电位移矢量 $\boldsymbol{D}$ 的方向相同，并规定在垂直于电位移线的单位面积上通过的电位移线数目等于该点的电位移矢量 $\boldsymbol{D}$ 的量值，称作 $\boldsymbol{D}$ 通量。这样有电介质时的高斯定理就告诉我们：通过电介质中任一闭合曲面的 $\boldsymbol{D}$ 通量等于该面所包围的自由电荷量的代数和。从式(10-25)还可以看出，电位移线是从正的自由电荷出发，终止于负的自由电荷。这与电场线不一样，电场线起始于各种正、负电荷，包括自由电荷和极化电荷。以有电介质的平行板电容为例，电位移线（$\boldsymbol{D}$ 线）在电容器内部是均匀分布的；由于有部分电场线（$\boldsymbol{E}$ 线）终止于电介质表面的极化电荷，在电介质内部电场线就变得稀疏些；如果也用所谓 $\boldsymbol{P}$ 线来描述电极化强度矢量场的话，那么由于电极化强度 $\boldsymbol{P}$ 只与极化电荷有

关，所以 **P** 线起始于负的极化电荷、终止于正的极化电荷，它们只出现在电介质内部，如图 10-23 所示。

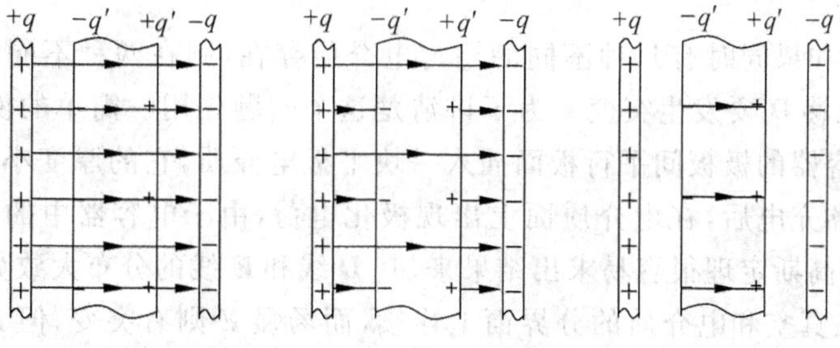

图 10-23 平行板电容器内有平板电介质时的 **D** 线、**E** 线和 **P** 线

(a) D 线均匀分布；(b) 介质内部 E 线较稀疏；(c) P 线只在介质内部

【例题 10-7】 如图 10-24 所示，半径为 R 的导体球，带电为 q，周围充满无限均匀的介质，介质的相对介电系数为 ε_r，求在球内、外距球心为 r 的点的场强、电势和极化电荷。

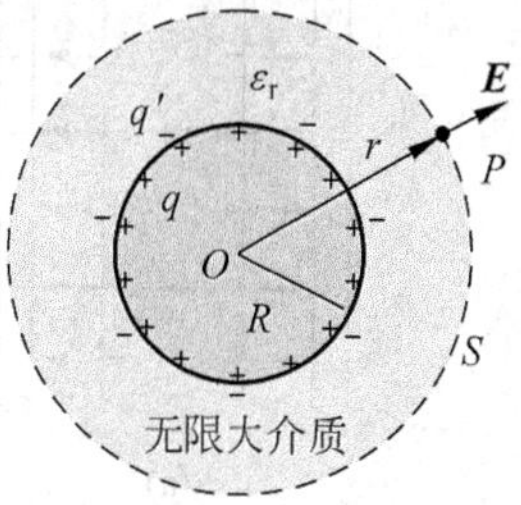

图 10-24 例题 10-7 用图

解：在没有电介质时，均匀分布在导体球表面上的自由电荷所产生的电场是球对称的，加入电介质后，束缚电荷均匀分布在导体四周的介质交界面上，它所激发的电场也是球对称的。因此，介质中的总电场是球对称的，这时介质中的场强 **E** 应为真空中场强 $\boldsymbol{E}_0$ 的 $\frac{1}{\varepsilon_r}$，由于束缚电荷难以确定，可由场强分布求电势，场强分布

$$E=\begin{cases}E_1=0 & (r<R)\\ E_2=\dfrac{q}{4\pi\varepsilon_0\varepsilon_r r^2} & (r>R)\end{cases}$$

电势分布

球内

$$U_1=\int_r^{\infty}\boldsymbol{E}\cdot d\boldsymbol{l}=\int_r^R\boldsymbol{E}_1\cdot d\boldsymbol{l}+\int_R^{\infty}\boldsymbol{E}_2\cdot d\boldsymbol{l}$$

$$=\int_R^{\infty}\frac{q}{4\pi\varepsilon_0\varepsilon_r r^2}dr=\frac{q}{4\pi\varepsilon_0\varepsilon_r R}\quad(r<R)$$

球外

$$U_2=\int_r^{\infty}\boldsymbol{E}_2\cdot d\boldsymbol{l}=\int_r^{\infty}\frac{q}{4\pi\varepsilon_0\varepsilon_r r^2}dr=\frac{q}{4\pi\varepsilon_0\varepsilon_r r}\quad(r>R)$$

设极化电荷量为 q'，由介质内部的电场强度 $\boldsymbol{E}=\boldsymbol{E}_0+\boldsymbol{E}'$，有

$$\frac{q}{4\pi\varepsilon_0\varepsilon_r r^2}=\frac{q}{4\pi\varepsilon_0 r^2}+\frac{q'}{4\pi\varepsilon_0 r^2}$$

解得 $q'=-q\left(1-\frac{1}{\varepsilon_r}\right)$。

二、电场的边值关系

在静电场中，如果同时有几种不同的均匀电介质存在，则在两种不同的电介质的界面上，场强 $\boldsymbol{E}$ 和电位移 $\boldsymbol{D}$ 要发生突变。为了讲清楚这个问题先用一简单的例子来定性说明。设在一平行板电容器的极板间平行板面插入一块平板电介质，它的厚度小于电容器两极间的距离。当电容器充电后，在电介质面上出现极化电荷，由于电容器中的电场具有面对称性，用有介质时的高斯定理很容易求出结果来，其 $\boldsymbol{D}$ 线和 $\boldsymbol{E}$ 线的分布大致如图 10-25 所示。显然，电位移 $\boldsymbol{D}$ 在真空和电介质的分界面上连续，而场强 $\boldsymbol{E}$ 则有突变，但 $\boldsymbol{D}$ 和 $\boldsymbol{E}$ 的方向都垂直于界面。如果平板电介质斜着插在平行板电容器中，那么就破坏了电场分布的对称性，此时电容器中 $\boldsymbol{D}$ 线和 $\boldsymbol{E}$ 线的分布大致如图 10-25 所示。从图中可定性看出，电位移 $\boldsymbol{D}$ 和场强 $\boldsymbol{E}$ 在真空和电介质的分界面上都有突变，$\boldsymbol{D}$ 线和 $\boldsymbol{E}$ 线在分界面处发生了偏折。

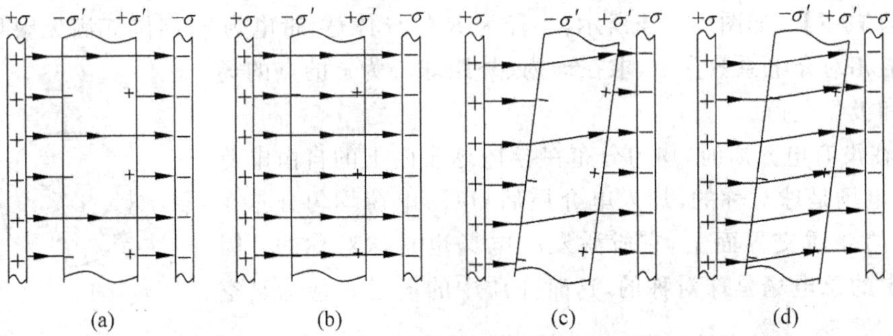

图 10-25 平行板电容器的极板间插入平板电介质时的 $\boldsymbol{D}$ 线和 $\boldsymbol{E}$ 线

(a) $\boldsymbol{E}$ 线；(b) $\boldsymbol{D}$ 线；(c) $\boldsymbol{E}$ 线；(d) $\boldsymbol{D}$ 线

在普遍情况下，只要将描述静电场的两个普遍适定理应用到电介质的分界面上，便可得出电位移 $\boldsymbol{D}$ 和场强 $\boldsymbol{E}$ 在极靠近界面两侧处量值的变化关系，这就是通常所说的电场的边值关系。

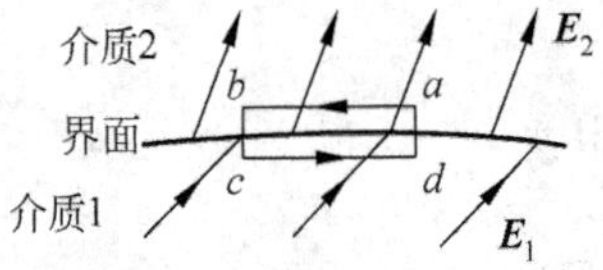

图 10-26 切向分量的连续性

(1) $\boldsymbol{E}$ 切向分量的连续性

设有两种不同的介质，相对介电常数分别为 ε_{r1} 和 ε_{r2}，在边界两侧的场强矢量分别为 $\boldsymbol{E}_1$ 和 $\boldsymbol{E}_2$，设 $\boldsymbol{e}_t$ 为边界的切向单位矢量，如图 10-26 所示。若在边界附近取一矩形闭合路径 $abcda$，使 $ab=cd=\Delta l$，且两边平行于边界；$bc=da=\Delta h$，这两边与边界垂直，且 Δh 很小，最终可趋近于零。应用环路定理，则有

$$\oint_l \boldsymbol{E}\cdot \mathrm{d}\boldsymbol{l}=\int_{ab}\boldsymbol{E}\cdot \mathrm{d}\boldsymbol{l}+\int_{bc}\boldsymbol{E}\cdot \mathrm{d}\boldsymbol{l}+\int_{cd}\boldsymbol{E}\cdot \mathrm{d}\boldsymbol{l}+\int_{da}\boldsymbol{E}\cdot \mathrm{d}\boldsymbol{l}=0$$

注意到 ab 段内 $\boldsymbol{E}$ 的切向分量与 $\Delta\boldsymbol{l}$ 方向相反，$bc=da=\Delta h=0$，因此

$$\oint_l \boldsymbol{E}\cdot \mathrm{d}\boldsymbol{l}=(E_{1t}-E_{2t})\Delta l=0$$

$$(\boldsymbol{E}_1-\boldsymbol{E}_2)\cdot\boldsymbol{e}_t=0 \quad 或 \quad E_{1t}=E_{2t} \qquad (10\text{-}27)$$

即在两种介质的边界上，电场强度 $\boldsymbol{E}$ 的切向分量连续。由方程 $\boldsymbol{D}=\varepsilon_0\varepsilon_r\boldsymbol{E}$，可得

$$\frac{D_{1t}}{\varepsilon_{r1}}=\frac{D_{2t}}{\varepsilon_{r2}} \tag{10-28}$$

因为 $\varepsilon_{r1}\neq\varepsilon_{r2}$，故 $D_{1t}\neq D_{2t}$，即**在两种介质的边界上，电位移矢量 $\boldsymbol{D}$ 的切向分量不连续，有突变**。

(2) $\boldsymbol{D}$ 法向分量的连续性 电位移线折射定律

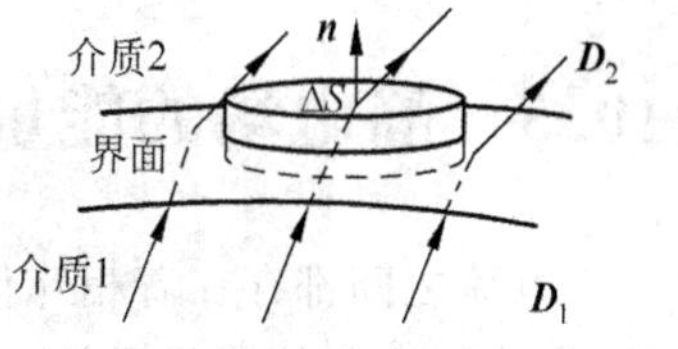

图 10-27　法向分量的连续

设有两种不同的介质，相对介电常数分别为 ε_{r1} 和 ε_{r2}，在边界两侧的电位移矢量分别为 $\boldsymbol{D}_1$ 和 $\boldsymbol{D}_2$，设 $\boldsymbol{n}$ 表示交界面的法向单位矢量，其方向由介质 1 指向介质 2，如图 10-27 所示。在分界面上任取一面元 ΔS，作一上下底面 $\Delta S_1=\Delta S_2=\Delta S$ 都平行于 ΔS 的扁盒形对称闭合柱面，两底面的法向单位矢量分别为 $\boldsymbol{n}_1$ 和 $\boldsymbol{n}_2$，柱面高 Δh 很小，最终会令其趋于零。利用介质中的高斯定理，则有

$$\oint\!\!\!\oint_S \boldsymbol{D}\cdot d\boldsymbol{S}=\iint_{S上底}\boldsymbol{D}\cdot d\boldsymbol{S}+\iint_{S下底}\boldsymbol{D}\cdot d\boldsymbol{S}+\iint_{S侧}\boldsymbol{D}\cdot d\boldsymbol{S}=0$$

注意到下底面上 $\boldsymbol{D}$ 的法向分量与下底面 $\Delta\boldsymbol{S}$ 的方向相反，侧面的面积趋于零，因此

$$\oint\!\!\!\oint_S \boldsymbol{D}\cdot d\boldsymbol{S}=(D_{2n}-D_{1n})\Delta\boldsymbol{S}=0$$

即

$$D_{1n}=D_{2n}\quad 或\quad (\boldsymbol{D}_1-\boldsymbol{D}_2)\cdot\boldsymbol{n}=0 \tag{10-29}$$

这表明：**在边界无自由电荷时，电位移矢量 $\boldsymbol{D}$ 的法向分量连续**。根据方程 $\boldsymbol{D}=\varepsilon_0\varepsilon_r\boldsymbol{E}$，可得

$$\varepsilon_{r1}E_{1n}=\varepsilon_{r2}E_{2n} \tag{10-30}$$

因为 $\varepsilon_{r1}\neq\varepsilon_{r2}$，故 $E_{1n}\neq E_{2n}$，即**在两种介质的边界上，电场强度 $\boldsymbol{E}$ 的法向分量不连续，有突变**。

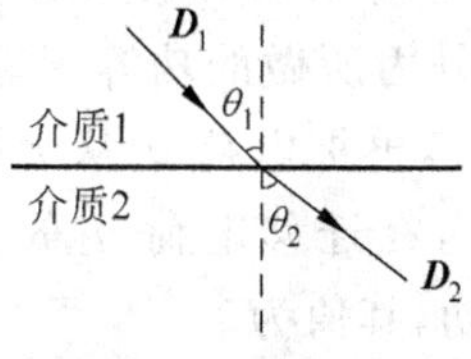

图 10-28　$\boldsymbol{D}$ 线的折射定律

电位移矢量的法向分量是连续的，但其切向分量发生突变。因此，电位移线在边界处将发生折射，如图 10-28 所示。若 θ_1 和 θ_2 分别表示 $\boldsymbol{D}_1$ 和 $\boldsymbol{D}_2$ 与界面法向的夹角，则

$$\frac{\tan\theta_1}{\tan\theta_2}=\frac{D_{1t}/D_{1n}}{D_{2t}/D_{2n}}=\frac{D_{1t}}{D_{2t}}=\frac{\varepsilon_{r1}}{\varepsilon_{r2}} \tag{10-31}$$

此式称为**电位移线的折射定律**。显然，进入介电常数大的介质时，$\boldsymbol{D}$ 线与法向夹角也大。

延伸阅读——物理学家

安　培

安培(Andre-Marie Ampere，1775—1836)，法国物理学家，电动力学的创始人。1775 年 1 月 22 日生于里昂，1805 年定居巴黎，担任法兰西学院的物理教授，1814 年参加了法国科学会，1818 年担任巴黎大学总督学，1827 年被选为英国皇家学会会员，他还是柏林科学院和斯德哥尔摩科学院院士。安培最重要的贡献是在电磁学方面。自 1820 年 7 月奥斯特发现了电流的磁效应后，安培重做了奥斯特的实验，并接连发表了三篇实验报告论文。在这三篇论文中，包括了电流方向和磁针偏转方向关系的右手定则；同向直线电流间互相吸引，异向直线电流间互相排斥；通电螺线管的磁性与磁针等效等。进一步研究电流之间的相互作用，把精巧的实验和高超的数学技巧结合起来，通过四个巧妙设计的实验，导出了两

个电流元之间相互作用的公式，这就是著名的安培定律。安培还进一步探索了磁的本质，提出了分子电流假说，把磁和电流联系起来，从本质上认识了磁和电的统一。安培精湛的实验技巧和探索根源的精神受到后人的称颂，他在电磁学方面的重要贡献被麦克斯韦誉为"电学中的牛顿"。

10.5　静电场的能量

电荷之间都存在着相互作用的电场力，当电荷之间相对位置变化时，电场力要做功，而且，做功与变化的路径无关，这表示电荷之间具有相互作用能(电势能)。带电系统所以具有电势能，是因为任何物体的带电过程都可看作是电荷之间相对迁移的过程，在迁移电荷的过程中，外界必须消耗能量以克服电场力而做功。例如，用电池对电容器充电时就消耗电池中的化学能，根据能量守恒及转化定律，外界所提供的能量转化为带电系统的静电能。当带电系统的电荷减少时，静电能就转化为其他形式的能量。例如，当已充电的电容器放电时，它所储存的电能就会转化热、光、声等形式的能量。

一、点电荷间的相互作用能

我们先来计算两个相距为 r 的点电荷 q_1 和 q_2 系统的相互作用能。假设电荷 q_1 和 q_2 原来相距为无限远，如图 10-29(a)，这时它们之间的相互作用力等于零，通常把电荷处于这种状态时的电势能规定为零。现先把电荷 q_1 从无限处移到 A 点，如图 10-29(b)，在这过程中，因电荷 q_2 与 A 点相距为无限远，对电荷 q_1 没有作用力，外力所做的功等于零，把电荷 q_1 移到 A 点固定下来后，再把电荷 q_2 从无限远处移到 B 点，如图 10-29(c)，在迁移电荷 q_2 的过程中，因它已处在电荷 q_1 所激发的电场中，因而外力要反抗电场力做功，其值为

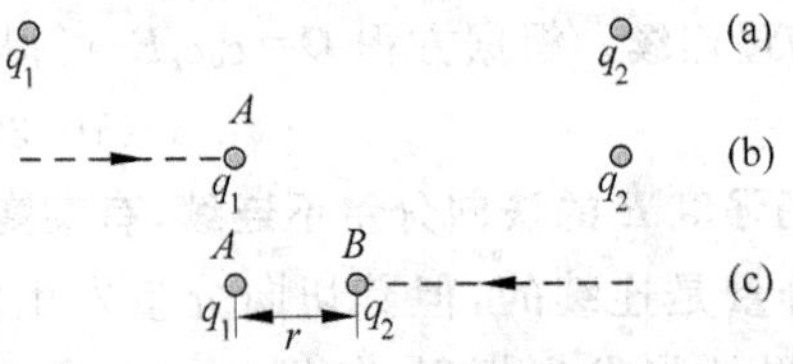

图 10-29　点电荷系统的形成过程

$$A = q_2(U_2 - U_\infty)$$

这里，U_2 是电荷 q_1 在 B 点处激发的电势，$U_2 = \frac{q_1}{4\pi\varepsilon_0 r}$，$U_\infty$ 是电荷 q_1 在无限远点处的电势，$U_\infty = 0$，所以

$$A = q_2(U_2 - U_\infty) = \frac{q_1 q_2}{4\pi\varepsilon_0 r}$$

同理，如果先把电荷 q_2 迁移到 B 点，再把电荷 q_1 迁移到 A 点，同样可以求得外力反抗电场力所做的功 $A = q_1 U_1 = \frac{q_1 q_2}{4\pi\varepsilon_0 r}$，式中 U_1 是电荷 q_2 在 A 处激发的电势。可见，上述两种不同的迁移过程，外力所作的功相等，这也就是说，一电荷系统的形成过程中，外力所作的功和迁移电荷的先后次序无关。根据功能原理。这功就等于这两个点电荷系统所具有的相互作用能量(电势能)W，即

$$W = A = \frac{q_1 q_2}{4\pi\varepsilon_0 r}$$

我们可以把这一式子改写为

$$W=\frac{1}{2}q_1\frac{q_2}{4\pi\varepsilon_0 r}+\frac{1}{2}q_2\frac{q_1}{4\pi\varepsilon_0 r}=\frac{1}{2}q_1U_1+\frac{1}{2}q_2U_2$$

式中U_1和U_2的含义同前。电荷q_1和q_2如果是同号电荷，这能量为正值，表示外力做正功；如果是异号电荷，这能量为负值，表示外力做负功，电场力做正功。

再考虑形成三个点电荷的系统的情况。仿照上面的设想，依次把电荷q_1，q_2，q_3三个点电荷从无限远处移到所在的位置上去(彼此间的距离分别为r_{12}，r_{23}，r_{13})，根据电场力的叠加原理，迁移各点电荷时外力反抗电场力所做的功分别为

$$A_1=0$$

$$A_2=q_2\frac{q_1}{4\pi\varepsilon_0 r_{12}}$$

$$A_3=q_3\left(\frac{q_1}{4\pi\varepsilon_0 r_{13}}+\frac{q_2}{4\pi\varepsilon_0 r_{23}}\right)$$

因此三个点电荷系统所具有的相互作用能量(电势能)应等于建立这个电荷系统时外力反抗电场力所做的总功，即

$$W=A_1+A_2+A_3=0+q_2\frac{q_1}{4\pi\varepsilon_0 r_{12}}+q_3\left(\frac{q_1}{4\pi\varepsilon_0 r_{13}}+\frac{q_2}{4\pi\varepsilon_0 r_{23}}\right)$$

或写成

$$\begin{aligned}W&=\frac{1}{2}q_1\left(\frac{q_2}{4\pi\varepsilon_0 r_{12}}+\frac{q_3}{4\pi\varepsilon_0 r_{13}}\right)+\frac{1}{2}q_2\left(\frac{q_1}{4\pi\varepsilon_0 r_{12}}+\frac{q_3}{4\pi\varepsilon_0 r_{23}}\right)+\frac{1}{2}q_3\left(\frac{q_1}{4\pi\varepsilon_0 r_{13}}+\frac{q_2}{4\pi\varepsilon_0 r_{23}}\right)\\&=\frac{1}{2}q_1U_1+\frac{1}{2}q_2U_2+\frac{1}{2}q_3U_3=\frac{1}{2}\sum_{i=1}^{3}q_iU_i\end{aligned}\qquad(10\text{-}32)$$

式中U_1表示除点电荷q_1之外的其他点电荷q_2和q_3在q_1所在位置激发的电势，其余类推。

把式(10-32)推广到n个点电荷所组成的系统时，则这一系统所具有的相互作用能量(电势能)可写成

$$W=\frac{1}{2}\sum_{i=1}^{n}q_iU_i\qquad(10\text{-}33)$$

式中U_i表示在给定的点电荷系中除第i个点电荷之外的其他所有点电荷在第i个点电荷所在位置处激发的电势。公式(10-33)不管在真空还是有介质时都是正确的。当有介质存在时，q_i仍是自由点电荷，而U_i则应改为有介质时的电势。

【例题10-8】 如图10-30所示，在一边长为d的立方体的每个顶点上放有一个点电荷，电量为$-e$，立方体中心放有一个点电荷，电量为$+2e$。求此带电系统的相互作用能。

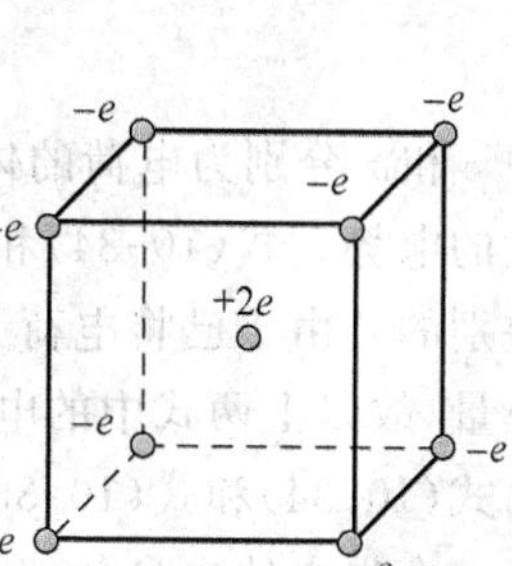

图10-30　点电荷的相互作用能

解：解法一：相邻两顶点间的距离为d，八个顶点上的负电荷与相邻负电荷的相互作用能量共有12对，即$12\frac{e^2}{4\pi\varepsilon_0 d}$；面对角线长度为$\sqrt{2}d$，6个面上12对对角顶点负电荷间的相互作用能量是$12\frac{e^2}{4\pi\varepsilon_0\sqrt{2}d}$；立方体对角线长

度为$\sqrt{3}d$，四个对对角顶点负电荷间的相互作用能量为$4\dfrac{e^2}{4\pi\varepsilon_0\sqrt{3}d}$；立方体中心到每一顶点的距离是$\sqrt{3}d/2$，故中心正电荷与8个顶点负电荷的相互作用能量是$-8\dfrac{2e^2}{4\pi\varepsilon_0\sqrt{3}d/2}$。所以，这个点电荷系统的总相互作用能量为

$$W=12\frac{e^2}{4\pi\varepsilon_0 d}+12\frac{e^2}{4\pi\varepsilon_0\sqrt{2}d}+4\frac{e^2}{4\pi\varepsilon_0\sqrt{3}d}-8\frac{2e^2}{4\pi\varepsilon_0\sqrt{3}d/2}=\frac{0.344e^2}{\varepsilon_0 d}$$

解法二：任一顶点处的电势为

$$U_i=3\left(\frac{-e}{4\pi\varepsilon_0 d}\right)+3\left(\frac{-e}{4\pi\varepsilon_0\sqrt{2}d}\right)+\left(\frac{-e}{4\pi\varepsilon_0\sqrt{3}d}\right)+\left(\frac{2e}{4\pi\varepsilon_0\sqrt{3}d/2}\right),$$

在体心处的电势为$U_o=8\left(\dfrac{-e}{4\pi\varepsilon_0\sqrt{3}d/2}\right)$。按式(10-33)，可得这个点电荷系的总相互作用能量为

$$\begin{aligned}W&=\frac{1}{2}\sum_{i=1}^{n}q_iU_i=8\cdot\frac{1}{2}(-e)U_i+\frac{1}{2}(2e)U_o\\&=12\frac{e^2}{4\pi\varepsilon_0 d}+12\frac{e^2}{4\pi\varepsilon_0\sqrt{2}d}+4\frac{e^2}{4\pi\varepsilon_0\sqrt{3}d}-4\frac{2e^2}{4\pi\varepsilon_0\sqrt{3}d/2}-8\frac{e^2}{4\pi\varepsilon_0\sqrt{3}d/2}=\frac{0.344e^2}{\varepsilon_0 d}\end{aligned}$$

结果与解法一相同。

有一些离子型晶体，其正负离子排列成整齐的立方体阵，也可以根据上例的方法估算形成晶体的相互作用能量(即静电结合能)。

二、电荷连续分布时的静电能

上面形成点电荷系统的过程，也可以推广到电荷连续分布的情况。以体电荷分布为例，我们设想不断把体电荷元$\rho\mathrm{d}V$从无穷远处迁移到物体上，这时只要把式(10-33)中的相加改为积分形式，就可得电荷为体分布时的静电能

$$W=\frac{1}{2}\iiint_V\rho U\mathrm{d}V \tag{10-34}$$

同理，对面电荷分布，其静电能为

$$W=\frac{1}{2}\iint_S\sigma U\mathrm{d}S \tag{10-35}$$

式中ρ和σ分别为电荷的体密度和面密度，U是所有电荷在体积元$\mathrm{d}V$和面积元$\mathrm{d}S$所在处激发的电势。式(10-34)和式(10-35)是由式(10-33)演变而来，然而，它们在物理内容上是有差别的。由于已将电荷无限分割为电荷元，而电荷元在本身所在处所激发的电势为一无限小量，故以上两式中的电势U也包括了电荷元在内的整个电荷在该处所激发的电势。因此由式(10-34)和式(10-35)算出的能量不但包括了各个带电体之间的相互作用能，也包括了每一个带电体自身各部分电荷之间的相互作用能(称为固有能)，而在式(10-33)中却没有考虑每一个被看作点电荷的固有能。为了区别起见，我们把由式(10-34)和式(10-35)所表示的能量叫做总静电能。

【训练】 对于电荷线分布，写出其静电能的表达式。

三、电容器的静电能

设电容器原来不带电，两极板的电势差为零，克服静电力不断地将正电荷 dq 从 B 板移到 A 板。某一时刻 A，B 板的带电量分别为 $+q$、$-q$，两极板相应的电势差为

$$U=\frac{q}{C}$$

式中 C 为电容器的电容。这时再从 B 板移动正电荷 dq 到 A 板，外力克服静电力所做的元功为 $dA=Udq=\frac{q}{C}dq$。

从两板不带电，到两板分别带 $+q$ 和 $-q$，在这个过程中外力克服静电力所做的总功为

$$A=\int dA=\int_0^Q \frac{q}{C}dq=\frac{1}{2}\frac{Q^2}{C}$$

因为外力所做的功全转化为带电系统所具有的电势能 W，即

$$W=\frac{Q^2}{2C} \tag{10-36}$$

利用 $Q=CU_{AB}$ 可改写为

$$W=\frac{1}{2}QU_{AB}=\frac{1}{2}CU_{AB}^2 \tag{10-37}$$

式中 Q 和 U_{AB} 分别为电容器充电完毕时，极板上所带的电量和两极板间的电势差。由上式可看出，当电势差一定时，电容器的电容 C 越大，电容器储存的电能就越多。从这个意义上讲，电容 C 是电容器储能本领大小的标志。

四、静电场的能量

电容器不带电时，极板间没有静电场；电容器带电后，极板间就建立了静电场，这表明，一带电体或一带电系统的带电过程，实际上也是带电体或带电系统的电场的建立过程。我们从电场的观点来看，带电体或带电系统的能量也就是电场的能量。既然如此，电场的能量必然与描述电场的物理量有一定的关系。下面我们以平行板电容器为例，找出这个关系。平行板电容器的电容

$$C=\frac{\varepsilon S}{d}$$

两极板间的电势差

$$U_{AB}=Ed$$

把这两个关系式代入式(10-37)中，得

$$W=\frac{1}{2}\frac{\varepsilon S}{d}(E\cdot d)^2=\frac{1}{2}\varepsilon E^2(S\cdot d)$$

式中 $S\cdot d$ 是两极板间的体积，用 V 表示，所以

$$W=\frac{1}{2}\varepsilon E^2 V$$

如果忽略边缘效应，则平行板电容器中的电场是匀强电场，即 E 为常量，这说明电场能量是

均匀分布在两极板之间电场存在的空间里，把电场在单位体积内所具有的电场能量叫作电场能量密度，并用符号 w 表示，则电场能量密度为

$$w=\frac{W}{V}=\frac{1}{2}\varepsilon E^2=\frac{1}{2}\boldsymbol{D}\cdot\boldsymbol{E} \tag{10-38}$$

上面的结果虽然是从匀强电场导出，但可证明它是一个普遍适用的公式，也就是说，在非匀强电场中只要已知电场中各点的介电常数及场强的大小就可根据上式算出各点的电场能量密度，至于电场的总能量，则可由下面的积分式算出

$$W=\iiint_V w\,\mathrm{d}V \tag{10-39}$$

式中积分区间 V 要遍及电场分布的所有空间。

从式(10-36)看，电势能似乎集中在两极板的电荷上，但是在交变电磁场的实验中，已经证明了能量能够以电磁波形式和有限的速度在空间传播，这证实了能量储存在场中的观点，能量是物质的固有属性之一，电场能量正是电场物质性的一个表现。

【例题 10-9】 一电容器由两个很长的同轴薄圆筒组成，内、外圆筒半径分别为 R_1 和 R_2，其间充满相对介电常量为 ε_r 的各向同性、均匀电介质。电容器接在电压为 U 的电源上(如图 10-31 所示)，试求该圆柱形电容器单位长度所储存的电场能量和电容。

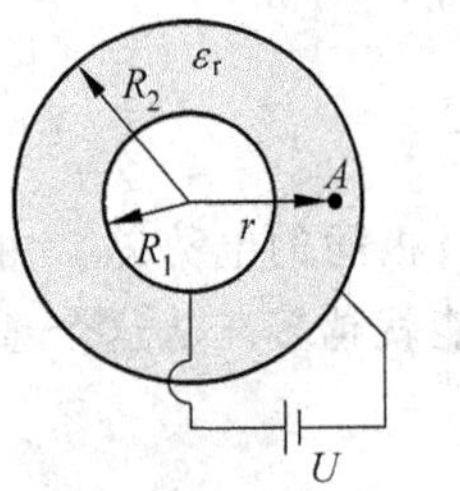

图 10-31　例题 10-9 用图

解：如图 10-31，设内、外圆筒沿轴向单位长度上分别带有电荷 $+\lambda$ 和 $-\lambda$，过两圆筒间任一场点 A 以 r 为半径，作一长为 l 的同轴圆柱面为高斯面，根据高斯定理可求得 A 的电位移矢量。

$$\oint\!\!\oint_S \boldsymbol{D}\cdot\mathrm{d}\boldsymbol{S}=\sum_{S内}q$$

$$D2\pi rl=\lambda l$$

所以

$$D=\frac{\lambda}{2\pi r}\quad(R_1<r<R_2)$$

故

$$E=\frac{D}{\varepsilon}=\frac{D}{\varepsilon_0\varepsilon_r}=\frac{\lambda}{2\pi\varepsilon_0\varepsilon_r r}\quad(R_1<r<R_2)$$

由于在 r 相同的地方 $\boldsymbol{E}$、$\boldsymbol{D}$ 相同，即能量密度也相同，分别以 r 和 $r+\mathrm{d}r$ 为半径、l 为长作同轴圆柱面，则构成一个很薄的圆柱壳层，体积为

$$\mathrm{d}V=2\pi rl\,\mathrm{d}r$$

该处的电场能量密度

$$w_e=\frac{1}{2}\boldsymbol{D}\cdot\boldsymbol{E}=\frac{1}{2}\varepsilon E^2=\frac{\varepsilon_0\varepsilon_r U^2}{2r^2\left[\ln(R_2/R_1)\right]^2}$$

体积 $\mathrm{d}V$ 所储存的电场能量

$$\mathrm{d}W_e=w_e\mathrm{d}V=\frac{\pi l\varepsilon_0\varepsilon_r U^2}{r\left[\ln(R_2/R_1)\right]^2}\mathrm{d}r$$

所以，长为 l 的电容器所储存的电场能量

$$W_e(l)=\iiint_V w_e\mathrm{d}V=\frac{\pi l\varepsilon_0\varepsilon_r U^2}{\left[\ln(R_2/R_1)\right]^2}\int_{R_1}^{R_2}\frac{\mathrm{d}r}{r}=\frac{\pi l\varepsilon_0\varepsilon_r U^2}{\ln(R_2/R_1)}$$

令 $l=1$，得电容器单位长度所储存的电场能量

$$W_e=\frac{\pi\varepsilon_0\varepsilon_r U^2}{\ln(R_2/R_1)}$$

根据 $W_e=\frac{1}{2}CU^2$ 可得，电容器单位长度的电容为

$$C=\frac{2W_e}{U^2}=\frac{2\pi\varepsilon_0\varepsilon_r}{\ln(R_2/R_1)}$$

【训练】 本题也可以先求电容后再求电场能量，试用先求电容后求能量的方法解本题。

五、静电的一些应用

随着科学研究和生产实践的发展，静电技术得到广泛的应用。下面仅通过高压带电作业和范德格拉夫起电机介绍静电的应用。

(1) 高压带电作业

人们利用静电平衡下导体表面等电势和静电屏蔽等规律，在高压输电线路和设备的维护和检修工作中，创造了高压带电自由作业的新技术。下面从原理上作简要分析。

高压输电线上电压是很高的，但它与铁塔间是绝缘的，当检修人员登上铁塔和高压线接近时，由于人体与铁塔都和地相通，高压线与人体间有很高的电势差，其间存在很强的电场，这电场足以使周围的空气电离而放电，危及人体安全。为解决这个问题，通常运用高绝缘性能的梯架，作为人从铁塔走向输电线的过道，这样，人在梯架上，就完全与地绝缘，当与高压线接触时，就会和高压线等电势，不会有电流通过人体流向大地。但是，由于输电线上通有交流电，在电线周围有很强的交变电场，因此，只要人靠近电线，就会在人体中有较强的感应电流而危及生命。为解决这个问题，利用静电屏蔽原理，用细铜丝(或导电纤维)和纤维编织在一起制成导电性能良好的工作服，通常叫屏蔽服，它把手套、帽子、衣裤和袜子连成一体，构成一导体网壳，工作时穿上这种屏蔽服，就相当于把人体用导体网罩起来，这样，交变电场不会深入到人体内，感应电流也只在屏蔽服上流通，避免了感应电流对人体的危害。即使在手接触电线的瞬间，放电也只是在手套与电线之间产生，这时人体与电线仍有相等的电势，检修人员就可以在不停电的情况下，安全自由地在几十万伏的高压输压线上工作。

(2) 范德格拉夫起电机

利用导体的静电特性和尖端现象，可使物体连续不断地带有大量电荷，这样的装置称为静电起电机，范德格拉夫起电机是一种新型静电起电机，大型的范德格拉夫起电机能产生10^7 V 以上的高电压，是研究核反应时用来加速带电基本粒子的重要设备之一。范德格拉夫起电机的构造和作用原理可用图 10-32 来说明。

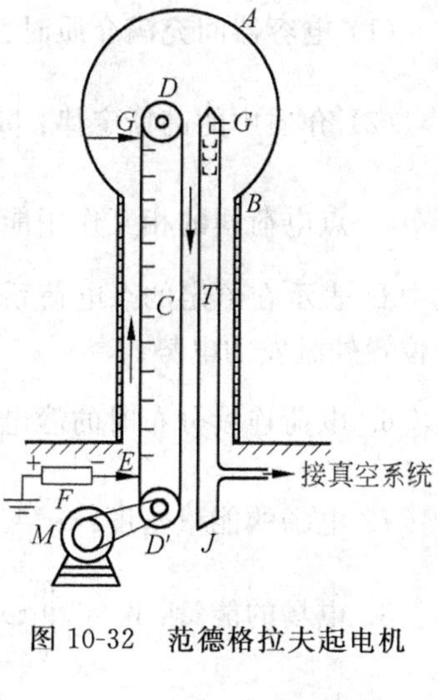

图 10-32 范德格拉夫起电机

图 10-32 中 A 是空心金属球壳。由绝缘空心柱 B 支撑。D 和 D' 表示上、下两个滑轮，滑轮 D' 用电动机 M 拖动，通过绝缘传送带 C 带动上面的滑轮。F 是高压直流电源(几万伏至十万伏)，正极接地，负极接放电针 E，E 由一

排尖齿组成，正对着绝缘带 C，由于 E 的尖端放电，使绝缘带上带有负电荷，当负电荷随带向上移到刮电针 G(G 也由一排尖齿组成)附近时。负电荷就通过 G 而传送到金属球壳 A 并分布在 A 的外表面。随着传送带不停地运转，把大量负电荷送到 A 壳的外表面，就可使 A 达到很高的负电势。

金属球壳 A 内可装有抽成真空的加速管，管的上端装入产生电子束的电子枪 K，由于金属球壳相对于外界具有很高的电势差，因此当电子束进入加速管之后，将在强电场的作用下，自上而下地作加速运动，电子获得很大的动能，电子束轰击在加速管下端的不同材料制成的靶 J 上，可产生不同的射线。如 X 射线、γ 射线等，供不同的应用。

本章小结

1. 静电场中导体的性质

(1) 导体的静电平衡条件：$E_{\text{int}}=0$，表面外紧邻处 E 垂直于表面，导体是个等势体

(2) 计算有导体存在时的静电场分布问题的基本依据：电荷守恒、导体静电平衡条件、高斯定律、电势概念

(3) 金属空壳的静电屏蔽

2. 电容器

(1) 电容定义：$C=\dfrac{q}{U_A-U_B}$，C 决定于电容器的结构

平行板电容器：$C=\dfrac{\varepsilon S}{d}$

(2) 电容器联接：并联 $C=C_1+C_2+\cdots+C_n$

$$串联\ \frac{1}{C}=\left(\frac{1}{C_1}+\frac{1}{C_2}+\cdots+\frac{1}{C_n}\right)$$

3. 电容器的储能：$W=\dfrac{Q^2}{2C}=\dfrac{1}{2}QU_{AB}=\dfrac{1}{2}CU_{AB}^2$

4. 电介质对电场的影响：电介质在电场作用下发生电极化产生束缚电荷，从而削弱原来的电场

(1) 电容器间充满介质时：$E=\dfrac{1}{\varepsilon_r}E_0$，$C=\varepsilon_r C_0$

(2) 介质中的高斯定律：$\oint \boldsymbol{D}\cdot \mathrm{d}S=\sum q_i$

5. 点电荷间的相互作用能：$W=\dfrac{1}{2}\sum\limits_{i=1}^{n}q_iU_i$

式中 U_i 表示在给定的点电荷系中除第 i 个点电荷之外的所有其他点电荷在第 i 个点电荷所在位置处激发的电势。

6. 电荷连续分布时的静电能：$W=\dfrac{1}{2}\iiint_V \rho U\mathrm{d}V$

7. 电场的能量密度：$w=\dfrac{W}{V}=\dfrac{1}{2}\varepsilon E^2$

8. 电场的能量：$W=\iiint_V w\mathrm{d}V$

习题

一、选择题

1. 一“无限大”均匀带电平面 A,其附近放一与它平行的有一定厚度的“无限大”平面导体板 B,如图 10-33 所示。已知 A 上的电荷面密度为 $+\sigma$,则在导体板 B 的两个表面 1 和 2 上的感生电荷面密度为(　　)。

(A) $\sigma_1=-\sigma,\sigma_2=+\sigma$　　(B) $\sigma_1=-\frac{1}{2}\sigma,\sigma_2=+\frac{1}{2}\sigma$

(C) $\sigma_1=-\frac{1}{2}\sigma,\sigma_2=-\frac{1}{2}\sigma$　　(D) $\sigma_1=-\sigma,\sigma_2=0$

2. 在一个原来不带电的外表面为球形的空腔导体 A 内,放有一带电量为 $+Q$ 的带电导体 B,如图 10-34 所示,则比较空腔导体 A 的电势 U_A 和导体 B 的电势 U_B 时,结论为(　　)。

(A) $U_A=U_B$　　(B) $U_A>U_B$

(C) $U_A<U_B$　　(D) 因空腔形状不是球形,两者无法比较

3. 半径为 R 的金属球与地连接。在与球心 O 相距 $d=2R$ 处有一电荷为 q 的点电荷。如图 10-35 所示,设地的电势为零,则球上的感生电荷 q' 为(　　)。

(A) 0　　(B) $\frac{q}{2}$　　(C) $-\frac{q}{2}$　　(D) $-q$

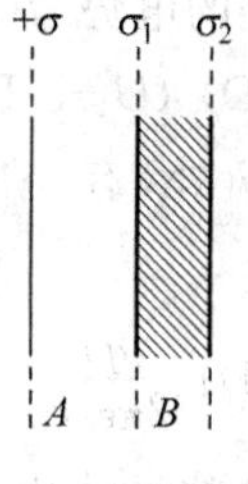

图 10-33　习题 1 用图

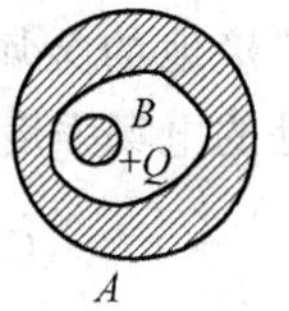

图 10-34　习题 2 用图

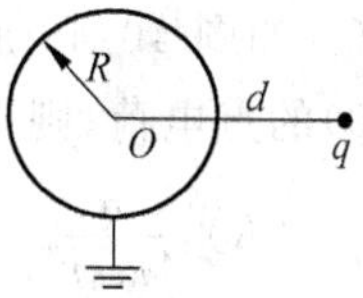

图 10-35　习题 3 用图

4. 两只电容器,$C_1=8\mu F$,$C_2=2\mu F$,分别把它们充电到 1000V,然后将它们反接,如图 10-36 所示,此时两极板间的电势差为(　　)。

(A) 0V　　(B) 200V　　(C) 600V　　(D) 1000V

5. 一导体球外充满相对介电常量为 ε_r 的均匀电介质,若测得导体表面附近场强为 E,则导体球面上的自由电荷面密度 σ_0 为(　　)。

(A) $\varepsilon_0 E$　　(B) $\varepsilon_0\varepsilon_r E$　　(C) $\varepsilon_r E$　　(D) $(\varepsilon_0\varepsilon_r-\varepsilon_0)E$

6. 一个大平行板电容器水平放置,两极板间的一半空间充有各向同性均匀电介质,另一半为空气,如图 10-37 所示。当两极板带上恒定的等量异号电荷时,有一个质量为 m、带电荷为 $+q$ 的质点,在极板间的空气区域中处于平衡。此后,若把电介质抽去,则该质点(　　)。

(A) 保持不动　　(B) 向上运动

(C) 向下运动　　(D) 是否运动不能确定

7. 一空心导体球壳,其内、外半径分别为 R_1 和 R_2,带电荷 q,如图 10-38 所示。当球壳中心处再放一电荷为 q 的点电荷时,则导体球壳的电势(设无穷远处为电势零点)为(　　)。

(A) $\frac{q}{4\pi\varepsilon_0 R_1}$ (B) $\frac{q}{4\pi\varepsilon_0 R_2}$ (C) $\frac{q}{2\pi\varepsilon_0 R_1}$ (D) $\frac{q}{2\pi\varepsilon_0 R_2}$

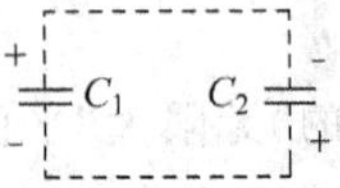

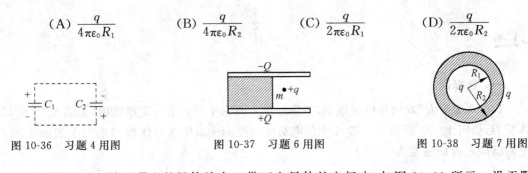

图 10-36 习题 4 用图

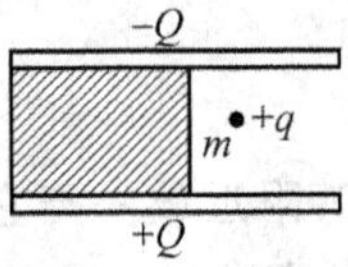

图 10-37 习题 6 用图

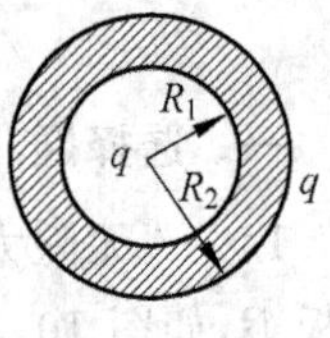

图 10-38 习题 7 用图

8. 把 A、B 两块不带电的导体放在一带正电导体的电场中,如图 10-39 所示。设无限远处为电势零点,A 的电势为 U_A,B 的电势为 U_B,则(　　)。

(A) $U_B>U_A\neq 0$ (B) $U_B>U_A=0$ (C) $U_B=U_A$ (D) $U_B<U_A$

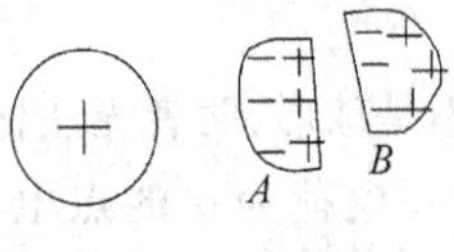

图 10-39 习题 8 用图

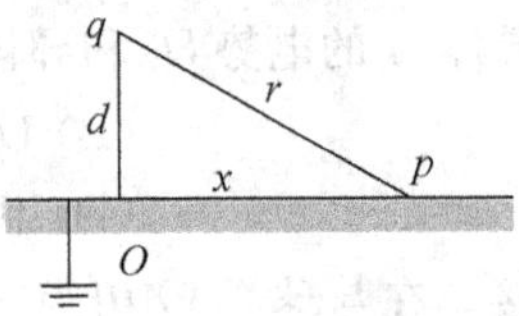

图 10-40 习题 10 用图

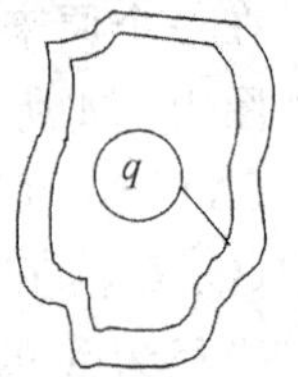

图 10-41 习题 11 用图

9. 两个薄金属同心球壳,半径各为 R_1 和 $R_2(R_2>R_1)$,分别带有电荷 q_1 和 q_2,二者电势分别为 U_1 和 U_2(设无穷远处为电势零点),现用导线将二球壳联起来,则它们的电势为(　　)。

(A) U_1 (B) U_2 (C) U_1+U_2 (D) $(U_1+U_2)/2$

10. 如图 10-40 所示,位于"无限大"接地的金属平面正上方距离 d 处,有一电荷为 $q(q>0)$ 的点电荷,则平面外附近一点 P 处的电场强度大小是(　　)。

(A) $\frac{q}{4\pi\varepsilon_0 r^2}$ (B) $\frac{q}{2\pi\varepsilon_0 r^2}$ (C) $\frac{qd}{2\pi\varepsilon_0 r^3}$ (D) $\frac{qx}{2\pi\varepsilon_0 r^3}$

11. 如图 10-41 所示,一球形导体,带有电荷 q,置于一任意形状的空腔导体中。当用导线将两者连接后,则与未连接前相比系统静电场能量将(　　)。

(A) 增大 (B) 减小

(C) 不变 (D) 如何变化无法确定

二、填空题

12. 如图 10-42 所示,在静电场中有一立方形均匀导体,边长为 a;已知立方导体中心 O 处的电势为 U_0,则立方体顶点 A 的电势 $=$________。

13. 一个带电荷 q、半径为 R 的金属球壳,壳内是真空,壳外是介电常量为 ε 的无限大各向同性均匀电介质,则此球壳的电势 $U=$________。

14. 半径为 R 的不带电的金属球,在球外离球心 O 距离为 l 处有一点电荷,电荷为 q;如图 10-43 所示,若取无穷远处为电势零点,则静电平衡后金属球的电势 $U=$________。

15. 一平行板电容器,极板面积为 S,相距为 d,若 B 板接地,且保持 A 板的电势 $U_A=U_0$ 不变,如图 10-44 所示,把一块面积相同的带电量为 Q 的导体薄板 C 平行地插入两板中间,则导体薄板的电势 $U_C=$________。

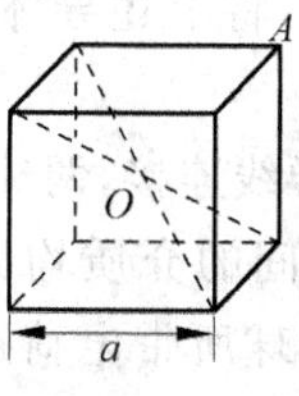

图 10-42　习题 12 用图

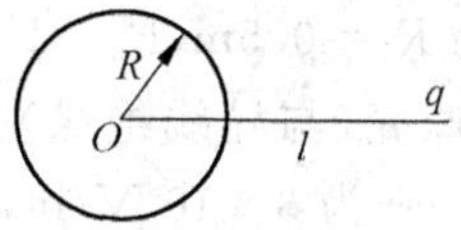

图 10-43　习题 14 用图

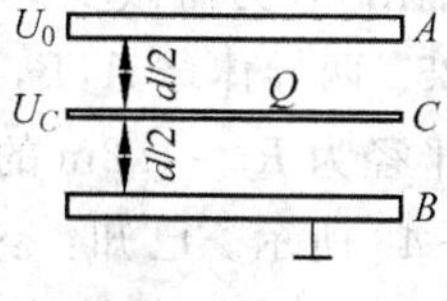

图 10-44　习题 15 用图

16. 一空气平行板电容器，电容为 C，两极板间距离为 d。充电后，两极板间相互作用力为 F。则两极板间的电势差为________，极板上的电荷为________。

17. 一空气平行板电容器，其电容为 C_0，充电后将电源断开，两极板间电势差为 U_{12}。今在两极板间充满相对介电常量为 ε_r 的各向同性均匀电介质，则此时电容值 $C=$________，两极板间电势差 $U'_{12}=$________。

18. 在相对介电常量 $\varepsilon_r=4$ 的各向同性均匀电介质中，求：与电能密度 $w_e=2\times10^6\,\mathrm{J/cm^3}$ 相应的电场强度的大小 $E=$________。（真空介电常量 $\varepsilon_0=8.85\times10^{-12}\,\mathrm{C^2/(N\cdot m^2)}$）

19. 两个空气电容器 1 和 2，并联后接在电压恒定的直流电源上，如图 10-45 所示。今有一块各向同性均匀电介质板缓慢地插入电容器 1 中，则电容器组的总电荷将________，电容器组储存的电能将________。（填“增大”、“减小”和“不变”）

20. 如图 10-46 所示。A、B 为两块无限大均匀带电平行薄平板，两板间和左右两侧充满相对介电常量为 ε_r 的各向同性均匀电介质。已知两板间的场强大小为 E_0，两板外的场强均为 $\frac{1}{3}E_0$，方向如图。则 A、B 两板所带电荷面密度分别为 $\sigma_A=$________，$\sigma_B=$________。

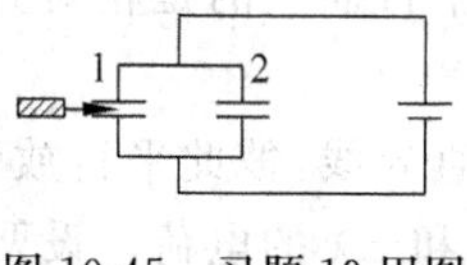

图 10-45　习题 19 用图

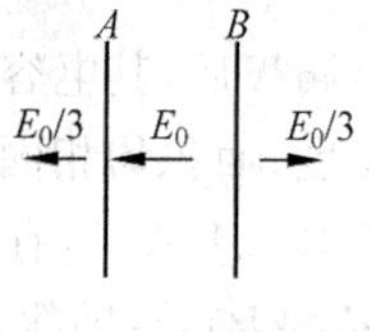

图 10-46　习题 20 用图

21. A、B 为两个电容值都等于 C 的电容器，已知 A 带电荷为 Q，B 带电荷为 $2Q$；现将 A、B 并联后，系统电场能量的增量 $\Delta W=$________。

三、计算题

22. 如图 10-47 所示，一内半径为 a、外半径为 b 的金属球壳，带有电荷 Q，在球壳空腔内距离球心 r 处有一点电荷 q。设无限远处为电势零点，试求：(1)球壳内外表面上的电荷；(2)球心 O 点处，由球壳内表面上电荷产生的电势；(3)球心 O 点处的总电势。

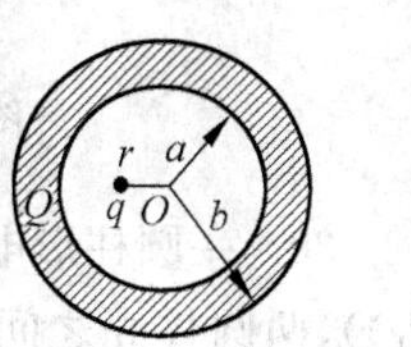

图 10-47　习题 22 用图

23. 两金属球的半径之比为 1∶4，带等量的同号电荷。当两者的距离远大于两球半径时，有一定的电势能。若将两球接触一下再移回原处，则电势能变为原来的多少倍？

24. 一空气平行板电容器，极板面积为 S，两极板之间距离为 d。试求：(1)将一与极板面积相同而厚度为 $d/3$ 的导体板平行地插入该电容器中，其电容将改变多大?(2)设两极板上带电荷$\pm Q$,在电荷保持不变的条件下,将上述导体板从电容器中抽出,外力需做多少功?

25. 两导体球A,B,半径分别为$R_1=0.5\text{m}$,$R_2=1.0\text{m}$,中间以导线连接,两球外分别包以内半径为$R=1.2\text{m}$的同心导体球壳(与导线绝缘)并接地,导体间的介质均为空气,如图10-48所示。已知:空气的击穿场强为$3\times10^6\text{V/m}$,今使A、B两球所带电荷逐渐增加,计算:(1)此系统何处首先被击穿?这里场强为何值?(2)击穿时两球所带的总电荷Q为多少?

26. 一接地的"无限大"导体板前垂直放置一"半无限长"均匀带电直线,使该带电直线的一端距板面的距离为d。如图10-49所示,若带电直线上电荷线密度为λ,试求垂足O点处的感生电荷面密度。

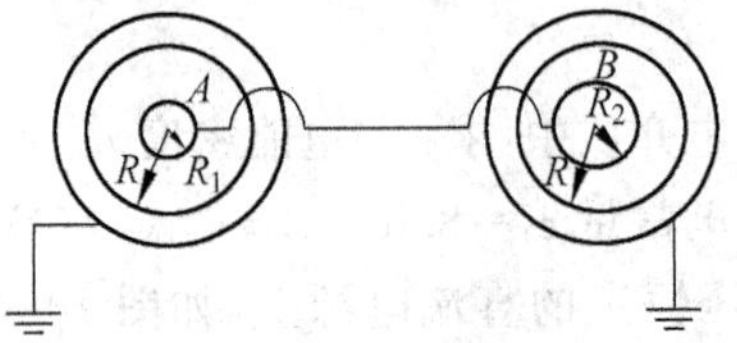

图10-48　习题25用图

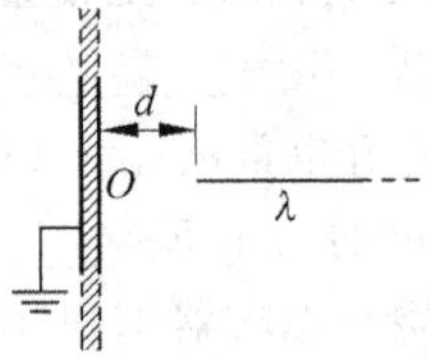

图10-49　习题26用图

27. A,B,C是三块平行金属板,面积均为200cm^2,A与B相距4mm,A与C相距2mm,B和C两板均接地,如图10-50所示,若A板所带电量$Q=3.0\times10^{-7}\text{C}$,忽略边缘效应,求:$B$和$C$上的感应电荷及$A$板的电势(设地面电势为零)。

28. 在极板间距为d的空气平行板电容器中,平行于极板插入一块厚度为$\frac{d}{2}$、面积与极板相同的金属板后,其电容为原来电容的多少倍?如果平行插入的是相对介电常量为ε_r的与金属板厚度、面积均相同的介质板则又如何?

29. 如图10-51所示,有两根半径都是R的"无限长"直导线,彼此平行放置,两者轴线的距离是$d(d\geqslant 2R)$,沿轴线方向单位长度上分别带有$+\lambda$和$-\lambda$的电荷。设两带电导线之间的相互作用不影响它们的电荷分布,试求两导线间的电势差。

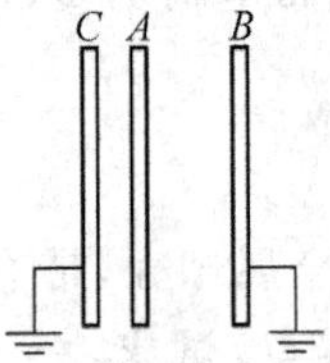

图10-50　习题27用图

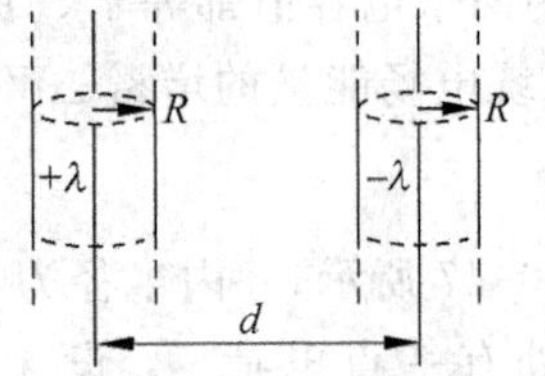

图10-51　习题29用图

30. 一圆柱形电容器,内圆柱壳的半径为R_1,外圆柱壳的半径为R_2,长为$L(L\gg(R_2-R_1))$,两圆柱壳之间充满相对介电常量为ε_r的各向同性均匀电介质。设内外圆柱壳单位长度上带电荷(即电荷线密度)分别为λ和$-\lambda$,求:(1)圆柱形电容器的电容;(2)电容器储存的能量。

31. 假定从无限远处陆续移来微量电荷使一半径为R的导体球带电。

(1) 当球已带有电荷q时,再将一个电荷元$\text{d}q$从无穷远处移到球上的过程中,外力做功多少？

(2) 使球上电荷从零开始增加 Q 的过程中，外力共做功多少？

32. 两个同心的导体球壳，半径分别为 $R_1=0.145\mathrm{m}$ 和 $R_2=0.207\mathrm{m}$，内球壳上带有负电荷 $q=-6.0\times10^{-8}\mathrm{C}$。一电子以初速度零自内球壳逸出。设两球壳之间的区域是真空，试计算电子撞到外球壳上时的速率。

习题答案

第1章 质点运动学

1. (D)； 2. (C)； 3. (B)； 4. (B)； 5. (C)； 6. (B)； 7. (B)； 8. (D)；
9. (D)； 10. (B)； 11. (C)；

12. 8m,10m； 13. $h_1 v/(h_1-h_2)$； 14. $v_0+Ct^3/3, x_0+v_0 t+\frac{1}{12}Ct^4$；

15. 6.32m/s,8.25m/s； 16. $v_0^2\cos^2\theta_0/g$； 17. 4.19m,4.13×10^{-3}m/s,与 x 轴成 60°； 18. $16Rt^2$,4rad/s^2； 19. $v_0+bt, \sqrt{b^2+(v_0+bt)^4/R^2}$； 20. 69.8m/s；

21. 抛物线,$y=\frac{v_1 x}{v_0}-\frac{gx^2}{2v_0^2}$； 22. $t_2 S/\sqrt{t_2^2-t_1^2}$,$\arcsin\left(\frac{\sqrt{t_2^2-t_1^2}}{t_2}\right)$或 $\arccos(t_1/t_2)$；

23. −0.5m/s,−6m/s,2.25m； 24. $v^2=v_0^2+k(y_0^2-y^2)$； 25. $x=2t^3/3+x_0$(SI)；

26. $x=v_0 t$, $y=\frac{1}{2}gt^2$, $y=\frac{1}{2}x^2 g/v_0^2$, $\sqrt{v_0^2+g^2t^2}$,与 x 轴夹角 $q=\arctan(gt/v_0)$, $g^2 t/\sqrt{v_0^2+g^2t^2}$与 $\boldsymbol{v}$ 同向,$v_0 g/\sqrt{v_0^2+g^2t^2}$方向与 $\boldsymbol{a}_t$ 垂直； 27. $a_n=g, a_t=0$; $a_n=9.24$m/s^2, $a_t=3.83$m/s^2； 28. 8m/s,35.8m/s^2； 29. $v=\frac{v_0 R\tan\varphi}{R\tan\varphi-v_0 t}$； 30. $t=\frac{b-\sqrt{cR}}{c}$；

31. 25.6m/s； 32. $3k^2T/4$

第2章 牛顿运动定律

1. (B)； 2. (B)； 3. (C)； 4. (C)； 5. (C)； 6. (E)； 7. (B)； 8. (C)；
9. (B)； 10. (B)；

11. 0,2g； 12. $1/\cos^2\theta$； 13. $\sqrt{g/R}$； 14. f_0； 15. $(\mu\cos\theta-\sin\theta)g$；

16. 2%； 17. $\frac{F-m_2 g}{m_1+m_2}, \frac{m_2}{m_1+m_2}(F+m_1 g)$； 18. g/μ_s； 19. $mg/\cos\theta, \sin\theta\sqrt{\frac{gl}{\cos\theta}}$；

20. 0.28N,1.68N； 21. 96+24x(N)； 22. $v=v_0 e^{-Kt/m}, x_{\max}=mv_0/K$；

23. 37.2mm,12.4mm； 24. $v=\frac{Rv_0}{R+\mu v_0 t}, s=\frac{R}{\mu}\ln\frac{R+\mu v_0 t}{R}$；

25. $a_1=\frac{(m_1-m_2)g+m_2 a_2}{m_1+m_2}, a_2'=\frac{(m_1-m_2)g-m_1 a_2}{m_1+m_2}, T=\frac{(2g-a_2)m_1 m_2}{m_1+m_2}$；

26. $h=la/g$； 27. $T(r)=M\omega^2(L^2-r^2)/(2L)$； 28. $a_t=g\sin\theta$,略；
29. $\theta=\arctan\mu$

第3章 动量与角动量

1. (A)； 2. (C)； 3. (C)； 4. (B)； 5. (A)； 6. (C)； 7. (D)； 8. (A)；

9. (D)；　10. (C)；

11. 18N·s；　12. $(1+\sqrt{2})m\sqrt{gy_0}$，$\frac{1}{2}mv_0$；　13. 6.14cm/s，35.5°；

14. $M\sqrt{6gh}$，垂直于斜面指向斜面下方；　15. $2Qv$，水流流入方向；

16. 0.003s，0.6N·s，2g；　17. 0，$2\pi mg/\omega$，$2\pi mg/\omega$；　18. 4.7N·s，与速度方向相反；

19. $10\text{m}\cdot\text{s}^{-1}$；　20. $-m\boldsymbol{v}_0$；　21. 1N·m·s，1m/s；　22. $m\sqrt{GMR}$；

23. 5.26×10^{12}m；　24. 0；　25. 180kg；　26. (1) v^2q_m，(2) 30N，45W；

27. (1) 0.4s，(2) 1.33m/s；　28. $1.46\times10^{26}\text{kg}\cdot\text{m/s}$；

29. $\bar{F}=2mv\cos\alpha/\Delta t$，方向垂直墙壁向内；　30. 偏离原方向 $\alpha=26°34'$；

31. 28.8m/s；　32. $\boldsymbol{M}_0=-40\boldsymbol{k}$，$\boldsymbol{L}_0=-16\boldsymbol{k}$；　33. 同时到达；

34. $V_x=-mu\cos\alpha/(M+m)$，后退了 $ml\cos\alpha/(M+m)$

第4章　功　和　能

1. (D)；　2. (B)；　3. (B)；　4. (D)；　5. (B)；　6. (D)；　7. (C)；　8. (C)；
9. (C)；　10. (D)；

11. $-F_0R$；　12. $GMm\left(\frac{1}{3R}-\frac{1}{R}\right)$ 或 $-\frac{2GMm}{3R}$　13. 290J；

14. $-Gm_1m_2\left(\frac{1}{a}-\frac{1}{b}\right)$；　15. $-\frac{1}{2}mgh$；　16. $=0$，>0；　17. $\frac{m^2g^2}{2k}$；

18. $GMm\frac{r_2-r_1}{r_1r_2}$，$GMm\frac{r_1-r_2}{r_1r_2}$；　19. $\frac{2(F-\mu mg)^2}{k}$；　20. $\sqrt{2gl-\frac{k(l-l_0)^2}{m}}$；

21. $GMm/(6R)$，$-GMm/(3R)$；　22. -42.4J；　23. kx_0^2，$-\frac{1}{2}kx_0^2$，$\frac{1}{2}kx_0^2$；

24. $mgl/50$；　25. $v=\sqrt{\frac{2k}{mr_0}}$；　26. $\frac{-27kc^{\frac{2}{3}}l^{\frac{7}{3}}}{7}$；　27. 5.83m/s；

28. $v=\sqrt{2GM\frac{h}{R(R+h)}+v_0^2}$；　29. $v=a\sqrt{M/k}$；

30. $v_r=v_m+V_M=\sqrt{2G(M+m)/d}$；　31. $x=\frac{m_Bv_A^2}{2\mu g(m_A+m_B)}$；

32. $v_1=m_2\sqrt{\frac{2G}{l(m_1+m_2)}}$，$v_2=m_1\sqrt{\frac{2G}{l(m_1+m_2)}}$；

33. (1) $v_1=v_2=\frac{3}{4}x_0\sqrt{\frac{k}{3m}}$，(2) $x_{\max}=\frac{1}{2}x_0$；　34. $m_A/m_B=5$；

35. $v_2=-0.89$m/s；　36. $v=\sqrt{v_0^2-\frac{k(l-l_0)^2}{m}}=4\text{m}\cdot\text{s}^{-1}$，$\theta=\arcsin\left(\frac{v_0l_0}{vl}\right)=30°$；

37. $m_B=(D^2-d^2)v_0^2/(2Gd)$；　38. $h_1=997$km，$h_2=613$km

第5章　刚体的定轴转动

1. (B)；　2. (A)；　3. (C)；　4. (B)；　5. (D)；　6. (C)；　7. (C)；　8. (C)；
9. (D)；　10. (A)；

11. 2.5rad/s^2；　12. 4s,$-15\text{m}\cdot\text{s}^{-1}$；　13. $-0.05\text{rad}\cdot\text{s}^{-2}$,250rad；

14. 否，下摆的过程中力矩变化；　15. $g/l, g/(2l)$；　16. 50ml^2；　17. 4.0rad/s；

18. $3mL^2/4, \frac{1}{2}mgL, \frac{2g}{3L}$；　19. 0.5kg·m^2；　20. $\dfrac{mg}{\frac{J}{r}+mr}$；　21. $\frac{1}{2}\mu mgl$；

22. $\dfrac{(J+mr^2)\omega_1}{J+mR^2}$；　23. $mv\,l$；　24. $M\omega_0/(M+2m)$；　25. $n=\dfrac{J\omega_0^2}{4\pi m}=3R\omega_0^2/16\pi\mu g$；

26. $v=at=mgt\Big/\left(m+\frac{1}{2}M\right)$；　27. $J=mr^2\left(\dfrac{gt^2}{2S}-1\right)$；　28. 25rad/s；

29. $T=\dfrac{mMg}{M+2m}=24.5\text{N}$；　30. (1) $\beta=\dfrac{3g}{4l}=7.35\text{rad/s}^2$,(2) $\beta=\dfrac{3g}{2l}=14.7\text{rad/s}^2$；

31. $\beta=\dfrac{2g}{19r}$；　32. $\omega=\dfrac{3v_0}{2l}$；　33. $T=\dfrac{T_0}{4}$；　34. $\omega=6v_0/(7L)$

第6章　相对论基础

1. (A)；　2. (D)；　3. (B)；　4. (C)；　5. (C)；　6. (C)；　7. (A)；　8. (D)；
9. (C)；　10. (B)；

11. 0.99c；　12. $x^2+y^2+z^2=c^2t^2, x'^2+y'^2+z'^2=c^2t'^2$；　13. $c\sqrt{1-(a/l_0)^2}$；

14. $1/\sqrt{1-(u/c)^2}$ m；　15. $2.91\times10^8\ \text{m}\cdot\text{s}^{-1}$；　16. 0.075m^3；

17. (1) $v=\sqrt{3}c/2$,(2) $v=\sqrt{3}c/2$；　18. $\frac{1}{2}\sqrt{3}c$；　19. 4；

20. $m=\dfrac{m_0}{\sqrt{1-(v/c)^2}}, E_k=mc^2-m_0c^2$；　21. 4；　22. $m_0c^2(n-1)$；

23. $c\sqrt{1-(l/l_0)^2}, m_0c^2\left(\dfrac{l_0-l}{l}\right)$；　24. (1) 隧道长度为 $L'=L\sqrt{1-\dfrac{v^2}{c^2}}$，其他尺寸均不变，(2) $t'=\dfrac{L'}{v}+\dfrac{l_0}{v}=\dfrac{L\sqrt{1-(v/c)^2}+l_0}{v}$；　25. 6.72×10^8m；　26. 7.2cm^2；

27. (1) $\Delta t_1=L/v=2.25\times10^{-7}$s,(2) $\Delta t_2=L_0/v=3.75\times10^{-7}$s；

28. (1) 绕太阳公转的方向，(2) 3.2cm；　29. 时间膨胀(或运动时钟变慢)，0.99c；

30. 2.68×10^8m/s；　31. 4.72×10^{-14}或2.95×10^5eV；

32. $v=0.91c, 5.31\times10^{-8}$s；　33. (1) 5.8×10^{-13} J,(2) 8.04×10^{-2}；　34. 37.5s

第7章　气体动理论

1. (C)；　2. (D)；　3. (C)；　4. (C)；　5. (B)；　6. (C)；　7. (C)；　8. (B)；
9. (B)；　10. (B)；

11. 氢，1.58×10^3；　12. 1∶1∶1；　13. p_2/p_1；　14. 121,2.4×10^{-23}；

15. 分布在v_p～∞速率区间的分子数在总分子数中占的百分率，分子平动动能的平均值

16. $(4/3)E/V, (M_2/M_1)^{1/2}$；　17. $(3p/\rho)^{1/2}, 3p/2$；　18. $5.42\times10^7\text{s}^{-1}, 6\times10^{-5}$cm；

19. 2；　20. $2\sqrt{2}$；　21. 3.36×10^6个；　22. 1.90km/m^3；

23. (1) $a=(2/3)(N/v_0)$， (2) $N/3$， (3) $11v_0/9$；
24. 2.06×10^3m/s，2.23×10^3m/s，1.82×10^3m/s；
25. 1.41×10^3m/s，1.73×10^3m/s；
26. (1) $N=1.61\times10^{12}$个，(2) 10^{-8}J，(3) 0.667×10^{-8}J，(4) 1.67×10^{-8}J；
27. (1) 6.42K，(2) 6.67×10^{-4} Pa，(3) 2.00×10^3J，(4) 1.33×10^{-22}J；
28. (1) 4.16×10^4J，(2) 0.856m/s；
29. (1) 1.35×10^5Pa，(2) 7.5×10^{-21}J，(3) 362K；
30. (1) 0.062K，(2) 0.51Pa； 31. $(3/4)RT$； 32. 4.14×10^5J，2.76×10^5Pa；
33. 300K； 34. $T_2=2T_1p_2/p_1$，$\frac{\overline{v_1}}{\overline{v_2}}=\sqrt{\frac{T_1}{T_2}}=\sqrt{\frac{P_1}{2P_2}}$； 35. 31.8m/s，33.7m/s；
36. 2.1×10^{-3}m，8.1×10^9s^{-1}； 37. 3.87×10^9s^{-1}；
38. (1) 0.71，(2) 3.5×10^{-7}m

第8章 热力学基础

1. (A)； 2. (B)； 3. (D)； 4. (A)； 5. (B)； 6. (D)； 7. (C)； 8. (A)；
9. (D)； 10. (C)； 11. (B)； 12. (B)； 13. (C)；
14. S_1+S_2，$-S_1$； 15. AM，AM、BM；
16. $\frac{3}{2}p_1V_1$，0； 17. 500，700； 18. W/R，$2W/7$； 19. 1.6，$\frac{1}{3}$； 20. 200J；
21. 33.3%，50%，66.7%； 22. 40J，140J； 23. <； 24. $\left(\frac{1}{3}\right)^{\gamma-1}T_0$，$\left(\frac{1}{3}\right)^{\gamma}p_0$；
25. (1) 2.72×10^3J，(2) 2.20×10^3J；
26. (1) $A\to B$，200J，750J，950J；$B\to C$，0，-600J，-600J；$C\to A$，-100J，-150J，-250J，(2) 100J，100J；
27. (1) 0，623J，623J，(2) 1.04×10^3J，417J，417J，(3) 0，-623J，-623J；
28. (1) 略，(2) 1.25×10^4J，(3) 0，(4) 1.25×10^4J；
29. (1) 略，(2) 0，(3) 5.6×10^2J，(4) 5.6×10^2J；
30. (1) $\frac{5}{2}(p_2V_2-p_1V_1)$，(2) $\frac{1}{2}(p_1+p_2)(V_2-V_1)$，(3) $3(p_2V_2-p_1V_1)$，(4) $3R$；
31. (1) $a^2\left(\frac{1}{V_1}-\frac{1}{V_2}\right)$，(2) V_2/V_1； 32. 0.82； 33. $\Delta T=160$K；
34. (1) 7.02×10^2J，(2) 5.07×10^2J； 35. 1.476； 36. $1-\frac{V_1\ln(V_2/V_1)}{V_2-V_1}$；
37. (1) 800J，(2) 100J，(3) 略； 38. 25%；
39. (1) 75K，225K，(2) $B\to C$ -1400J，$C\to A$ 1500J，$A\to B$ 500J；
40. (1) 29.4%，(2) 425K； 41. $\eta=24\%$； 42. (1) 320K；(2) 20%

第9章 静 电 场

1. (B)； 2. (C)； 3. (D)； 4. (B)； 5. (C)； 6. (C)； 7. (B)； 8. (C)；
9. (C)；

10. $\frac{q}{\varepsilon_0}$,0,$-\frac{q}{\varepsilon_0}$; 11. $\frac{qd}{4\pi\varepsilon_0 R^2(2\pi R-d)}\approx\frac{qd}{8\pi^2\varepsilon_0 R^3}$,从 O 点指向缺口中心点;

12. -2×10^3 V; 13. $Q/(4\pi\varepsilon_0 R)$,$-qQ/(4\pi\varepsilon_0 R)$; 14. Q/ε_0,0,$5Qr_0/(18\pi\varepsilon_0 R^2)$;

15. $\frac{-2Ax}{x^2-y^2}$,$\frac{-2Ax}{x^2-y^2}$,0; 16. $\frac{1}{8\pi\varepsilon_0 R}(\sqrt{2}q_1q_2+q_1q_3+\sqrt{2}q_2q_3)$;

17. $\left[2gR-\frac{Qq}{2\pi m\varepsilon_0 R}\left(1-\frac{1}{\sqrt{2}}\right)\right]^{1/2}$; 18. $1\text{N}\cdot\text{m}^2/\text{C}$; 19. $\frac{\lambda}{4\pi\varepsilon_0}\ln\frac{3}{4}$, 0;

20. $\frac{\lambda l}{4\pi\varepsilon_0 a(a+l)}$; 21. $-\frac{qp}{2\pi\varepsilon_0 R^2}$; 22. $\frac{\rho}{2\varepsilon_0}(R_2^2-R_1^2)$; 23. $\frac{\lambda_0}{4\pi\varepsilon_0}\left(l+a\ln\frac{a}{a+l}\right)$;

24. 2.14×10^{-9}C; 25. 4.37×10^{-14}N; 26. $9.6\times10^4\,\text{N}\cdot\text{m}^2/\text{C}$;

27. $\boldsymbol{E}=-\frac{\lambda_0}{8\varepsilon_0 R}\boldsymbol{j}$;

28. $E_x=\left[a(x^2-y^2)+bx\sqrt{x^2+y^2}\right]/(x^2+y^2)^2$,$E_y=y(2ax+b\sqrt{x^2+y^2})/(x^2+y^2)^2$;

29. $\frac{Q\Delta S}{16\pi^2\varepsilon_0 R^4}$,方向从圆心沿径向指向小面元;

30. $F=\frac{q\lambda l}{4\pi\varepsilon_0 r_0(r_0+l)}$,方向沿细线,$W=\frac{q\lambda}{4\pi\varepsilon_0}\ln\frac{r_0+l}{r_0}$; 31. $E=-\frac{\lambda_0}{8\varepsilon_0 R}\boldsymbol{j}$;

32. (1) $8.85\times10^{-9}\,\text{C/m}^2$,(2) 6.67×10^{-9}C

第 10 章 静电场中的导体和电介质

1. (B); 2. (C); 3. (C); 4. (C); 5. (B); 6. (B); 7. (D); 8. (D);

9. (B); 10. (C); 11. (B); 12. U_0; 13. $\frac{q}{4\pi\varepsilon R}$; 14. $\frac{q}{4\pi\varepsilon_0 l}$;

15. $(U_0/2)+Qd/(4\varepsilon_0 S)$; 16. $\sqrt{\frac{2dF}{C}}$,$\sqrt{2CdF}$;

17. $\varepsilon_r C_0$,U_{12}/ε_r; 18. 3.36×10^{11} V/m; 19. 增大,增大;

20. $-2\varepsilon_0\varepsilon_r E_0/3$,$4\varepsilon_0\varepsilon_r E_0/3$; 21. $-Q^2/(4C)$;

22. (1) 内表面:$-q$,外表面:$Q+q$,(2) $-\frac{q}{4\pi\varepsilon_0 a}$,(3) $\frac{q}{4\pi\varepsilon_0 r}-\frac{q}{4\pi\varepsilon_0 a}+\frac{Q+q}{4\pi\varepsilon_0 b}$;

23. $\frac{16}{25}$; 24. $\frac{\varepsilon_0 S}{2d}$,$\frac{Q^2 d}{6\varepsilon_0 S}$;

25. (1) B 球表面处先被击穿,3×10^6 V/m;(2) 3.77×10^{-4}C; 26. $-\lambda/(2\pi d)$;

27. -1.0×10^{-7}C,-2.0×10^{-7}C,2.26×10^3V; 28. 2 倍,$\frac{2\varepsilon_r}{1+\varepsilon_r}$倍;

29. $\frac{\lambda}{\pi\varepsilon_0}\ln\frac{d-R}{R}$; 30. (1) $\frac{2\pi\varepsilon_0\varepsilon_r L}{\ln R_2/R_1}$,(2) $\frac{\lambda^2 L}{4\pi\varepsilon_0\varepsilon_r}\ln\frac{R_2}{R_1}$;

31. (1) $\text{d}A=\frac{q}{4\pi\varepsilon_0 R}\text{d}q$,(2) $\frac{Q^2}{8\pi\varepsilon_0 R}$; 32. 1.98×10^7 m/s